Replanteo de instalaciones solares térmicas

Miguel Ángel Sánchez Maza

Virginia Linares González

ic editorial

Replanteo de instalaciones solares térmicas
© Miguel Ángel Sánchez Maza
© Virginia Linares González

1ª Edición

© IC Editorial, 2026

Editado por: IC Editorial
c/ Cueva de Viera, 2, Local 3
Centro Negocios CADI
29200 Antequera (Málaga)
Teléfono: 952 70 60 04
Fax: 952 84 55 03
Correo electrónico: iceditorial@iceditorial.com
Internet: www.iceditorial.com

ISBN: 979-13-7027-134-3
Depósito Legal: MA-163-2026

Impresión: PODiPrint
Impreso en Andalucía – España

Nota de la editorial: IC Editorial pertenece a Innovación y Cualificación S. L.

Presentación del manual

El **Certificado de Profesionalidad** es el instrumento de acreditación, en el ámbito de la Administración laboral, de las cualificaciones profesionales del Catálogo Nacional de Cualificaciones Profesionales adquiridas a través de procesos formativos o del proceso de reconocimiento de la experiencia laboral y de vías no formales de formación.

El elemento mínimo acreditable es la **Unidad de Competencia**. La suma de las acreditaciones de las unidades de competencia conforma la acreditación de la competencia general.

Una **Unidad de Competencia** se define como una agrupación de tareas productivas específica que realiza el profesional. Las diferentes unidades de competencia de un certificado de profesionalidad conforman la **Competencia General**, definiendo el conjunto de conocimientos y capacidades que permiten el ejercicio de una actividad profesional determinada.

Cada **Unidad de Competencia** lleva asociado un **Módulo Formativo**, donde se describe la formación necesaria para adquirir esa **Unidad de Competencia**, pudiendo dividirse en **Unidades Formativas**.

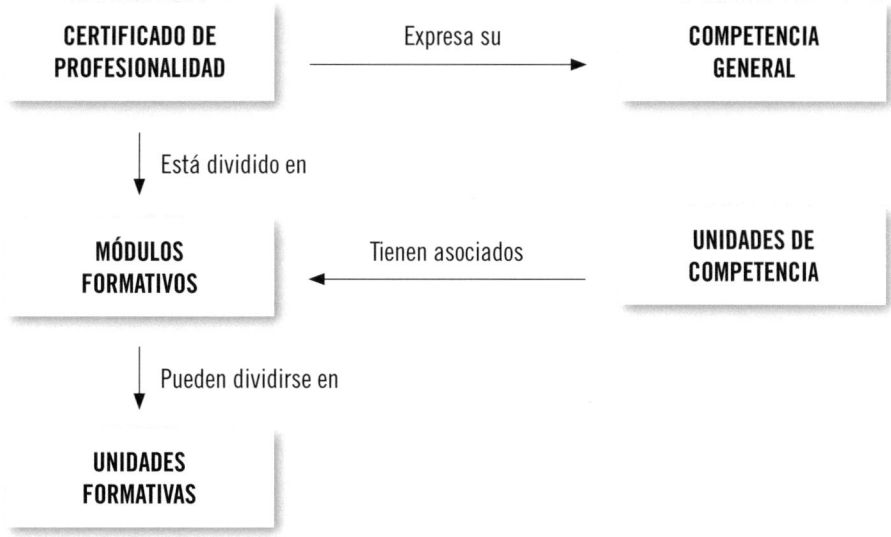

El presente manual pertenece al Módulo Formativo **MF0601_2: Replanteo de instalaciones solares térmicas,**

asociado a la unidad de competencia **UC0601_2: Replantear instalaciones solares térmicas,**

del Certificado de Profesionalidad **Montaje y mantenimiento de instalaciones solares térmicas**

MF0601_2	Tiene	**UNIDAD DE COMPETENCIA**
REPLANTEO DE	asociado el	**UC0601_2**
INSTALACIONES	←	Replantear instalaciones
SOLARES TÉRMICAS		solares térmicas

FICHA DE CERTIFICADO DE PROFESIONALIDAD

(ENAE0208) MONTAJE Y MANTENIMIENTO DE INSTALACIONES SOLARES TÉRMICAS

(R. D. 1967/2008, de 28 de noviembre, modificado por el R. D. 617/2013, de 2 de agosto)

COMPETENCIA GENERAL: Realizar el montaje, puesta en servicio, operación y mantenimiento de instalaciones solares térmicas, con la calidad y seguridad requeridas y cumpliendo la normativa vigente. Estas actividades se realizarán bajo la supervisión de un técnico que posea el carné profesional en instalaciones térmicas de edificios (RITE).

Cualificación profesional de referencia	Unidades de competencia		Ocupaciones o puestos de trabajo relacionados:
ENA190_2 MONTAJE Y MANTENIMIENTO DE INSTALACIONES SOLARES TÉRMICAS (R. D. 1228/2006 de 7 de octubre de 2006)	UC0601_2:	Replantear instalaciones solares térmicas	• 3023.025.5 Técnico de sistemas de energías alternativas • 7299.001.6 Montador de instalaciones solares térmicas • Mantenedor de instalaciones solares térmicas • 7220.009.2 Instalador de energía solar por tuberías • 7299.001.6 Montador de placas de energía solar • 7621.027.1 Instalador de sistemas de energía solar térmica
	UC0602_2:	Montar captadores, equipos y circuitos hidráulicos de instalaciones solares térmicas	
	UC0603_2:	Montar circuitos y equipos eléctricos de instalaciones solares térmicas	
	UC0604_2:	Poner en servicio y operar instalaciones solares térmicas	
	UC0605_2:	Mantener instalaciones solares térmicas	

Correspondencia con el Catálogo Modular de Formación Profesional

Módulos certificado	Unidades formativas	Horas
MF00601_2: Replanteo de instalaciones solares térmicas		90
MF00602_2: Montaje mecánico e hidráulico de instalaciones solares térmicas	UF0189: Prevención y seguridad en el montaje mecánico e hidráulico de instalaciones solares térmicas	30
	UF0190: Organización y montaje mecánico e hidráulico de instalaciones solares térmicas	90
MF00603_2: Montaje eléctrico de instalaciones solares térmicas		90
MF00604_2: Puesta en servicio y operación de instalaciones solares térmicas		60
MF00605_2: Mantenimiento de instalaciones solares térmicas		60
MP0043: Módulo de prácticas profesionales no laborales		160

Índice

Capítulo 3
Especificaciones y descripción de equipos y elementos constituyentes de una instalación solar térmica

Capítulo 4
Refrigeración

Capítulo 5
Normativa de aplicación

Capítulo 1
Energía solar y transmisión del calor

Contenido

1. Introducción

El Sol es la principal fuente de vida en la Tierra. La energía solar es la causante de la mayoría de las energías renovables, como la biomasa, la hidroeléctrica, la fotovoltaica y la solar térmica, entre otras.

En este capítulo se analizarán algunos datos de astronomía en cuanto a la posición solar, la conversión en energía solar, la orientación en inclinación óptima de los captadores, la radiación solar y los métodos de cálculo, el cálculo de sombreamientos y el efecto invernadero.

2. Conceptos elementales de astronomía en cuanto a la posición solar

La Tierra es solo un pequeño planeta que se encuentra en órbita alrededor de una estrella que, siendo esto lo más corriente dentro del universo, es imprescindible para la existencia de vida. El Sol es la principal fuente de energía de la que se dispone en la Tierra. Esta estrella es la causante del movimiento del aire, de que se produzcan precipitaciones, de que se formen las nubes y de que se evaporen las aguas.

 Sabía que...

El Sol es el motor de la Tierra, siendo el responsable de la existencia de las mareas, el viento y la lluvia.

Con la luz y el calor se producen numerosas reacciones químicas que son indispensables para el desarrollo de los seres vivos del planeta. La energía, como término general, se aprovecha de distintos modos, teniendo gran vinculación diaria con las vidas, como, por ejemplo, en el transporte, en el abastecimiento de agua, en la producción de alimentos, en las calefacciones de hogares y oficinas, etc.

2.1. Modos de aprovechamiento de la energía solar. Energía solar térmica y fotovoltaica

La energía solar se aprovecha de distintos modos. Uno de ellos es para calentar agua para su uso directo o como calefacción de edificios, y otro de ellos es para la producción de electricidad para cualquier uso.

Para la obtención de agua caliente sanitaria para uso directo o calefacción se utilizan paneles solares térmicos que aprovechan la radiación solar para la producción de calor. Este calor producido se utiliza para calentar un fluido, normalmente agua (aunque también se puede utilizar aire o una mezcla de agua con otros líquidos), y aprovecharlo para producir agua caliente, calefacción o cualquier aplicación que suponga el calentamiento de un fluido. Este es el fundamento de la **energía solar térmica.**

 Definición

Energía solar térmica
Llamada también termosolar, consiste en el aprovechamiento de la radiación del Sol para producir calor que puede aprovecharse para la producción de agua caliente sanitaria para consumo o calefacción, además de la producción de energía mecánica para convertirla en energía eléctrica a partir de vapor de agua en plantas termosolares. Este tipo de energía utiliza colectores de energía solar térmica que calientan un fluido llamado "caloportador", que circula a través de ellos y que a su vez es el encargado de producir el aumento de temperatura del fluido que se quiera calentar, ya sea agua para uso doméstico, agua para calefacción o para la producción de vapor de agua para producir electricidad.

Para obtener electricidad se utilizan paneles fotovoltaicos. Estos están compuestos por una serie de células fotovoltaicas que convierten la luz solar incidente en un potencial eléctrico, sin sufrir cambios de temperatura. De este modo, se aprovecha entre un 9 % y un 14 % de la energía solar. Este es el fundamento de la **energía solar fotovoltaica.**

 Definición

Energía solar fotovoltaica

Es una fuente de energía de origen renovable que se obtiene a partir de la radiación solar, mediante un dispositivo llamado "célula fotovoltaica", que está formada por material semiconductor. Cuando esta célula se expone a la radiación solar, un fotón de energía luminosa arranca un electrón del material semiconductor, creando un "hueco" que es "llenado" a su vez por otro electrón procedente de otro "hueco". Este movimiento de electrones provoca una diferencia de potencial y, por lo tanto, una tensión eléctrica entre dos partes del material, tal y como ocurre en una pila, dando lugar a una corriente eléctrica.

El Sol es la estrella más próxima a la Tierra. Tiene un radio de unos 700.000 km y una masa de 2 x 1030 kg, unas 330.000 veces la de la Tierra. A su alrededor giran los planetas del Sistema Solar, aunque él concentra el 99 % de la masa del mismo. Su densidad es $1,41 \times 10^3$ kg/m^3. La temperatura de su superficie ronda los 6.000 °C, aunque es algo menor en las manchas solares (alrededor de los 4.800 °C). Las manchas solares tienen una gran influencia en el clima. Cerca del centro, la temperatura es de más de 15.000.000 °C y la densidad es unas 120 veces mayor que en la superficie. En esta zona se alcanzan presiones de 250.000 millones de atmósferas. Los gases del núcleo están comprimidos hasta una densidad 150 veces la del agua.

El Sol es la fuente de energía renovable más abundante en la Tierra, emitiendo 4.500 veces más energía de la que se consume en la Tierra.

La fuente de toda la energía del Sol se encuentra en el núcleo. Debido a las condiciones extremas de presión y temperatura en su interior, tienen lugar reacciones nucleares de fusión. En estas, cuatro átomos de hidrógeno se combinan para convertirse en un átomo de helio. La masa del átomo de helio es 0,7 % menor que la masa de los cuatro átomos de hidrógeno. Esa masa que falta es lo que se convierte en energía que, en forma de rayos gamma, se expande desde el núcleo hacia la superficie en los primeros 500.000 km de espesor de la esfera solar por radiación. Ahí alcanza la zona en que el transporte es ya por convección y que permite a los fotones, después de un largo viaje de miles de años, alcanzar la superficie solar.

Se calcula que en la parte interna del Sol se fusionan 700 millones de toneladas de hidrógeno cada segundo, y la pérdida de masa, que se transforma en energía solar, se cifra en 4,3 millones de toneladas por segundo. La estabilidad del Sol como estrella se consigue por el equilibrio entre las fuerzas interiores, que tienden a expandirla, y las fuerzas de gravitación, que tienden a comprimirla. A ese ritmo de transformación, el Sol necesitará más de 6.000 millones de años para consumir el 10 % del hidrógeno que posee. Cuando, en un futuro, esto se produzca, significará que el hidrógeno del sol comienza a escasear, y las fuerzas de gravitación serán más importantes que las fuerzas interiores, por lo que el Sol se colapsará y empezará a morir.

Los fotones, partículas que componen la radiación solar, necesitan cerca de un millón de años para llegar del núcleo del Sol hasta su superficie, pero solo 8 minutos en alcanzar la superficie de la Tierra.

El Sol se encuentra a 149,5 millones de kilómetros y su luz tarda 8,3 minutos en llegar a la superficie terrestre, a una velocidad de 300.000 km/s. La radiación solar llega a la Tierra como ondas electromagnéticas en forma de fotones, que no necesitan un medio físico para su propagación, y se desplazan por el espacio en todas las direcciones.

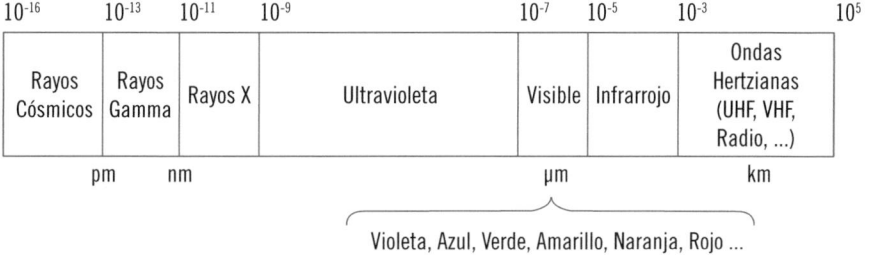

Recuerde

El Sol es la estrella más próxima a la Tierra. Tiene un radio de unos 700.000 km y una masa de 2 x 1030 kg, unas 330.000 veces la de la Tierra.

3. Conversión de la energía solar. Energía incidente sobre una superficie plana inclinada

La cantidad de energía que transporta cualquier onda es proporcional a la frecuencia. La frecuencia es el número de veces que se repite una onda completa por unidad de tiempo. La unidad de medida de la frecuencia es el hercio (Hz), o también el s-1. Cuanto mayor es la frecuencia, mayor es la energía que la onda transporta y, por tanto, mayor es el efecto cuando impacta sobre un cuerpo.

Otro parámetro característico de las radiaciones es la longitud de onda, que se define como la distancia, medida en la dirección de propagación de la onda, entre dos puntos de esta, cuyo estado de movimiento es idéntico, como por ejemplo, crestas o valles adyacentes.

La longitud de onda es inversamente proporcional a la frecuencia. Por tanto, cuanto más pequeña sea la longitud de onda, más grande será la frecuencia, es decir, más veces se repite la onda en el tiempo y, por tanto, puede ser transportada mayor energía. La longitud de onda (λ) y la frecuencia (f) de las ondas electromagnéticas se relacionan mediante la expresión:

$$\lambda = \frac{c}{f}$$

Son importantes para determinar su energía, su visibilidad, su poder de penetración y otras características. Independientemente de su frecuencia y longitud de onda, todas las ondas electromagnéticas se desplazan en el vacío a la velocidad de la luz (c).

En función de la frecuencia, las radiaciones tienen más o menos capacidad de penetración en los materiales: cuanto más corta sea la longitud de onda, más facilidad para hacerlo.

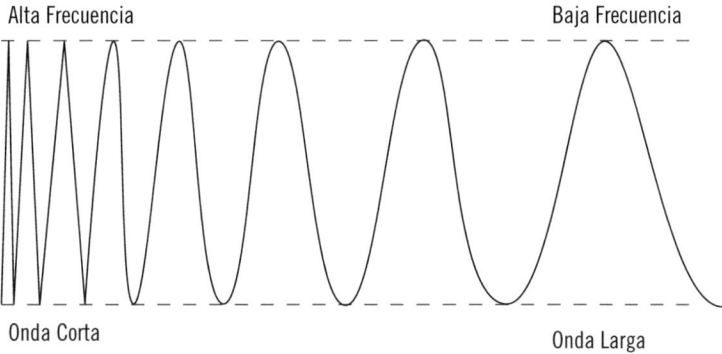

Alta Frecuencia   Baja Frecuencia

Onda Corta   Onda Larga

 Sabía que...

Aunque el día esté nublado los paneles fotovoltaicos producen electricidad.

 Aplicación práctica

Manuel ha recibido los datos de frecuencia de varios tipos de ondas del espectro electromagnético. Entre ellas debe elegir cuál tendrá más capacidad de penetración en los materiales. Dichas frecuencias son de 100, 200 y 300 Hz respectivamente.

¿Cuál deberá elegir?

SOLUCIÓN

Manuel sabe que interpretando el gráfico anterior y observando la expresión $\lambda = c/f$, a mayor frecuencia existe menor longitud de onda y mayor penetración, por lo que tendría que utilizar la onda de 300 Hz de frecuencia.

El Sol emite constantemente cantidades enormes de energía. Un cálculo teórico basado en la Ley de Planck permite afirmar que el flujo total de energía emitido por el Sol en todo el rango de frecuencias equivale a 3,8 × 1023 (o sea, 380.000 trillones de kW). De esa energía emitida por el Sol, solo una pequeña parte llega a la Tierra, aunque esa pequeña cantidad sería más que suficiente para cubrir la demanda mundial de todo un año. De la energía que llega, la atmósfera, afortunadamente, absorbe una gran parte.

La **Ley de Planck** describe la radiación electromagnética emitida por un cuerpo negro en equilibrio térmico en una temperatura definida. Dicha ley sirve para calcular la intensidad de la radiación emitida por un cuerpo negro para una determinada temperatura y longitud de onda.

Sabía que...

Un cuerpo negro es un objeto ideal, que no existe en la naturaleza, que absorbe toda la energía que incide en él y no refleja ninguna.

La energía que llega a la parte alta de la atmósfera es una mezcla de radiaciones de longitudes de onda, formada por radiación ultravioleta, luz visible y radiación infrarroja. Estas constituyen el espectro solar terrestre que se puede ver en la siguiente imagen.

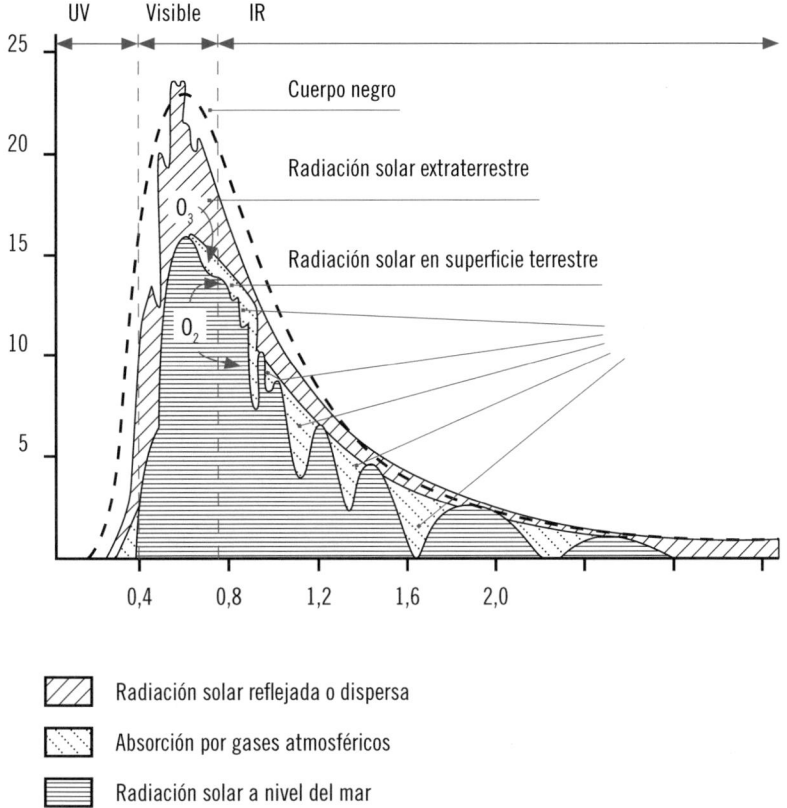

Radiación solar reflejada o dispersa

Absorción por gases atmosféricos

Radiación solar a nivel del mar

Para medir la cantidad de energía solar que llega a la frontera exterior que delimita la atmósfera, se establece la constante solar.

La constante solar sirve para formar el valor correspondiente a la energía que incide perpendicularmente sobre 1 m² de la parte exterior de la atmósfera.

Se llama constante solar a la radiación solar (flujo o densidad de potencia de la radiación solar) recogida fuera de la atmósfera sobre una superficie perpendicular a los rayos solares. No es un valor constante, puesto que la distancia entre el Sol y la Tierra tampoco lo es, y esta depende de la distancia. Oscila en valores entre 1.400 y 1.310 W/m², tomándose como valor establecido 1.353 W/m², variando en un ±3 % durante el año por ser la órbita terrestre elíptica.

La radiación solar incide sobre la superficie de la Tierra después de atravesar la atmósfera, en la que se debilita por efecto de reflexión, difusión y absorción de la materia atmosférica. La atmósfera absorbe parte de la radiación solar. En unas condiciones óptimas, con un día perfectamente claro y con los rayos del sol cayendo casi perpendiculares, como mucho, las tres cuartas partes de la energía que llega del exterior alcanzan la superficie. El resto se refleja en la atmósfera y se dirige al espacio exterior. Las nubes son en gran parte las responsables de ello. Casi toda la radiación ultravioleta y gran parte de la infrarroja son absorbidas por el ozono y otros gases en la parte alta de la atmósfera. El vapor de agua y otros componentes atmosféricos absorben, en mayor o menor medida, la luz visible e infrarroja.

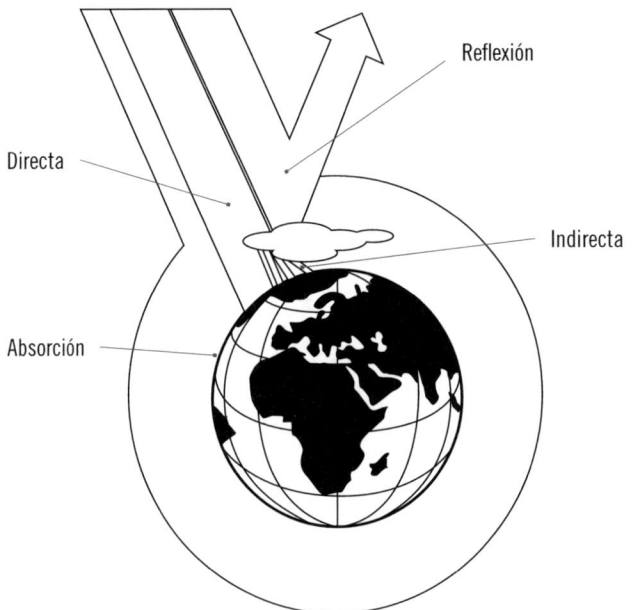

La constante solar anterior ya no es válida en la superficie de la Tierra. Aquí, en condiciones atmosféricas óptimas: día soleado de verano, cielo totalmente despejado, en una superficie de 1 m^2 perpendicular al sol, la luz solar plena registra un valor de 1.000 W/m^2.

Recuerde

La constante solar sirve para formar el valor correspondiente a la energía que incide perpendicularmente sobre 1 m^2 de la parte exterior de la atmósfera.

Sin embargo, pueden darse otras situaciones en las que la radiación solar tenga valores distintos: varía según el momento del día, también varía considerablemente de un lugar a otro, especialmente en regiones montañosas, y según la diferencia con respecto a la posición relativa del sol en el cielo (elevación solar), la cual depende de la latitud de cada lugar.

3.1. Componentes de la radiación solar

Según cómo llegue la luz solar a la superficie de la Tierra, se puede clasificar la radiación en tres tipos diferentes: directa, dispersa o difusa y albedo.

La radiación solar directa es la que incide sobre cualquier superficie con un ángulo único y preciso. La radiación solar viaja en línea recta, pero los gases y partículas en la atmósfera pueden desviar esta energía, efecto llamado dispersión. Esto explica cómo un área con sombra o pieza sin luz solar puede estar iluminada: le llega luz difusa o radiación difusa.

Los gases de la atmósfera dispersan más efectivamente las longitudes de onda más cortas (violeta y azul) que las longitudes de onda más largas (naranja y rojo). Esto explica el color azul del cielo y los colores rojo y naranja del amanecer y atardecer. Cuando amanece o atardece, la radiación solar recorre un mayor espesor de atmósfera y la luz azul y violeta es dispersada hacia el espacio exterior, pasando mayor cantidad de luz roja y naranja hacia la Tierra, lo que da el color del cielo a esas horas.

Se llama albedo a la fracción de la radiación reflejada por la superficie de la Tierra o cualquier otra superficie. El albedo es variable de un lugar a otro y de un instante a otro. Por ejemplo, para un cuerpo negro, su valor es igual a cero, pero para la nieve es de 0,9, para un suelo mojado es 0,18, etc.

Las proporciones de radiación directa, dispersa y albedo recibida por una superficie dependen:

- De las condiciones meteorológicas: en un día nublado, la radiación es prácticamente dispersa en su totalidad, mientras que en un día despejado con clima seco predomina, en cambio, la componente directa, que puede llegar hasta el 90 % de la radiación total.
- De la inclinación de la superficie respecto al plano horizontal: una superficie horizontal recibe la máxima radiación dispersa (si no hay alrededor objetos a una altura superior a la de la superficie) y la mínima reflejada. Al aumentar la inclinación de la superficie de captación disminuye la componente dispersa y aumenta la componente reflejada.
- De la presencia de superficies reflectantes (debido a que las superficies claras son las más reflectantes, la radiación reflejada aumenta en invierno por efecto de la nieve y disminuye en verano por efecto de la absorción de la hierba o del terreno).

 Importante

La energía solar térmica no aprovecha la luz solar. Esta energía, a diferencia de la fotovoltaica, aprovecha únicamente el calor emitido por el Sol, por lo que para su aprovechamiento es necesario que los colectores solares estén situados con la orientación óptima que permita la captación de todas las radiaciones, radiación directa, dispersa y albedo.

Para concretar, decir que la radiación total que incide sobre una superficie inclinada corresponde a la suma de las tres componentes de la radiación:

$$I_{Total} = I_{Directa} + I_{Difusa} + I_{Albedo}$$

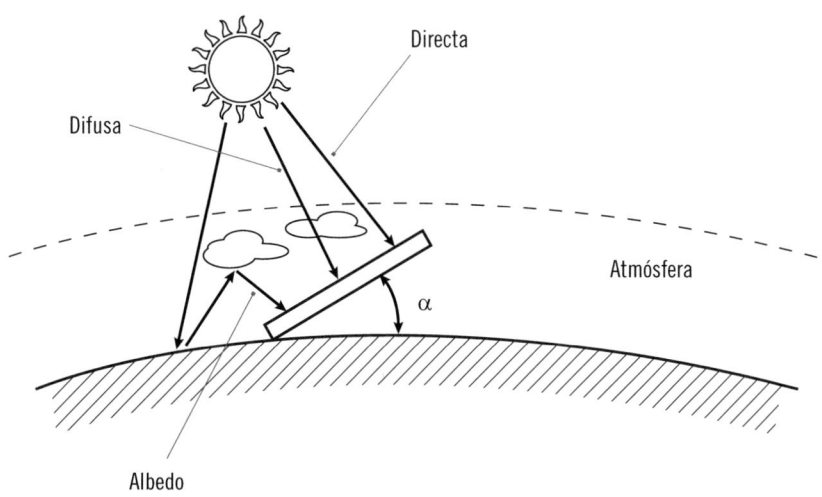

4. Orientación e inclinación óptima anual, estacional y diaria

La radiación solar es bastante constante antes de llegar a la atmósfera. Sin embargo, una vez que entra en ella, se produce una importante disminución.

La posición del Sol varía diariamente desde el amanecer hasta el ocaso. Si se observan las posiciones del Sol al amanecer, mediodía y atardecer en cualquier lugar del hemisferio norte, se verá cómo el Sol sale por el este, se desplaza en dirección sur y se pone por el oeste.

También es distinta según la estación del año: no se encuentra a la misma altura sobre el horizonte en invierno que en verano, lo que significa que la inclinación de los captadores no debería ser fija si se quiere que en todo momento estén orientados perpendicularmente al Sol. En invierno, el Sol no alcanzará el mismo ángulo que en verano. Idealmente, en verano los captadores solares deberían ser colocados en posición ligeramente más horizontal para aprovechar al máximo la luz solar. Pero si se mantuviera esa posición en invierno, los mismos paneles no estarían, entonces, en posición óptima para el Sol del invierno.

INVIERNO

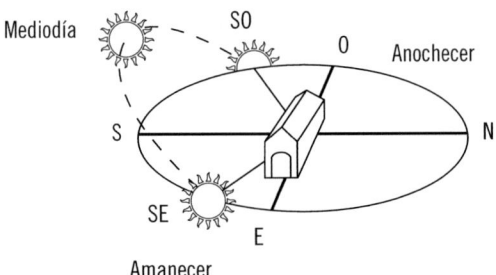

PRIMAVERA Y OTOÑO

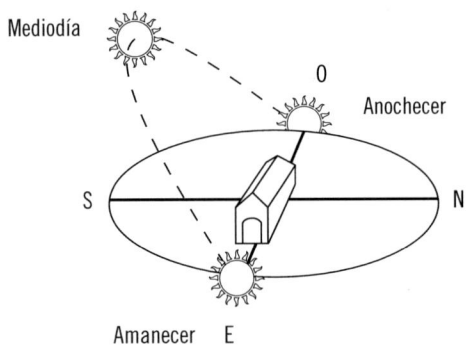

VERANO

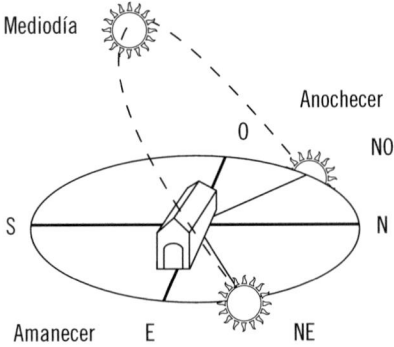

La absorción de calor se hace mediante colectores térmicos o placas solares térmicas. Estos convierten entre un 40 % y un 60 % de la luz solar recibida.

El colector se compone de cañerías de cobre unidas entre sí a través de canales paralelos de menor diámetro. Para obtener un óptimo rendimiento se apoya el conjunto sobre una lámina de cobre ennegrecida, que sirve para absorber la energía. Se estima que un acumulador de 200 l, con una superficie de 4 m^2 de placas solares, puede suministrar agua caliente a una familia de cuatro personas. La energía solar fotovoltaica es una gran salida para el abastecimiento de electricidad en zonas donde el suministro eléctrico no llega, como por ejemplo zonas rurales, o en embarcaciones.

Para aprovechar al máximo esa radiación solar, la orientación de los captadores se hace hacia el sur en el hemisferio norte y hacia el norte en el hemisferio sur, es decir, siempre se instalarán mirando al Ecuador.

 Nota

Conocer la posición que ocupa el Sol en cualquier momento del día es importante porque así se puede conocer cuál es el ángulo de incidencia de la radiación y, por tanto, el comportamiento de las sombras proyectadas por los objetos, lo que, junto con las medidas de la radiación realizadas, son la base de los cálculos solares.

Los principales parámetros que definen la posición del Sol son:

- **Azimut (A):** es el ángulo que forman la proyección de los rayos solares sobre un plano tangente a la superficie terrestre y el sur geográfico. Cuando el Sol se encuentra exactamente sobre el sur geográfico (mediodía solar), el azimut tiene valor 0.
- **Altura solar (h):** es el ángulo que forman los rayos solares con la horizontal cuando llegan a la superficie de la Tierra.

Sabía que...

Cuando para averiguar dónde está el sur se emplea una brújula, lo que se obtiene con ella es el sur magnético, no el sur verdadero (el geográfico).

La localización del sur geográfico puede realizarse de la siguiente forma:

1. Unas 2 o 3 h antes del mediodía, se coloca en el suelo una varilla vertical (gnomon), se mide su sombra y se hace una señal.
2. Con la medida de la sombra, se traza en el suelo un círculo.
3. Cuando por la tarde la sombra de la varilla vuelva a tener la medida del círculo, se hace otra señal.
4. Se unen ambas señales con una recta. Mirando desde ella hacia la varilla, está el sur geográfico.

Estos valores son calculables, pero es más frecuente tomarlos de tablas en las se recogen los valores correspondientes a un determinado lugar.

En la tabla de coordenadas solares aparecen los datos de altura y azimut para el día 1 de cada mes del año y a diferentes horas del día. Hay que tener en cuenta que la órbita descrita diariamente por el Sol en el cielo es simétrica (en estas tablas, al mediodía solar se le asigna el valor 0) y que la alzada solar máxima coincide con el mediodía solar. Esto hace que los datos de altura sean iguales para los intervalos de tiempo que transcurren anteriores y posteriores al mediodía. Lo mismo ocurre con el azimut, pero para distinguirlos, se coloca delante el signo negativo (-) si es antes del mediodía (dirección este) y positivo (+) si es después del mediodía (dirección oeste).

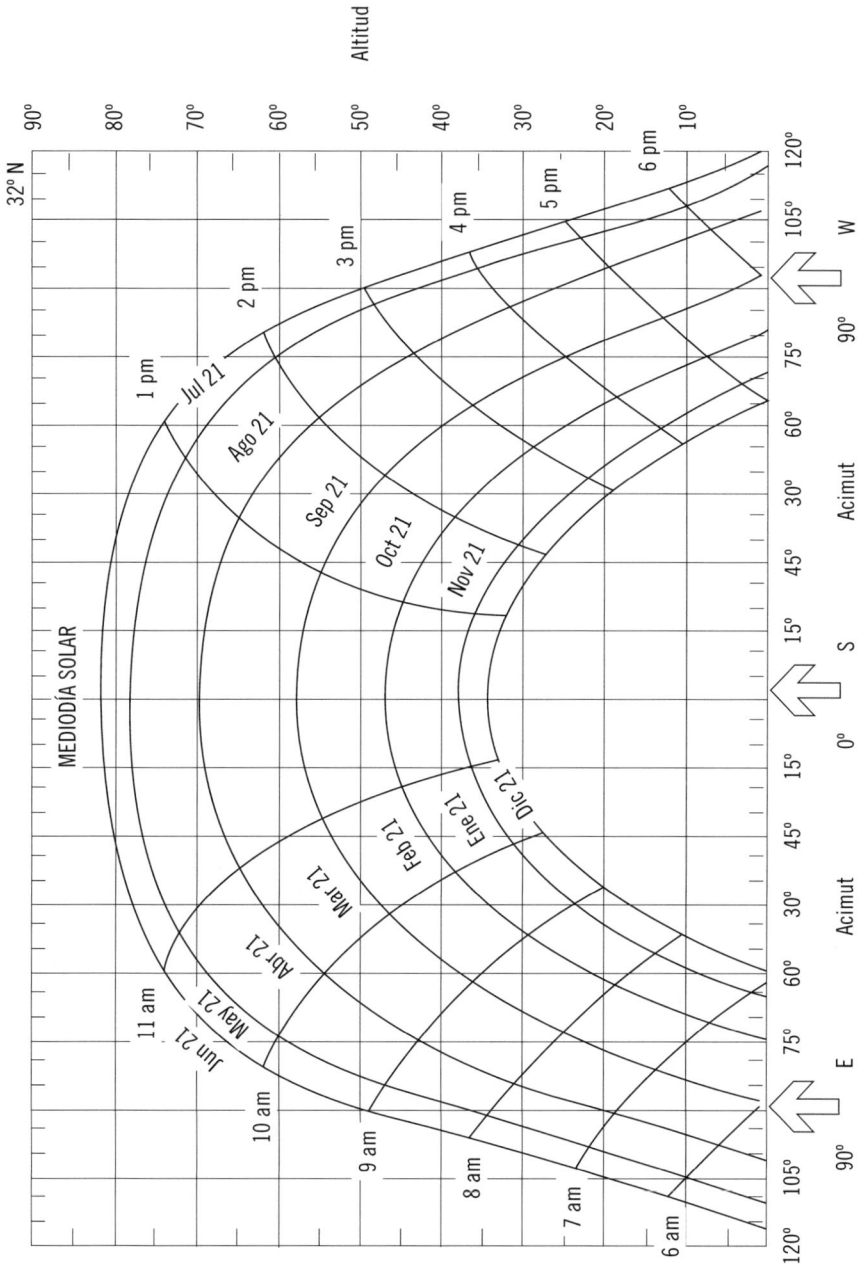

5. Radiación solar y métodos de cálculo. Método de cálculo F-Chart y dinámico

Según la Guía IDAE 022: Guía Técnica de Energía Solar Térmica, existen diferentes factores que afectan a los parámetros de funcionamiento de las instalaciones solares. Alguno de ellos son:

- El número de captadores solares.
- Las propiedades de los captadores: curva de rendimiento, superficie útil de captación, coeficiente de pérdidas, ...
- La efectividad del intercambiador empleado.
- Los caudales de circulación.
- El tipo de fluido.

En función del método de cálculo utilizado será necesaria la definición de parámetros de funcionamiento específicos, pudiéndose utilizar cualquier método suficientemente validado y con los mismos datos de partida (parámetros de uso, climáticos y los criterios para calcular las pérdidas térmicas de las instalaciones). De esta manera es posible realizar la comparativa de las distintas configuraciones posibles, con el objetivo de seleccionar la mejor solución de aprovechamiento para una determinada aplicación.

La comparación de los diferentes parámetros, tipos de instalación o soluciones técnicas debe realizarse con el mismo método de cálculo validado, el cual debe ser aceptado por las partes que intervienen, como son propietarios, proyectistas o instaladores.

5.1. Método de cálculo

Existen diferentes métodos de cálculo, los cuales se clasifican en:

- Simulación dinámica
- Simulación estática
- Cálculo estático simplificado

Simulación dinámica

Son los métodos más avanzados, realizando simulaciones dinámicas del comportamiento de cualquier tipo de instalación a través de la modelización física de los distintos elementos que las componen, permitiendo la modificación de numerosas variables de funcionamiento.

Los resultados obtenidos son muy exactos y parecidos a la realidad, permitiendo la optimización de los diseños y la obtención de información de los parámetros más sensibles de las instalaciones.

Estos métodos requieren más tiempo para su uso, tanto para la formación de los operarios que los utilizan como para la propia operación del método, introducción de datos y evaluación de los resultados.

 Sabía que...

Uno de los métodos más utilizados es el TRNSYS, desarrollado por la Universidad de Wisconsin. Está basado en la integración de componentes caracterizados, la mayoría de ellos, normalizados y predefinidos.

Simulación estática

Estos métodos de cálculo permiten la evaluación de las prestaciones de las instalaciones con resultados cercanos a los métodos dinámicos, pero reduciendo el tiempo y el coste en su uso. Las interfaces de los programas disponibles son sencillas e intuitivas, utilizando configuraciones de sistemas predefinidos, características de componentes seleccionables mediantes bibliotecas y bases de datos meteorológicos según la ubicación de la instalación.

Alguno de los programas para la realización de simulaciones estáticas son:

- **T*SOL:** para realizar simulaciones en cualquier periodo de tiempo. Ofrece información de las temperaturas, la viabilidad o el cálculo de emisiones contaminantes ahorradas. Solo se pueden utilizar los modelos SST predefinidos en el programa, aunque permite la modificación de componentes específicos.
- **POLYSUN:** *software* suizo similar al T*SOL, pero con parámetros de uso más restringidos. Está especialmente indicado para empresas instaladoras, ingenierías, oficinas de planificación e instituciones educativas.
- **ACSOL:** colección de programas para el cálculo de las prestaciones de sistemas solares térmicos de *software* libre, descargable a través de la web de la Agencia Andaluza de la Energía. Incluye los esquemas de configuración más habituales. En su manual se detallan los criterios que se deben considerar para el dimensionado de los componentes y las instalaciones.

Cálculo estático simplificado

Son programas sencillos que usan valores medios mensuales, teniendo en cuenta el tipo de captador, la superficie de captación y el consumo de agua caliente para establecer el rendimiento del sistema.

Son rápidos, pero limitados, ya que no son válidos para la evaluación del comportamiento del sistema en condiciones singulares o en periodos cortos de tiempo.

El *software* f-Chart, desarrollado en 1977 por Beckman, Klein y Duffie para el dimensionado de sistemas solares térmicos de calefacción y ACS, es uno de los más utilizados en los proyectos ejecutados en España. Utiliza las curvas que relacionan la fracción solar del sistema con los parámetros de diseño del mismo, obtenidas mediante simulaciones dinámicas del modelo TRNSYS.

El método f-Chart tiene algunas limitaciones que no permiten cubrir todas las necesidades del mercado español, por lo que la Asociación Solar de la Industria Térmica (ASIT), junto con el Instituto para la Diversificación y Ahorro de la Energía (IDEA) han desarrollado el método METASOL, basada en el software de simulación dinámica TRANSOL e incorporando los principios del método f-Chart.

Comparación de los métodos de cálculo bajo diversos criterios

Criterio	Simulación dinámica	Simulación estática	Cálculo estático
Tipos de configuración	Todas	Algunas elegidas	Definidas en cada caso
Datos de partida	Muchos y complejos	Bastantes datos	Pocos y básicos
Exactitud y precisión	Elevada	Suficiente	Aproximada
Periodo característico	Elegible	Horas	Días medios por mes
Resultados	Completos	Simplificados	Valores total y medios
Tiempo de ejecución	Bastante largo	Corto o medio	Despreciable
Coste	Precio elevado	Variable: costo medio	Gratuitos
Conocimientos usuario	Muy experimentado	Conocedor de sistemas	Básica
Formación usuario	Intensa y larga	Superficial y corta	Intuitiva e inmediata
Tipo de usuario	Centros tecnológicos	Ingeniería e instalador	Todos

Tomado de Guía IDAE 022: Guía Técnica de Energía Solar Térmica. Existen diferentes factores que afectan a los parámetros de funcionamiento de las instalaciones solares (p.168), por ASIT, 2020.

5.2. Método de cálculo f-Chart

Con este método se determina la fracción solar **f** de una instalación para una demanda de energía **DE** calculada en base a los parámetros funcionales y el procedimiento que se va a describir a continuación. Mediante este procedimiento se obtienen los parámetros adimensionales X_i (pérdidas de la instalación) e Y_i (ganancias de la instalación), utilizados para calcular el valor mensual de la contribución solar f_i.

Parámetros funcionales

Para poder realizar los cálculos de las prestaciones energéticas mediante el método f-Chart son necesarios los siguientes parámetros:

- **Ac** = superficie de apertura del sistema de captación (m²). Está definida por:

  - Número de captadores solares.
  - Superficie de apertura del captador solar (m²).

- η = rendimiento del captador:

  - $F_R(\tau\alpha)$ = factor de eficiencia óptica del captador solar.

$$F_R(\tau\alpha) = \eta_0$$

  - $F_R U_L$ = coeficiente de pérdidas global (W/(m²·K)).

$$F_R U_L = a_1 + 40 \cdot a_2$$

  Siendo:

  a_1 = factor lineal de pérdidas del captador
  a_2 = factor cuadrático de pérdidas del captador

- **V/A** = volumen específico de acumulación (l/m²).
  Caudales e intercambio:

  - m_1 = Caudal másico en circuito primario (kg/(s·m²))
  - m_2 = Caudal másico en circuito secundario (kg/(s·m²))
  - Cp_1 = Calor específico en circuito primario (J/(kg·K))

■ Cp_1 = Calor específico en circuito primario (J/(kg·K))

■ ε = Efectividad del intercambiador

Procedimiento

Se calcula para cada mes del año los parámetros adimensionales X_i e Y_i, tomando i el valor de 1 a 12, mediante las fórmulas:

$$X_i = ((Ac \cdot F_R U_L \cdot F_{IC} \cdot (100 - Ta_i) \cdot \Delta t_i \cdot CV \cdot CT_i))/DE_i$$

$$Y_i = ((Ac \cdot F_R(\tau\alpha) \cdot F_{IC} \cdot MAI \cdot HT_i \cdot N_i))/DE_i$$

Siendo:

■ F_{IC} = factor de corrección del intercambiador de calor, donde se supone que $m_1 \cdot Cp_1 = m_2 \cdot Cp_2 = m \cdot Cp$.

$$F_{IC} = \cfrac{1}{\left[1 + \left(\left(\dfrac{F_R U_L}{mCp}\right) \cdot \left(\dfrac{1}{\varepsilon} - 1\right)\right)\right]}$$

■ **CV** = corrección por volumen de acumulación.

$$CV = \left(\dfrac{\left(\dfrac{V}{A}\right)}{75}\right)^{-0,25}$$

- **CT**$_i$ = corrección por temperatura de agua caliente.

$$CT_i = \frac{\left(11{,}6 + 1{,}18 \cdot T_p + 3{,}86 \cdot Tf_i - 2{,}32 \cdot Ta_i\right)}{\left(100 - Ta_i\right)}$$

Siendo:

- T_p = temperatura de preparación
- Tf_i = temperatura de agua fría
- Ta_i = temperatura ambiente media mensual

- **MAI** = modificador del ángulo de incidencia tomando el valor K(50) del ensayo del captador.
- **Ta**$_i$ = temperatura ambiente media mensual (ºC).
- **Δt**$_i$ = número de segundos en el mes (s).
- **DE**$_i$ = **DE**$_{ACS}$ = demanda de energía mensual (J).
- **HT**$_i$ = irradiación solar incidente diaria media mensual (J/m^2).
- **N**$_i$ = número de días en el mes.

Una vez calculados los valores de X$_i$ e Y$_i$, el factor fi se calculará, para cada mes del año, utilizando la expresión:

$$f = 1{,}029 \cdot Y_i - 0{,}065 \cdot X_i - 0{,}245 \cdot Y_i^2 + 0{,}0018 \, X_i^2 + 0{,}0215 \cdot Y_i^3$$

El valor de la fracción solar fi siempre será ≤ a 1. El rango de validez de la función f$_i$ limita los valores que pueden tomar X$_i$ (0 < X$_i$ < 18) e Y$_i$ (0 < Y$_i$ < 3).

El aporte solar **AS**$_i$, de cada mes, se determinará mediante la ecuación:

$$AS_i = f_i \cdot DE_i$$

Obtenidos los valores para cada uno de los meses del año, la fracción o contribución solar media anual de la instalación, **f,** se determina:

$$f = \frac{\Sigma \left(f_i \cdot DE_i \right)}{\Sigma \, DE_i} = \frac{\Sigma \, AS_i}{DE_i}$$

5.3. Método de cálculo METASOL

Es un método de cálculo que parte de modelos detallados y muy ajustados, obtenidos mediante el programa TRANSOL. Es muy parecido al método f-Chart, pero tiene importantes diferencias:

- Las simulaciones se realizan según los requerimientos de la normativa española y las características del mercado español en cuanto a condiciones climáticas (radiación y temperatura ambiente) y de demanda (consumo, temperatura de agua fría y caliente).
- Dispone de ocho configuraciones, abarcando instalaciones de consumo único y múltiple.

En este método, se han definido 12 variables de entrada para la caracterización de la operación y las propiedades del sistema. Dependiendo de la configuración seleccionada, serán necesarias unas variables u otras.

También se utilizan tres factores para caracterizar la localización de la instalación: radiación, temperatura de agua de red y temperatura ambiente.

Una vez definidas las variables y los factores necesarios para la configuración escogida, el programa calculará el aporte solar de la instalación mediante ecuaciones sencillas, consistentes y precisas.

6. Cálculo de sombreamientos externo y entre captadores

Cuando se decide colocar una instalación solar térmica hay que calcular el lugar más idóneo de colocación de los colectores, ya que la radiación que incide sobre estos puede verse afectada por diversos elementos como arquitectónicos, vegetales e incluso de otros paneles solares, de ahí la importancia del estudio de las sombras.

6.1. Descripción de la evolución de las sombras

Para lograr el máximo aprovechamiento de un sistema de energía solar térmica, habrá de tenerse en cuenta la presencia de posibles sombras sobre los captadores.

Aun cuando los captadores térmicos no son especialmente sensibles a las sombras y, por regla general, no dejan de funcionar cuando son parcialmente sombreados hasta en un 15-30 % de su superficie, esto reduce evidentemente su producción, sobre todo si las sombras se producen durante las horas centrales del día, en las cuales la insolación es máxima.

Como no siempre es posible evitarlas, para el estudio de sombras proyectadas sobre captadores debe tenerse en cuenta que el día más desfavorable es el solsticio de invierno. Así se garantiza que durante el periodo de la vida de la instalación, estas no se produzcan.

 Importante

A la hora de dimensionar un sistema de colectores térmicos, todos los cálculos han de hacerse considerando las condiciones climatológicas existentes en los meses más desfavorables del año.

Una determinación exacta de las posibles sombras se puede realizar conociendo la altura solar y el azimut durante todo el año y así comprobar si algún obstáculo puede, en algún momento, llegar a ocultar el Sol e impedir que llegue la radiación solar al captador.

Una vez que se conocen la altura solar y el azimut correspondientes a la fecha y hora de cálculo, solo queda saber la altura del objeto para poder calcular la longitud de la sombra que proyecta.

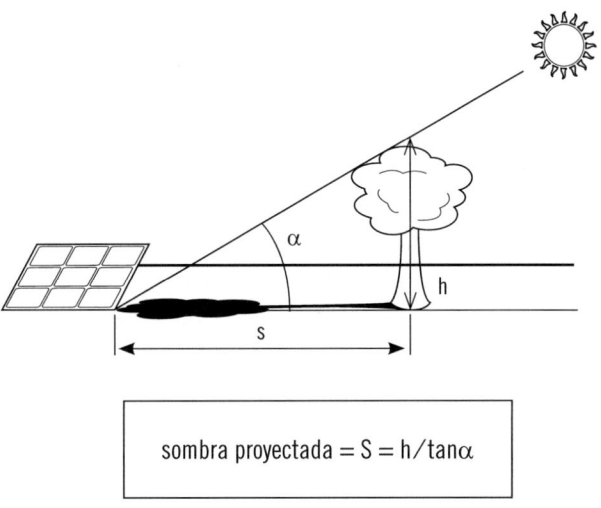

$$\text{sombra proyectada} = S = h/\tan\alpha$$

Donde:

h = altura del objeto a partir de la cota donde se colocan los captadores.
α = altura solar (ángulo) a partir de las tablas de coordenadas.

6.2. Diagrama de sombras

El diagrama de sombras es una representación gráfica del área sombreada por un objeto en el transcurso de las horas centrales del día (horas de mayor radiación). La importancia de este diagrama radica en que permite tomar una decisión sobre la ubicación de los módulos sin sorpresas posteriores (módulos a la sombra) o bien evaluar la energía disponible en caso de que no sea posible encontrar una localización sin sombras.

El primer paso para representar el diagrama en planta es dibujar el objeto de estudio. A continuación se trazan unos ejes de coordenadas que coincidan con los puntos cardinales y se determina la escala del dibujo.

A partir de las tablas solares y de la expresión matemática del cálculo de sombras, se hacen los cálculos relativos a las horas centrales del día (de 9 a 15 h solar). Con el resultado de estos cálculos se confecciona una tabla de datos que ayudará a hacer el dibujo.

Se comienzan a dibujar los datos referentes al mediodía (12 h solar), que será una proyección de los vértices del objeto en dirección paralela al norte (dado que el Sol está al sur). A partir de esta proyección, se traza el resto teniendo en cuenta la desviación al sur según los datos de azimut.

En la siguiente figura se muestra la banda de trayectoria del Sol a lo largo de todo el año, válido para localidades de la península Ibérica y Baleares (para las islas Canarias el diagrama debe desplazarse 12° en sentido vertical ascendente). Dicha banda se encuentra dividida en porciones, delimitadas por las horas solares (negativas antes del mediodía solar y positivas después de este) e identificadas por una letra y un número (A1, A2,....., D14).

Diagrama de sombras

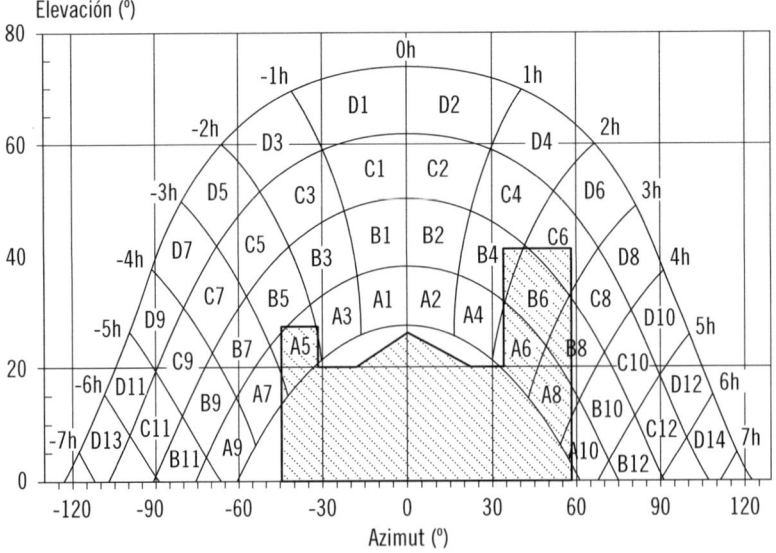

Cada una de las porciones representa el recorrido del Sol en un cierto periodo de tiempo (una hora a lo largo de varios días) y tiene, por tanto, una determinada contribución a la irradiación solar global anual que incide sobre la superficie del estudio. Así, el hecho de que un obstáculo cubra una de las porciones supone una cierta pérdida de irradiación, en particular aquella que resulte interceptada por el obstáculo.

6.3. Separación entre captadores

Una de las principales aplicaciones del cálculo de sombras que proyecta un objeto es la de conocer si una línea de captadores solares hará o no sombra a otra que se encuentre detrás o, dicho de otra forma, calcular la distancia mínima de colocación entre baterías de captadores para evitar que los de delante tapen a los de atrás.

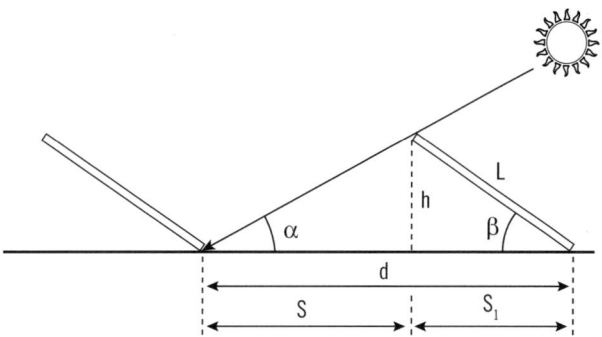

Donde:

- L = longitud del captador
- α = altura solar máxima (ángulo) a partir de las tablas de coordenadas
- β = ángulo de inclinación del captador
- h = altura efectiva del captador sobre la horizontal

$$h = L \cdot \sin\beta$$

- S = sombra proyectada por el captador

$$S = h/\tan\alpha$$

- S1 = espacio de ocupación del captador

$$S_1 = L \cdot \cos\beta$$

- d = distancia mínima entre captadores para evitar sombras. Se calcula sumando la sombra proyectada por el captador, más su espacio de ocupación:

$$d = S + S_1 = \frac{h}{\tan\alpha} + L \cdot \cos\beta = \frac{L\sin\beta}{\tan\alpha} + L \cdot \cos\beta =$$

$$d = S + S_1 = L\left(\frac{\sin\beta}{\tan\alpha} + \cos\beta\right)$$

 **Consejo**

Al proyectar una instalación conviene situar los colectores solares separados entre ellos una distancia algo mayor que la distancia mínima que debe existir entre ellos, para así asegurarse de que ningún colector se vea afectado por las sombras que proyectan los que le rodean.

Para estimar en planta la superficie necesaria Sn (m²) para la ubicación de los captadores, hay que utilizar la siguiente expresión:

$$\text{Superficie necesaria} = Sn = n_c \cdot d \cdot a_c$$

Siendo:

nc = número de captadores en la instalación
d = distancia mínima entre captadores para evitar sombras
ac = anchura del captador

Aplicación práctica

María es la proyectista de una instalación de paneles solares térmicos cuyos captadores tienen una longitud de 1,5 m. Los captadores están colocados con un ángulo de inclinación, β, proporcionando una altura efectiva del captador sobre la horizontal de 1,149 m. Conociendo que la altura solar (ángulo) es de 35°, ¿a qué distancia mínima se tendrá que colocar cada fila de captadores solares para evitar las sombras?

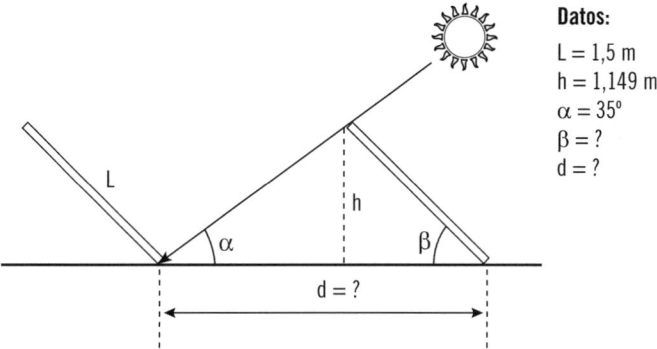

Datos:

L = 1,5 m
h = 1,149 m
α = 35°
β = ?
d = ?

Continúa en página siguiente >>

<< Viene de página anterior

SOLUCIÓN

Para poder calcular la distancia mínima entre captadores para evitar sombras con la fórmula:

$$d = S + S_1 = L\left(\frac{\sin\beta}{\tan\alpha} + \cos\beta\right)$$

Es necesario calcular el ángulo de inclinación de los captadores (β). Para ello, se utiliza la expresión:

$$h = L \cdot \sin\beta$$

Despejando β, quedaría:

$$\beta = \sin^{-1}\frac{h}{L} = \sin^{-1}\frac{1{,}149}{1{,}5} = 50°$$

Sustituyendo en la fórmula inicial:

$$d = S + S_1 = 1{,}5\left(\frac{\sin 50}{\tan 35} + \cos 50\right) = 2{,}61 \text{ m}$$

6.4. El Sol y la energía solar térmica

La energía solar térmica (EST) es un método de aprovechamiento en el que se transforma la energía radiante del Sol en calor, que sirve para la producción de agua caliente destinada al consumo doméstico, agua caliente sanitaria, calefacción, etc., o para producción de energía mecánica y, a partir de ella, de electricidad.

El lugar en el que tiene lugar la transformación de la energía radiante en calor recibe el nombre de captador solar.

La EST aprovecha la componente directa y difusa de la radiación total. La conversión de energía radiante en calor se realiza por los mecanismos de conducción, convección y radiación.

Por conducción, se produce la transferencia de calor desde una región que está a una temperatura hasta otra que está a una temperatura inferior en el mismo medio o entre diferentes medios que se encuentran en contacto. Si la transferencia de calor se produce por el desplazamiento de materia entre regiones con diferentes temperaturas, entonces se trata de convección. La convección se produce únicamente en materiales fluidos (líquido o gas). Al hablar de radiación, se hace referencia al flujo de calor entre dos cuerpos que están a distinta temperatura, sin que en este caso se requiera ningún medio material.

La radiación solar que llega a un colector lo hace sobre la cubierta transparente. Una parte será reflejada, volviendo al exterior, y otra se transmitirá, y de esta que se transmite, la cubierta absorberá una parte.

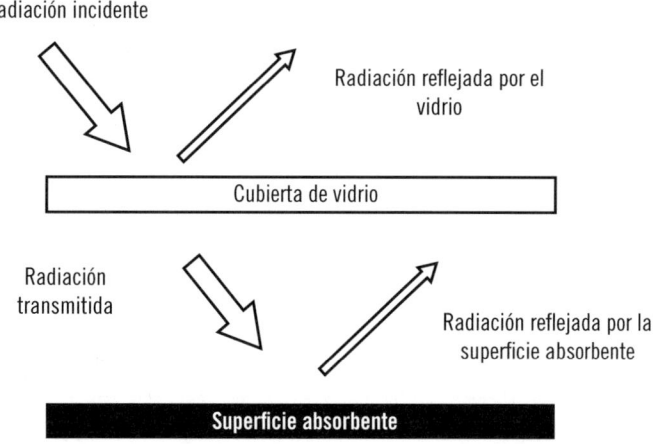

El factor económico es el principal problema en el aprovechamiento de la energía solar. El costo de la instalación de un sistema convencional de gas o de electricidad para calentar agua es, inicialmente, barato pero después hay que abonar mensualmente el importe del suministro correspondiente. Esto no ocurre con la energía solar, ya que es totalmente gratuita. El importe de una instalación de placas solares, con un acumulador, para una familia de cuatro miembros es de unos 1.000 €. Esto implica que la amortización de la instalación comienza al cabo de tres años y, posteriormente, se realiza dicha amortización por completo, teniendo un gasto mínimo de mantenimiento y de energía supletoria para estaciones del año más frías y con menos horas de Sol.

Sistema de captación de energía solar. Alta temperatura

 ## Importante

No confundir energía solar térmica con energía solar fotovoltaica, ya que sus fundamentos son muy diferentes. La energía solar térmica aprovecha la radiación para calentar un fluido, mientras que la energía solar fotovoltaica utiliza la radiación para producir electricidad a partir del movimiento de los electrones de las células fotovoltaicas.

7. Efecto invernadero en un colector

El efecto invernadero es la base principal en el funcionamiento de los captadores solares. La cubierta transparente es atravesada por la radiación solar, de longitud de onda corta. Esta es absorbida y transformada en energía térmica por el absorbedor del captador. Dicho absorbedor, cuando se calienta, emite radiaciones de longitud de onda larga, la cual no puede salir fuera, debido a que la cubierta transparente es opaca frente a esta radiación, siendo mínima la pérdida de energía por radiación. También se disminuyen las pérdidas de calor por convección, debido a que la cubierta transparente evita el contacto directo del absorbedor con el aire ambiente.

8. Resumen

El Sol es la principal fuente de vida en la Tierra. La energía solar es la causante de la mayoría de las energías renovables.

La energía solar se aprovecha de distintos modos, y uno de ellos es la producción de electricidad para cualquier uso. Así, también se puede calentar agua para su uso directo o utilizarla como calefacción de edificios.

Cuanto más pequeña sea la longitud de onda, más grande será la frecuencia, es decir, más veces se repite la onda en el tiempo y, por tanto, puede ser transportada mayor energía.

Se llama constante solar a la radiación solar (flujo o densidad de potencia de la radiación solar) recogida fuera de la atmósfera sobre una superficie perpendicular a los rayos solares.

Según cómo llegue la luz solar a la superficie de la Tierra, se puede clasificar la radiación en tres tipos diferentes: directa, dispersa o difusa y albedo.

Para aprovechar al máximo esa radiación solar, la orientación de los captadores se hace hacia el sur en el hemisferio norte y hacia el norte en el hemisferio sur.

Para el dimensionado de las instalaciones de energía solar térmica se sugiere el método de las curvas f (F-Chart), que permite realizar el cálculo de la cobertura de un sistema solar, es decir, de su contribución a la aportación de calor total necesario para cubrir las cargas térmicas, y de su rendimiento medio en un largo período de tiempo.

Para lograr el máximo aprovechamiento de un sistema de energía solar térmica, habrá de tenerse en cuenta la presencia de posibles sombras sobre los captadores.

Ejercicios de repaso y autoevaluación

1. El Sol es el causante de...

    a. ... las precipitaciones.
    b. ... las olas.
    c. ... el viento.
    d. Todas las opciones son correctas.

2. La radiación solar es bastante constante...

    a. ... antes de llegar al suelo.
    b. ... antes de llegar a la atmósfera.
    c. ... después de atravesar la atmósfera.
    d. Todas las opciones son incorrectas.

3. La absorción de calor se hace mediante colectores térmicos o placas solares térmicas. Estos convierten....

    a. ... entre un 40 % y un 60 % de la luz solar recibida.
    b. ... entre un 40 % y un 70 % de la luz solar recibida.
    c. ... entre un 30 % y un 60 % de la luz solar recibida.
    d. ... entre un 30 % y un 50 % de la luz solar recibida.

4. Para aprovechar al máximo esa radiación solar, ¿cuál debe ser la orientación de los captadores?

    a. Siempre hacia el sur.
    b. Siempre hacia el norte.
    c. Hacia el norte en el hemisferio norte y hacia el sur en el hemisferio sur.
    d. Hacia el sur en el hemisferio norte y hacia el norte en el hemisferio sur.

5. Relacione los siguientes elementos.

    a. Azimut... (A)
    b. Altura solar...(h)

— ... es el ángulo que forman la proyección de los rayos solares sobre un plano tangente a la superficie terrestre y el sur geográfico, cuando el sol se encuentra exactamente sobre el sur geográfico (mediodía solar).

— ... es el ángulo que forman los rayos solares con la horizontal cuando llegan a la superficie de la tierra.

6. Complete la siguiente oración.

Para el _____ de las instalaciones de energía solar térmica se sugiere el método de las curvas f (_____), que permite realizar el cálculo de la cobertura de un sistema solar, es decir, de su contribución a la aportación de calor total necesario para cubrir las cargas_____, y de su _____ medio en un largo período de tiempo.

7. Para el estudio de las sombras proyectadas sobre captadores debe tenerse en cuenta que el día más desfavorable es el...

    a. ... solsticio de invierno.
    b. ... solsticio de verano.
    c. ... equinoccio de otoño.
    d. ... equinoccio de primavera.

8. Determine si la siguiente oración es verdadera o falsa: "El diagrama de sombra es una representación gráfica del área sombreada por un objeto en el transcurso de las horas de la mañana".

    ☐ Verdadero
    ☐ Falso

9. Determine si la siguiente oración es verdadera o falsa: "El efecto invernadero es la base principal en el funcionamiento de los captadores solares".

    ☐ Verdadero
    ☐ Falso

Capítulo 2
Tipos de instalaciones solares térmicas de baja, media y alta temperatura

Contenido

1. Introducción

La intensidad de energía utilizable una vez que la radiación solar atraviesa la atmósfera es muy baja, y su utilización está condicionada por la temperatura a la cual se va a aprovechar. La energía solar térmica, según su utilización, se puede clasificar en baja, media o alta temperatura. En este capítulo, entre otras cosas, se verá el porqué de esta clasificación, los tipos de colectores y el funcionamiento global de las instalaciones.

2. Clasificación instalaciones solares

Según la utilización que se vaya a hacer de la energía solar térmica, las instalaciones se clasificarán en los siguientes tipos: baja temperatura, media temperatura y alta temperatura.

2.1. Baja temperatura

La energía solar que se utiliza en hogares y suele instalarse en tejados de viviendas se denomina de baja temperatura. El sistema en el que se basa la captación solar es de gran utilidad y, a su vez, muy simple. También posee una multitud de aplicaciones para el hombre por los servicios que ofrece.

Se denominan sistemas de baja temperatura a todos aquellos en los que el fluido calentado no sobrepasa los 100 ºC. En estas instalaciones se utiliza como receptor un captador fijo de placa plana o uno solar de vacío. Los usos más frecuentes de la energía solar de baja temperatura son: la calefacción de edificios, la climatización de piscinas, la producción de agua caliente sanitaria, etc.

 Sabía que...

Con una sencilla instalación puede conseguirse agua caliente para uso doméstico que cubra por completo las necesidades de una familia durante todo el año.

Como se ha dicho anteriormente, el aprovechamiento térmico se realiza a través de colectores planos. Estos apenas poseen poder de concentración, y esto quiere decir que la relación entre la superficie externa y la superficie interior es aproximadamente la unidad.

Ejemplo de una instalación solar térmica unifamiliar

2.2. Media temperatura

La tecnología de media temperatura se emplea para aquellas aplicaciones que requieren temperaturas más elevadas de trabajo que las de baja temperatura. Como se indica en el apartado anterior, los captadores planos convencionales presentan rendimientos bajos cuando se está generando menos de 100 °C. Si se pretende generar vapor entre 100 °C y 250 °C se acudirán a otros tipos de elementos de captación.

Para conseguir niveles tan altos de temperatura es indispensable utilizar sistemas que concentren las radiaciones solares a través de lentes o espejos parabólicos. En la actualidad, los captadores más desarrollados son los cilindros parabólicos, los cuales, para calentar el fluido hasta producir la vaporación que permite mover una turbina, utilizan espejos y así aumentan el potencial calorífico. Así, la energía térmica se transforma en energía mecánica.

En estas instalaciones se suele utilizar como fluido el aceite o soluciones salinas, ya que dichos materiales permiten trabajar a temperaturas más elevadas. También hay que tener en cuenta que estos sistemas necesitan un continuo seguimiento del Sol, debido a que solamente aprovechan la radiación directa. Y por este motivo, en las tecnologías de media temperatura son bastante comunes los equipos de seguimiento en los ejes cardinales, norte-sur o este-oeste. Estos tipos de seguimiento no son los únicos, ya que se pueden encontrar con posibilidad de giro en todos los sentidos, pero se complica mucho su fabricación, por lo que no suele ser una solución muy adecuada para este tipo de sistemas de captación.

En la actualidad, las instalaciones de media temperatura más usuales que se han realizado han sido en la producción de vapor para procesos industriales y en la producción de energía eléctrica en pequeñas centrales de 30 a 2.000 kW.

Plantación solar de media temperatura

![?] **Sabía que...**

Existen otras aplicaciones de la energía solar, como la desalinización o la refrigeración.

2.3. Alta temperatura

En este tipo de tecnología, la radiación solar puede servir para producir energía eléctrica a gran escala. Como se mencionó con anterioridad, esta electricidad se consigue convirtiendo el calor en energía mecánica y, posteriormente, en energía eléctrica. En estas instalaciones, también conocidas como termoeléctricas, se utilizan procesos tecnológicos parecidos a los utilizados en las instalaciones de media temperatura, pero con mayor capacidad para poder concentrar los rayos solares y así alcanzar temperaturas más elevadas. En este tipo de sistemas se llegan a superar los 2.000 ºC de temperatura debido a la colocación de un número elevado de espejos enfocados hacia el mismo punto con el fin de calentar un fluido hasta convertirlo en vapor. Esto hace que la presión sea bastante elevada y esta permite el accionamiento de una turbina que, a su vez, impulsará un generador eléctrico.

Dentro de este tipo de instalaciones, las que han conseguido mayor desarrollo son las centrales torres, las cuales están formadas por un campo de espejos (helióstatos), que hacen un seguimiento del Sol en todas las direcciones para así reflejar la radiación sobre una caldera que se sitúa en la parte superior de la torre central, y los sistemas cilindro parabólicos, que reflejan los rayos solares en un tubo situado a lo largo de la línea focal del espejo. En España, se han puesto en marcha últimamente varios proyectos para la construcción de plantas solares con las características que se están describiendo, y cuentan con muy buenas expectativas para el futuro.

Para la obtención de estos sistemas, es necesario recurrir a colectores especiales, llamados de concentración, cuya función es la de aumentar la radiación por unidad de superficie.

3. Rendimiento de los sistemas solares

El rendimiento de una instalación solar, tanto térmica como fotovoltaica, es una de las magnitudes más importantes a tener en cuenta a la hora de evaluar si una instalación solar es eficiente o no. Dicha magnitud generalizada viene dada por la siguiente expresión:

$$\text{Rendimiento} = \eta = \frac{Q_u}{A \cdot I}$$

Siendo:

- Q_u = potencia térmica útil extraída por el fluido en un tiempo determinado (W)
- A = superficie o área útil del captador (m²)
- I = irradiación solar sobre la superficie del captador en el mismo intervalo de tiempo (W/m²)

Su valor depende directamente de las pérdidas ópticas y térmicas que tenga el captador. Las primeras se refieren a la proporción de irradiancia solar no absorbida. Este valor está sujeto a varias propiedades, unas son las propiedades absorbentes del absorbedor y otras las propiedades transmisivas de la cubierta. Por ello, dicho factor óptico es equivalente al producto de ambos términos. Las pérdidas térmicas dependen de varios factores: de la irradiancia incidente y de la conductividad térmica de los materiales que constituyen el captador y de la diferencia de temperatura entre el absorbedor y el ambiente.

Curvas de rendimiento de un captador solar

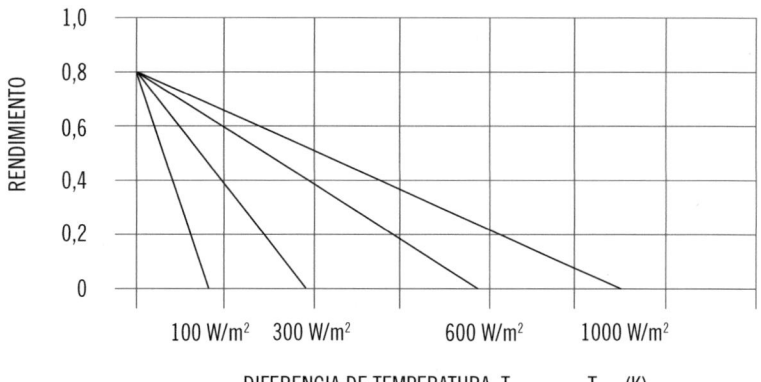

Cuanto más baja sea la temperatura del fluido de entrada a los captadores y mayor la radiación solar incidente sobre ellos, mayor será la producción energética de los captadores dentro de una instalación solar térmica.

 Sabía que...

Los sistemas solares pueden suponer ahorros en el coste de preparación del agua caliente de aproximadamente entre un 70 y un 80 % respecto a los sistemas convencionales.

3.1. Expresiones correspondientes

A la hora de calcular la eficiencia de un captador solar es necesario el cálculo de una serie de magnitudes que vienen dadas por las siguientes que se presentan a continuación.

Rendimiento de un captador solar por unidad de tiempo

Es la relación existente entre la potencia útil aportada por el captador solar y el producto de la radiación solar total que incide sobre el captador. Dicha magnitud se calcula mediante la siguiente expresión:

$$\eta = Q_u / (I \cdot A)$$

Donde:

- η = Es el rendimiento por unidad de tiempo
- **A** = Área del captador (m^2)
- **I** = Radiación solar que incide sobre el captador (W/m^2)
- **Qu** = Potencia térmica útil generada (W)

Potencia térmica útil generada

Es la diferencia existente entre la potencia térmica total absorbida por el captador solar y las pérdidas térmicas del captador. Dicha potencia se calcula mediante la siguiente expresión:

$$Q_u = A \cdot I_{abs} - Qt$$

Donde:

- Q_u = Es la potencia térmica útil generada
- **A** = Área del captador
- I_{abs} = Radiación disponible en el absorbedor (W/m^2)
- Q_t = Pérdidas térmicas (W)

La radiación disponible en el absorbedor, I_{abs}, se calcula mediante la expresión:

$$I_{abs} = I \cdot \tau \cdot \alpha = I \cdot F_R (\tau\alpha)$$

Siendo:

- I = radicación solar incidente sobre el captador (W/m^2)
- τ = transmisividad de la cubierta
- α = absortancia del absorbedor
- $F_R(\tau\alpha)$ = rendimiento óptico del captador cuando la temperatura de entrada al captador es igual a la temperatura ambiente = $\tau \cdot \alpha = \eta_0$

Las pérdidas térmicas se calculan utilizando la siguiente ecuación:

$$Q_t = F_R U_L \cdot \Delta t \cdot A$$

Donde:

- $F_R U_L$ = coeficiente de pérdidas térmicas (W/(m² · K))
- ΔT = diferencia entre la temperatura de entrada del absorbedor (T_e) y la temperatura ambiente (T_a), en °C
- A = superficie o área del captador (m²)

Sustituyendo en la expresión anterior, se obtiene:

$$h = \frac{Q_u}{I \cdot A} = \frac{(A \cdot I_{abs}) - Q_t}{I \cdot A} = \frac{(A \cdot I \cdot F_R (\alpha\tau)) - F_R U_L \cdot \Delta T \cdot A}{I \cdot A}$$

$$\eta = F_R(\tau\alpha) - \frac{F_R U_L \cdot \Delta T}{I}$$

Recuerde

El rendimiento de una instalación solar es una de las magnitudes más importantes a tener en cuenta a la hora de evaluar si una instalación solar es eficiente o no.

Curvas de rendimiento de captadores solares

En la siguiente figura se muestra la curva características de rendimiento de los distintos tipos de captadores solares:

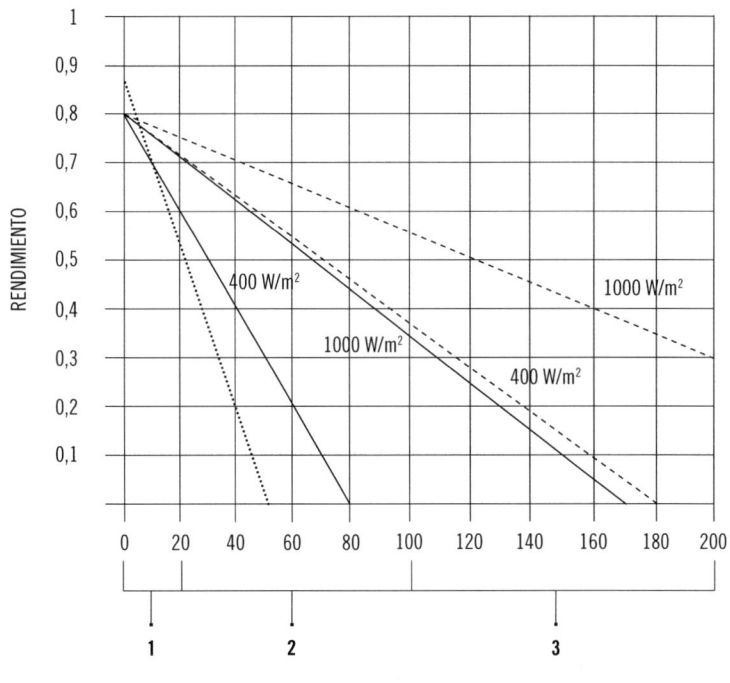

DIFERENCIA DE TEMPERATURA $T_{absorbedor} - T_{aire}$ (K, ºC)

——————— Absorbedor de piscina

·················· Captador plano

– – – – – – Captador de vacío

1. *0-25 ºC Calentamiento de piscinas*

2. *20-100 ºC Agua caliente, calefacción y usos industriales*

3. *>100 ºC Producción de frío y calor de proceso*

? Sabía que...

En la mayoría de los casos, tanto en viviendas unifamiliares, como en edificios, las instalaciones de energía solar térmica proporcionan entre un 50 y un 70 % del agua caliente demandada, por lo que siempre necesitan un apoyo de sistemas convencionales de producción de agua caliente (caldera de gas, caldera de gasóleo, etc.).

4. Tipos de colectores y características

Existen diferentes tipos de colectores adaptados a cada uso y necesidad. Los más usuales se explican a continuación junto a sus características.

4.1. Captador solar plano

La inmensa mayoría de los captadores solares planos disponibles a la venta tiene una cubierta transparente, de material aislante térmico en la parte posterior y en los laterales, de un absorbedor metálico y de una carcasa exterior rectangular donde se ubican los elementos anteriores. Posee dos o cuatro conexiones hidráulicas, que se sitúan en el exterior. Estas son por las que entra y sale el fluido.

Sección lateral de un captador solar plano

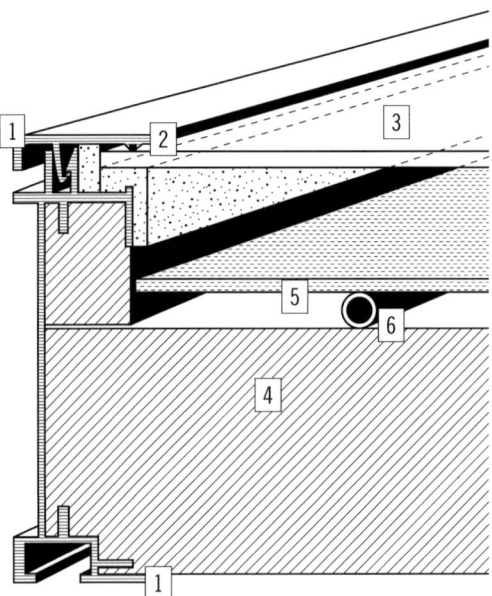

1. CAJA
2. JUNTA DE ESTANQUEIDAD
3. CUBIERTA TRANSPARENTE
4. AISLAMIENTO TÉRMICO
5. PLACA ABSORBEDORA
6. TUBOS

Un captador plano al que se le quita la cubierta de cristal puede variar su peso entre 8 y 12 kg por metro cuadrado. Sin embargo, si no se le quita la cubierta de cristal, el peso varía de 15 a 20 kg/m^2.

Otro elemento fundamental del captador solar plano es el absorbedor. Este consta de una lámina o de varias aletas metálicas, las cuales poseen muy buena conductividad térmica. También posee unas tuberías metálicas por las que circula el fluido caloportador. Para mejorar el traspaso de calor, dichas tuberías metálicas deben presentar un buen contacto con la lámina metálica. Las láminas o aletas tienen revestimientos exteriores, cuyo objetivo es el de aumentar la relación entre el flujo de radiación absorbida y reducir la emisividad del absorbedor.

De toda la radiación incidente, una pequeña parte es reflejada y el resto es absorbida y transformada en calor, el cual se transporta por el fluido caloportador que circula por las tuberías. Este calor transportado es transmitido al agua contenida en los acumuladores, muchas veces de forma directa y otras de forma indirecta a través de un intercambiador. El absorbedor debe tener siempre mucha capacidad para absorber la radiación solar y muy poca para emitir, así se puede obtener un mayor rendimiento en la energía térmica aportada por este. Para poder conseguir este mayor rendimiento, la parte frontal del absorbedor se trata con un revestimiento selectivo que hace mínima la radiación térmica infrarroja y optimiza la transformación de radiación solar en energía térmica.

Absortancia y emisividad de distintas superficies

| Lámina De Cobre | Pintura negra | Cromo negro | CERMET |

Radiación solar   Reflexión   Emisividad   Absortancia

Las electrodeposiciones de níquel negro o de cromo son los tipos de revestimientos usados normalmente. Pero hoy en día, se pueden encontrar nuevos revestimientos, los cuales dan valores de absortancia similares y unos valores de emisividad más bajos. Estos revestimientos se basan en materiales cerámicos y metálicos, están en estado casi gaseoso y poseen espesores muy finos.

Al utilizar estos revestimientos se pueden usar láminas absorbedoras más anchas y requieren menos consumo energético. Una ventaja importante es que estos absorbentes consiguen niveles de temperatura superiores en condiciones de estancamiento. También se puede observar que, con este tipo de revestimiento, el rendimiento energético es superior cuando se trabaja con temperaturas elevadas o cuando hay menor irradiancia solar sobre los mismos. Cuando se habla de una radiación solar de longitud de onda corta, se pueden distinguir las distintas partes en las que se descompone dicha radiación cuando esta incide sobre la superficie de un colector:

- **Reflectancia (μ):** es la proporción de radiación solar reflejada hacia el exterior del colector. Es igual a la radiación reflejada dividido por la radiación incidente.
- **Absortancia (α):** es la proporción que absorbe la superficie. Equivale a la radiación absorbida dividida por la radiación incidente.
- **Emisividad (β):** equivale a la radiación emitida dividida entre la radiación de un cuerpo negro a la misma temperatura.
- **Transmitancia (∂):** es la proporción de radiación solar que atraviesa la superficie. Es igual a la radiación transmitida entre la radiación incidente.

Definición

Fluido caloportador
Transporta calor de un lugar a otro a través de una tubería. El fluido caloportador absorbe el calor de una parte de la instalación para cederlo en la zona de dicha instalación que se quiera calentar.

Cualquier material refleja, absorbe o transmite siempre la radiación incidente sobre él. El valor de los mismos será en cada caso distinto dependiendo del tipo de material que haya pero, entre estos factores, siempre se cumple la siguiente relación que verifica una vez más el principio de conservación de la energía:

$$\mu + \alpha + \partial = 1$$

$$\alpha + \mu + \partial = 1$$

Según el tipo de material, la cantidad de radiación reflejada varía mucho su valor. Por ejemplo, las superficies de color oscuro reflejan menos la radiación que las que son de color claro. También, la cantidad de radiación reflejada depende, en el caso de las cubiertas de cristal, del ángulo de incidencia que estas tengan con dicha radiación.

Los absorbedores metálicos de hoy en día suelen ser de cobre. El absorbedor debe transferir el calor a las tuberías de forma adecuada, es decir, de forma duradera y teniendo una alta eficiencia. Este es uno de los requisitos que debe cumplir el buen diseño de un absorbedor.

El acero presenta mayores problemas de corrosión. Por ello, no se recomienda para hacer tuberías. Hoy por hoy, algunos fabricantes, con el fin de reducir el peso y el coste de la instalación, están realizando las tuberías con cobre y láminas de aluminio. Dependiendo de la configuración de las tuberías, se pueden distinguir diversos tipos de absorbedores: con parrilla de tubos y con serpentín. En ambas configuraciones se debe cumplir un buen equilibrado hidráulico, ya que el fluido debe circular a la misma velocidad por todas las partes. Si no, el rendimiento del captador disminuiría. También ambas configuraciones deben tener una circulación turbulenta del fluido para favorecer la transferencia de calor.

Absorbedores con forma de parrilla de tubos

A este tipo de captadores corresponde la mayoría de los comercializados hoy en día. En estos captadores, los absorbedores están constituidos por una serie de tuberías paralelas que se unen a los conductos de distribución, formándose así la parrilla de tubos. Entre las tuberías, la distancia de separación resulta del compromiso entre la minimización de los costes de producción y la maximización del calor transferido al fluido de trabajo. Habitualmente, esta distancia tiene un rango de 10 a 12 cm. Este absorbedor tiene una pérdida de carga pequeña debido a todo el recorrido por el absorbedor que hace el fluido. Por ello, es conveniente utilizar este colector en instalaciones que requieran poca pérdida de carga, como por ejemplo las de termosifón. Pero un factor que se debe tener en cuenta son las pérdidas de equilibrio hidráulico, ya que por cada tubería paralela pueden circular caudales distintos, y crear desequilibrios hidráulicos no aceptables. Dependiendo de la relación entre las pérdidas de carga en las tuberías verticales y la correspondiente a los conductos de distribución, el caudal de circulación a través del absorbedor tendrá una distribución u otra. Siempre se recomienda que la pérdida de carga en los conductos de distribución ascienda como máximo al 30 % de la pérdida de carga en una tubería vertical. Esto se realiza para que los caudales por cada una de las tuberías paralelas sean lo más parecido posible, por no decir iguales.

Dentro de este tipo de absorbedores, también se pueden distinguir distintas clases: pueden ser longitudinales o transversales. El transversal es más complejo en su fabricación, ya que tiene más puntos de soldadura, pero su uso mejora la integración arquitectónica de la instalación. Entre las parrillas de tubo que se encuentran conectadas directamente a una única lámina metálica o a diversas aletas metálicas, las que se conectan a una única lámina reducen las pérdidas por convención.

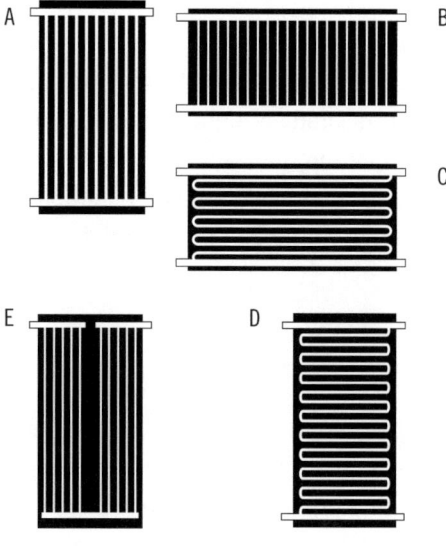

A y B. Parrilla de tubos
C y D. Tipo serpentín
E. Modelo integral

Recuerde

El acero presenta problemas de corrosión, por ello, no se recomienda para hacer tuberías.

El absorbedor integral está compuesto por tres conductos de distribución transversal y dos conjuntos de tuberías longitudinales. Por estas últimas es por donde circula el fluido. Por ello, se aumenta el salto de las temperaturas en el captador y se reduce el desequilibrio hidráulico. Poseen entradas y salidas al captador a la misma altura, punto que facilita la integración arquitectónica.

Absorbedores de tipo serpentín

La tubería de este tipo de absorbedor es básicamente un único tubo con forma de serpentín. El fluido circula únicamente por esta tubería eliminándose así las pérdidas de equilibrio hidráulico dentro de un mismo captador.

Si se considera la misma cantidad de agua circulando por el conjunto del absorbedor, la pérdida de carga en el absorbedor tipo parrilla es menor que en el absorbedor tipo serpentín. Esto se debe a que el caudal que circula por la parrilla es menor que el que circula por el de tipo serpentín. Los cambios de dirección en este tipo de absorbedores también benefician la pérdida de carga. Los absorbedores tipo serpentín no son recomendables para las instalaciones solares por termosifón.

Aislamiento térmico

Para evitar las pérdidas térmicas tanto en la parte posterior de la carcasa como por los laterales, el captador debe ser aislado adecuadamente. Siempre es recomendable instalar materiales aislantes que soporten altas temperaturas, debido a que el captador cuando está estancado puede alcanzar temperaturas entre 130 y 240 °C. También deben presentar las siguientes características:

- Por la acción del calor no se deben desprender vapores, así se disminuyen las propiedades ópticas.
- No puede aumentar su volumen por presencia de humedad, ni tampoco debe perder las propiedades aislantes.

Hoy en día se utilizan paneles laminados de poliuretano rígido expandido que, además de producir el aislamiento térmico, también aportan un soporte rígido a la estructura del captador. Además del poliuretano, en la actualidad se emplean materiales aislantes como la lana mineral, la lana de roca y la fibra de vidrio. Una de las desventajas del poliuretano es que tiene problemas para resistir temperaturas superiores a los 130 °C. Por ello, a la hora de realizar una instalación con este tipo de aislante, entre el absorbedor y el poliuretano se coloca una capa de lana mineral, eliminando el riesgo de que la instalación sufra daños por altas temperaturas. Los captadores también presentan pérdidas en la cara frontal, por lo que en determinadas ocasiones se utilizan unos aislantes térmicos llamados TIM, que son transparentes. Estos aislantes reducen las pérdidas por convección, pero disminuyen la trasmitancia global.

Revestimiento antireflexivo

En la actualidad existen revestimientos antireflexivos cuyo porcentaje llega hasta el 96 %. Dicho valor se obtiene a través de un tratamiento químico en la cubierta que incrementa su rugosidad y así disminuye el índice de reflexión. Estos son necesarios, ya que normalmente las cubiertas tienen índices de reflexión, en la parte superior y en la inferior, con un valor aproximado del 4 %. Con este tratamiento, el rendimiento del captador aumenta. Estos tipos de revestimientos han sido sometidos a ensayos donde se observa que poseen bajos niveles de emisiones a la atmósfera y que tienen buena durabilidad y estabilidad.

VIDRIO COMÚN

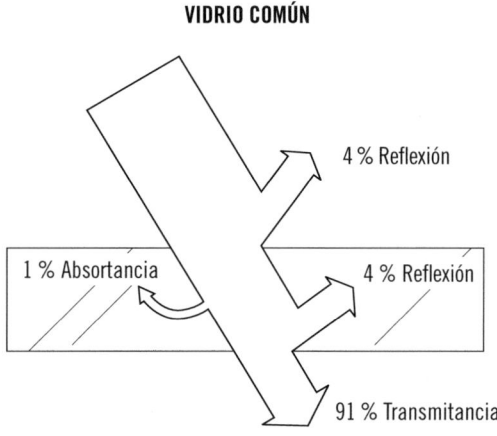

4 % Reflexión

1 % Absortancia

4 % Reflexión

91 % Transmitancia

VIDRIO ANTIREFLECTIVO

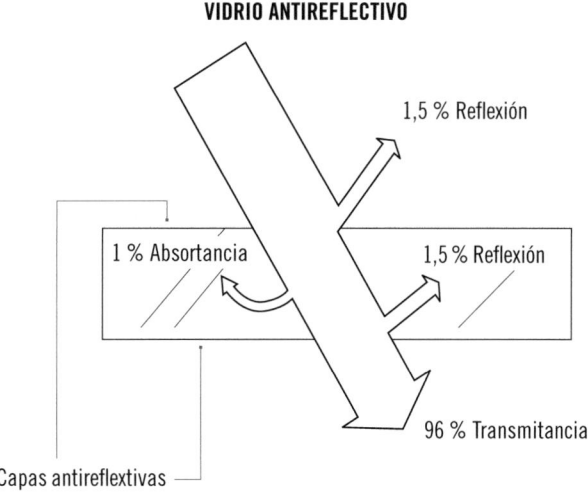

1,5 % Reflexión

1 % Absortancia

1,5 % Reflexión

96 % Transmitancia

Capas antireflextivas

Juntas

Evitan la entrada de partículas y de agua en la parte interior del captador. Los tipos de materiales que se usan para las juntas son silicona, EPDM o goma. En las partes de entrada y salida del captador con las tuberías, las juntas deben soportar una temperatura máxima aproximada a los 200 ºC , por ello se emplean juntas de silicona o de fluorocaucho.

 Sabía que...

La energía solar es renovable, inagotable, limpia y respetuosa con el medioambiente. Contribuye a la reducción de las emisiones de de CO_2 y otros gases de efecto invernadero, ayudando a cumplir con los acuerdos adoptados en el Protocolo de Kioto.

Vainas

Cuando el tipo de instalación es forzada, se debe colocar un sensor de temperatura, para poder gobernar el sistema de control. Este sensor se introduce en el interior de una vaina, la cual se coloca en la parte superior del interior del captador. Otros captadores llevan incorporada una vaina de inmersión para que, como se ha comentado anteriormente, se coloque el sensor de temperaturas. También se puede encontrar el sensor colocado directamente sobre el absorbedor.

 Nota

Una vaina para sonda de inmersión puede tener entre 100 y 200 mm.

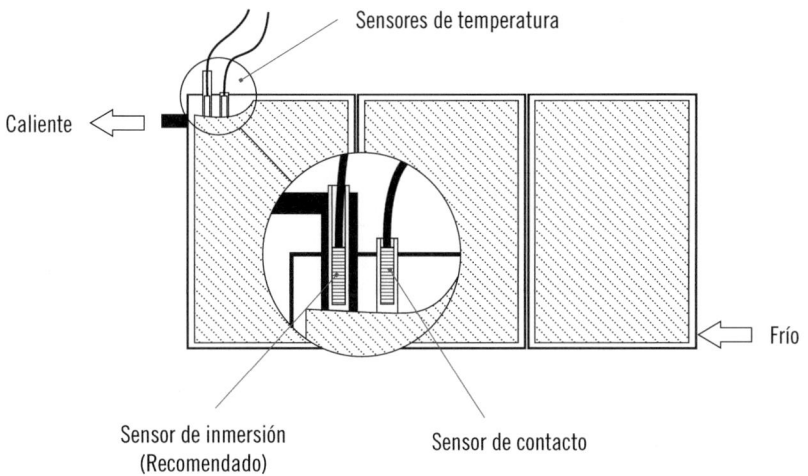

Sensores de temperatura

Caliente

Frío

Sensor de inmersión
(Recomendado)

Sensor de contacto

Principio de funcionamiento de un captador solar plano

El funcionamiento de un captador solar plano se basa en el efecto invernadero. La radiación solar incide con longitud de onda corta sobre la cubierta del captador. Parte de toda la onda es reflejada, entre un 4 y un 6 %, el resto es absorbida ya que, al calentarse el absorbedor, este emite radiación de onda larga y no puede salir al exterior debido a las propiedades ópticas de la cubierta, transformando así la radiación solar incidente en energía térmica. En la parte posterior y en los laterales se encuentra el aislamiento térmico que produce una reducción de las pérdidas de temperatura por conducción. También, y de manera similar, la cubierta transparente, situada en la parte frontal, se encarga de reducir las pérdidas de temperatura por convección pero, a pesar de ello, esta zona es por donde se producen más pérdidas de temperatura.

 Sabía que...

Los captadores planos protegidos son los que más se usan, tienen la mejor relación coste-producción de calor.

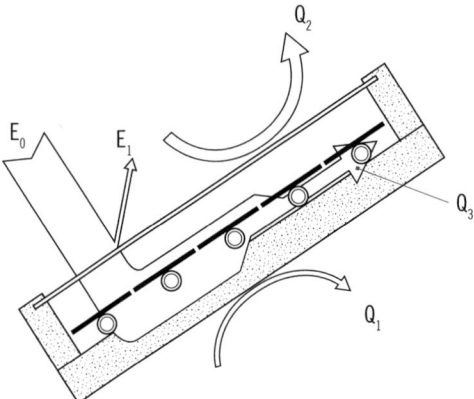

E_0	Irradancia solar
E_1	Pérdidas ópticas
$Q_1 \, Q_2$	Pérdidas térmicas por convección, conducción y radiación
Q_3	Aprovechamiento útil

Resumiendo, un captador solar debe cumplir una serie de requisitos básicos:

- Transmitancia elevada.
- Transmitancia baja en onda larga.
- Emisividad baja.
- Absortancia elevada.
- Adecuado aislamiento.

Características principales:

- Son fáciles de montar.
- El coste de estos tipos de captadores es inferior al de otros más complejos.
- Elevada durabilidad.
- Buena relación entre el precio y la calidad.
- Para el montaje sobre tejado plano, necesita de estructura soporte.
- Tienen mal comportamiento cuando se trabaja a temperaturas elevadas.

4.2. Captador sin cubierta

El único componente de este modelo es el absorbedor. Normalmente se utilizan para el calentamiento del vaso de piscina, siendo el absorbedor normalmente de material plástico. En otras ocasiones se usa un absorbedor selectivo de acero inoxidable para el precalentamiento de agua sanitaria. Estos captadores tienen un rendimiento menor al del captador plano debido a que no poseen cubierta transparente, aislamiento térmico y carcasa exterior. Esto disminuye el coste pero aumenta las pérdidas térmicas del captador.

Características principales de los captadores sin cubierta transparente:

- Se puede utilizar en todo tipo de tejados.
- Al utilizar absorbedores metálicos se reduce el impacto visual de los captadores solares en comparación con los captadores planos.
- El absorbedor, al formar parte de la cubierta del tejado, pasa a ser un elemento constructivo.
- Necesitan mayor superficie que en el caso de los captadores planos, ya que tiene menor rendimiento energético y, debido a esto, no se alcanzan temperaturas tan altas como en el caso de los captadores planos.

 **Nota**

Aunque los captadores sin cubierta son muy económicos y fáciles de instalar, solo son aconsejables en aplicaciones en las que la temperatura de trabajo esté próxima a la temperatura ambiente, como por ejemplo en piscinas descubiertas.

4.3. Captador de vacío

Este tipo de captadores posee un conjunto de tubos de vidrio, los cuales tienen un elemento absorbedor en su interior. Estos tubos se encuentran herméticamente cerrados y poseen un vacío de aire creado entre la superficie de la cubierta transparente y el absorbedor.

Componentes

Este captador está compuesto por tubos, absorbedor y caja de distribución. Los tubos deben permitir la entrada de radiación solar en su interior y deben soportar las diferencias de presión a las que se encuentran sometidos, proporcionando para ello la resistencia estructural necesaria. Dicho absorbedor puede ser una lámina metálica plana o abovedada. Un captador de tubos de vacío tiene varios tubos conectados entre sí, por lo general en paralelo y unidos a los conductos distribuidores de ida y retorno, siempre por la parte superior. Estos conductos distribuidores son protegidos frente a agentes externos introduciéndolos en una caja o carcasa. Los tubos, por regla general, están fijados por la parte inferior mediante soportes.

Funcionamiento

Las pérdidas por convección se reducen significativamente al trabajar en condiciones cercanas a las de vacío. Esta llega a ser considerada nula cuando la presión en el interior de los tubos es inferior a 0,001 bar. Conforme menos presión exista, menores serán los niveles de pérdidas por conducción. Pero las pérdidas por radiación no disminuyen por este vacío, ya que el transferir calor por medio de radiación no depende del medio físico. Para evitar dichas pérdidas se emplean revestimientos sobre el absorbedor.

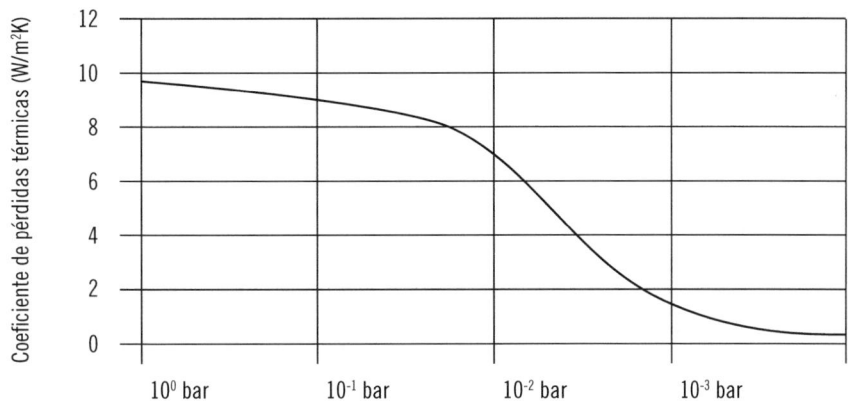

Dependiendo de cómo sea la transferencia de calor al fluido de la instalación, se pueden diferenciar los captadores de vacío de flujo directo y los captadores de vacío tipo heatpipe.

Sabía que...

En los colectores de tubo de vacío se aprovecha el calor procedente de los rayos del Sol, desde su salida hasta su puesta con un alto rendimiento, mientras que los paneles solares planos solo se encuentran a su máximo rendimiento al mediodía, por lo que resultan menos eficaces y es necesaria una superficie más elevada para producir la misma cantidad de energía.

Captadores de vacío de flujo directo

En estos captadores, la transferencia de calor se hace directamente al circular el fluido por el absorbedor. Se pueden distinguir distintas tipologías básicas atendiendo a la geometría interna de los tubos:

- De tubo en U: el fluido circula por un tubo en forma de U.
- De tubos coaxiales: el fluido de trabajo circula a través de un sistema, de tubo en tubo hasta la base de la ampolla de vidrio, desde donde retorna.

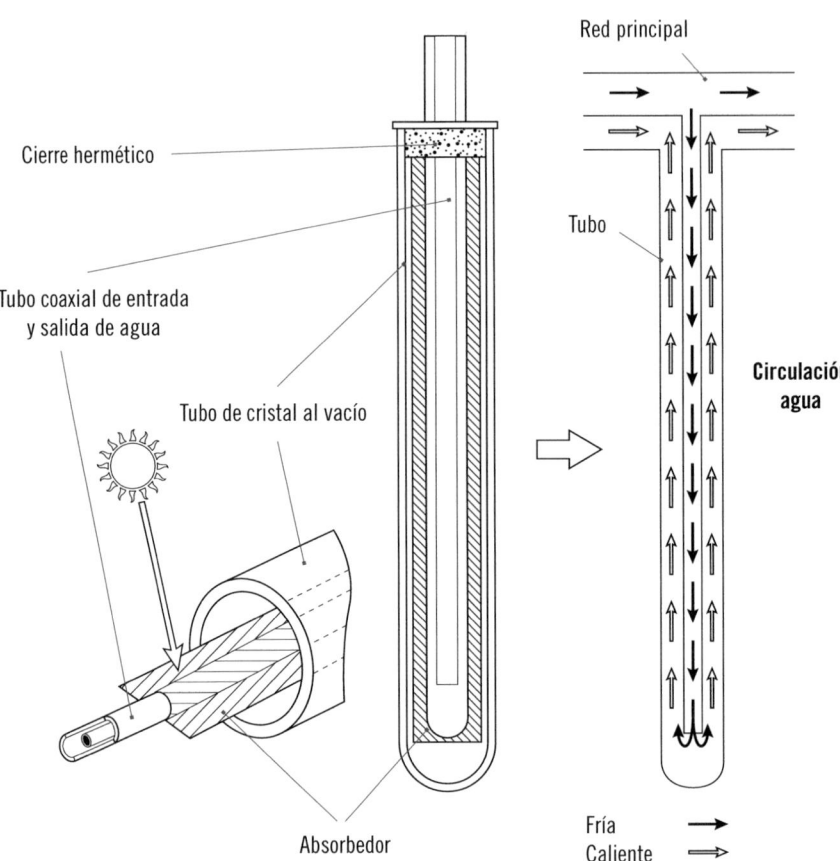

Tubo de vacío de flujo directo coaxial

Cierre hermético

Tubo coaxial de entrada
y salida de agua

Tubo de cristal al vacío

Absorbedor

Red principal

Tubo

**Circulación
agua**

Fría
Caliente

Los captadores de vacío de flujo directo se pueden instalar horizontalmente o con un determinado grado de inclinación sobre el plano horizontal. Esta disposición tiene ventajas, ya que el coste de la instalación disminuye y se minimiza el impacto visual.

Dentro de este tipo de captadores se puede distinguir un caso especial: es el modelo Sydney. Dicho modelo consta de una doble ampolla de vidrio, en cuyo interior se introduce una lámina metálica, la cual tiene una capa selectiva para aumentar el rendimiento del captador. Esta lámina está conectada a un tubo en forma de U, a través del cual circula el fluido. En estos captadores se han de utilizar reflectores para aprovechar toda la superficie cilíndrica del absorbedor.

Sección de un captador de vacío modelo Sydney

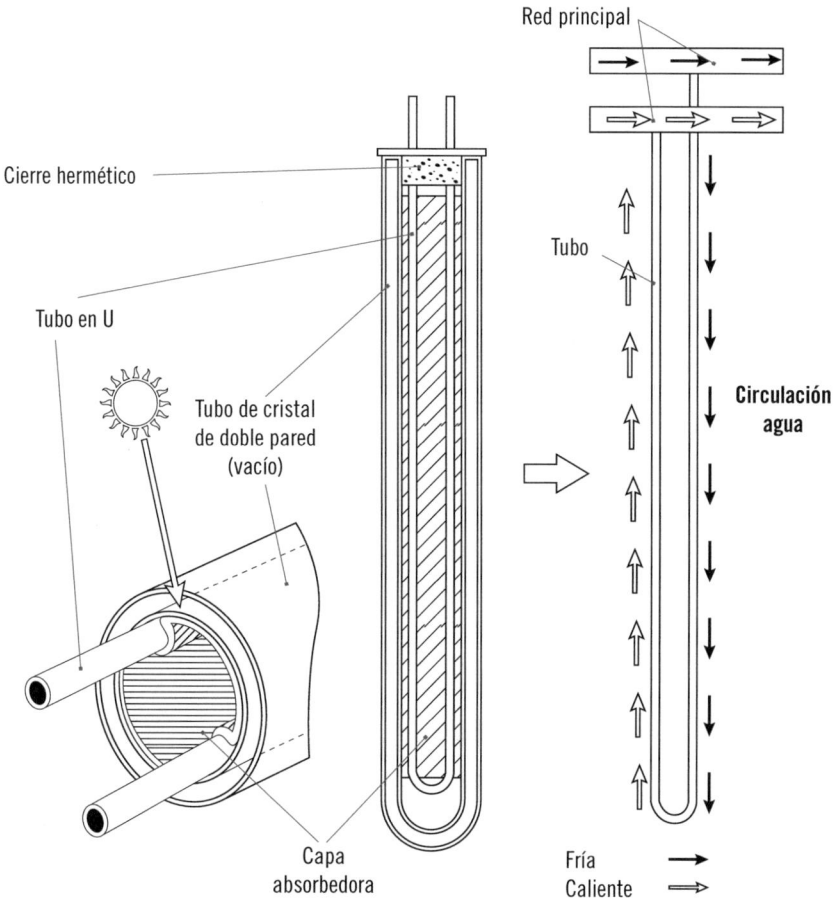

Red principal

Cierre hermético

Tubo en U

Tubo de cristal de doble pared (vacío)

Tubo

Circulación agua

Capa absorbedora

Fría →
Caliente ⇒

Captador de vacío tipo heatpipe

En estos captadores, el absorbedor metálico está conectado a un tubo isotérmico (heatpipe) dentro de un tubo de vidrio dentro del cual hay vacío. El tubo isotérmico contiene el fluido a una presión muy baja, por lo que la evaporación de dicho fluido se produce a temperaturas relativamente bajas. La tansferencia de calor al fluido se produce cuando el vapor asciende a través del tubo isométrico hasta llegar al condensador o intercambiador de calor. Este proceso de funcionamiento necesita un mínimo de inclinación para que se facilite el movimiento ascendente del vapor y el descendente del líquido. Esta inclinación se recomienda que sea como mínimo de 25°.

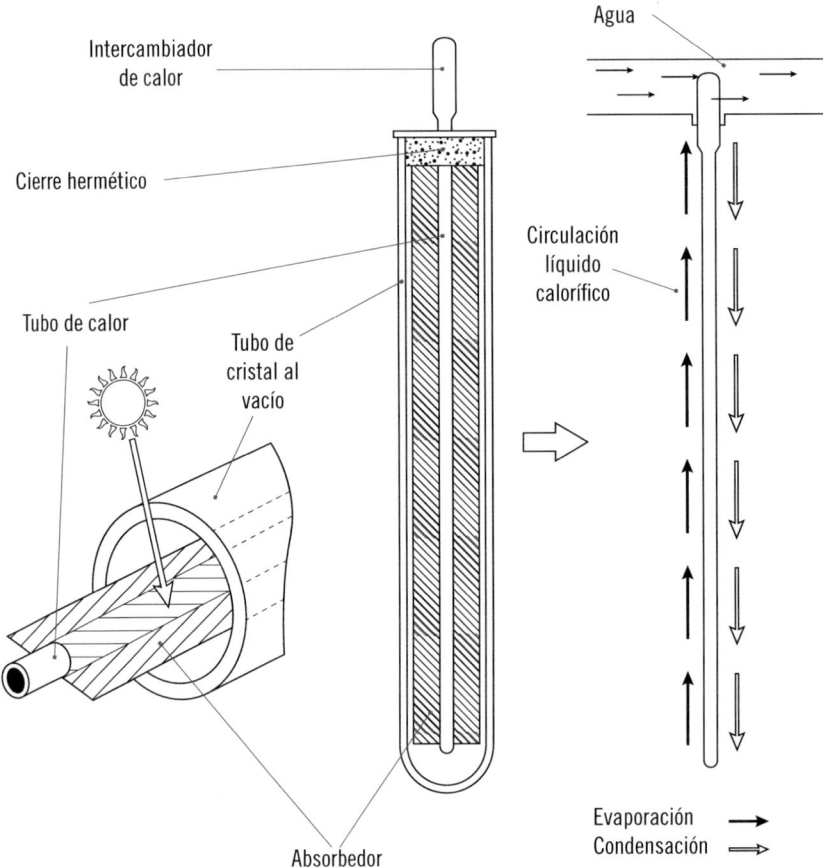

Características principales de los captadores de vacío:

■ Necesidad de menor espacio para la instalación en comparación con los captadores planos para esas aplicaciones.

■ Son más adecuados para aquellas aplicaciones donde se necesitan mayores niveles de temperatura: producción de frío por absorción, generación de vapor. Esto se debe a que presentan mayor rendimiento trabajando a temperaturas elevadas.

■ Mayor rendimiento que los captadores planos cuando la diferencia de temperaturas entre el absorbedor y el ambiente es elevada o trabajando con niveles bajos de radiación solar.

■ El espacio necesario para instalarlos es menor que el que se necesita para instalar los colectores solares planos.

■ Se pueden girar las láminas del absorbedor para poder aprovechar mejor la radiación solar.

■ Los captadores de vacío de flujo directo pueden instalarse de forma horizontal sobre una cubierta plana.

■ Son de mayor coste que los captadores solares planos.

 Sabía que...

El planeta recibe del Sol una asombrosa cantidad de energía anual, esta representa 4.500 veces el consumo mundial de energía.

4.4. Diseños especiales

Con el fin de satisfacer ciertas necesidades de consumo, existen una serie de dispositivos con diseños especiales que en unos casos combinan enegía térmica y fotovoltaica; y en otros agrupan colector y acumulador. A continuación, se describen dichos dispositivos.

Captador híbrido

Este dispositivo produce energía térmica y eléctrica al mismo tiempo. Se basa en un colector solar plano, con células fotovoltaicas conectadas sobre la cubierta. Estas células tienen que estar eléctricamente aisladas del absorbedor metálico con el que han de presentar un buen contacto térmico. Como generador de energía térmica funciona como un captador solar plano. El rendimiento de estos captadores es similar al de los paneles fotovoltaicos a la hora de producir electricidad y, para producir energía térmica, también presentan una producción similar a la de los captadores solares planos sin revestimientos selectivos. La principal ventaja de estos captadores es el aprovechamiento de la superficie de la cubierta. El gran inconveniente es que tienen un gran coste y, por ello, hoy en día no se utilizan a menudo.

Captador híbrido

Captador con acumulador integrado

En este tipo de sistema, el captador y el acumulador forman un tipo de unidad única. Tienen la ventaja de que no hace falta utilizar ningún dispositivo, que normalmente se utilizaba en el circuito primario, por lo que se reduce bastante el coste de la instalación. El principal inconveniente que presenta este tipo de sistemas es el alto valor de pérdidas térmicas y, en zonas en las que el fluido tenga peligro de helarse, se debe desalojar del colector para evitar la congelación.

Captador con acumulador integrado

5. Cálculo de pérdidas hidráulicas en montajes serie-paralelo

Un aspecto importante a tener en cuenta en el dimensionado de las tuberías es la pérdida de carga. Los conductores oponen resistencias al fluido resultante debido al rozamiento al pasar por ellas. Existe una serie de expresiones dentro de este campo que proporcionan unos resultados bastante próximos a la pérdida de carga unitaria de un tramo recto de tubería en función del diámetro y de la velocidad o caudal.

 Definición

___

Caudal
Cantidad de fluido, medido en volumen, que se mueve en una unidad de tiempo. Su cálculo se realiza mediante la expresión:

$$Q = V \times S$$

Donde:

-   Q es el caudal en m^3/s
-   V es la velocidad en m/s
-   S es la sección de la tubería en m^2

___

En el Principio de *Bernuilli* es donde se fundamenta el cálculo de caudales para un fluido sin rozamiento y se expresa de la siguiente manera:

$$H + v^2/2g + P/\rho = \text{constante}$$

Siendo:

- **g** = aceleración de la gravedad
- **ρ** = peso específico del fluido
- **P** = presión
- **H** = altura

Este principio nos dice que, a lo largo de toda corriente fluida, la energía total por unidad de masa es constante, estando constituida por la suma de presión, la energía cinética por unidad de volumen y la energía potencial igualmente por unidad de volumen. Estos tres sumandos tienen unidades de longitud, por lo que el principio se expresa en hidrodinámica enunciando que, a lo largo de una línea de corriente, la suma de la altura geométrica, la altura de velocidad y la altura de presión se mantiene constante.

En una tubería, el caudal apartado por una bomba es constate, por lo que se cumple en cualquier punto de la conducción:

$$V_1 \times S_1 = V_2 \times S_2 = V_3 \times S_3 = \ldots$$

La ecuación que relacione las pérdidas entre dos puntos (1 y 2) se puede expresar como:

$$H_1 + v_1{}^2/2g + P_1/\rho = H_2 + v_2{}^2/2g + P_2/\rho + \text{pérdidas } (1, 2)$$

Si se despejan las pérdidas entre 1 y 2:

$$(H_1 - H_2) + (v_1{}^2 - v_2{}^2)/2g + (P_1 - P_2)/\rho = \text{pérdidas } (1, 2)$$

Estas pérdidas son las que sufre el fluido por rozamiento al circular entre el punto 1 y el punto 2.

 Recuerde

En el Principio de *Bernuilli* es donde se fundamenta el cálculo de caudales para un fluido sin rozamiento.

Si se llama L a la distancia entre los puntos 1 y 2, medidos a lo largo de la conducción, el cociente de las pérdidas (1-2)/L representa la pérdida de altura por unidad de longitud de conducción. A este valor se le llama pendiente de la línea de energía y se le llama J en hidráulica, aunque a partir de aquí se empleará la forma más habitual en fontanería: $Pdc_{unitaria}$.

En el caso de las tuberías de sección circular constante, de acuerdo con el principio de continuidad de la vena líquida, el agua se traslada en un conducto a sección llena y velocidad constante, por lo que si una rodaja diferencial de masa m y espesor Δl, se traslada entre dos puntos, por el principio de conservación de la energía, se puede poner:

$$mgH + \tfrac{1}{2}\,mv^2 = 0 + \tfrac{1}{2}\,mv^2 + R$$

Esto es:

$$mgH = R$$

Definición

Pérdida de carga en una conducción
Es la pérdida de presión que sufre un fluido debido a la fricción de este contra las paredes de la conducción por la que circula.

Donde R representa la pérdida de energía producida por el rozamiento de la rodaja diferencial, que será, por tanto, directamente proporcional a la longitud L recorrida, a la altura geométrica H, correspondiente de dicho recorrido lineal, cuyo valor es $H = v^2/2g$ cuando la altura piezométrica es nula, e inversamente proporcional al diámetro D del tubo, resultando la siguiente expresión, con un coeficiente de proporcionalidad γ:

$$mgH = \gamma \, v^2/2g \; L \; 1/D$$

Donde mg representa el peso unitario, siendo equivalente en el caso del agua a:

$$mg = \pi \, v^2/4 \; \Delta l$$

Por lo que en el caso del agua:

$$\pi \, D^2/4 \; \Delta l \; H = \gamma \, (v^2/2g) L/D$$

Por otra parte, la pérdida unitaria J Pdcunitaria es la relación entre H y L, por lo que, sustituyendo y despejando, resulta la fórmula general de pérdidas de carga, por unidad de longitud, de los conductores circulares a sección llena:

$$Pdc_{unitaria} = \lambda \ v^2/2gD$$

Siendo:

- $Pdc_{unitaria}$ = pérdida de carga en metro de columna de agua por metro lineal o de tubería (m.c.a./m)
- v = velocidad media circulante, en m/s
- g = aceleración de la gravedad, en m/s^2
- D = diámetro interior de la tubería, en m
- $\lambda = 4 \ \gamma / \Delta l$ = coeficiente de rozamiento del material del tubo, adimensional

 **Nota**

Todas las pérdidas de cada elemento que compone una instalación y material están tabuladas.

Para tuberías de menos de 50 mm de diámetro, se utiliza la ecuación de Flamant, esta es la empleada habitualmente en los cálculos de suministro de agua en instalaciones interiores. Su expresión es:

$$Pdc_{unitaria} = F \ x \ v^{1,75}/D^{1,25}$$

Siendo:

- $Pdc_{unitaria}$ = pérdida de carga, en m de columna de agua por metro lineal de tubería (m.c.a./m).
- v = velocidad media circulante.
- D = diámetro interior de la tubería, en m.
- F = constante del material de la tubería, valor experimental que puede tomarse de los valores siguientes:

  - Fundición... 740×10^{-6}
  - Acero... 700×10^{-6}
  - Cobre.. 570×10^{-6}
  - PVC... 560×10^{-6}
  - Material idealmente liso....................... 509×10^{-6}

Si el líquido caloportador no es agua, sino que se utiliza una mezcla de agua y anticongelante a base de glicol, la pérdida de carga unitaria obtenida por la fórmula anterior deberá multiplicarse por 1,3 para tener en cuenta la mayor viscosidad del fluido.

A veces, puede ser necesario relacionar el diámetro con el caudal en lugar de relacionarlo con la velocidad. Una de las expresiones, obtenidas a partir de la fórmula de Flamant, es la que se propone a continuación y es aplicable para tuberías de paredes lisas de cobre, por las que circula agua caliente sin aditivos.

$$Pdc_{unitaria} = 378 \times Q^{1,75}/Q^{4,75}$$

Donde:

- $Pdc_{unitaria}$ = la pérdida de carga en mm de columna de agua por metro lineal de tubería (mm.c.a./m).
- Q = caudal de circulación por la tubería, en l/h.
- D = diámetro interior de la tubería, en mm.

6. Sistemas de protección superficial

El absorbedor, con su respectivo aislante, se introduce en el interior de una caja o carcasa externa, la cual está protegida por la parte superior con un elemento transparente que reduce las pérdidas y fomenta que se produzca el efecto invernadero dentro del captador. Dicho elemento transparente y la caja dan rigidez al sistema y forman un sistema de protección contra la humedad, granizo, etc. El material del que está compuesta la caja es normalmente de aluminio o acero inoxidable, e incluso en algunas ocasiones puede ser de plástico. Lo que compone la cubierta suelen ser vidrios templados o con bajo contenido en hierro, los cuales son muy transparentes. En ocasiones, también se emplean materiales plásticos.

 Nota

La ecuación de Flamant es la siguiente:

$$Pdc_{unitaria} = F \times v^{1,75}/D^{1,25}$$

La cubierta del captador tiene las siguientes características:

- Cara inferior: elevada reflectancia ante la radiación de onda larga emitida por el absorbedor.
- Cara superior: alta transmitancia y baja absortancia y reflectancia con respecto a las radiaciones solares.
- Buena resistencia a los agentes meteorológicos.

7. Funcionamiento global y configuración de las instalaciones

El absorbedor de un colector suele estar compuesto por una serie de tuberías que tiene el fluido de trabajo. Este fluido absorbe el calor generado a partir de la radiación solar y circula hasta el sistema de acumulación de agua caliente, donde dicho calor es traspasado al agua potable a través de un intercambiador de calor, o bien, directamente. Una vez que el fluido ha traspasado su energía, su temperatura disminuye y se vuelve a dirigir al captador solar para empezar de nuevo el ciclo. Dentro del acumulador de agua potable, esta se distribuye verticalmente, situándose en la parte más alta el agua más caliente y, a su vez, en la salida del acumulador para la demanda de consumo de agua caliente. En la parte inferior del acumulador es donde se sitúa la parte de agua más fría y la entrada de agua al acumulador procedente de la red de distribución.

Se pueden distinguir varias configuraciones dentro de las instalaciones solares térmicas, ambas se clasifican atendiendo al mecanismo que siguen en el movimiento del fluido a través del circuito primario. Estas son instalaciones por termosifón e instalaciones de circulación forzada.

7.1. Instalaciones por termosifón

El fluido comienza a circular cuando existe una diferencia de densidad o de temperatura suficientemente alta entre varios puntos del fluido del circuito primario. Este genera una fuerza impulsora superior a la pérdida de carga de la instalación. Dicha fuerza depende de varios factores: tipo de fluido de trabajo, diámetro, longitud y propiedades de las tuberías del circuito primario, diseño de la instalación, irradiancia incidente sobre el captador solar, etc. La variación de estos valores en una instalación solar funcionando por termosifón es la siguiente: si se aumenta la irradiancia incidente, manteniendo los demás factores constantes, aumenta la fuerza impulsora, por lo que el caudal de circulación a través de los captadores y el incremento de temperatura entre la salida y la entrada del captador también aumentan.

Aplicación práctica

Explique qué ocurre al relacionar los distintos puntos de una instalación por termosifón donde la temperatura adquiere diferentes valores con la gráfica de temperaturas que lo acompaña.

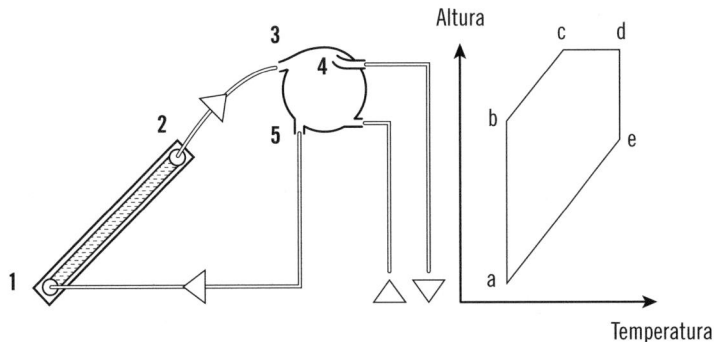

SOLUCIÓN

En la figura se puede observar cómo se reparten las temperaturas por las distintas zonas de una instalación por termosifón. En esta situación, la radiación solar aumenta la temperatura del agua que se encuentra en el captador. Dicha agua sale del captador por la salida número 2, debido a que su temperatura en este punto es superior a la del agua que se encuentra en el acumulador y a la del colector. Seguidamente, a través de la salida número 3, el agua entra en el acumulador, donde el fluido sale por la salida 4 para su uso. Esto no ocurre siempre. No obstante, el agua que esté en el acumulador estará siempre enfriándose paulatinamente, y hasta el punto en el que la parte más fría sale por la salida número 5 y vuelve al colector a través de la entrada número 1. En la imagen, se puede observar también la altura que posee el agua en cada punto de la instalación.

Continúa en página siguiente >>

<< Viene de página anterior

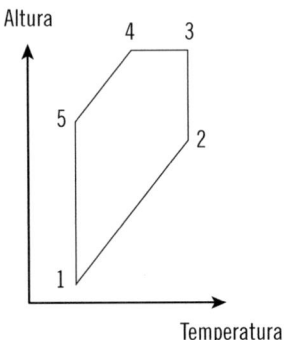

La regulación por termosifón no necesita sistema de bombeo adicional y, por lo tanto, tampoco precisa de ningún dispositivo electrónico de control, ya que la propia circulación del fluido se produce debido a una diferencia de densidades. Por este motivo, estas instalaciones presentan la ventaja de no consumir suministro eléctrico, pero tienen el inconveniente de elevar mucho la temperatura en épocas de bajo consumo y de temperaturas máximas, provocando sobrecalentamientos que traen consigo peligros para las personas y para la vida de la instalación.

A la hora de realizar una instalación hay que prestar gran atención al diseño y montaje de la misma, ya que para que se produzca la circulación del fluido es necesario que la fuerza que impulsa el movimiento de fluido sea capaz de vencer la pérdida de carga del circuito. Por esta razón, hay que favorecer el movimiento del fluido. Entre las opciones recomendadas, se encuentran las siguientes:

- Colocar el acumulador encima del captador para evitar la circulación en sentido inverso durante el enfriamiento nocturno. También existen métodos para evitar el efecto retorno y se pueda colocar el acumulador debajo del captador.
- Minimizar la distancia entre el acumulador y el captador, así como el número de accesorios y codos.

- Usar tuberías de conexión, entre el acumulador y el captador de diámetros, relativamente grandes.
- Intentar evitar la formación de bolsas de aire que impidan la circulación del agua. Para evitar esto se instalan las tuberías con pendiente ascendente en el sentido de la circulación, para que se favorezca la circulación natural en el periodo de calentamiento.

 **Recuerde**

En la parte inferior del acumulador es donde se sitúa la parte de agua más fría.

El sistema de termosifón se usa habitualmente en pequeñas instalaciones individuales, debido principalmente a su mayor facilidad de integración arquitectónica. El inconveniente que presenta es que producen un gran impacto visual, debido a la posición del acumulador y a que, si se quiere mejorar el funcionamiento, hay que colocarlo cerca de los captadores solares. Pero en cualquier caso es de destacar que hoy en día existen diversas soluciones técnicas que minimizan satisfactoriamente dicho impacto visual. En estos sistemas se pueden distinguir dos tipos: instalaciones por termosifón directas e instalaciones por termosifón indirectas.

Instalaciones por termosifón directas

Tienen un coste menor y un rendimiento energético superior al de las instalaciones indirectas. Se recomendará su utilización en aquellas localidades donde:

- No se alcanzan temperaturas ambientes inferiores a la congelación del agua.
- La calidad del agua sea la adecuada y, por lo tanto, su dureza sea baja, evitando problemas de deposiciones calcáreas.

Dichas deposiciones calcáreas pueden disminuir tratando el agua, por lo que cualquier tipo de agua adecuadamente tratada puede ser empleada en estas instalaciones.

Recuerde

El sistema de termosifón se usa habitualmente en pequeñas instalaciones individuales, debido principalmente a su mayor facilidad de integración arquitectónica.

Sin embargo, la instalación de este tipo de sistemas en localidades en las que la temperatura alcanza grados menores al punto de congelación del agua no es recomendable. Existen medidas para que este sistema pueda ser empleado en este tipo de localidades, pero el sistema sería dependiente de corriente eléctrica y de su correcto funcionamiento, ya que si el suministro falla en momentos de congelación se rompería por completo la instalación.

Esquema de instalación térmica directa

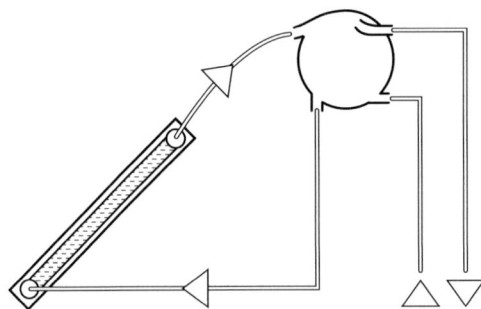

Instalaciones por termosifón indirectas

Poseen un intercambiador de doble envolvente, debido a que pierden un poco de carga. Este es el principal inconveniente que poseen este tipo de instalaciones, ya que supone la incorporación del intercambiador. Esta pérdida de carga se puede minimizar mediante un diseño y dimensionado adecuado del intercambiador y de las tuberías y accesorios de conexión. En localidades donde exista riesgo de congelación por temperaturas inferiores a las de congelación del agua es habitual emplazar mezclas de agua con aditivos anticongelantes como fluido en el circuito primario y así se evitará la congelación del mismo. Por ello, las instalaciones por termosifón indirectas son recomendables en este tipo de zonas.

Instalación por termosifón indirecta

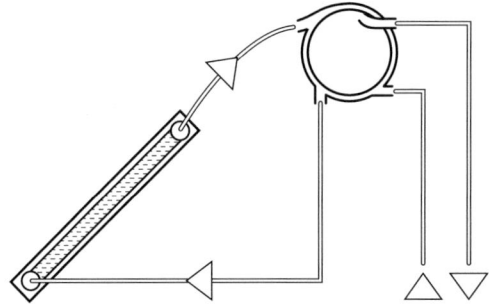

7.2. Instalaciones de circulación forzada

Este tipo de instalaciones utiliza una bomba que activa la circulación del fluido del circuito primario. Para activar dicha bomba se dispone de un circuito de control, normalmente una centralita de control que, dependiendo de la diferencia de temperatura entre la sonda instalada en el interior del acumulador y otra instalada en la salida de los captadores solares, activa o desactiva la bomba.

La bomba se encuentra o pasa a estado ON (se activa) cuando la diferencia de temperatura entre el colector y el acumulador sobrepasa el nivel de consigna establecido, que se encuentra entre 6 y 7 °C, consiguiendo de esta forma aumentar la energía interna del acumulador. Cuando la diferencia de temperatura entre el colector y el acumulador llega a ser 2–3 °C, la bomba pasa a estado OFF (se desactiva).

Instalación solar de circulación forzada directa

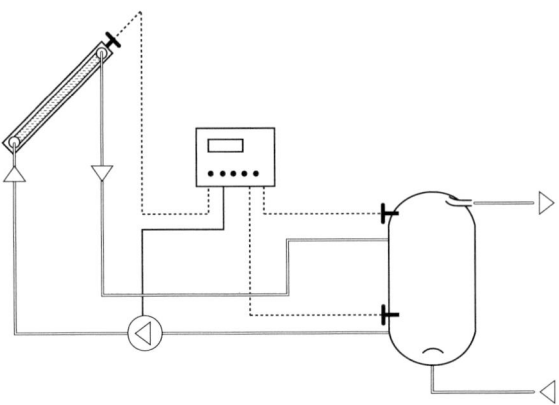

El hecho de parar la bomba cuando se alcanza una temperatura de 2 °C se debe a que la ganancia de energía que se produce a partir de esa temperatura no supera el gasto económico de electricidad para activar la bomba, luego no compensa activarla.

Generalmente, cuanto más grande es la instalación, el consumo eléctrico de la bomba es proporcionalmente mucho menor que la cantidad de energía térmica aportada por la instalación solar. Dependiendo del caudal de circulación se pueden diferenciar en varios tipos: de bajo flujo y de flujo normal o alto. En la primera, el caudal es del orden de 10-20 l/h por metro cuadrado de captador solar. En el resto de las instalaciones, el caudal se encuentra entre 40 y 60 l/h por metro cuadrado, y en algunos casos puede llegar a ser hasta de 80 l/h por metro cuadrado. Una de las ventajas de las instalaciones de bajo flujo es que se pueden utilizar tuberías de menor diámetro, lo que lleva a tener menos coste en la instalación y, a la vez, reduce las pérdidas térmicas. Al ser el caudal menor, el tiempo que pasa el fluido en los captadores es mayor que en las instalaciones de flujo normal o alto, por lo que el incremento de temperatura en dichos captadores es mayor, de hasta 25 °C. Sin embargo, las pérdidas en los captadores son mayores debido a que la temperatura en ellos es mayor y el rendimiento de estos disminuye. Para reducir este inconveniente, se recomienda instalar bombas de caudal variable, que nos permiten aumentar el caudal cuando se alcanzan temperaturas elevadas en los captadores, e instalar acumuladores que consigan una adecuada estratificación de las temperaturas. Hoy en día, estos tipos de instalaciones son más usuales por el centro y norte de Europa, no resultando de especial interés en países que disponen de mayor radiación solar. Es previsible que esta tecnología se emplee con más frecuencia, por ejemplo, en la producción de frío, sistema que requiere mayores temperaturas. Las instalaciones de circulación forzada empleadas en España usan un caudal de circulación comprendido entre 40 y 60 $l/(h \cdot m^2)$.

Este tipo de sistema puede controlar, a través de la bomba que fuerza la circulación, la temperatura máxima, evitando así que el aislamiento del acumulador sufra deterioro por exceso de temperatura. Como ya se ha comentado anteriormente, otra de las grandes ventajas de los sistemas de circulación forzada es la posibilidad de situar el acumulador en una cota inferior a la de los captadores solares. Para evitar la circulación en sentido contrario, en horarios nocturnos se instalan válvulas de retención. Estas introducen pérdidas de carga que no deben ser problema si se tienen en cuenta en el proceso de dimensionado de la bomba. Teniendo en cuenta la misma dinámica que en las instalaciones por termosifón, este tipo de instalaciones también pueden ser directas o indirectas. Si son indirectas, el intercambiador es de doble envolvente en instalaciones que requieran una superficie de captación mayor y de tipo serpentín si la instalación es de menor tamaño. El coste de estas instalaciones es mayor que el de las instalaciones por termosifón, pero nos ofrecen una serie de ventajas que hacen que sean muy utilizadas en el mercado.

 Importante

Al proyectar una instalación de circulación forzada hay que tener en cuenta el fenómeno de "cavitación" al calcularla, ya que si este fenómeno se produce, destrozaría la parte de la instalación que estuviera afectada y, en el caso de ser la bomba, esta quedaría inservible en poco tiempo.

Instalaciones forzadas indirectas

Pueden tener varios tipos de configuración; estas se explican a continuación.

Instalación solar de circulación forzada con intercambiador incorporado en el acumulador solar

Está compuesto exclusivamente por el circuito primario y el circuito de consumo. Estos suelen ser instalaciones de pequeño tamaño, y el intercambiador suele ser de tipo serpentín o de doble envolvente. La activación de la bomba se hace en referencia a la diferencia de temperatura entre la salida de los captadores y la parte inferior del acumulador. Para evitar temperaturas muy elevadas en el acumulador se introduce una sonda en el interior, y si dicha sonda detecta altas temperaturas se apaga la bomba de circulación.

Instalación solar de circulación forzada con intercambiador incorporado en el acumulador solar

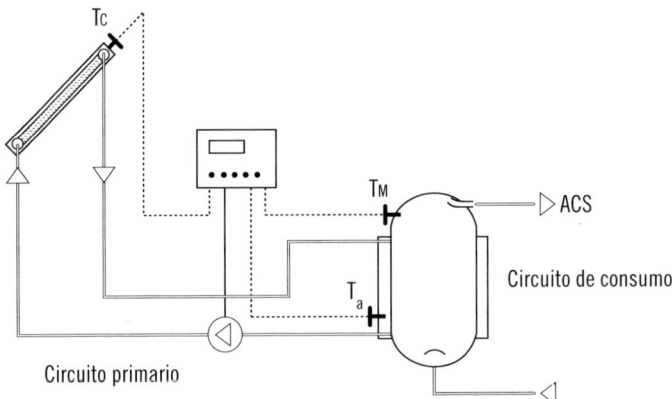

Instalación solar con intercambiador exterior entre el sistema de captación y el de acumulación

La activación y desactivación de la bomba del circuito primario depende de la diferencia de temperatura entre la salida de los captadores solares y la parte inferior del acumulador. La bomba del circuito secundario se controla de igual forma. Para evitar problemas de deterioro por exceso de temperaturas, la bomba del circuito secundario se detiene cuando se alcanza la temperatura máxima en el acumulador solar. Este tipo de instalaciones se suelen utilizar en instalaciones de tamaño mediano grande, superiores a 20 m². El intercambiador exterior empleado normalmente está formado de placas debido a su mayor potencia y facilidad de limpieza.

Instalación solar con intercambiador exterior entre el sistema de captación y el acumulador

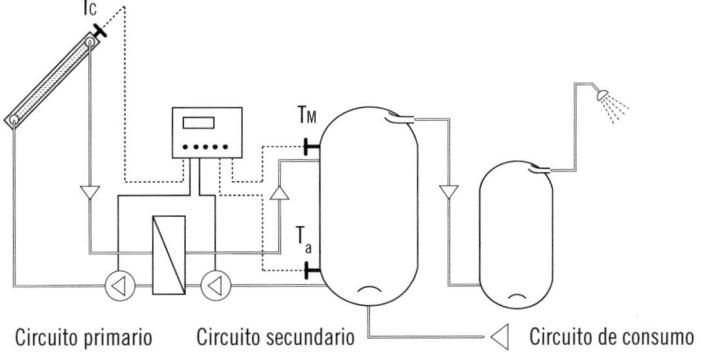

Circuito primario   Circuito secundario   ◁ Circuito de consumo

? Sabía que...

Tanto por razones económicas, de infraestructura como ecológicas, es imperativo el desarrollo de nuevas alternativas energéticas, que sean menos agresivas contra el ambiente y se encuentren más al alcance de la comunidad.

Instalación solar con intercambiador exterior entre el acumulador de inercia y el circuito de consumo

Se pueden distinguir varios tipos de configuraciones tal y como se pueden ver a continuación.

Instalación solar con intercambiador exterior entre el acumulador de inercia y el circuito de consumo

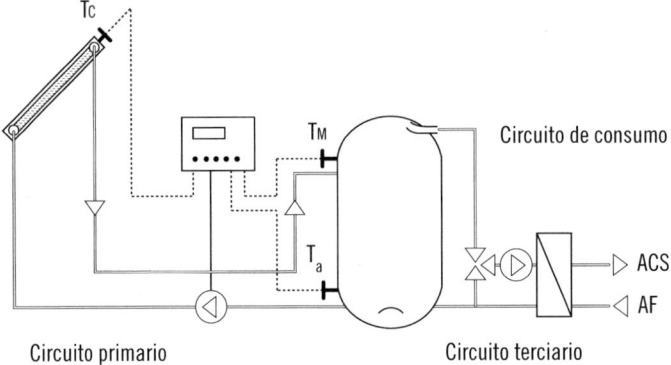

Instalación solar con intercambiador exterior entre el sistema de captación y el acumulador de inercia e intercambiador exterior entre este acumulador y el circuito de consumo

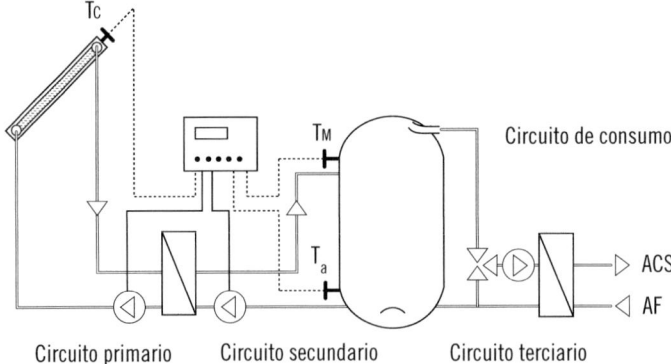

8. Sistemas de seguridad en el funcionamiento de las instalaciones: problemática del almacenamiento

La Ley 31/1995, de 8 de noviembre, de prevención de riesgos laborales es la que regula las garantías y responsabilidades que establecen los niveles adecuados para la protección de los trabajadores ante los riesgos derivados de las condiciones de trabajo. Esta ley se describe en diferentes reales decretos, que se desarrollan a continuación.

El Real Decreto 1627/1997, de 24 de octubre, sobre disposiciones mínimas de seguridad y salud en las obras de construcción, en su Anexo IV parte c, hace referencia a los tejados:

En los trabajos en tejados deberán adoptarse las medidas de protección colectiva que sean necesarias, en atención a la altura, inclinación o posible carácter o estado resbaladizo, para evitar la caída de trabajadores, herramientas o materiales. Asimismo, cuando haya que trabajar sobre o cerca de superficies frágiles, se deberán tomar las medidas preventivas adecuadas para evitar que los trabajadores les pisen inadvertidamente o caigan a través suyo.

El Real Decreto 1215/1997, de 18 de julio, por el que se establecen las disposiciones mínimas de seguridad y salud para la utilización por parte de los trabajadores de los equipos de trabajo, en su Anexo I, hace referencia a las siguientes consideraciones a tener en cuenta a la hora de utilizar escaleras de mano:

Las escaleras de mano, los andamios y los sistemas utilizados en las técnicas de acceso y posicionamiento mediante cuerdas deberán tener la resistencia y los elementos necesarios de apoyo o sujeción, o ambos, para que su utilización en las condiciones para las que han sido diseñados no suponga un riesgo de caída por rotura o desplazamiento. En particular, las escaleras de tijera dispondrán de elementos de seguridad que impidan su apertura al ser utilizadas.

La utilización de una escalera de mano como puesto de trabajo en altura deberá limitarse a las circunstancias en que la utilización de otros equipos de trabajo más seguros no esté justificada por el bajo nivel de riesgo y por las características de los emplazamientos que el empresario no pueda modificar.

Disposiciones específicas sobre la utilización de escaleras de mano:

Las escaleras de mano se colocarán de forma que su estabilidad durante su utilización esté asegurada. Los puntos de apoyo de las escaleras de mano deberán asentarse sólidamente sobre un soporte de dimensiones adecuadas y estable, resistente e inmóvil, de forma que los travesaños queden en posición horizontal. Las escaleras suspendidas se fijarán de forma segura y, excepto las de cuerda, de manera que no puedan desplazarse y se eviten los movimientos de balanceo.

Se impedirá el deslizamiento de los pies de las escaleras de mano durante su utilización, ya sea mediante la fijación de la parte superior o inferior de los largueros, ya sea mediante cualquier dispositivo antideslizante o cualquier otra solución de eficacia equivalente. Las escaleras de mano para fines de acceso deberán tener la longitud necesaria para sobresalir al menos un metro del plano de trabajo al que se accede. Las escaleras compuestas de varios elementos adaptables o extensibles deberán utilizarse de forma que la inmovilización recíproca de los distintos elementos esté asegurada. Las escaleras con ruedas deberán haberse inmovilizado antes de acceder a ellas. Las escaleras de mano simples se colocarán, en la medida de lo posible, formando un ángulo aproximado de 75 º con la horizontal.

El ascenso, el descenso y los trabajos desde escaleras se efectuarán de frente a estas. Las escaleras de mano deberán utilizarse de forma que los trabajadores puedan tener en todo momento un punto de apoyo y de sujeción seguros. Los trabajos a más de 3,5 metros de altura, desde el punto de operación al suelo, que requieran movimientos o esfuerzos peligrosos para la estabilidad del trabajador, solo se efectuarán si se utiliza un equipo de protección individual anticaídas o se adoptan otras medidas de protección alternativas. El transporte a mano de una carga por una escalera de mano se hará de modo que ello no impida una sujeción segura. Se prohíbe el transporte y manipulación de cargas por o desde escaleras de mano cuando por su peso o dimensiones puedan comprometer la seguridad del trabajador. Las escaleras de mano no se utilizarán por dos o más personas simultáneamente.

No se emplearán escaleras de mano y, en particular, escaleras de más de cinco metros de longitud, sobre cuya resistencia no se tengan garantías. Queda prohibido el uso de escaleras de mano de construcción improvisada.

Las escaleras de mano se revisarán periódicamente. Se prohíbe la utilización de escaleras de madera pintadas, por la dificultad que ello supone para la detección de sus posibles defectos.

El Real Decreto 1027/2007, de 20 de julio, por el que se aprueba el Reglamento de Instalaciones Térmicas de los Edificios (RITE), en su Instrucción Técnica 1. Diseño y dimensionado, en el apartado IT.1.3.4.4, establece los criterios para la Seguridad de utilización de las instalaciones, distinguiendo:

▌ *Superficies calientes:*

   ▌ *Ninguna superficie con la que exista posibilidad de contacto accidental, salvo las superficies de los emisores de calor, podrá tener una temperatura mayor que 60 °C.*

   ▌ *Las superficies calientes de las unidades terminales que sean accesibles al usuario tendrán una temperatura menor que 80 °C o estarán adecuadamente protegidas contra contactos accidentales.*

▌ *Partes móviles:*

   ▌ *El material aislante en tuberías, conductos o equipos nunca podrá interferir con partes móviles de sus componentes.*

▌ *Accesibilidad:*

   ▌ *Los equipos y aparatos deben estar situados de forma tal que se facilite su limpieza, mantenimiento y reparación.*

   ▌ *Los elementos de medida, control, protección y maniobra se deben instalar en lugares visibles y fácilmente accesibles.*

   ▌ *Para aquellos equipos o aparatos que deban quedar ocultos se preverá un acceso fácil. En los falsos techos se deben prever accesos adecuados cerca de cada aparato que pueden ser abiertos sin necesidad de recurrir a herramientas. La situación exacta de estos elementos de acceso y de los mismos aparatos deberá quedar reflejada en los planos finales de la instalación.*

   ▌ *Los edificios multiusuarios con instalaciones térmicas ubicadas en el interior de sus locales deben disponer de patinillos verticales accesibles, desde los locales de cada usuario hasta la cubierta, de dimensiones suficientes para alojar las conducciones correspondientes (chimeneas, tuberías de refrigerante, conductos de ventilación, etc.).*

   ▌ *En edificios de nueva construcción las unidades exteriores de los equipos autónomos de refrigeración situadas en fachada deben integrarse en la misma, quedando ocultas a la vista exterior.*

   ▌ *Las tuberías se instalarán en lugares que permitan la accesibilidad de las mismas y de sus accesorios, además de facilitar el montaje del aislamiento térmico en su recorrido, salvo cuando vayan empotradas.*

   ▌ *Para locales destinadas al emplazamiento de unidades de tratamiento de aire son válidos los requisitos de espacio indicados en la Norma EN 13779, Anexo A, capítulo A 13, apartado A 13.2.*

▌ *Señalización:*

▌ *En la sala de máquinas se dispondrá un plano con el esquema de principio de la instalación, enmarcado en un cuadro de protección.*

▌ *Todas las instrucciones de seguridad, de manejo y maniobra y de funcionamiento, según lo que figure en el «Manual de Uso y Mantenimiento», deben estar situadas en lugar visible, en sala de máquinas y locales técnicos.*

▌ *Las conducciones de las instalaciones deben estar señalizadas de acuerdo con la norma UNE 100100.*

▌ *Medición:*

▌ *Todas las instalaciones térmicas deben disponer de la instrumentación de medida suficiente para la supervisión de todas las magnitudes y valores de los parámetros que intervienen de forma fundamental en el funcionamiento de los mismos.*

▌ *Los aparatos de medida se situarán en lugares visibles y fácilmente accesibles para su lectura y mantenimiento. El tamaño de las escalas será suficiente para que la lectura pueda efectuarse sin esfuerzo.*

▌ *Antes y después de cada proceso que lleve implícita la variación de una magnitud física debe haber la posibilidad de efectuar su medición, situando instrumentos permanentes, de lectura continua, o mediante instrumentos portátiles. La lectura podrá efectuarse también aprovechando las señales de los instrumentos de control.*

▌ *En el caso de medida de temperatura en circuitos de agua, el sensor penetrará en el interior de la tubería o equipo a través de una vaina, que estará rellena de una sustancia conductora de calor. No se permite el uso permanente de termómetros o sondas de contacto.*

▌ *Las medidas de presión en circuitos de agua se harán con manómetros equipados de dispositivos de amortiguación de las oscilaciones de la aguja indicadora.*

▌ *En instalaciones de potencia térmica nominal mayor que 70 kW, el equipamiento mínimo de aparatos de medición será el siguiente:*

a. Colectores de impulsión y retorno de un fluido portador: un termómetro.

b. Vasos de expansión: un manómetro.

c. Circuitos secundarios de tuberías de un fluido portador: un termómetro en el retorno, uno por cada circuito.

d. Bombas: un manómetro para lectura de la diferencia de presión entre aspiración y descarga, uno por cada bomba.

e. Chimeneas: un pirómetro o un pirostato con escala indicadora.

f. Intercambiadores de calor: termómetros y manómetros a la entrada y salida de los fluidos, salvo cuando se trate de agentes frigorígenos.

g. *Baterías agua-aire: un termómetro a la entrada y otro a la salida del circuito del fluido primario y tomas para la lectura de las magnitudes relativas al aire, antes y después de la batería.*

h. *Recuperadores de calor aire-aire: tomas para la lectura de las magnitudes físicas de las dos corrientes de aire.*

i. *Unidades de tratamiento de aire: medida permanente de las temperaturas del aire en impulsión, retorno y toma de aire exterior.*

8.1. Problemática del almacenamiento

Tanto la energía solar térmica como la fotovoltaica obtenida que no se utilice pueden ser almacenadas mediante acumuladores para su posterior utilización en días en los que la radiación solar no sea suficiente. Tanto su acumulación como su posterior utilización conllevan un riesgo para las personas utilitarias de dichas instalaciones.

En el caso de los acumuladores de energía térmica deben estar bien aislados y fuera del alcance de los usuarios de la instalación, ya que suelen alcanzar temperaturas elevadas. Además, cualquier elemento que compone una instalación solar debe cumplir con los requisitos exigidos por el **Reglamento de Instalaciones Térmicas de los Edificios (RITE).**

Con respecto a la acumulación de la electricidad procedente de los paneles fotovoltaicos, al realizarse el almacenamiento en baterías, estas se rigen por los requisitos del **Reglamento de Instalaciones Eléctricas en Baja Tensión (REBT),** en el cual, en su instrucción **ITC-BT-40,** habla sobre las instalaciones generadoras de baja tensión, donde se incluyen las fotovoltaicas.

9. Resumen

La energía solar térmica, según su utilización, se puede clasificar en baja, media o alta temperatura.

Cuanto más baja sea la temperatura del fluido de entrada a los captadores y mayor la radiación solar incidente sobre ellos, mayor será la producción energética de los captadores dentro de una instalación solar térmica.

Existen diferentes tipos de colectores, cada uno con sus características específicas. Como el captador solar plano, cuyos absorbedores pueden ser con forma de parrillas de tubos, de tipo serpentín, etc., los captadores sin cubierta o los captadores de vacío, que pueden ser de flujo directo o tipo heatpipe. Otros diseños especiales de captadores son el híbrido o el de acumulador integrado.

En el dimensionado de las tuberías se debe tener en cuenta la pérdida de carga, ya que los conductores oponen resistencias al fluido resultante debido al rozamiento al pasar por ellas.

Las instalaciones pueden funcionar por termosifón, que estas pueden ser directas o indirectas, o por circulación forzada, que también pueden ser directas o indirectas.

La Ley 31/1995 de prevención de riesgos laborales regula las garantías y responsabilidades que establecen los niveles adecuados para la protección de los trabajadores ante los riesgos derivados de las condiciones de trabajo.

Ejercicios de repaso y autoevaluación

1. En las instalaciones de media temperatura se alcanzan temperaturas...

   a. ... de 50 a 100 ºC.
   b. ... de 100 a 250 ºC.
   c. ... de 250 a 400 ºC.
   d. ... de 400 a 700 ºC.

2. Determine si la siguiente oración es verdadera o falsa: "La regulación por termosifón necesita un sistema de bombeo adicional y, por lo tanto, de un dispositivo electrónico de control".

   ☐ Verdadero
   ☐ Falso

3. La bomba de una instalación de circulación forzada pasa a estado ON cuando la diferencia de temperatura entre el colector y el acumulador se encuentra a...

   a. ... 2 – 3 ºC.
   b. ... 4 – 5 ºC.
   c. ... 5 – 6 ºC.
   d. ... 6 – 7 ºC.

4. La emisividad es:

   a. La proporción de radiación que absorbe la superficie.
   b. La proporción de radiación solar reflejada hacia el exterior del colector.
   c. La proporción de radiación solar que atraviesa la superficie.
   d. La proporción de radiación emitida dividida entre la radiación de un cuerpo negro a la misma temperatura.

5. Entre las tuberías, la distancia de separación resulta del compromiso entre la minimización de los costes de producción y la maximización del calor transferido al fluido de trabajo. ¿Cuál es esa distancia?

    a. Tiene un rango de 9 a 10 cm.
    b. Tiene un rango de 10 a 13 cm.
    c. Tiene un rango de 10 a 12 cm.
    d. Tiene un rango de 9 a 11 cm.

6. De las siguientes afirmaciones relacionadas con los captadores solares planos, indicar la falsa.

    a. El coste de estos tipos de captadores es inferior al de otros más complejos.
    b. Son fáciles de montar.
    c. Buena relación entre el precio y la calidad.
    d. Buen comportamiento si se trabaja a temperaturas elevadas.

7. El heatpipe es:

    a. Un tipo de captador de vacío.
    b. Un tipo de captador sin cubierta.
    c. Un tipo de captador solar plano.
    d. Todas las opciones son incorrectas.

8. Si un captador se basa en un colector solar plano con células fotovoltaicas conectadas sobre la cubierta, se está hablando de...

    a. ... captadores híbridos.
    b. ... captadores con acumulador integrado.
    c. ... captadores de vacío.
    d. ... captadores tipo heatpipe.

9. **Determine si las siguientes oraciones son verdaderas o falsas:**

   Los captadores de vacío:

   a. Necesitan más espacio para la instalación en comparación con los campeadores planos para esas aplicaciones.

   □ Verdadero
   □ Falso

   b. Son más adecuados para aquellas aplicaciones donde se necesitan mayores niveles de temperatura.

   □ Verdadero
   □ Falso

10. **Complete la siguiente oración.**

   Un aspecto importante a tener en cuenta en el dimensionado de las tuberías es la _____ __ _____. Los conductores oponen resistencias al fluido resultante debido al rozamiento al pasar por ellas. Existe una serie de expresiones dentro de este campo que proporcionan unos resultados bastante próximos a la _____ __ _____ unitaria de un tramo recto de tubería en función del _____ y de la _____ o caudal.

Capítulo 3

Especificaciones y descripción de equipos y elementos constituyentes de una instalación solar térmica

Contenido

1. Introducción

En este capítulo se explicarán, uno a uno, todos los elementos que constituyen una instalación solar térmica. Así, se hablará de captadores, circuitos primarios y secundarios, intercambiadores, depósitos de acumulación, depósitos de expansión, bombas de circulación, tuberías, purgadores, caudalímetros, válvulas y elementos de regulación.

Finalmente, se estudiarán las instalaciones térmicas auxiliares y de apoyo, un elemento imprescindible en toda instalación solar si no se quieren sufrir restricciones energéticas.

2. Captadores

El objetivo principal de un captador solar es el de transformar la radiación solar incidente en energía térmica, aumentando la temperatura del fluido que circula a través del mismo. Hay distintos tipos de captadores, con diferentes diseños, costes y rendimientos que, a su vez, se pueden emplear en distintas aplicaciones. El tipo utilizado normalmente hoy en día a la hora de producir agua caliente sanitaria es el captador solar plano, del cual existen muchas variantes.

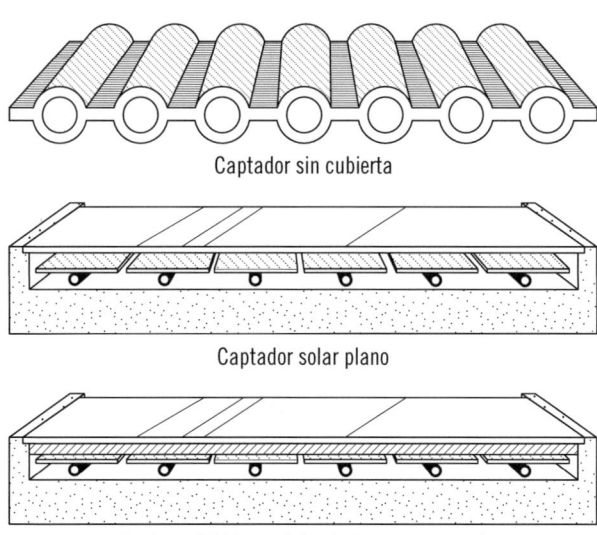

Captador sin cubierta

Captador solar plano

Captador TIM (con aislamiento transparente)

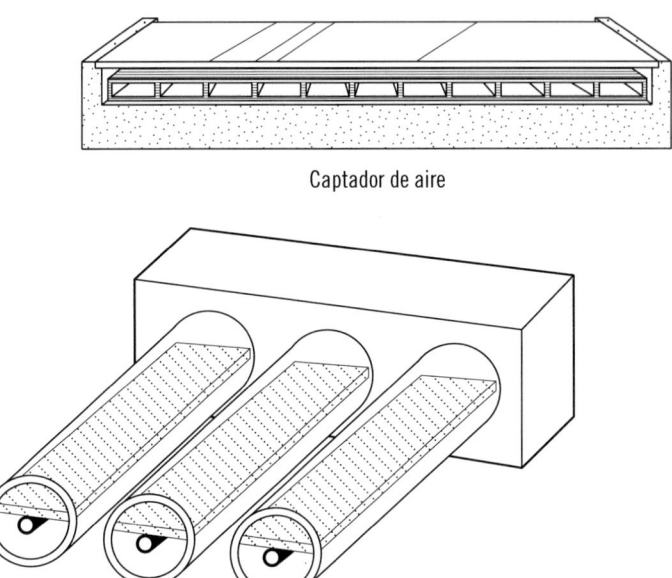

Captador de aire

Captador de vacío sin reflectores

Dentro de un mismo captador solar existen diferentes términos relativos a la superficie del mismo:

- Área de apertura Aa: la máxima superficie proyectada a través de la cual, sin concentración en el captador, penetra la radiación.
- Área total AG: la máxima superficie proyectada por el captador completo.
- Área del absorbedor AA: la máxima superficie de la proyección del absorbedor.

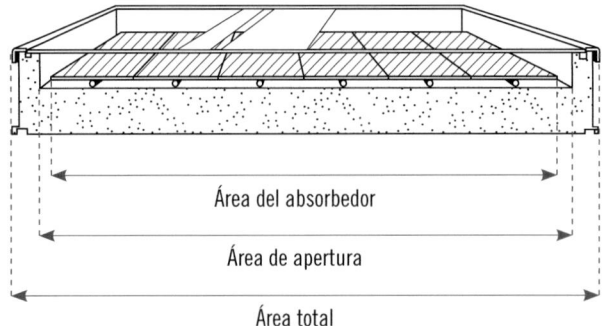

Área del absorbedor

Área de apertura

Área total

Al comparar, dentro de distintos captadores solares, los valores característicos, hay que hacerlo empleando la misma área de referencia ya que, dependiendo de dicha área, los valores de la curva de rendimiento son totalmente diferentes. Los valores de dicha curva de rendimiento de un captador solar con cubierta tienen que ser dados considerando la superficie del absorbedor y la superficie de apertura, de acuerdo a la norma europea de ensayos de captadores solares térmicos UNE-EN 12975-1, ISO9806 y UNE-EN 12976. Para aumentar la producción siempre hay que aumentar la superficie del absorbedor o la superficie útil del captador. Pero este razonamiento tiene una excepción, los captadores de vacío con reflectores, en donde la superficie de apertura es la que posee mayor interés, debido a que la radiación que incide en esta superficie se refleja en el absorbedor.

Áreas de referencia de un captador de vacío

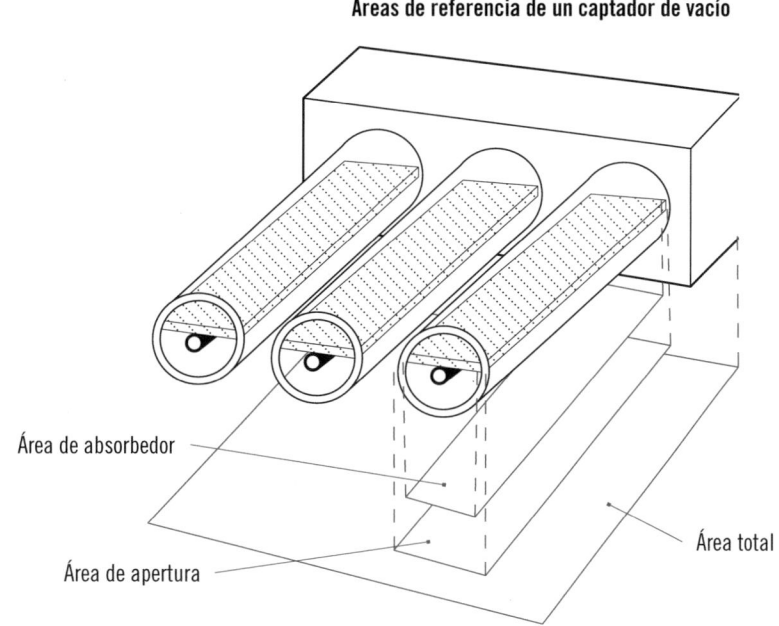

Área de absorbedor

Área total

Área de apertura

Áreas de referencia en un captador de vacío con reflector

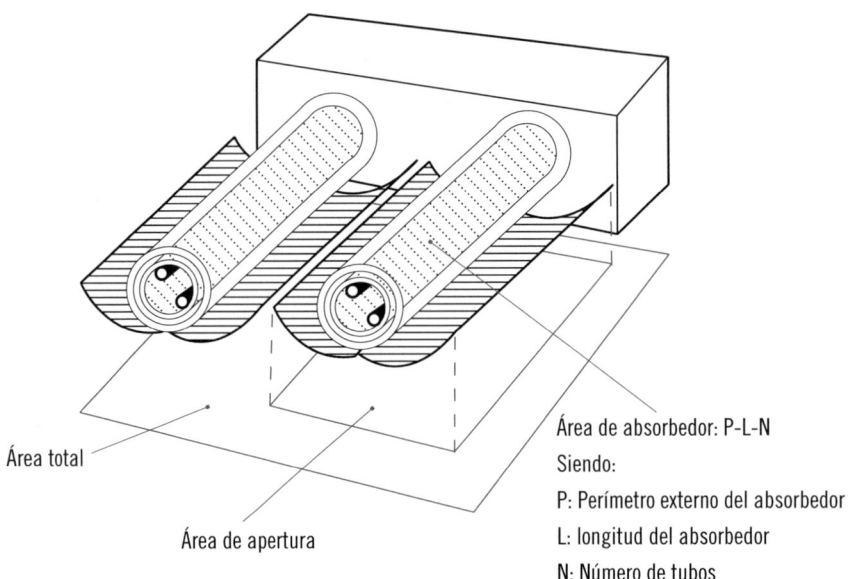

Área total

Área de apertura

Área de absorbedor: P·L·N
Siendo:
P: Perímetro externo del absorbedor
L: longitud del absorbedor
N: Número de tubos

 Sabía que...

La vida útil de una instalación de energía solar térmica para obtención de agua caliente sanitaria se estima en 20 años.

2.1. Codiciones especiales de funcionamiento

El comportamiento de los colectores solares, a lo largo de su vida útil, puede verse afectado por diversas condiciones, como son:

- Temperatura ambiente alta.
- Fuertes vientos.
- Niveles altos de radiación solar y ultravioleta.
- Lluvias, granizos, descargas eléctricas, etc.
- Agentes corrosivos incorporados en el aire.

También, para evitar deterioros en la instalación, ha de considerarse el valor de temperatura que puede alcanzar el fluido de trabajo bajo diversas condiciones. Por ello, todos los componentes de la instalación deben ser capaces de soportar estas condiciones adecuadamente para asegurar la durabilidad, fiabilidad y eficiencia de la instalación. El paso del tiempo muestra que el correcto montaje de las instalaciones, el correcto dimensionado y la buena selección de los componentes aseguran la fiabilidad de los sistemas solares ante los agentes externos.

Un factor importante que ha de tenerse en cuenta durante la vida útil de los captadores solares es la llamada "temperatura de estancamiento" que se define como la temperatura para la que el rendimiento del captador es nulo.

La condición de estancamiento dentro de un captador solar ha de tenerse en cuenta debido a la frecuencia con la que esta se produce dentro de su vida útil.

Un captador solar, debido a las pérdidas térmicas por convección, conducción y radiación compensan la producción térmica del absorbedor que se crea en los periodos de estancamiento, cuando el captador sigue trabajando y generando energía térmica, la cual es compensada con las pérdidas dichas anteriormente. La temperatura de estancamiento depende de las características del captador y del tipo de condiciones climáticas que se den. Si aumenta la irradiancia incidente sobre un captador, manteniendo constante la temperatura ambiente, también aumenta la temperatura de estancamiento de este.

 Sabía que...

Debido a que se trata de una tecnología madura, cada vez existen menos programas de ayudas para la instalación de energía solar térmica.

Para calcular la temperatura máxima aproximada que puede alcanzar un absorbedor, cuando se encuentra en estancamiento, se deben tener en cuenta varios factores: uno es la temperatura ambiente, para la cual se estima un valor de 30 °C; otro de los valores a tener en cuenta es la irradiancia incidente sobre el mismo, para el que se usa un valor de 1.000 W/m^2. En dichas condiciones, la temperatura de estancamiento oscila entre los valores de 130 °C y 180 °C. Si se observa en los captadores de vacío, esta temperatura oscila entre 150 °C y 300 °C. Siempre se ha de tener presente que estos valores pueden oscilar entre 10 y 20 °C en épocas en las que la temperatura supere los 30 °C, tomados para el ensayo. Todas las instalaciones deben de tener autonomía para responder a las condiciones de estancamiento, sin necesidad de ayuda, por parte del usuario.

3. Circuito primario y secundario

El circuito primario es del que forman parte los colectores y las tuberías que los unen, en que el fluido recoge la energía solar y la transmite. Mientras que el circuito secundario, es el que se recoge la energía transferida del circuito primario para ser distribuida a los puntos de consumo.

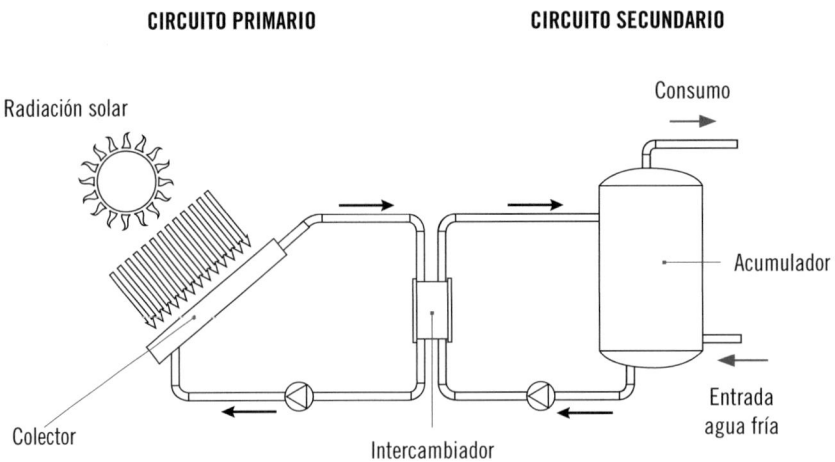

4. Intercambiadores de calor

Poseen la misión de realizar la transferencia de calor entre fluidos que se encuentran a diferentes temperaturas y ambos están separados por una pared sólida. Así se consigue que se transfiera el calor sin que se mezclen los fluidos. A la hora de diseñar una instalación, se pueden optar por varios modos, con intercambiador o sin él. A continuación, se describen las ventajas del empleo de un intercambiador en una instalación solar:

- Posibilidad de utilizar como fluido de trabajo una mezcla de agua con anticongelante.
- Disminución de las posibilidades de obturación de las tuberías por deposición calcárea en el circuito primario, especialmente en el sistema de captación, cuando la dureza del agua utilizada es elevada.
- Reducción del riesgo de corrosión en el circuito primario ya que, a excepción de renovaciones continuas de agua, el contenido de oxígeno disuelto en agua se encuentra limitado.

? Sabía que...

En los últimos años, los sistemas de ACS han bajado su precio considerablemente, siendo hoy una tecnología económicamente competitiva sin la necesidad de subvenciones.

4.1. Tipos de intercambiadores

La clasificación más sencilla para los intercambiadores de calor utilizados en las instalaciones solares térmicas diferencia entre:

- Intercambiadores internos: forman parte del acumulador de calor.
- Intercambiadores externos: son componentes independientes en la instalación.

Intercambiadores incorporados en el acumulador

Se utilizan en instalaciones solares con volúmenes de acumulación relativamente pequeños (hasta 1.000 l). Existen varios tipos, entre los que se destacan los de tipo serpentín y los de doble envolvente.

Intercambiador tipo serpentín

Consiste en un tubo de cobre, acero inoxidable o acero vitrificado arrollado en espiral y que, a su vez, se encuentra sumergido en el acumulador. Este tubo contiene el fluido caliente proveniente de los captadores solares, es el encargado de realizar el intercambio de calor a través de la superficie externa del tubo. Para tener mayor superficie de intercambio, se recomienda aumentar la longitud del tubo, ya que su sección es normalmente pequeña. Otros métodos para facilitar la transferencia de calor serán la colocación de aletas sobre el tubo o el empleo de tubos rugosos en vez de lisos, pero estos métodos tienen más problemas que el aumento de longitud, debido a que si se producen deposiciones calcáreas sobre el intercambiador, será más fácil limpiar el de mayor longitud que los otros. Dichas deposiciones deben evitarse, ya que pueden llegar a reducir la capacidad de transferencia de calor del intercambiador. Por ejemplo, una capa de 2 mm de espesor cubriendo el tubo, reduciría en un 20 % la capacidad de transferencia de calor. Se recomienda instalar verticalmente el serpentín en la parte inferior del acumulador solar y las conexiones deben realizarse de manera que el fluido caliente, procedente de los captadores solares, circule en sentido descendente a través del intercambiador. Este tipo de intercambiadores se utilizan en instalaciones solares de tamaño pequeño o medio.

Intercambiadores de tipo serpentín aleteando (izquierda) y liso (derecha)

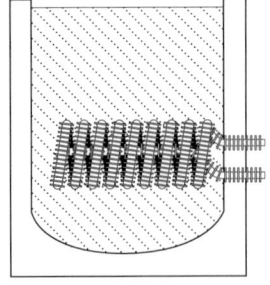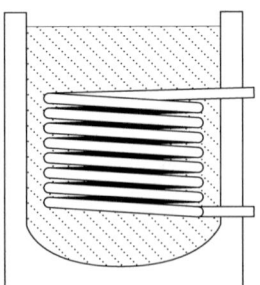

Intercambiador de doble envolvente

El acumulador consta de una capa cilíndrica concéntrica alrededor del mismo. El fluido que procede de los captadores circula entre el acumulador y la capa concéntrica, el calor es transferido al agua acumulada en el interior del acumulador a través de la superficie interna del mismo. Este tipo de intercambiadores se usa principalmente en instalaciones de tamaño reducido, siendo muy recomendables en las instalaciones por termosifón, ya que tienen muy poca pérdida de carga. En circuitos donde se alcancen presiones elevadas en el circuito primario no son recomendables, ya que la capa concéntrica que rodea el acumulador tiene más posibilidades de deterioro.

Intercambiadores de doble envolvente

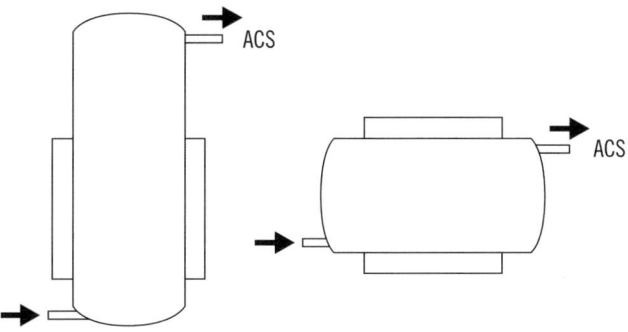

Intercambiadores externos

Se diferencia entre los intercambiadores de placa y los de carcasa y tubo. En ambos casos, los dos fluidos (frío y caliente), entre los que tiene lugar el intercambio de energía en forma de calor, circulan al mismo tiempo. Los fluidos de una instalación, frío y caliente, pueden circular en el mismo sentido o en sentido contrario, recomendándose la utilización de modelos funcionando en contracorriente. También se recomienda aislar adecuadamente este tipo de intercambiadores para reducir las pérdidas térmicas.

Intercambiadores de placas

Los intercambiadores de placas consisten en un conjunto de placas apiladas de material metálico, que se mantienen unidas mediante presión en un bastidor y selladas por medio de una junta, de manera que se forman una serie de pasillos conectados entre sí, por los que circula el correspondiente fluido. Cada placa tiene cuatro orificios de forma que a través de dos de ellos circula el fluido frío o el fluido caliente. Las juntas de estanquidad, que hacen de cierre por presión entre las placas, fijan la dirección de circulación de estos fluidos a través de las placas. El material con el que se construyen las placas depende de las propiedades de los fluidos que circulan a través de ellas. Se diferencian varios tipos de intercambiadores: en el primero, las placas se encuentran soldadas entre sí, y se llama de modelo soldado, y en el segundo las placas están ajustadas mediante juntas herméticas y unidas a través de pernos, y se denomina de modelo atornillado. Los modelos soldados solamente están disponibles para determinados tamaños, y suelen ser de menor coste que los atornillados. Los intercambiadores exteriores se emplean normalmente en instalaciones solares que tengan volúmenes de acumulación superiores a 1.000-1.500 l. Este límite ha descendido significativamente en los últimos años, debido a la relación eficiencia/coste de estos intercambiadores, la cual ha mejorado considerablemente. Los más utilizados en instalaciones solares con intercambiadores exteriores son los intercambiadores de placas en contracorriente.

Intercambiadores de carcasa y tubo

Constan de un haz de tubos por el interior de los cuales circula uno de los fluidos que intercambia calor. Este haz se encuentra en el interior de una carcasa circulando el otro fluido por el espacio comprendido entre el haz de tubos y la carcasa. Presentan la ventaja de incorporar menor pérdida de carga que los intercambiadores de placas, ya que las secciones de paso son relativamente grandes.

Aplicación práctica

De los siguientes gráficos, identifica cuál es un intercambiador de carcasa y tubo, y cuál es un intercambiador de placas.

a)   b)

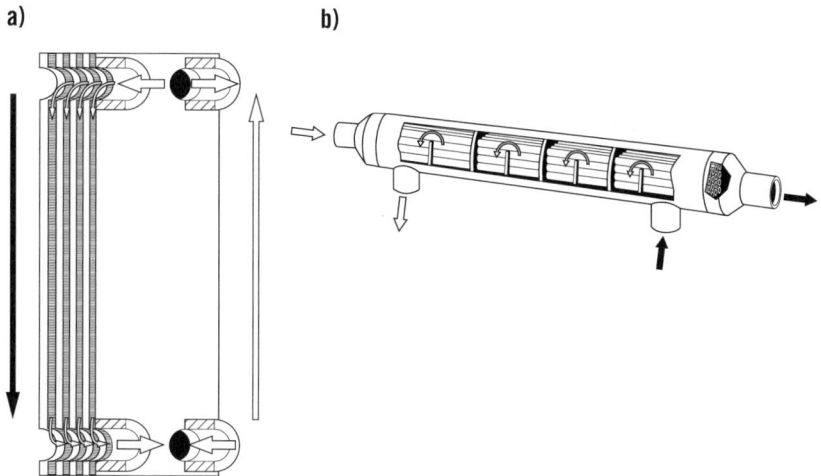

SOLUCIÓN

a. Intercambiador de placas.
b. Intercambiador de carcasa y tubo.

Los intercambiadores externos tienen las características que se enumeran a continuación:

- Mayor capacidad de transferencia de calor que los intercambiadores incorporados en el acumulador. También destacan por su mayor facilidad de limpieza y reparación.
- Con un único intercambiador, tienen la capacidad de cargar térmicamente varios acumuladores. Al no necesitar emplear un intercambiador por cada acumulador, se reduce el coste global de la instalación.

- Requieren la instalación de una bomba adicional en el secundario del intercambiador.
- Los intercambiadores de placas presentan altas pérdidas de carga.
- Para pequeñas potencias térmicas, habitualmente resultan de mayor coste que los intercambiadores incorporados en el acumulador.

5. Depósitos de acumulación

La función de los acumuladores es la de almacenar la energía térmica producida por los captadores solares. La utilización de acumuladores es imprescindible en las instalaciones solares, debido a que el consumo de energía térmica se hace en momentos distintos que en los que hay periodos de radiación solar. El almacenamiento de energía térmica puede realizarse de diversas formas: calor sensible contenido en un medio líquido o sólido, calor de fusión de sistemas químicos o por reacciones químicas reversibles. La aplicación que tenga el sistema que se esté diseñando es la que dice cuál es el tipo de almacenamiento que es necesario para la instalación. En el caso del agua caliente, se suele utilizar el calor sensible contenido en la propia agua a través de la utilización de un acumulador de agua caliente. Utilizar el agua como fluido almacenador de energía térmica presenta las ventajas de su elevada capacidad térmica, bajo coste, alta disponibilidad, nula toxicidad e inflamabilidad, etc. Por ello, en el caso del agua caliente sanitaria, la extracción de energía se hace a través de la propia agua, siendo totalmente innecesario el uso de un intercambiador que separe el agua de consumo del fluido almacenador de energía térmica. Los requisitos generales que debe tener un acumulador son:

- Adecuada estratificación de temperaturas.
- Elevada capacidad térmica del medio de almacenamiento.
- Buen aislamiento térmico.
- Alta resistencia dentro de los rangos de presión y temperaturas de trabajo.
- Correcto posicionado de las tuberías de conexión.
- Larga durabilidad.
- Adecuadas propiedades medioambientales.
- Bajo coste.

Consejo

Siempre que sea posible, es conveniente colocar un acumulador vertical en vez de uno horizontal, ya que en posición vertical se favorece la estratificación de la temperatura del agua dentro del acumulador.

5.1. Tipos de acumuladores

Dependiendo de la aplicación para la que se realice la instalación y del tipo de agua que contiene en su interior, se pueden clasificar los acumuladores en: acumuladores de agua caliente sanitaria, acumuladores de inercia o acumuladores combinados.

Acumuladores de agua caliente sanitaria

Deben cumplir los requisitos que se exigen para poder almacenar agua potable debido a los altos contenidos de oxígeno en el agua potable y, dado que deben soportar niveles de presión altos y, en ocasiones, también de temperatura, no pueden tener deterioros por fenómenos de corrosión. También se suelen emplear para usos industriales. Para evitar la corrosión se recomienda no poner en contacto con elementos metálicos, usar protecciones interiores y emplear sistemas de protección frente a la corrosión. Estos acumuladores, a su vez, pueden ser directos o indirectos.

Los indirectos o interacumuladores poseen un intercambiador en forma de serpentín, o de tipo doble envolvente, conectado con el circuito solar de manera que el fluido caloportador no se pone en contacto con el agua potable.

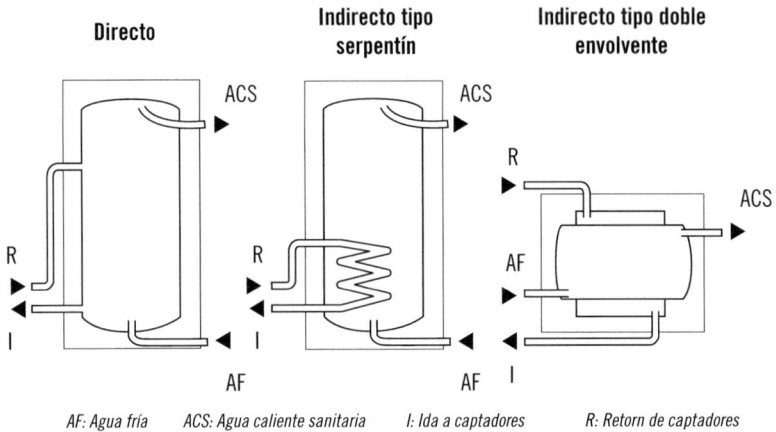

Directo — **Indirecto tipo serpentín** — **Indirecto tipo doble envolvente**

AF: Agua fría   ACS: Agua caliente sanitaria   I: Ida a captadores   R: Retorn de captadores

Acumuladores de inercia

Se utilizan en instalaciones solares para producción de agua caliente sanitaria. Este acumulador requiere necesariamente un intercambiador, el cual sirve para separar el agua potable de consumo del agua contenida dentro del acumulador. La presión de trabajo en estos sistemas suele ser más baja que en los acumuladores de agua caliente sanitaria. Estos sistemas resultan más baratos, ya que no contienen agua potable. Suelen ser de acero negro debido a su menor coste y a su buena resistencia a la temperatura. El acero negro tiene peor comportamiento ante la corrosión, pero este punto no se debe tener en cuenta ya que el agua que circula por este lo hace en un circuito cerrado y no se distribuye a ningún circuito de consumo. Estos sistemas se emplean en aplicaciones de calefacción, dirigiéndose la energía almacenada directamente al propio sistema de calefacción.

Acumuladores combinados

Consisten en un acumulador de inercia que tiene en su interior un acumulador de agua caliente sanitaria. Su uso está destinado a instalaciones solares de reducido tamaño, para ofrecer soluciones a las demandas de energía para agua caliente sanitaria y para calefacción. Se suele usar en el centro y norte de Europa. En este tipo de acumulador, los sistemas de aporte de calor y los sistemas de consumo trabajan sobre el mismo acumulador. Posee un sistema de apoyo conectado por la parte superior del acumulador de inercia con objeto de aumentar la temperatura destinada a usos sanitarios. La zona intermedia se aprovecha para aumentar la temperatura del agua de retorno que pasa por el circuito de calefacción, mientras que la zona inferior dispone de un intercambiador de calor, alimentado por los captadores solares, que se encarga de calentar el agua del interior del acumulador de inercia, el cual aumenta la temperatura del agua destinada a usos sanitarios, a través de la pared del acumulador interior.

**Comparación de la estratificación de temperaturas alcanzada
en un acumulador vertical frente a un acumulador horizontal**

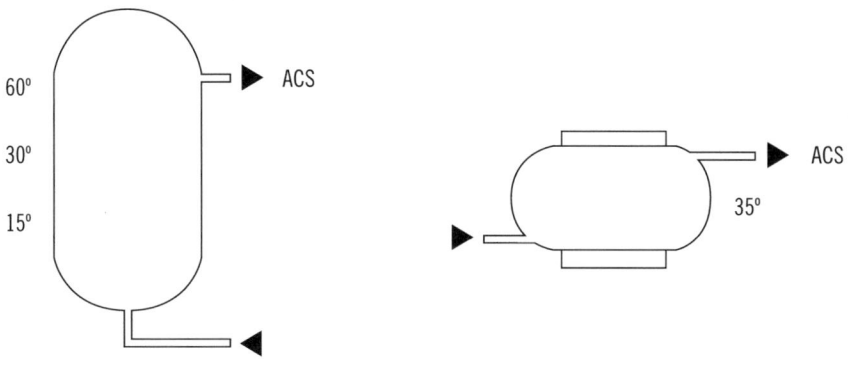

5.2. Tipos de materiales utilizados en los acumuladores

Los acumuladores que utilizan resinas epoxídicas suelen ser acumuladores con revestimientos plásticos. Estos aguantan temperaturas en torno a 80 °C. La aparición de poros en el revestimiento plástico determina, en gran medida, la durabilidad de estos acumuladores. Por ello, siempre se recomienda realizar un tratamiento previo de la superficie interna del acumulador, el cual facilite la fijación del revestimiento. Son más baratos que los de acero vitrificado y los de acero inoxidable.

Los acumuladores de acero negro se emplean en circuitos por los que no circula agua de consumo, ya que no se comportan adecuadamente ante la corrosión. Tienen muy buen comportamiento ante temperaturas elevadas y son más baratos que los de acero con revestimiento plástico, de acero vitrificado o de acero inoxidable.

Los acumuladores vitrificados soportan temperaturas altas. Este tipo de protección consiste en un compuesto de vidrio que aumenta la resistencia del acero frente a la temperatura. Esta protección se caracteriza por su fragilidad, y por ello se recomienda asegurar la adherencia del vidrio al acero a través de la utilización de una capa de níquel, evitar la formación de poros y tener especial cuidado durante el transporte con objeto de evitar impactos que deterioren dicha protección.

Los acumuladores de acero inoxidable presentan la ventaja, frente a los de acero vitrificado, de que son más ligeros, no tienen problemas de corrosión y soportan temperaturas superiores pero tienen el inconveniente de que su coste es mayor y que su comportamiento ante aguas con elevado contenido en cloro es peor.

5.3. Aspectos de diseño y funcionamiento

Al favorecer la carga de descarga térmica, reducir las pérdidas térmicas, evitar deterioros de la protección interior, etc., se está optimizando el comportamiento del acumulador de una instalación solar. Y por estos motivos, los acumuladores de una instalación solar deben tener buena estratificación de temperaturas, pequeñas pérdidas térmicas, buena situación de los elementos de conexión, etc.

En el acumulador coexisten al mismo tiempo agua fría, templada y caliente, debido a que al extraer agua caliente del acumulador por la parte superior (normalmente), se introduce agua fría por la parte inferior. El agua contenida en el acumulador crea una distribución vertical de temperaturas, debido a la diferencia de densidades producida por la diferencia de temperaturas, de manera que el agua más caliente es la de menos densidad, por lo que se sitúa en la parte superior. Para aumentar la diferencia de temperatura entre la parte superior e inferior del acumulador, hay que aumentar la distribución vertical de temperaturas, se deben emplear acumuladores de configuración vertical, con una relación altura/diámetro tan alta como sea posible. Este aumento de las diferencias permite:

- Que el agua que se extrae de la parte superior del acumulador salga a mayor temperatura.
- Que el agua de la parte inferior del acumulador esté a la menor temperatura posible.

Antes de instalar un acumulador se deben tener en cuenta las dimensiones del mismo y el lugar donde se ubicará. También, el acceso a dicho acumulador, la posición y diseño de las tuberías de entrada y salida, el caudal de circulación, etc.

Acumulador combinado

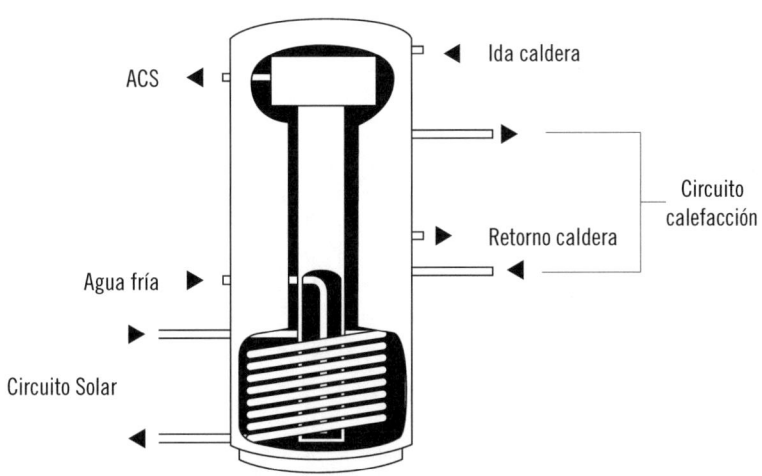

Sabía que...

Los sistemas de ACS necesitan siempre una fuente de energía auxiliar (o de apoyo) para completar el trabajo de la energía solar, en el caso de varios días nublados habría agua caliente gracias a dicha fuente auxiliar.

5.4. Dispositivo de estratificación de carga térmica

Se han desarrollado diversos sistemas de carga térmica, internos y externos al acumulador. Estos permiten que el agua caliente procedente del intercambiador exterior entre en el acumulador a la cota que le corresponda según su temperatura y así no tener que ascender dentro de la misma agua. Todo esto es para aumentar la estratificación de temperaturas dentro del acumulador y así favorecer el funcionamiento de las instalaciones. Con este tipo de sistema se consigue evitar la reducción de temperatura que se da cuando se introduce en esta zona agua a temperatura inferior a la previamente almacenada. También se reduce la energía de apoyo, debido a que se aumenta la cantidad de energía aportada.

Dispositivo de estratificación en un acumulador

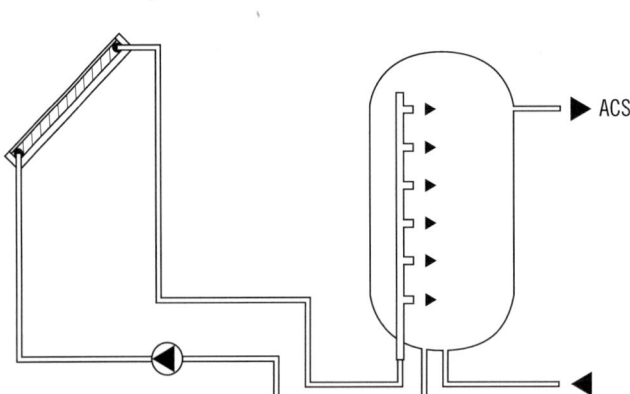

ACS

5.5. Aislamiento térmico

Un acumulador que presente un defectuoso aislamiento térmico puede presentar pérdidas térmicas muy significativas, llegando incluso a disminuir considerablemente el rendimiento de la instalación solar. Para disminuir las pérdidas térmicas se han de tomar, entre otras, las siguientes medidas:

- Utilizar materiales aislantes apropiados.
- Aislar las tuberías de conexión y los diferentes accesorios: bocas de conexión, bridas, etc.

- Aislar todo el acumulador.
- Instalar adecuadamente las tuberías de conexión para evitar las pérdidas térmicas debidas a la circulación natural del agua por el interior de estas tuberías.
- Minimizar la relación entre la superficie exterior del acumulador y el volumen de este.

Los materiales aislantes empleados han de satisfacer la reglamentación vigente y deben ser medioambientalmente adecuados, por lo que se recomienda que no tengan elementos clorofluorocarbonados ni PVC. Deben tener unas características específicas, entre las que se destacan buena resistencia mecánica, bajos coeficientes de conductividad térmica, comportarse adecuadamente en el rango de temperaturas de trabajo, elevada estabilidad, etc. Algunos materiales aislantes son la espuma rígida de poliuretano inyectado, la lana de roca, la fibra de vidrio, etc. Para proteger el aislante frente a agentes externos, como la radiación, humedad, etc., se recomienda colocar sobre dichos materiales algún tipo de protección mecánica o de revestimiento exterior. La selección del tipo de elemento que se elija como elemento protector depende en gran medida del lugar donde se ubique el acumulador.

Un importante foco de pérdidas térmicas son las tuberías y bocas de conexión. Por ello, se debe prestar gran atención en el aislamiento de estos componentes. Además, se debe evitar la aparición de puentes térmicos mediante la utilización de elementos adecuados.

5.6. Homogeneización de la temperatura dentro del acumulador

La velocidad de entrada del agua dentro del acumulador es la principal causa de la homogeneización de la temperatura. Esto hace que la estratificación anteriormente creada desaparezca, afectando negativamente en el funcionamiento de la instalación solar. Para reducir la velocidad del agua y minimizar estos efectos se utilizan deflectores, tubos difusores o dispositivos similares en las tuberías de entrada al acumulador. A continuación, se verán varios dispositivos para disminuir los efectos de mezcla, permitiendo la continuidad de la estratificación.

Dispositivo para evitar la mezcla de aguas de distinta temperatura debido a la velocidad de la entrada de la misma

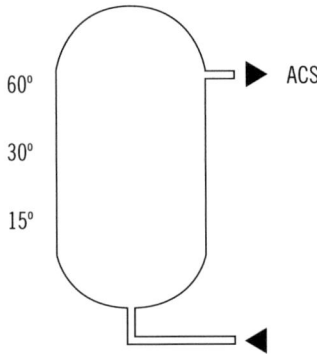

En la figura anterior, también se muestra la distribución de las temperaturas alcanzadas en un acumulador de configuración vertical en estado de reposo. El volumen de agua contenida en el acumulador es de 300 l y la temperatura inicial del acumulador, de 15 ºC. La siguiente expresión dice el valor de la variación de la energía térmica (ΔU).

$$\Delta U = V \cdot \rho \cdot C_p \cdot \Delta T$$

Donde:

- ΔU = Variación de energía (kJ)
- V = Cantidad de agua (l)
- ρ = Densidad del agua (kg/l)(agua:1 kg / l)
- C_p = Capacidad térmica a presión constante (kJ/kgK)
- ΔT = Diferencia de temperatura

 Aplicación práctica

Miguel tiene que comprobar si es posible aumentar en 8 °C la temperatura de un acumulador de 50 l de agua aplicándole un incremento de energía de 400 kJ. Sabiendo que la capacidad térmica del agua a presión constante Cp es 1 kJ/kg °C y que su densidad ρ es 1 kg/l. ¿Será suficiente esa energía o se necesitará más?

SOLUCIÓN

Miguel sabe que la variación de energía térmica viene dada por la ecuación

$$\Delta U = V \cdot \rho \cdot Cp \cdot \Delta T$$

Para saber si con un incremento de energía $\Delta U = 400$ KJ tiene suficiente para elevar la temperatura 8 °C, lo único que tiene que hacer Miguel es sustituir en la ecuación los valores que tiene y calcular, cuál será el aumento de temperatura ΔT que sufrirán los 50 l de agua.

$$400 \text{ KJ} = 50 \cdot 1 \cdot \Delta T$$

$$\Delta T = 8 \text{ °C}$$

5.7. Situación de tuberías de conexión

El funcionamiento del acumulador en una instalación solar debe ser favorecido por las conexiones de entrada y salida de dicho acumulador. Por ello, se recomienda que la tubería de entrada de agua fría al acumulador descargue en la parte inferior del mismo, la salida de agua caliente es conveniente colocarla en la parte superior, y que todas las tuberías de entrada y salida del acumulador favorezcan el calentamiento del acumulador, evitando la aparición de caminos preferentes de circulación. En acumuladores convencionales, normalmente el agua caliente es extraída por la parte superior del mismo. Al parar de coger agua caliente, el resto de agua que queda en la tubería se enfría y esta, por convección natural, baja por el tubo y entra de nuevo en el acumulador, siendo, esta agua enfriada, sustituida por el agua más caliente y así continuamente. Esto provoca pérdidas térmicas, afecta negativamente en el proceso de estratificación de temperaturas y disminuye la temperatura del acumulador en la parte superior. Para evitar estos problemas, se recomienda que la tubería de salida hacia el consumo tome el agua caliente de la parte alta del acumulador, pero que la salida la tenga en el lateral de dicho acumulador.

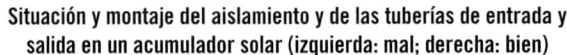

Situación y montaje del aislamiento y de las tuberías de entrada y salida en un acumulador solar (izquierda: mal; derecha: bien)

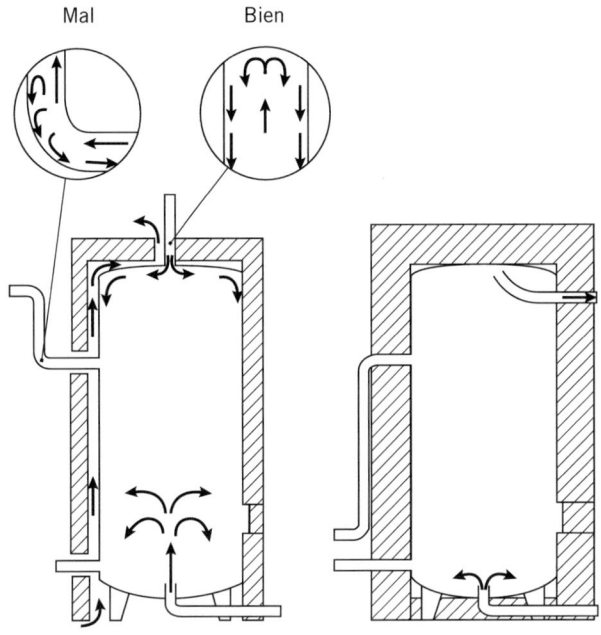

En el caso de que un acumulador funcione con un serpentín, es conveniente situarlo en la parte inferior del acumulador, para mejorar la eficiencia del proceso y también para conseguir calentar toda el agua del acumulador. El sensor de temperatura localizado en el acumulador, que sirve para activar la bomba de circulación, es conveniente situarlo en la parte inferior del acumulador, preferentemente por debajo de la tercera parte de la altura total del acumulador. Si el acumulador tiene intercambiador para el circuito solar, este sensor se debe instalar aproximadamente a la altura media del intercambiador. En ambas situaciones, si la temperatura en el captador solar es suficientemente elevada, se consigue que se active automáticamente, la bomba, más rápidamente que si dicho sensor estuviese colocado a mayor altura, y así maximizar la cantidad de energía aportada por los captadores solares. Siempre se recomiendan sondas de inmersión, antes que sondas de contacto, que solo deberán utilizarse en caso de que no se tengan bocas para la colocación de sondas de inmersión. En este caso, se ha de asegurar el contacto térmico, por lo que se recomiendan pastas aislantes.

 Importante

Para favorecer la estratificación de la temperatura del agua dentro del acumulador, la tubería de entrada de agua fría debe descargar en la parte inferior del mismo, mientras que la salida de agua caliente debe estar situada en la parte superior del acumulador.

6. Depósitos de expansión

El fluido contenido en un circuito cerrado, con las variaciones de temperatura, sufre unas dilataciones y contracciones que son absorbidas por el vaso de expansión. Este elemento evita la pérdida de fluido al alcanzarse presiones elevadas en los periodos de alta radiación solar, ya que se evacuaría el fluido a través de la válvula de seguridad. Si se pierde fluido, es totalmente necesario rellenar el circuito para mantenerlo presurizado, aumentando el coste debido a la sustitución de fluido y a la energía que se pierde en el fluido evacuado. Si el fluido contenido en el circuito está en comunicación directa con la atmósfera, se denominan vasos abiertos, y si no lo está, se denominan vasos cerrados.

Normalmente se instalan los vasos de expansión cerrados. Estos consisten en depósitos metálicos divididos en el interior por dos partes a través de una membrana elástica impermeable. Cada una de las partes está rellena de un fluido diferente: aire o gas inerte a la presión de trabajo. Este se sitúa debajo de la membrana. Por encima de dicha membrana se encuentra el fluido de trabajo o líquido portador térmico, el cual, al aumentar la temperatura y presión, penetra en el vaso de expansión.

En la siguiente imagen se puede observar el esquema de las distintas fases del funcionamiento de un vaso de expansión cerrado. Tal y como se ha explicado anteriormente, al aumentar la temperatura del líquido caloportador también aumenta su presión y el líquido se expande en el vaso desplazando la membrana elástica hacia la parte inferior, disminuyendo así el volumen ocupado por el gas. Si el proceso que ocurre es el contrario, o sea, que en vez de aumentar la temperatura esta disminuye, la presión también disminuirá, desplazándose la membrana hacia la parte superior, aumentando así el volumen ocupado por el gas.

Condiciones de operación de un vaso de expansión cerrado

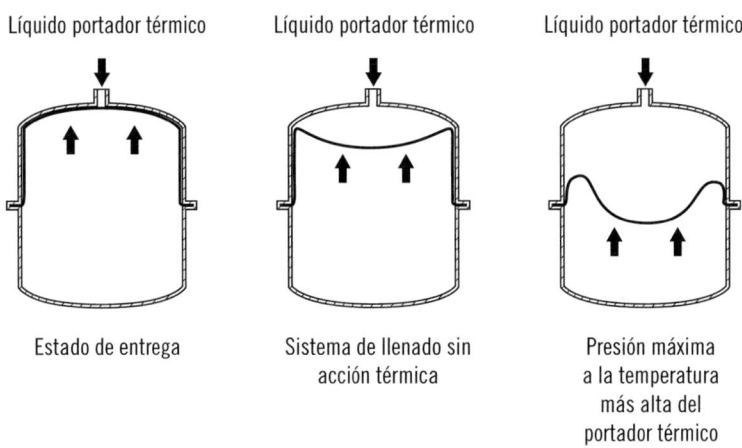

Líquido portador térmico	Líquido portador térmico	Líquido portador térmico
Estado de entrega	Sistema de llenado sin acción térmica	Presión máxima a la temperatura más alta del portador térmico

Para facilitar que la expansión del fluido sea absorbida y no se pierda fluido, el vaso siempre debe estar conectado al circuito. Por ello, en el ramal de conexión del circuito hidráulico y el vaso de expansión no se debe instalar ningún elemento, como por ejemplo las válvulas de corte, que impida la circulación del fluido de trabajo. El vaso de expansión debe ser resistente al fluido empleado y a las altas temperaturas que se pueden alcanzar. Esta resistencia hay que tenerla en cuenta especialmente en la resistencia de la membrana elástica a los fluidos anticongelantes, a los esfuerzos mecánicos a los que es sometida y a la resistencia que tiene a altas temperaturas. Como todos los elementos que estén en contacto con agua caliente sanitaria, si el fluido del circuito es agua para el consumo humano, el vaso ha de tener el certificado de calidad alimentaria. El vaso de expansión se ha de dimensionar como mínimo para que absorba la expansión térmica del fluido de trabajo que contiene el circuito hidráulico. El fluido de trabajo de una instalación solar puede formar vapor cuya expansión térmica también debe ser absorbida por el vaso. Este es otro factor a tener en cuenta a la hora de dimensionar el vaso. Por ello, siempre se recomienda sobredimensionarlo. Además del vaso, también se recomienda la utilización de válvulas de seguridad para evitar deterioros en la instalación en caso de alcanzarse temperaturas extremas o de un mal dimensionado del vaso de expansión.

Sabía que...

El vaso de expansión, además de facilitar que no se pierda fluido caloportador cuando este se dilata por efecto de la temperatura, sirve para facilitar el llenado del circuito por el que circula dicho fluido.

7. Bombas de circulación

La bomba de circulación es el dispositivo electromecánico encargado de hacer circular el fluido de trabajo a través del circuito hidráulico de una instalación. Dentro de una instalación de circulación forzada, es el principal componente. Las bombas se caracterizan por las condiciones de funcionamiento representadas, para un determinado fluido de trabajo, por el caudal volumétrico y la altura de impulsión o manométrica. El caudal y la diferencia de presiones que ha de superar la bomba son los parámetros fundamentales a tener en cuenta a la hora de elegir una bomba. Aunque también hay que tener en cuenta los siguientes aspectos:

- Los materiales de la bomba han de adaptarse al tipo de fluido utilizado. Sobre todo, en los circuitos por los que circula agua caliente sanitaria, el material empleado ha de cumplir la normativa vigente relativa a potabilidad de agua. Si se utilizan fluidos anticongelantes se ha de tener gran atención en el comportamiento de las juntas de sellado.

■ Que tenga buen rendimiento, elevada resistencia mecánica y bajo coste.

■ Que posea baja potencia eléctrica. Con objeto de disminuir el consumo eléctrico y aumentar la eficiencia energética de las instalaciones solares, los límites de potencia nominal máxima a utilizar en una instalación solar térmica quedan dados por la normativa europea. Este límite depende del tamaño de la instalación solar y del factor óptico del captador solar.

■ Deben tener un buen comportamiento en el rango de presiones y temperaturas de trabajo. Es recomendable instalar las bombas en los puntos más fríos de la instalación solar, debido a las temperaturas que se alcanzan en las salidas de los captadores.

Las bombas están compuestas por dos partes:

■ La parte hidráulica, fabricada en hierro fundido, bronce o acero inoxidable, en la que se encuentra el rodete de impulsión.

■ La parte eléctrica, unida a la parte hidráulica por unión atornillada, y que mueve dicho rodete.

Estas dos partes forman un conjunto compacto que se completa con las conexiones eléctricas para el motor, y con las tomas adecuadas para unir la parte hidráulica con las tuberías, por unión roscada o bridas.

El material en el que se fabrica la parte hidráulica de la bomba depende de si el circuito en el que trabajan es cerrado o abierto. En un circuito cerrado, el material que se emplea es el hierro fundido, ya que al no entrar el fluido que circula en el circuito de consumo, no deben mantenerse las características del agua, que ya contiene aditivos. Además, resulta más económico que otros materiales.

Si la bomba se instala en un circuito abierto, esta parte debe ser de bronce o de acero inoxidable, que es más resistente a la corrosión que producen las sales que contiene el agua, que además va directa a consumo: además de estar en contacto con el agua de consumo, el material de construcción del rodete no debe alterar las características del agua.

Por lo que respecta al motor que mueve el rodete de la bomba, se emplean los de inducción, y funcionan a una tensión de red de 240 V en CA monofásica y/o 380 V en trifásica, a una frecuencia de 50 Hz.

Generalmente se prefieren las bombas de rotor sumergido, que se montan en línea con la tubería: cuando la bomba empieza a funcionar, el fluido baña el rotor o eje del motor y los cojinetes, provocando su refrigeración y lubricación. Siempre que sea posible, se montarán en las zonas más frías del circuito y en tramos de tubería verticales, evitando las zonas más bajas del circuito. Las bombas en línea se instalarán con el eje de rotación horizontal y con espacio suficiente para que el conjunto motor-rodete pueda ser fácilmente desmontado.

Bomba de circulación

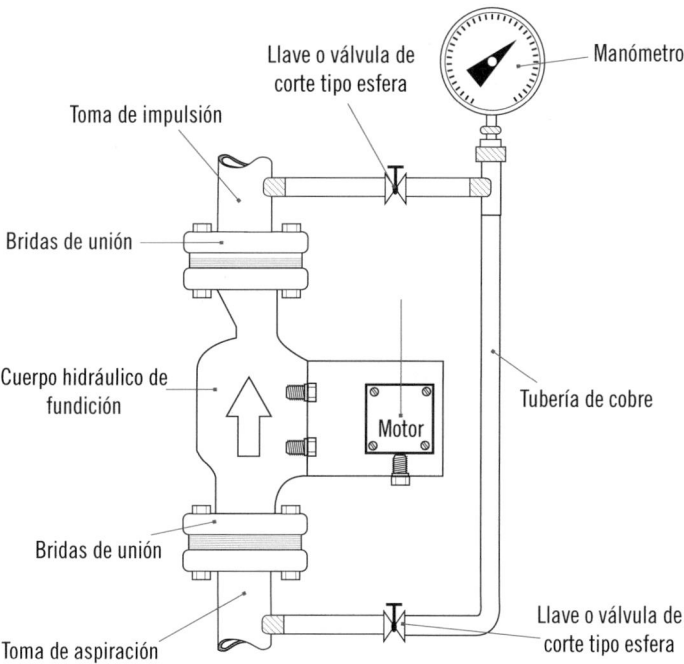

 **Definición**

Cavitación
Fenómeno que se produce en el seno de un fluido en movimiento cuando la presión en un punto de dicho fluido es inferior a la presión de vapor de este, pasando el fluido de estado gaseoso a estado líquido en unos instantes, formándose burbujas de gas o cavidades que causan roturas importantes en el punto de la instalación donde se esté produciendo dicho fenómeno.

Estas bombas tienen una vida muy larga y su mantenimiento es mínimo.

Las bombas suelen tener varias velocidades de funcionamiento, con las que se adaptan a las distintas necesidades de caudal. Esto se consigue mediante un selector de velocidad incorporado en la caja de conexiones del motor. Lo aconsejable es que se trabaje en una velocidad intermedia para así poder subir o bajar la velocidad.

En las bombas quedan definidas por:

- La potencia consumida, en W.
- La tensión de alimentación, en V.
- La altura de elevación mínima, en hPa.
- Caudal, en m³/h.
- Conectores para los tubos, en mm o pulgadas.

Las bombas deben ser resistentes a la corrosión. Deben diseñarse teniendo en cuenta que, con el tiempo, se produce corrosión en las tuberías, con lo que las pérdidas de carga aumentan. También debe tenerse en cuenta, que, como el fluido que circula por el circuito, puede contener productos anticongelantes o similares, y no solo agua. En la práctica, la bomba que se elija debe estar un poco sobredimensionada.

Asociados a la bomba hay una serie de componentes, como un filtro a la entrada, para evitar que entren impurezas de las soldaduras y del resto de la instalación en la bomba. También lleva una válvula antirretorno para evitar retrocesos del fluido desde el colector a la bomba.

La bomba se instalará de manera general en la línea de retorno entre el intercambiador y los captadores para evitar el excesivo calentamiento del fluido a la salida de los captadores. En caso de elegir otra ubicación, habrá que tener en cuenta las limitaciones de temperatura y presión mínimas para el correcto funcionamiento del sistema.

 **Importante**

Consecuencias de la cavitación en una bomba

Como consecuencia de las burbujas de vapor que se forman cuando hay cavitación, estas, al chocar con los elementos por donde circulan, explotan produciendo ruidos, vibraciones e incluso roturas que hacen inservibles los elementos de la instalación donde se produzca.

Es conveniente que, junto a la bomba de circulación, se instale un manómetro de presión diferencial, que permite comprobar las presiones manométricas en las tomas de aspiración e impulsión de la bomba, con vistas a obtener el valor de la pérdida de carga real en el circuito primario que impulsa la bomba.

Para poder realizar la reparación o cambio de la bomba sin necesidad de vaciar por completo el circuito primario, hará falta colocar llaves de corte en las conexiones hidráulicas de la bomba.

Las llaves numeradas con el 3 y el 4 se utilizan en caso de avería de la bomba para ser sustituida.

Cerrando la llave 1 y dejando abierta la llave 2, se obtiene en el manómetro la presión de impulsión. Cerrando la llave 2 y abriendo la llave 1, se obtiene en el manómetro la presión de aspiración.

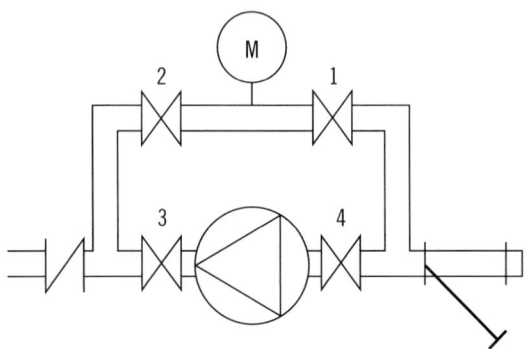

Las bombas en línea suelen emplearse en las instalaciones solares de medio y pequeño tamaño. Las bombas de bancada son más habituales en instalaciones grandes. En estas se diferencia claramente el cuerpo, el eje y el motor de la bomba, que se encuentran acoplados entre sí y situados sobre una bancada común. El rendimiento de las bombas empleadas en las instalaciones solares puede experimentar descensos significativos al producirse variaciones entre el punto de trabajo real y el de diseño, especialmente en las de tamaño reducido. Las bombas que permiten ir modificando el caudal de circulación impulsado por la bomba son las bombas de caudal variable. El uso de estas, conjuntamente con un sistema de regulación y control adecuado que mantenga funcionando la bomba dentro de la zona de rendimiento recomendada, permite optimizar el funcionamiento de una instalación solar.

 Consejo

La cavitación se produce cuando la instalación está mal dimensionada, lo que además da lugar a más pérdidas por rozamientos. Para evitar ese problema se deben elegir conducciones con suficiente sección para el caudal demandado, así como dimensionar correctamente los elementos como válvulas, bomba hidráulica, etc.

8. Tuberías

Cuando se selecciona un material determinado para la fabricación de tuberías, hay que tener en cuenta los siguientes aspectos: el comportamiento que tiene dentro de los rangos de presiones y temperaturas de trabajo, la compatibilidad con el tipo de fluido empelado, resistencia frente a la corrosión, estabilidad respecto a tensiones mecánicas y térmicas, facilidad de instalación, durabilidad, etc. Las tuberías que contienen agua caliente destinada al consumo humano han de ser de cobre, de acero inoxidable o de material de plástico de calidad alimentaria. En caso de transportar otros fluidos las tuberías que se suelen utilizar son de cobre, de acero inoxidable o de acero negro. Entre las características del cobre destacan la alta resistencia mecánica y a la corrosión, maleabilidad, elevada durabilidad, etc. Para las conexiones cobre-cobre se suelen emplear accesorios de cobre o de latón. El acero inoxidable no se suele usar en la fabricación de tuberías debido a su elevado coste, pero presentan múltiples ventajas: muy buen comportamiento ante temperaturas elevadas y frente a la corrosión, muy pocas pérdidas de carga, elevada resistencia mecánica, alta maleabilidad, etc. En el conexionado entre captadores solares, en determinadas ocasiones, a pesar de su mayor coste, se emplean tuberías corrugadas de acero inoxidable que presentan la ventaja, para pequeños diámetros, de estar disponibles en rollos, en este caso las conexiones se realizan mediante roscas. En circuitos de distribución de agua caliente sanitaria no deben emplearse tuberías de acero negro, ya que tienen escasa resistencia a la corrosión. Las tuberías de acero negro se utilizan en instalaciones solares de gran tamaño y por circuitos por los que no circula agua de consumo.

A la hora de hacer la instalación de las tuberías hay que tener en cuenta los siguientes aspectos:

- Las dilataciones que sufren las tuberías al variar la temperatura del fluido deben compensarse a fin de evitar roturas en los puntos más débiles, que suelen ser las uniones entre tuberías y equipos, donde suelen concentrarse los esfuerzos de dilatación y contracción.
- Se instalarán lo más próximas posible a los paramentos, dejando el espacio necesario para manipular el aislamiento, válvulas, etc.
- La instalación de las tuberías de cobre se realizará teniendo en cuenta las mismas normas que en cualquier obra de fontanería.

- Las conexiones de los equipos a redes de tuberías se harán siempre de forma que la tubería no transmita ningún esfuerzo mecánico al equipo, debido al propio peso, ni el equipo a la tubería, debido a vibraciones.
- Las conexiones deberán ser fácilmente desmontables por medios de acoplamientos por bridas o roscadas, a fin de facilitar el acceso al equipo en caso de sustitución o reparación.
- Los elementos accesorios del equipo, como válvulas de regulación, instrumentos de medida y control, etc., deberán instalarse antes de la parte desmontable de la unión hacia la red de distribución.
- Para eliminar el aire del circuito, de forma manual o automática, se colocará en todos los puntos altos un purgador.
- Los purgadores automáticos serán del tipo de flotador, adecuados para la presión del circuito.
- Los purgadores deberán ser accesibles y debe ser visible la salida de la mezcla aire-agua.
- Las dilataciones que sufren las tuberías al variar la temperatura del fluido deben compensarse a fin de evitar roturas en los puntos más débiles, que suelen ser las uniones entre tuberías y equipos, donde suelen concentrarse los esfuerzos de dilatación y contracción.
- En los trazados de tuberías de gran longitud, horizontales o verticales, se compensarán los movimientos de tuberías mediante dilatadores axiales.

Se pueden emplear tuberías de cobre, acero o plástico. El material más adecuado es el cobre, por ser el más noble, pero en instalaciones de grandes dimensiones, se emplean otros de precio inferior, como puede ser el acero. En caso de utilizar varios metales en la misma instalación, el agua debe ir desde el menos noble al más noble por el problema de la electrolisis. Las tuberías de material plástico que se empleen serán de un tipo capaz de soportar la temperatura máxima del fluido, con un aislante para limitar las pérdidas térmicas. El plástico que más aguanta es el polietileno reticulado (100 ºC unas pocas horas), por lo que no es aconsejable utilizarlo en el circuito primario. Sí se pueden utilizar tuberías de PVC en aplicaciones como son la climatización de piscinas y similares, cuyo diámetro será grande para conseguir un gran caudal y evitar las pérdidas de carga. Para la elección del material de las tuberías, se tendrán en cuenta:

- Que los saltos térmicos pueden ser importantes, lo que afecta a la dilatación.
- Los factores ambientales y atmosféricos, que pueden producir corrosión.
- Que hay materiales incompatibles entre sí, y que su uso conjunto puede acelerar la corrosión del más débil.

Para evitar la corrosión, en las tuberías que así lo necesiten, la superficie externa tendrá una capa de pintura anticorrosión.

Comparación de materiales usados en el circuito primario	
Cobre	**Polipropileno**
Ventajas	**Ventajas**
- Bajo coeficiente de dilatación. - Facilidad de trabajar. - Económico. - Gran variedad de formas y accesorios en el mercado.	- Bajo coeficiente de transmisión térmica. - Unión por termofusión. - Elasticidad mecánica y compatibilidad con los metales.
Desventajas	**Desventajas**
- Transmisión térmica elevada. - Uniones por soldadura empleando aleaciones. - Incompatibilidad con tuberías de otros metales. - Corrosión galvánica.	- Elevado coeficiente de dilatación. - Coste elevado. - Necesita herramientas especiales.

Las uniones entre tuberías pueden ser roscadas, soldadas o embridadas. Las conexiones de los equipos a redes de tuberías se harán siempre de forma que la tubería no transmita ningún esfuerzo mecánico al equipo, debido al propio peso, ni el equipo a la tubería, debido a vibraciones. Las conexiones deben ser fácilmente desmontables por medio de acoplamientos, por bridas o roscadas, a fin de facilitar el acceso al equipo en caso de sustitución o reparación. Los elementos accesorios del equipo como válvulas de regulación, instrumentos de medida y control, etc., deberán instalarse antes de la parte desmontable de la unión hacia la red de distribución.

Las tuberías de acoplamiento a la bomba no podrán ser nunca de diámetro inferior al que tiene la toma de aspiración.

8.1. Aislamiento

Las tuberías, depósitos y accesorios hidráulicos de una instalación solar térmica mantienen temperaturas superiores al ambiente durante el funcionamiento, perdiendo calor por conducción a través de las uniones del sistema a tierra y por convección y radiación al ambiente. Las pérdidas por radiación son, en general, pequeñas, y las de convección, las más importantes. Las pérdidas de calor son causa importante de reducción del rendimiento y obligan a aislar la instalación con el fin de minimizarlas. Para reducir las pérdidas térmicas a través de las tuberías, estas han de aislarse adecuadamente. La instalación de un buen aislamiento térmico en las tuberías supone un incremento del coste económico, pero este resulta casi despreciable frente al ahorro que se consigue, debido a la disminución de pérdidas térmicas, durante la vida útil de la instalación. A la hora de elegir un material aislante u otro, hay que tener en cuenta:

- Que tengan una buena resistencia al envejecimiento y putrefacción.
- Adecuado comportamiento dentro del rango de temperaturas de trabajo y frente al fuego.
- Bajo coeficiente de conductividad térmica.
- Bajo coste.
- Deben ser fáciles de montar.
- No tener materiales nocivos para el medioambiente.

 Nota

Un mal aislamiento en el circuito hidráulico puede hacer que la instalación no sea rentable debido a las pérdidas de calor.

Los elementos que constituyen el circuito hidráulico también deben ser aislados con el fin de evitar pérdidas térmicas, exceptuando los elementos que sean necesarios para la operación de los componentes. Para evitar el deterioro de los materiales aislantes provocado, por ejemplo, por los pájaros, se recomienda proteger exteriormente los elementos mediante recubrimientos de chapa metálica. El aislante del circuito primario ha de ser especialmente resistente a temperaturas elevadas, ya que se alcanzan picos de 150 °C y, si están instalados en el exterior, también debe resistir la humedad, la corrosión por agentes externos y la radiación ultravioleta. Hoy en día se utilizan espumas elastoméricas para el aislamiento de tuberías. Estas espumas también se utilizan para el aislamiento de los intercambiadores externos. Existen en el mercado unidades prefabricadas que contienen las tuberías de retorno, de ida y el cable del sensor, pero por lo general, las tuberías de retorno y las de ida se encuentran aisladas individualmente, instalándose también de forma independiente al cable eléctrico del sensor de temperaturas del captador.

Unidad prefabricada de aislamiento

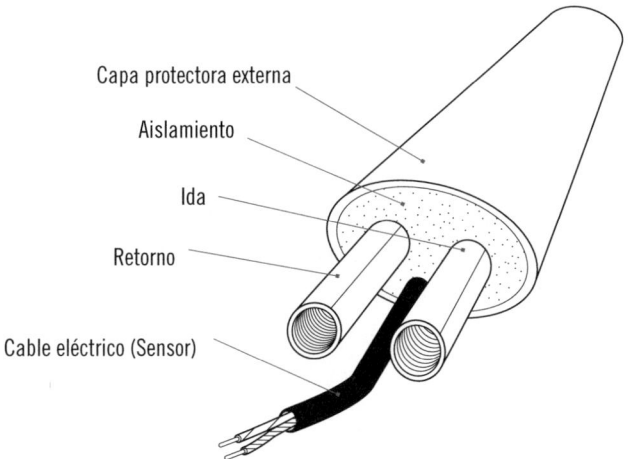

Según el Reglamento de Instalaciones Térmicas en el Edificio (RITE) el espesor de los materiales aislantes depende del diámetro exterior de la tubería, del rango de temperaturas de trabajo del fluido y de si el circuito es interno o externo. A continuación se encuentra la tabla que indica el espesor de los aislantes:

**Espesores mínimos de aislamiento (mm) de tuberías y accesorios
que transportan fluidos calientes por el interior de edificios**

Diámetro exterior (mm)	Temperatura máxima del fluido (ºC) 40		
	40 a 60	>60 a 100	>100 a 180
D ≤ 35	25	25	30
35 < D ≤ 60	30	30	40
60 < D ≤ 90	30	30	40
90 < D ≤ 140	30	40	50
140 < D	35	40	50

Fuente: Reglamento de Instalaciones Térmicas en el edificio RITE (p. 43), aprobado por el Real Decreto 1027/2007, de 20 de julio, actualizado en 2022.

Si las tuberías están instaladas en exteriores, el espesor mínimo se ha de aumentar en 10 mm.

9. Purgadores

Un purgador es el dispositivo o conjunto de elementos que se destinan a extraer el aire contenido en el circuito solar tanto durante el funcionamiento habitual de la instalación como en el proceso de llenado. Los puntos más altos de la instalación pueden llegar a estar expuestos a temperaturas en torno a 150 ºC. Por ello, estos sistemas deben ser resistentes a altas temperaturas. Se recomienda el uso de componentes metálicos que se comporten correctamente, tengan mayor durabilidad y que trabajen bien con fluidos anticongelantes. Antiguamente y hasta hace relativamente poco tiempo, se han estado usando purgadores convencionales, los cuales no aguantaban los niveles de temperatura alcanzados en las instalaciones solares térmicas. Hoy en día, se recomienda que los purgadores sean de los siguientes materiales:

- Flotador y asiento de acero inoxidable.
- Mecanismo de acero inoxidable.
- Cuerpo y tapa de fundición de hierro y de latón.
- Obturador de goma sintética.

Siempre se recomienda instalar los sistemas de purga en los puntos más altos de la instalación. Estos pueden ser manuales o automáticos. Los manuales están formados normalmente por un botellín de desaireación, que almacena el aire, y por una válvula de corte. En este sistema, cada cierto tiempo es necesario abrir la válvula para proceder al vaciado del botellín de desaireación. Se recomienda su empleo especialmente en los puntos de la instalación donde se genere vapor. Los purgadores automáticos permiten la salida al exterior del aire que entra en su interior sin acondicionamiento manual. Estos purgadores eliminan al exterior tanto el aire sobrante como el vapor formado. Este es el principal inconveniente de estos purgadores. Debido a esto, no se aconseja su uso en lugares donde se pueda generar vapor. Sin embargo, se recomienda su uso en lugares donde se pueda acumular aire. Para facilitar la circulación de aire hacia los purgadores y la acumulación de aire debajo de los purgadores, se recomienda la instalación de una tubería o galería de captación y reposo, la cual reduce la velocidad del fluido.

El funcionamiento de un desaireador se fundamenta en la fuerza centrífuga. Esta se experimenta al impulsar el agua hacia el interior del desaireador. Debido a dicha fuerza, el agua va hacia las paredes mientras que el aire, por su menor densidad, se acumula en el centro y asciende hacia la parte superior, donde se coloca el purgador automático que se encarga de evacuar dicho aire al exterior. Se ha de mantener una velocidad mínima de circulación de 0,4 m/s, para asegurar que las burbujas de aire formadas en cualquier parte de la instalación alcancen el desaireador. De esta forma no resulta necesario instalar el desaireador en el punto más alto de la instalación.

 Sabía que...

La presencia de aire en una conducción es la responsable de averías serias en los elementos que la componen, de ahí la importancia de eliminarlo en su totalidad.

Tipos de sistema de purga

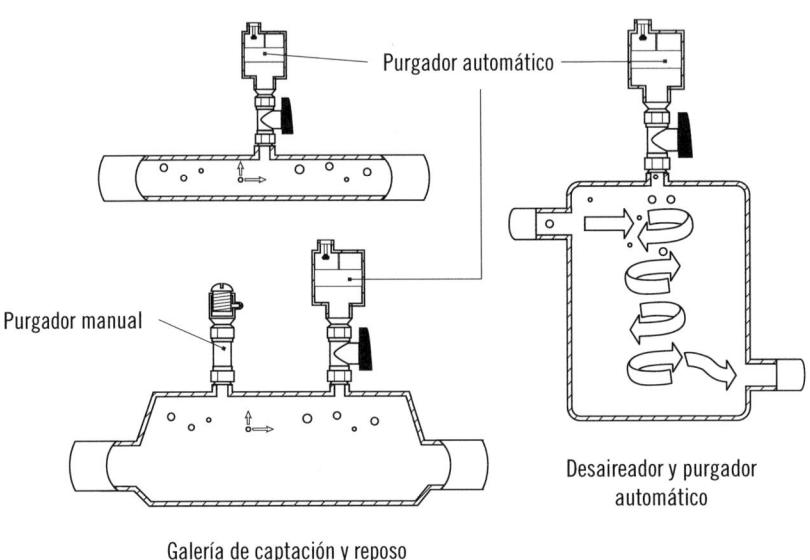

Purgador automático

Purgador manual

Galería de captación y reposo

Desaireador y purgador automático

9.1. Sistema de vaciado

Para facilitar el vaciado total o parcial de una instalación solar, normalmente se instalan en los puntos más bajos tuberías de drenaje a través de las cuales se puede realizar el vaciado mediante la apertura de una válvula de corte colocada en esta tubería.

9.2. Sistema de llenado

Cualquier circuito cerrado de una instalación ha de incorporar un sistema de llenado que permita la entrada del fluido de trabajo y mantener presurizado el circuito en caso de que se produzcan fugas de fluido. El sistema de llenado de una instalación puede ser manual o automático (normalmente incorporan válvulas de bola). Cuando se utiliza una mezcla de agua con anticongelante como fluido de trabajo, para evitar la reducción de la proporción de anticongelante en agua en caso de reponerse las fugas de fluido directamente con agua, se recomienda el empleo de un sistema de llenado manual o de un sistema automático conectado a un pequeño depósito donde esté almacenada la proporción requerida de anticongelante en agua. Para facilitar la salida al exterior del posible aire acumulado se recomienda realizar el llenado del circuito por la parte inferior del mismo.

10. Caudalímetros

El caudalímetro es el instrumento encargado de medir el caudal de fluido que circula a través de una tubería. Existen diversos modelos: de turbina de palas, de turbina de hélices, de ultrasonidos, etc. La selección del tipo de caudalímetro depende de varios factores: tipo de fluido a medir, precisión requerida, rango de caudales, temperatura y presiones, compatibilidad química, coste, facilidad de montaje, etc.

En las instalaciones solares suelen utilizarse caudalímetros de turbina que constan de un rotor (pala o hélice) que gira al circular el líquido a través de él. La velocidad de giro de este rotor es proporcional al caudal volumétrico que circula. Suelen incorporar pérdidas de carga apreciables a la instalación. Los requisitos sobre los materiales del rotor varían en función de la temperatura alcanzada y del tipo de líquido a medir (más exigentes a medida que aumenta la temperatura).

Un tipo de caudalímetro que permite visualizar fácilmente el caudal que circula a través de una tubería es el rotámetro. Este consta de un conducto transparente graduado y de un elemento (flotador) incorporado en su interior. El nivel alcanzado por el flotador en la escala graduada permite determinar directamente el caudal de circulación. A medida que aumenta el caudal de circulación más alta es la posición ocupada por el flotador en el interior del conducto. Para que el flotador se mantenga en el centro del conducto se suelen practicar varias ranuras en el fondo para facilitar el giro del mismo.

Rotámetro

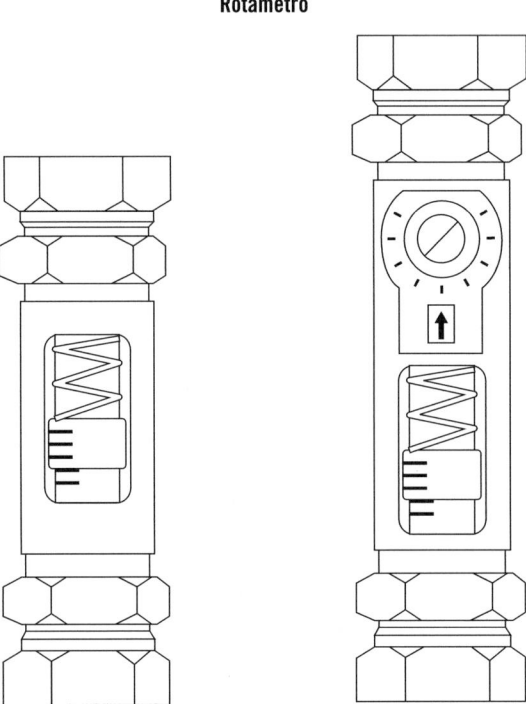

11. Válvulas y elementos de regulación

Cualquier circuito por el que circula un fluido necesita incorporar elementos de control para poder regular los caudales y realizar las tareas de mantenimiento. Estos elementos son las válvulas y los elementos de regulación.

11.1. Válvulas

Las válvulas son dispositivos intercalados en las tuberías que desempeñan diversas funciones en un circuito hidráulico. Las válvulas se identifican por las siguientes características funcionales:

- Caudal, dependiente de la superficie libre de paso.
- Pérdida de presión a obturador abierto, dependiente de la forma del paso del fluido.

- Hermeticidad de la válvula a obturador cerrado o presión diferencial máxima, que depende del tipo de cierre y de los materiales empleados.
- Presión máxima de servicio, que depende del material del cuerpo de válvula, las dimensiones y el espesor del material.
- El tipo y diámetro de las conexiones, por rosca, bridas o soldadura.

La elección de las válvulas se realizará de acuerdo con la función que desempeñan y las condiciones extremas de funcionamiento (presión y temperatura):

- Aislamiento: válvulas de esfera.
- Equilibrado de circuitos: válvulas de asiento.
- Vaciado: válvulas de esfera o macho.
- Llenado: válvulas de esfera.
- Purga de aire: válvulas de esfera o de macho.
- Seguridad: válvulas de resorte.
- Retención: válvulas de disco o de placeta.

No se permitirá el uso de las válvulas de compuerta. Se hará un uso limitado de las válvulas para el equilibrado de los circuitos, debiéndose concebir circuitos de por sí equilibrado en la fase de diseño. En este apartado se indican las principales características de las válvulas empleadas con mayor frecuencia en las instalaciones.

Válvulas de seguridad

Permiten limitar la presión máxima de trabajo y, por tanto, se utilizan para proteger los componentes de una instalación, evitando que se supere la presión máxima de trabajo de estos. Al alcanzarse la presión de tarado o presión de apertura de la válvula (siempre inferior a la máxima de trabajo que soporta el componente) la válvula de seguridad permite el escape de fluido al exterior, reduciéndose por tanto la presión en el circuito. Por norma general, se usan válvulas de resorte. Son válvulas de asiento en las que, cuando la tensión del muelle (de acero especial para muelles) es superior a la presión del fluido, el obturador y el vástago (ambos de acero inoxidable), al reposar sobre el asiento, impiden el escape de fluido. Cuando la tensión del muelle es vencida por la presión alcanzada en el fluido, el obturador y el vástago se desplazan hacia arriba permitiendo la salida de fluido al exterior a través de la conexión lateral.

La descarga de la válvula puede realizarse de forma directa a la atmósfera (válvulas de escape libre) o a través de una tubería (válvulas de escape conducido). En este último caso, la conexión lateral debe tener la salida roscada. La presión de tarado de una válvula de resorte se puede regular modificando la tensión del muelle, si bien esta actuación no resulta recomendable ya que existen en el mercado válvulas taradas prácticamente a cualquier presión.

 Importante

Toda instalación termosolar ha de contar con al menos una válvula de seguridad que la proteja de sobrepresiones.

Se ha de diferenciar entre la presión nominal (máxima presión a la que puede trabajar correctamente la válvula) y la presión de tarado (presión máxima a la que se permite trabajar la válvula en una instalación). La presión de tarado es siempre igual o inferior a la presión nominal.

Válvula de seguridad

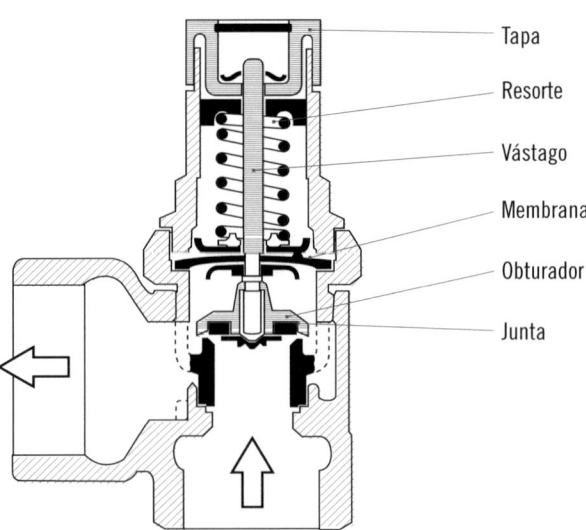

Tapa

Resorte

Vástago

Membrana

Obturador

Junta

Válvulas de corte

Se utilizan para permitir o interrumpir de forma total la circulación del fluido a través de una tubería. Estas válvulas se emplean para independizar partes de la instalación al objeto de aislar componentes y facilitar las operaciones de mantenimiento, reparación o sustitución de estos (bombas, captadores, acumuladores, etc.). También forman parte de determinados sistemas de purga de aire y se utilizan en diversos sistemas de llenado y/o vaciado. En las instalaciones solares, normalmente se utilizan como válvulas de corte las válvulas de bola. Constan de un obturador esférico de acero inoxidable perforado que gira alrededor de su eje. Los asientos y juntas son de material plástico, habitualmente de teflón. Las válvulas de bola son de accionamiento muy rápido e introducen poca pérdida de carga en la instalación cuando están en posición abierta.

En determinadas ocasiones, en las instalaciones solares se emplean válvulas de asiento para impedir la circulación del fluido, si bien la función principal que desempeña este tipo de válvulas es la de regular el caudal de circulación. En grandes instalaciones, debido a su menor precio, suelen utilizarse válvulas de mariposa para impedir la circulación del fluido. En este caso, el obturador es un disco que gira con el eje. No se recomienda utilizar válvulas de compuerta en las instalaciones solares debido a que el cierre no resulta hermético cuando se depositan partículas en la tubería.

Válvulas de retención (antirretorno)

Permiten la circulación del fluido en un único sentido e impiden la circulación en sentido inverso. En las instalaciones solares habitualmente se emplean para evitar pérdidas de energía térmica, previamente almacenada en el acumulador, provocadas por la circulación del fluido en sentido inverso (desde la parte superior del acumulador a los captadores, y de estos a la parte inferior del acumulador). Durante la noche, la temperatura en el acumulador es normalmente superior a la del fluido contenido en el captador, por lo que el proceso de circulación en sentido inverso se produce con más frecuencia durante el periodo nocturno. También se han de instalar válvulas de retención en las tuberías donde se colocan sistemas de llenado automáticos que se encuentran conectados a la red de distribución de agua potable. En la tubería de alimentación de agua fría de la red de distribución también se ha de colocar una válvula de retención para evitar pérdidas energéticas asociadas a la circulación del agua caliente en sentido contrario al deseado.

En general, deben instalarse válvulas de retención en todos los puntos donde se quieran evitar posibles retornos y, en caso de que la instalación solar sea de circulación forzada, siempre es recomendable instalarlas en las tuberías de impulsión (aguas debajo de la bomba de circulación). Los tipos más habituales de válvulas de retención son de clapeta, de disco o de muelle. En las instalaciones solares de circulación forzada normalmente se utilizan válvulas de retención de clapeta vertical, de clapeta ascendente o de disco. En las válvulas de retención de claveta, el asiento y la clapeta suelen ser de bronce. En las válvulas de disco, el muelle es de acero especial. Las válvulas de retención de clapeta (especialmente las de clapeta ascendente) introducen pérdidas de carga mayores que las válvulas de disco. En las instalaciones que funcionan por termosifón se emplean válvulas especiales (de retención de bola) que se caracteriza por introducir pérdidas de carga muy bajas.

Válvulas de retención de clapeta vertical, de clapeta ascendente y de disco

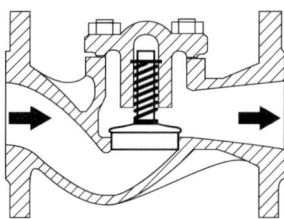

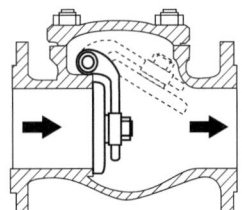

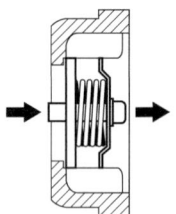

? Sabía que...

El sonido como un golpe bang que se escucha después de abrir o cerrar un grifo de agua es debido a un fenómeno llamado golpe de ariete. Este fenómeno se debe a una variación brusca de presión que origina en el fluido una onda, que se transmite por toda la conducción y que al chocar con un elemento "rebota". Este fenómeno puede romper los elementos de la instalación que estén expuestos.

Válvula de regulación

Permite regular el caudal de fluido que circula a través de una tubería de forma manual o automática. Se utiliza para fijar el caudal de circulación y equilibrar hidráulicamente una instalación. Normalmente, se emplean válvulas de asiento. Este tipo de válvulas dispone de un obturador situado en el extremo de un vástago roscado que se desplaza al girar el volante exterior al cuerpo de la válvula. Mediante este desplazamiento, se regula el caudal de fluido que pasa a través de la tubería, llegando incluso a interrumpir totalmente la circulación del fluido cuando el obturador queda ajustado al asiento del orificio. Las válvulas de asiento pueden ser:

- **De un solo asiento:** presentan obturadores guiados solamente en la parte superior u obturadores guiados en la parte superior e inferior. El obturador se desplaza perpendicularmente a la dirección del fluido.
- **De doble asiento:** presentan dos obturadores guiados sobre un mismo vástago. Cada uno de los dos obturadores dispone de un asiento. En este modelo, el obturador también se desplaza perpendicularmente a la dirección del fluido.
- **De asiento inclinado o de tipo Y:** el obturador se desplaza oblicuamente a la dirección del fluido.
- **Angulares:** producen una modificación en la dirección del fluido generalmente de 90 ºC. En este modelo, el perfil del obturador es diferente para evitar la acumulación de partículas en el interior de la válvula.

Atendiendo al dispositivo de cierre, destacan principalmente las de tapón o de asiento cónico (con gran superficie de contacto con el asiento) y las de aguja (el dispositivo de cierre consiste en una punta aguda adapta a la abertura de la válvula presentando el asiento una superficie más reducida). El asiento de estas válvulas ha de ser integral en bronce o en acero inoxidable y el obturador en forma de pistón o de asiento plano con cono de regulación de acero inoxidable y aro de teflón. Una de las ventajas que presenta la utilización de las válvulas de asiento para realizar la regulación de caudales frente a otro tipo de válvulas (de compuerta, etc.) es su rapidez de accionamiento debido a que el desplazamiento del dispositivo de cierre es menor y sufren poco desgaste por rozamiento.

Válvula termostática

Permite controlar y limitar la temperatura del agua caliente mediante su mezcla con agua a inferior temperatura. Es una válvula de tres vías que dispone de dos tuberías de entrada (una de agua fría y otra de agua caliente) y una tubería de salida, de manera que, cuando la temperatura en la tubería de salida supera el valor de consigna previamente establecido, aumenta el caudal de agua fría y disminuye el caudal de agua caliente hasta reducir la temperatura al valor deseado. Uno de los fluidos de entrada (por ejemplo, agua caliente) varía su caudal desde el 0 % hasta el 100 %, mientras que, simultáneamente, el otro (agua fría) lo varía desde el 100 % hasta el 0 %. Dependiendo del modelo, la modificación de la proporción de caudal en cada tubería de entrada se puede realizar de forma discreta (paso a paso) o de forma continua. Mediante la utilización de este tipo de válvulas, independientemente de la temperatura alcanzada en el sistema de preparación de agua caliente sanitaria, se consigue limitar la temperatura de distribución (en caso de instalarse justo a la salida del sistema de preparación) y/o de consumo (en caso de instalarse justo antes de los puntos de consumo). En este último caso se reduce el riesgo de producirse quemaduras en los puntos de consumo al impedirse sobrepasar la temperatura de consigna indicada. En el primer caso, al limitarse la temperatura a la que se distribuye el agua caliente, se consigue reducir las pérdidas térmicas en la red de distribución. Se recomienda instalar una válvula termostática a la salida del sistema de producción de agua caliente sanitaria cuando en este el agua pueda alcanzar valores de temperaturas superiores a 60 ºC.

Se recomienda también la instalación de un filtro en la tubería de agua fría para proteger la válvula termostática y, de esta forma, evitar el funcionamiento incorrecto de la misma. La temperatura de consigna suele variar entre 35 °C y 60 °C.

11.2. Equipos de regulación y control

En instalaciones con circulación forzada, se utiliza el control diferencial de temperaturas para activar la bomba en función de las temperaturas de salida de colectores y del acumulador. En ningún caso las bombas estarán en marcha con diferencias de temperaturas menores de 2 °C ni paradas con diferencias superiores a 7 °C. El sistema de control incluirá señalizaciones luminosas de la alimentación del sistema del funcionamiento de bombas. El rango de temperatura ambiente de funcionamiento del sistema de control será, como mínimo, entre -10 y 50 °C. En el diseño de la instalación debe cuidarse la ubicación de sondas de forma que se detecten exactamente las temperaturas que se desean, instalándose los sensores en el interior de vainas y evitándose las tuberías separadas de la salida de los captadores y las zonas de estancamiento en los depósitos.

El fluido caloportador

El fluido caloportador pasa a través del absorbedor y transfiere a la parte del sistema de aprovechamiento térmico (acumulador) la energía almacenada a su paso por los colectores. Los tipos más usados son el agua y la mezcla de agua y anticongelante. Pueden ser también aceites de silicona y derivados del petróleo o líquidos orgánicos sintéticos. Todos ellos deben cumplir la legislación vigente.

Si el fluido caloportador solo es agua, se trata de la misma que se suministra para consumo doméstico, sin ningún tipo de aditivo químico. En este caso, hay que asegurarse de que los conductores sean resistentes a la corrosión que produce el agua caliente, y de que son adecuados para la conducción de agua potable.

Más generalizado es el uso de agua con anticongelante en los circuitos cerrados o primarios de las instalaciones solares, muy conveniente en zonas con riesgo de heladas.

Sabía que...

Una zona se considera con bajo riesgo de heladas cuando no se han registrado temperaturas ambiente inferiores a 0 ºC, en un periodo de 20 años.

Cuando se le añaden aditivos al agua hay que tener en cuenta que las propiedades físicas y químicas de la mezcla varían. Pueden hacer, por ejemplo, aumentar las pérdidas de carga del circuito y, por lo tanto, modificar las condiciones de funcionamiento de la instalación.

Los anticongelantes son glicoles, y los más usados son el etilenglicol y el propilenglicol.

Las características fundamentales de los anticongelantes son:

- Son tóxicos debido a que llevan una sustancia, que se conoce como inhibidores de la corrosión, que es beneficiosa para los dispositivos de la instalación. Se debe impedir que se mezcle con el agua de consumo, por ejemplo, haciendo que la presión del secundario sea mayor que la del primario, y si ante una rotura se produce una fuga en el intercambiador, será el fluido del circuito secundario el que entre en el primario, y no al revés.
- Son muy viscosos: al ser más espesos, al líquido le cuesta más avanzar, aumentando la pérdida de carga, factor a tener en cuenta a la hora de elegir la electrobomba, que suele ser de mayor potencia.
- Dilata más que el agua cuando se calienta. Para evitar las sobrepresiones se utiliza el vaso de expansión. Si se diseña el vaso para que aguante una presión como si el líquido fuese solo agua, la membrana llega un punto en el que no da más de sí y se producirá la sobrepresión en el circuito.

- Es inestable a más de 120 °C. A más temperatura, se degrada convirtiéndose en un ácido muy corrosivo que afectaría a la vida de los elementos de la instalación. Además, pierde sus propiedades, por lo que deja de evitar la congelación. Los hay que aguantan más temperatura, pero son más caros.
- La temperatura de ebullición disminuye a la del agua, lo que podría verse como una ventaja, porque significa que absorbe más energía.
- El calor específico es menor que el del agua sin aditivos. Por absorber más energía, tarda también más en perderla o entregarla, por lo que la ventaja anterior se anula al no transferir todo el calor que ha ganado.

Para calcular la cantidad de anticongelante que hay que añadir a una instalación, primeramente hay que consultar en una tabla de temperaturas históricas cuál es la mínima registrada en esa zona. Con esta temperatura, se busca en las tablas o gráficas que suministran los fabricantes de glicoles cuál es el porcentaje que debe mezclarse. El anticongelante y el agua deben estar perfectamente mezclados, y no separarse o degradarse para temperaturas por debajo de la del punto de ebullición del agua. Los fabricantes de mezclas anticongelantes e inhibidores preparados comercialmente deberán especificar la composición del producto y su duración o tiempo de vida en condiciones estables.

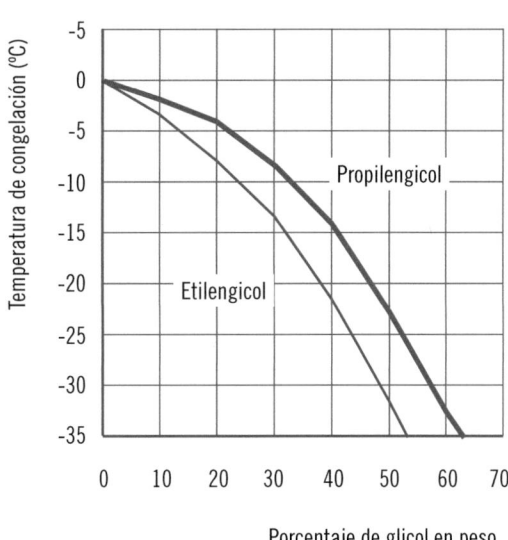

Los aceites de silicona son productos de gran calidad y muy estables, sin ser tóxicos ni inflamables. Sin embargo, resultan caros, lo que no los hace competentes frente a otros aditivos. Se usan en instalaciones térmicas a media y alta temperatura.

Con los derivados del petróleo y líquidos orgánicos sintéticos, hay que tener en cuenta lo dicho para los anticongelantes. También hay que tener en cuenta si el fluido caloportador es un líquido orgánico, sintético o derivado del petróleo, ya que estos fluidos son inflamables y, por tanto, existe riesgo de incendio.

Algunas de las características que deben cumplir los fluidos térmicos son:

- El calor específico no será inferior a 0,7 kcal/cal °C.
- El pH debe estar comprendido entre 5 y 12.
- El contenido de sales solubles en el agua del circuito primario no excederá 500 mg/l.
- El contenido en sales de calcio, expresado como contenido en carbonato cálcico, no será mayor de 200 mg/l.
- El nivel máximo de CO_2 libre contenido en el agua no superará 50 mg/l.

Fuera de estos valores, el agua deberá ser tratada.

El porcentaje de glicoles en la mezcla, determinado por las curvas de los fabricantes, no será inferior en ningún caso al 10 %, fijando la temperatura 5 °C por debajo de la temperatura mínima local registrada.

Por ejemplo, si la temperatura mínima histórica del lugar es -16 °C, el sistema se calculará para soportar 5 °C menos, es decir, -21 °C. Con esta temperatura se entra en tabla del anticongelante, que en el caso del propelinglicol da una proporción del 40 %.

12. Instalaciones térmicas auxiliares y de apoyo. Calefacción, agua caliente sanitaria y piscinas

Con el fin de aumentar la eficiencia de algunas instalaciones térmicas se utilizan sistemas de apoyo que ayudan a estas a alcanzar los valores óptimos de temperatura cuando las condiciones climatológicas no son las adecuadas.

12.1. Instalaciones térmicas auxiliares y de apoyo

El sistema de energía auxiliar es un elemento imprescindible en toda instalación solar si no se quieren sufrir restricciones energéticas en aquellos periodos en los que no hay suficiente radiación y/o el consumo es superior a lo previsto. Para prevenir estas situaciones, casi la totalidad de los sistemas de energía solar térmica cuentan con un apoyo basado en energías convencionales. La fuente de apoyo es muy variable, aunque en general es recomendable que se encuentre vinculada a un sistema de control. Algunos sistemas de apoyo son:

- Eléctricos, sobre todo para equipos pequeños, en los que la energía se suministra dentro del acumulador mediante una resistencia.
- Calderas de gas o gasóleo. Este tipo de apoyos, según el diseño de la instalación, puede provenir de las instalaciones preexistentes (adecuadamente modificadas) o bien realizarse de modo simultáneo a la instalación solar. En todo caso, y dependiendo de las demandas a satisfacer (puntuales, prolongadas, estacionales, etc.) es posible emplear sistemas de calentamiento instantáneo o sistemas provistos de acumulador independiente u otros acumuladores intermedios.

En cualquier caso, siempre será necesario que exista un mecanismo de control adecuado que gestione correctamente la instalación, con el fin de reducir al máximo la entrada en funcionamiento del sistema de energía de apoyo. El sistema de control estará basado en un conjunto de sondas y/o válvulas automáticas que, en función de la temperatura del acumulador solar, de la temperatura del acumulador auxiliar si lo hubiera, y de la temperatura de uso activarán el sistema auxiliar o no y en diferente grado en el caso de los sistemas modulantes.

? Sabía que...

En la actualidad existen sistemas térmicos auxiliares y de apoyo que funcionan también con energías procedentes de fuentes renovables como la biomasa.

La instalación de un sistema de energía de apoyo es esencial para asegurar el suministro de agua caliente sanitaria de forma continua. Como sistema de energía de apoyo, se suelen emplear sistemas convencionales de producción de agua caliente sanitaria, que se clasifican en:

- **Instantáneos:** se prepara o calienta el caudal de agua demandado a medida que se va consumiendo. Tipos de sistemas instantáneos:

  - **Calentador de gas instantáneo:** consiste en un calentador de agua alimentado por gas (butano, propano, natural) que produce agua caliente sanitaria de forma instantánea. El agua fría de la red o procedente de un acumulador solar entra en el serpentín del calentador, situado encima del quemador y, por tanto, bañado por los gases de combustión, y se calienta en el tiempo que tarda en pasar por el interior del mismo. Los calentadores instantáneos se diferencian en la potencia nominal, forma de encendido y capacidad de regulación de potencia, caudal y temperatura.

Calentador instantáneo a gas

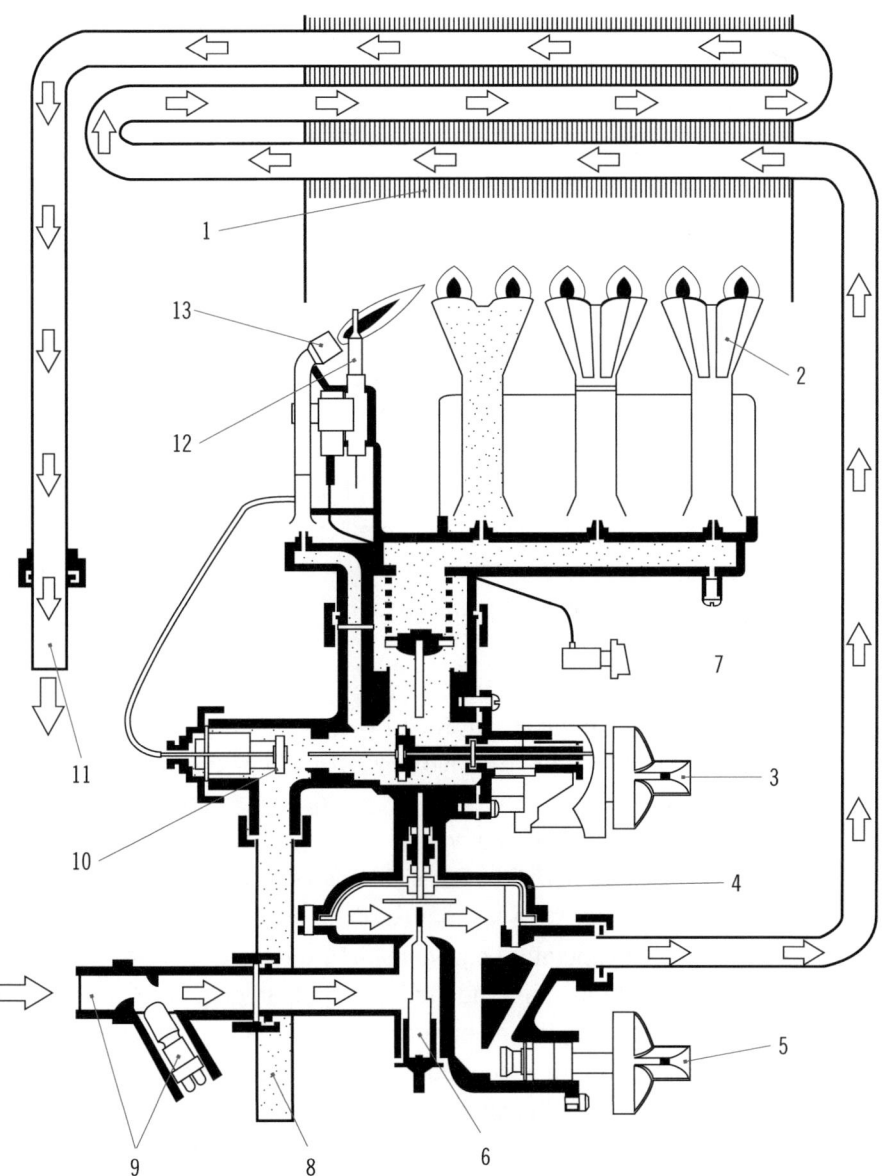

1. Intercambiador de calor
2. Quemador
3 Control de gas
4. Cuerpo de agua
5. Selector de temperatura
6. Regulador de caudal de agua
7. Encendedor piezoeléctrico

8. Entrada de gas
9. Entrada de agua fría con llave de cierre
10. Válvula electromagnética
11. Salida de agua caliente
12. Termopar
13. Quemador piloto

La inflación del gas se consigue con una llama piloto que normalmente permanece siempre encendida, si bien algunos modelos disponen de un dispositivo electrónico de encendido automático con el que pueden obtenerse notables economías de combustible. Algunos calentadores están dotados de quemadores modulantes que permiten adaptar la potencia calorífica liberada en cada instante. Mediante la reducción del consumo de gas se evitan sobrecalentamientos innecesarios del agua de consumo y, por tanto, se consiguen considerables ahorros de energía.

▪ **Calentador eléctrico instantáneo:** este sistema consiste en una tubería de agua con una resistencia eléctrica cuya potencia eléctrica está comprendida entre 3,5 kW y 36 kW. No se recomienda el empleo de este tipo de calentadores, ya que el consumo de energía primaria es muy elevado, además de perturbar el abastecimiento eléctrico, toda vez que se requiere un suministro elevado de potencia eléctrica durante intervalos de tiempo muy pequeño. Requieren generalmente su propio circuito eléctrico y un caudal mínimo para su funcionamiento.

▪ **Con acumulación:** previamente a producirse el consumo de agua, se prepara una determinada cantidad de agua, que se almacena en un acumulador desde el que se distribuye el agua al consumo. El tiempo de preparación suele ser superior a una hora. Proporcionan agua caliente de forma inmediata tras el vaciado del agua contenida en la red de tuberías de distribución. En estos sistemas es fácil regular el caudal y la temperatura de acuerdo a los requisitos de los usuarios. Permiten más de un uso, y a temperatura casi constante puesto que el agua se mantiene a una determinada temperatura de preparación en el interior del acumulador. Como inconveniente destaca que la continuidad del caudal de agua caliente se encuentra limitada por la capacidad del acumulador. El uso de los sistemas con acumulación normalmente se realiza mezclando caudales de agua caliente y fría para disponer de la temperatura de uso deseada por el usuario. En los momentos de consumos punta prolongados, y dada la gran incidencia de este sistema, puede ir disminuyendo la temperatura de preparación, por lo que el usuario debe ir aumentando la proporción de agua caliente en la mezcla. A efectos energéticos, los factores que más influyen en el comportamiento de un sistema con acumulación son el correcto dimensionado del mismo, la temperatura de preparación, el nivel de aislamiento y el nivel de estratificación de temperaturas alcanzado. Se diferencian los siguientes tipos:

■ **Termo eléctrico:** consiste en un acumulador de agua caliente sanitaria en el que el agua aumenta su temperatura mediante la activación de resistencias eléctricas inmersas en el mismo. La temperatura de preparación se encuentra limitada por un termostato que activa y/o desactiva la resistencia eléctrica en función de que se alcance o no la temperatura de consigna previamente establecida. No son recomendables por las mismas razones que antes: el derroche implícito al transformar directamente energía de alta calidad, como es la electricidad, en energía de baja calidad, como es el agua caliente.

■ **Termoacumulador a gas de calentamiento directo:** acumulador de agua atravesado por un conducto o chimenea por el que circulan los gases de combustión procedentes de un quemador atmosférico o de tiro forzado. Normalmente se alimenta con gas butano, propano o natural.

■ **Termoacumulador a gas de calentamiento indirecto:** consiste en un dispositivo calefactor, que puede ser un serpentín sumergido en el agua que se desea preparar o bien una doble envolvente que rodea el acumulador.

■ **Generadores de agua caliente sanitaria:** en los que se prepara el agua mediante el intercambio de calor con el fluido caliente procedente de una caldera o de una bomba de calor. Es el dispositivo más utilizado en los sistemas centralizados. Se compone de los siguientes elementos principales:

■ Quemador de combustible: en su interior se realiza la mezcla de aire y combustible que garantiza la combustión completa del gas o gasóleo.

■ Caldera: elemento en el que se produce la transferencia de energía entre los gases de combustión y el agua contenida en el mismo.

 **Nota**

El sistema auxiliar de apoyo elegido para una instalación de ACS atiende principalmente a objetivos de eficiencia enegética.

Un generador se selecciona en función del perfil de consumo de la instalación, del caudal de consumo y de la temperatura de preparación. Estos parámetros definen el volumen de acumulación y la potencia térmica necesarios para satisfacer la demanda de agua caliente sanitaria. Además del tipo de sistema de energía de apoyo empleado, la forma de acoplamiento entre la instalación solar y el sistema de apoyo influye en el funcionamiento global de la instalación de producción de agua caliente sanitaria. Entre los aspectos a considerar en la selección del acoplamiento destacan:

- Maximizar el rendimiento de la instalación global:

  - Máximas prestaciones de la instalación solar.
  - Mínimo consumo de energía convencional.

- Prestar servicio adecuado al usuario.

Se recomienda que el sistema de apoyo se conecte en serie con la instalación solar con objeto de optimizar las prestaciones de la misma. Mediante este conexionado se consigue que el agua destinada a consumo sea calentada inicialmente por la instalación solar y, en caso de que sea necesario, en segundo lugar es el sistema de apoyo quien se encarga de realizar el calentamiento final hasta la temperatura deseada. Para evitar que, cuando está suficientemente caliente, el agua calentada exclusivamente por la instalación solar deba pasar por el sistema de apoyo, se recomienda disponer de una tubería (denominada by-pass) que permita el conexionado directo entre la instalación solar y el circuito de consumo, sin necesidad de pasar a través del sistema de apoyo. Adicionalmente, por diversos motivos también interesa tener la posibilidad de realizar la conexión entre la instalación solar y el sistema de apoyo paralelo.

En las siguientes figuras, se pueden observar las distintas formas de conexión entre el acumulador y el sistema de apoyo. Mediante el control del estado abierto (A) o cerrado (C) de las diferentes válvulas de corte (1, 2, 3 y 4), se puede conseguir cualquiera de las situaciones indicadas.

Primeramente se representa la situación en la que la temperatura del agua almacenada en el acumulador solar es suficientemente elevada y, por tanto, puede dirigirse directamente hacia los puntos de consumo sin tener que pasar a través del sistema de apoyo. Para ello, las válvulas 1 y 3 han de permanecer abiertas (A) mientras que las válvulas 2 y 4 han de estar cerradas (C). Esta conexión se denomina serie con by-pass.

Todo solar – conexión serie con by-pass

El siguiente esquema corresponde a una situación en la que la temperatura del agua caliente procedente de la instalación solar no ha alcanzado la temperatura requerida en los puntos de consumo. Este último incremento de temperatura es realizado por el sistema de apoyo al circular el agua caliente procedente de la instalación solar a través del sistema de apoyo. Esta forma de conexionado es referenciada como conexión en serie y, para conseguirla, han de estar abiertas (A) las válvulas 2 y 3 y cerradas (C) las válvulas 1 y 4.

Posición solar + apoyo – conexión serie

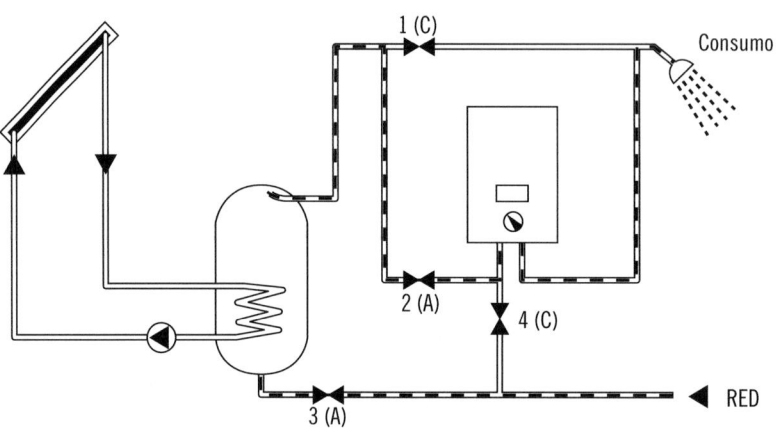

Por último, se muestra la situación correspondiente al conexionado en paralelo entre la instalación solar y el sistema de apoyo. Este conexionado interesa cuando la instalación solar permanece inoperativa (reparación de averías, operaciones de mantenimiento), ya que permite mantener de forma ininterrumpida el servicio de agua caliente al usuario a través del sistema de apoyo. En este caso, las válvulas 1, 2 y 3 han de estar cerradas (C) y la válvula 4, abierta (A).

Posición todo apoyo – conexión paralelo

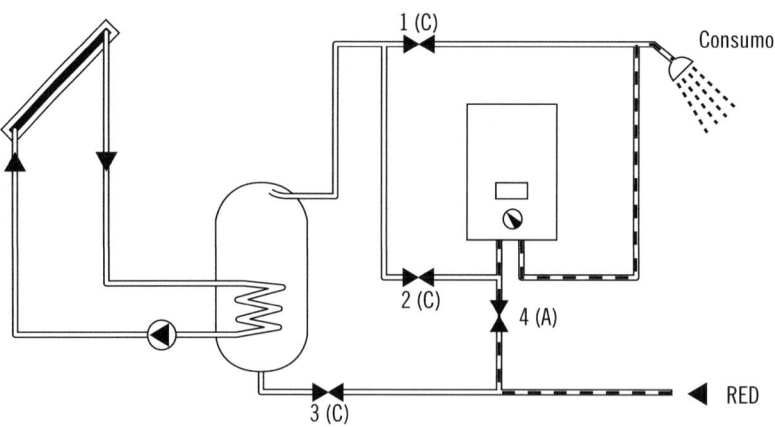

 **Nota**

La elección del sistema de conexión entre el acumulador y el sistema auxiliar de apoyo vendrá dada por el uso y las necesidades de la instalación o vivienda a la que vaya dirigida.

Tipologías de conexión

Si bien, en los sistemas de apoyo se diferencia entre los sistemas de producción instantánea o en línea y los sistemas con acumulación, ahora, atendiendo al tipo de sistema de apoyo empleado y a las características de la instalación solar (acumulación individual, centralizado o distribuida) se distinguen las tipologías que se describen a continuación.

Sistema de energía de apoyo en línea individual

Se emplean con mucha frecuencia en instalaciones individuales de pequeño tamaño (viviendas unifamiliares, etc.) donde habitualmente se utilizan calentadores o termos de gas. Para optimizar el funcionamiento global de la instalación (adecuada regulación de la temperatura a la salida del calentador auxiliar, reducción del consumo de gas, etc.) se recomienda emplear termos modulares. Estos termos regulan el consumo de gas hasta conseguir aumentar la temperatura del agua al valor de la temperatura de consigna previamente establecida.

Sistema de energía de apoyo en línea individual

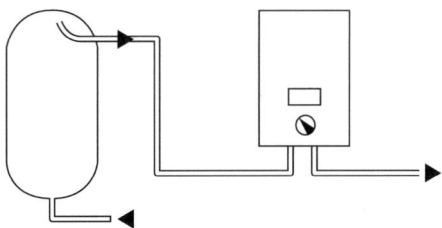

Sistema de energía de apoyo en línea distribuido

Este esquema corresponde a instalaciones solares con acumulación centralizada y sistemas de energía de apoyo individuales en cada vivienda. Al igual que en el caso anterior, se recomienda emplear termos modulares de gas. Este tipo de instalaciones centralizadas presentan el inconveniente de necesitar utilizar contadores de agua caliente en cada vivienda para regular el consumo por vivienda de agua calentada por la instalación solar. Una variante del caso anterior corresponde a las instalaciones solares con acumulación distribuida. En esta tipología no se requiere instalar contadores de agua caliente ya que el consumo de cada vivienda es controlado mediante el contador de agua fría. Es evidente que puede haber usuarios que obtengan mayores prestaciones de la instalación solar, si bien mediante el empleo de un adecuado sistema de control esta situación no debe afectar negativamente al resto de usuarios.

Sistema de energía de apoyo en línea distribuido

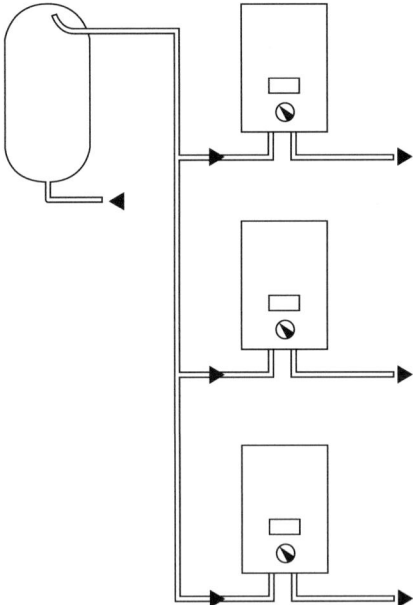

Sistema de energía de apoyo en acumulador secundario individual

Se emplea habitualmente en hoteles, hospitales, industrias, etc., que utilizan una instalación solar con acumulación centralizada. En estos casos, se suele disponer de un acumulador auxiliar calentado mediante una caldera de gasóleo donde se realiza el calentamiento posterior del agua precalentada en la instalación solar. También se utilizan en viviendas unifamiliares, si bien en este caso normalmente se utiliza un termo eléctrico. En caso de emplearse una caldera, esta suele ser de gas natural o de propano.

**Sistema de energía de apoyo en acumulador
secundario individual**

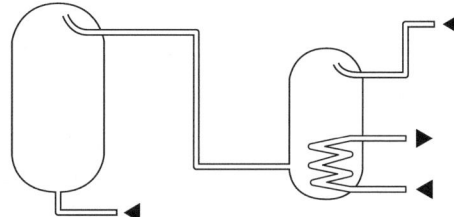

Sistema de energía de apoyo en acumulador secundario centralizado

Se utiliza en instalaciones solares centralizadas con usuarios individuales. Respecto a la tipología anterior, presenta el inconveniente de necesitar instalar contadores de agua caliente para cada usuario con objeto de controlar el consumo de agua caliente.

Sistema de energía de apoyo en acumulador secundario centralizado

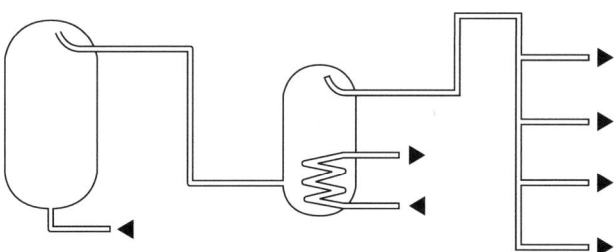

Sistema de energía de apoyo en acumuladores secundarios distribuidos

Esta tipología requiere la instalación de contadores de agua caliente (salvo en el caso de que la instalación solar sea de acumulación distribuida). Es necesario destacar que el consumo de energía de apoyo es asumido directamente por cada usuario. Este sistema también se utiliza con exclusividad en instalaciones solares centralizadas con usuarios individuales (viviendas multifamiliares), empleándose usualmente termos eléctricos como acumuladores secundarios.

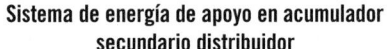

**Sistema de energía de apoyo en acumulador
secundario distribuidor**

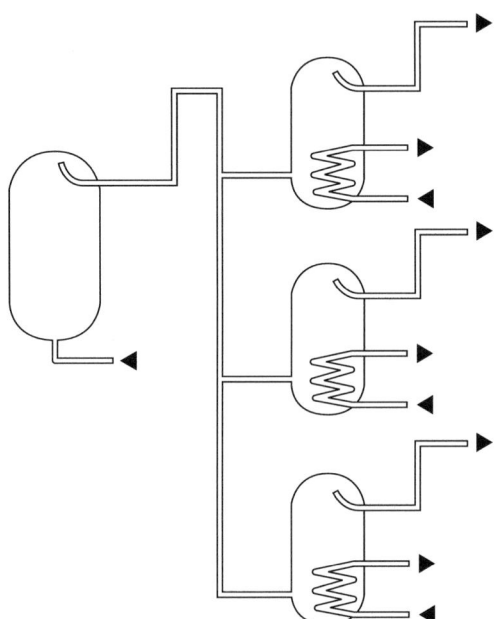

Circuito de recirculación

En instalaciones con largos circuitos de distribución, normalmente instalaciones centralizadas, se recomienda instalar un circuito de recirculación. Mediante este circuito, se puede disponer de agua caliente de forma casi inmediata incluso en el punto de consumo más alejado del sistema de producción. El control de la bomba de recirculación suele hacerse mediante un temporizador, si bien existen otras posibilidades (detector de caudal, etc.). Por lo general, con objeto de no interferir en el funcionamiento de la instalación solar, la recirculación debe realizarse sobre el acumulador auxiliar cuando el sistema de apoyo está en activo. Cuando el sistema se encuentra inoperativo (periodo estival, etc.), la recirculación puede ser realizada sobre el acumulador solar. En este caso, se recomienda tomar medidas encaminadas a evitar la ruptura de estratificación de temperatura en este acumulador.

Circuito de recirculación

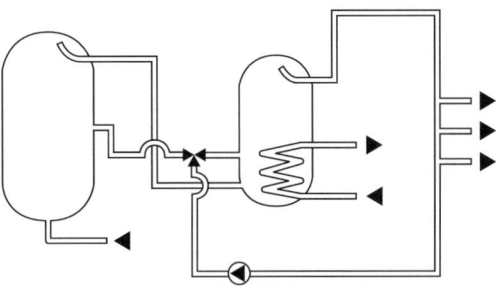

 Definición

Recircular
Volver a impulsar la circulación de algo dentro de un mismo circuito o sistema. El aire, el agua y la sangre son algunas de las cosas que se pueden hacer recircular.

12.2. Calefacción, agua caliente sanitaria y piscinas

La energía solar térmica es una alternativa muy interesante en una gran variedad de aplicaciones, entre las que se encuentra el agua caliente sanitaria, la calefacción, la climatización de piscinas, o la producción de calor en multitud de procesos industriales. A la larga lista de usos plenamente probados y contrastados tras varias décadas de experiencia, hay que añadir otros que empiezan a tener grandes expectativas de desarrollo a corto y medio plazo, como es el caso de la refrigeración de ambientes por medio de procedimientos solares.

Producción de agua caliente sanitaria

El agua caliente sanitaria es, después de la calefacción, el segundo consumidor de energía de los hogares: con un 20 % del consumo energético total (Datos de la Guía práctica de la energía. Consumo eficiente y responsable, publicada por el Instituto para la Diversificación y Ahorro de la Energía, IDAE). La cantidad de energía que se dedica a satisfacer estas necesidades es lo suficientemente importante como para valorar cuál es el sistema de agua caliente que mejor se ajusta a las circunstancias. En la actualidad, la energía solar térmica ofrece una solución idónea para la producción de agua caliente sanitaria, al ser una alternativa completamente madura y rentable. Entre las razones que hacen que esta tecnología sea muy apropiada para este tipo de usos, cabe destacar los niveles de temperaturas que se precisan alcanzar, que coinciden con los más adecuados para el buen funcionamiento de los sistemas solares estándar que se comercializan en el mercado. Además, se hace referencia a una aplicación que debe satisfacer a lo largo de todo el año, por lo que la inversión en el sistema solar se rentabilizará más rápidamente que en el caso de otros usos solares, como la calefacción, que solo tienen utilidad durante los meses fríos.

Con los sistemas de energía solar térmica, hoy en día se puede cubrir el 100 % de la demanda de agua caliente durante el verano y del 50 al 80 % del total a lo largo del año; un porcentaje que puede ser superior en zonas con muchas horas de sol al año, como, por ejemplo, el sur de España. Para satisfacer la mayor parte de las necesidades de agua caliente, el propietario de una vivienda familiar tendrá que instalar una superficie de captación de 2 a 4 m^2 y un depósito de 100-300 l, en función del número de personas que habiten en la vivienda y la zona climática española en la que se encuentre. El grado de desarrollo y comercialización de estos sistemas de producción de agua caliente es tal que ha llevado a esta aplicación a convertirse en la más popular de cuantas ofrece la tecnología solar en los días. Y es que su uso no solo se limita a las viviendas unifamiliares, sino también a edificios vecinales, bloques de apartamentos, hoteles, superficies comerciales y oficinas.

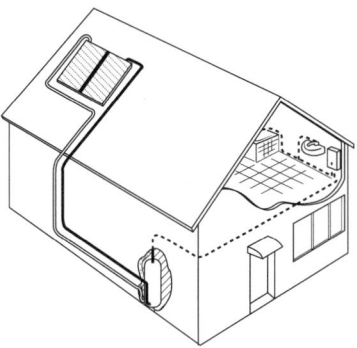

ACS en viviendas unifamiliares

En las instalaciones de ACS en viviendas unifamiliares, el equipo de aporte suplementario empleado (caldera mixta, calentador de gas, termo eléctrico, etc.) condiciona el tipo de configuración que hay que emplear. De estos sistemas, el más empleado en el ámbito doméstico es la caldera mixta. En este sistema, la salida del acumulador solar se conecta en serie a la entrada de la caldera. Cuando hay demanda de agua caliente, la caldera se pone en marcha para asegurar el servicio, regulando automáticamente la potencia del calentador y suministrando agua a la temperatura requerida por el usuario, en función de la temperatura del agua precalentada en el acumulador solar. El ahorro de combustible en la caldera es proporcional a la temperatura del agua suministrada por el sistema solar, dejando de funcionar si el agua en el acumulador alcanza los 50-55 ºC. Los otros sistemas auxiliares siguen el mismo principio de funcionamiento.

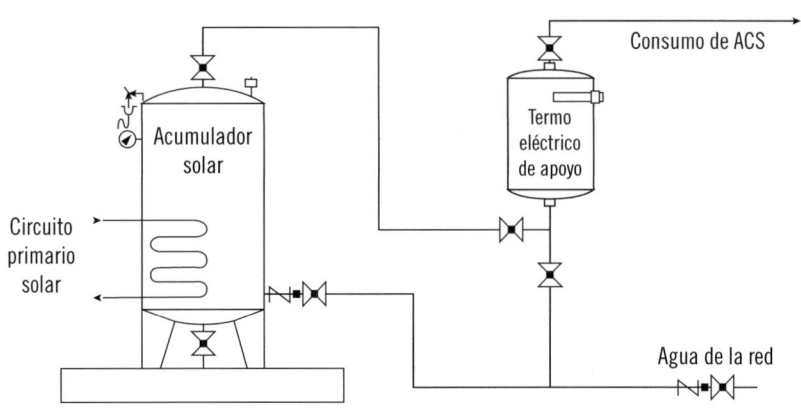

Cuando no es posible disponer de un suministro de gas o de un depósito de gasoil para hacer funcionar la caldera, puede recurrirse a un termo eléctrico como sistema de aporte complementario, también conectado en serie con el acumulador solar. Así se consigue que el agua de salida del termo sea más estable que si se recibiera directamente desde la red de suministro. Hay que tener en cuenta que el termostato que manda la resistencia eléctrica tiene que estar regulado a 50-55 °C para obtener un buen rendimiento.

Consejo

Para que un sistema auxiliar de apoyo funcione de manera eficiente, debe estar dotado de un sistema de control de temperatura que sea fiable.

ACS para comunidades con acumulación distribuida

En este tipo de instalaciones, el campo de captadores solares está situado en la cubierta del edificio y es comunitario. En cambio, la acumulación solar está distribuida para cada vivienda, que además dispone de su propio sistema de aporte auxiliar.

La instalación de captadores solares en la cubierta de los edificios mejora la clasificación energética del edificio, beneficiando a todos sus propietarios.

El sistema funciona según el principio de circulación forzada, donde el control solar debe regular el funcionamiento de los diversos acumuladores distribuidos en las viviendas, que incorporan una sonda de temperatura y una electroválvula de corte conectadas a dicho control. Cuando la temperatura en los captadores alcanza un valor suficiente, el control solar da la orden de apertura a la electroválvula correspondiente y pone en marcha la bomba, de manera que se inicia el ciclo de calentamiento. De hecho, cada acumulador puede conectarse o desconectarse del sistema solar en función de la radiación solar disponible o de si ha alcanzado o no la temperatura óptima de acumulación.

En momentos de baja radiación solar, en los que los acumuladores no alcanzan temperaturas óptimas para uso sanitario, el sistema auxiliar propio de cada vivienda se encarga de proporcionar la energía complementaria.

Los equipos auxiliares que mejor se adaptan a este sistema son los calentadores de gas, la caldera mixta, la resistencia eléctrica incorporada en la parte alta del acumulador, etc. De hecho, cada vivienda puede utilizar un sistema diferente sin que ello influya en el funcionamiento del conjunto. Si el edificio lo permite, el sistema de apoyo más eficaz es el calentador de gas.

El empleo de acumulación distribuida permite que cada usuario pueda disponer y administrar su porción de aporte solar, de modo que si alguno consume más de la capacidad de su acumulador, lo cubrirá siempre con excedentes o con su sistema auxiliar. Por tanto, este sistema permite un reparto más equitativo de la producción solar.

Todos los elementos que componen el circuito primario (bombas, vaso de expansión, control solar, etc.) se ubican generalmente en una sala de máquinas construida al efecto en la cubierta del edificio.

La existencia de acumuladores distribuidos obliga a realizar un cálculo adecuado de las cargas que circulan por el circuito primario para asegurar el suministro a todos los usuarios. Generalmente, este equilibrio se logra mediante una distribución en retorno invertido desde los tramos de tubería entre los captadores y los intercambiadores de los acumuladores, aunque existen dispositivos, como reguladores de caudal y válvulas de equilibrado, que permiten equilibrar las redes sin recurrir al retorno invertido, ya que este puede suponer grandes gastos en tuberías de distribución de gran longitud y también pérdidas de calor.

En esta distribución, el elemento encargado del control puede ser un autómata programable que realiza la gestión completa del sistema, o un sistema más sencillo, como un termostato diferencial multipunto que gestiona cada dispositivo por separado con las señales que le llegan de la sonda del sistema de captadores y de la bomba del circuito primario.

Esta configuración no requiere un contador de energía que permita facturar energía a cada usuario, ya que únicamente se distribuye calor solar y, tanto el suministro de calor auxiliar como el suministro de agua a cada vivienda, son individualizados, y por tanto, se realiza de la misma forma que si se tratara de un edificio sin aporte de energía solar. Si se quisiera conocer la energía que produce el sistema, habría que montar un equipo de adquisición de datos constituido por un contador de calorías en el primario del circuito solar.

ACS para comunidades con acumulación centralizada

En este tipo de instalación, el sistema de captación y el sistema de acumulación están situados en la cubierta del edificio. El conjunto de la instalación permite el suministro de ACS y calefacción a las viviendas, aunque el sistema solar solo se emplea para el suministro de ACS. El sistema está formado por una instalación de captadores solares térmicos con acumulador solar centralizado, caldera de gas que permita el servicio para ACS y calefacción, bombas de circulación y sistema de control. A excepción de los captadores solares, todos los elementos están ubicados en la sala de máquinas (acumulador, bomba, sistema de control, etc.). Aunque este tipo de instalación admite que el sistema auxiliar sea común para todos los usuarios, la mayoría de las realizaciones se hacen con sistema distribuido, en el que cada usuario dispone de su propio sistema de apoyo.

Generalmente, la conexión de los dos sistemas, producción y auxiliar, se hace en serie, es decir, el acumulador solar se conecta en serie con los elementos auxiliares individuales. Cuando alguna vivienda necesita suministro, el agua precalentada del acumulador solar pasa al auxiliar, donde termina de calentarse hasta 55-60 ºC. El suministro al consumidor se realiza mediante una red de recirculación.

En el circuito primario, la circulación es de tipo forzado y el control es de tipo diferencial, funcionando independiente del control del sistema auxiliar. Los captadores se conectan en paralelo y el equilibrio hidráulico entre las baterías se consigue mediante válvulas de equilibrado. Normalmente, no se emplea el retorno invertido. Según el volumen del acumulador solar, este puede llevar el intercambiador incorporado o utilizar un intercambiador externo de placas, opción esta más utilizada debido a los grandes volúmenes que circulan.

Al actuar el control solar independientemente del control del sistema auxiliar, no existe ninguna forma de que se interfieran los funcionamientos de ambos circuitos. El mando de las bombas del circuito primario, al ser estas de elevada potencia, se realiza mediante contactos externos según la señal que se envía desde el termostato diferencial.

El sistema auxiliar puede estar compuesto por calderas independientes o por termos eléctricos. Según sean las características del edificio, se utilizará una u otra solución. Son sistemas de ACS con acumulación, que se alimentan del agua precalentada por el sistema solar. Las calderas aportan la energía necesaria para conseguir la temperatura final en el acumulador.

La distribución de ACS hasta el punto de consumo se realiza mediante una red de tuberías con circuito de recirculación para que el usuario disponga del mayor confort posible con el mínimo aporte de agua. Esta red de distribución ha de estar convenientemente aislada para evitar al máximo las pérdidas de calor en el recorrido por el circuito de distribución, ya que han de ser compensadas por sistema solar y sistema auxiliar.

Para realizar el cómputo de la energía consumida, debe procederse según sea el sistema empleado:

▪ Si el sistema auxiliar es común a todos los usuarios, debe emplearse un sistema que permita facturar a cada uno por separado, ya que para calentar el agua se ha empleado tanto energía solar como convencional. Además, hay que facturar también el propio volumen de agua.

▪ Si cada usuario dispone de su propio sistema auxiliar, solo habrá que facturar a cada uno el agua que consume, ya que la energía solar aportada es gratis.

Colocando un contador a la entrada de cada vivienda, se puede controlar el consumo de ACS precalentada, y así facturar de manera proporcional los gastos generados, que pueden incluir solo el consumo de agua, o también una tasa para el mantenimiento del sistema.

Sistemas de calefacción

La posibilidad de satisfacer, al menos parcialmente, la necesidad de calefacción de edificios por medio de la energía solar constituye siempre un potencial atractivo, máxime si se tiene en cuenta el elevado coste que tiene mantener una temperatura agradable en una vivienda durante los meses de invierno. Se puede utilizar el agua calentada para que circule por el sistema de calefacción durante el invierno (calefacción por convección). Este es el sistema de calefacción más seguro que existe, y de hecho es el único recomendado por la OMS. Aunque las horas de sol son menos en invierno, la energía solar supone entre un 30 % y un 50 % de la energía requerida por el sistema de calefacción. Otra aplicación es el suelo radiante (calefacción por radiación). Gracias a los ahorros de energía de más del 25 % que se pueden llegar a alcanzar, en el centro y en el norte de Europa resulta muy habitual emplear este tipo de instalaciones para cubrir parte de la demanda de calefacción. Además, estos equipos suelen ser compatibles con la producción de agua caliente sanitaria, existiendo elementos de control que dan paso a la calefacción una vez que se han cubierto las necesidades de agua caliente, o bien aprovechando el calor del fluido que circula en el captador para calentar el espacio cuando la calefacción funciona a temperaturas menos elevadas.

El principal inconveniente con el que se encuentran los usuarios que optan por un sistema de calefacción de estas características es la temperatura de trabajo a alcanzar. Mientras las instalaciones de calefacción convencionales abastecen los radiadores de agua con temperaturas entre 70 y 80 °C, los captadores de energía solar de placa plana convencionales (sin ningún tipo de tratamiento selectivo en el absorbedor) no suelen trabajar a temperaturas superiores a los 60 °C, por lo que solo se utilizan para precalentar el agua. La mejor posibilidad para obtener una buena calefacción utilizando captadores solares es combinándolos con un sistema de suelo radiante, el cual funciona a una temperatura muy inferior a la de los radiadores (entre 30 y 40 °C), exactamente el rango idóneo para que los captadores trabajen con un alto rendimiento. Cuando se aprovecha el agua caliente para alimentar radiadores, como se ha hecho tradicionalmente, lo normal es utilizar la energía solar térmica junto con un sistema de apoyo tradicional (caldera mural, calentador de gas, etc.). La utilización de ambos sistemas juntos condiciona la configuración del sistema.

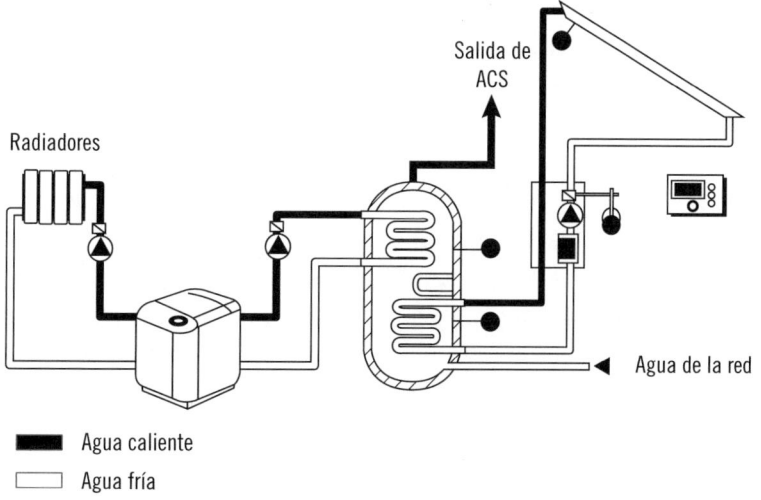

Salida de ACS

Radiadores

Agua de la red

■ Agua caliente

☐ Agua fría

Sabía que...

En el sistema de calefacción de "suelo radiante" es el propio suelo el emisor de calor.

El suelo radiante es el sistema que presenta mayor compatibilidad con los sistemas solares.

El suelo radiante está constituido por una serie de tubos plásticos de polietileno reticulado o polibutileno uniformemente repartidos enterrados en el suelo a unos 3 o 5 cm, por los que circula agua a una temperatura de 35 a 40 °C (frente a los más de 70 °C a los que circula por los radiadores). El agua cede calor al suelo y este, a su vez, lo transmite al ambiente del edificio.

Según cómo se distribuyan los tubos, así serán las características del calor generado por un suelo radiante.

En un suelo radiante, existen dos formas de distribuir los tubos:

- Distribución en serpentín: la distribución del tubo empieza por un extremo del local y termina en el extremo opuesto, avanzando en líneas paralelas unas de otras. Este sistema compensa mejor las paredes frías y las grandes superficies acristaladas.
- Distribución en espiral: como su nombre indica, se realiza en forma de espiral, de forma cuadrada o rectangular, empezando por un extremo y avanzando de fuera a dentro, dejando huecos para volver al punto de partida al llegar al centro del local. Este sistema iguala perfectamente la temperatura del suelo, ya que se alterna un tubo de ida con un tubo de retorno.

Distribución en serpentín

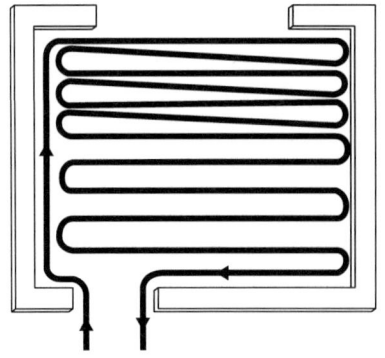

Distribución en espiral

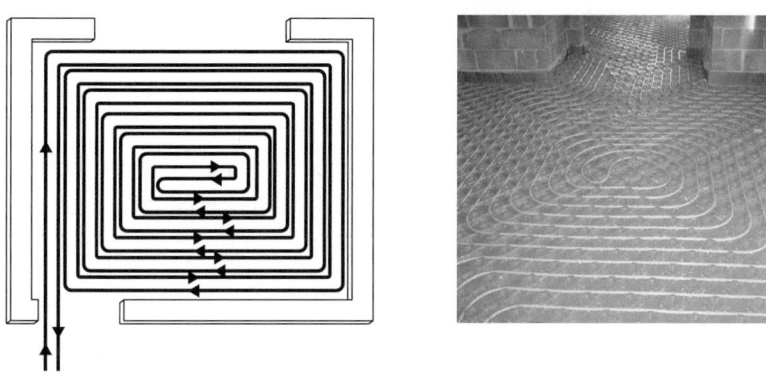

El calor se difunde desde abajo, por lo que es más confortable, ya que calienta los pies y no la cabeza, no reseca el ambiente, ni levanta polvo ni alérgenos. Con este sistema, se produce un ahorro de ente el 10 % y el 30 % respecto al sistema de calefacción tradicional por radiadores. El precio de las instalaciones de calefacción en suelos radiantes es muy superior a otro tipo de instalaciones de calefacción, como la de radiadores, sean tradicionales, acumuladores, de aceite, etc. Por otro lado, si se instala un suelo radiante, está totalmente desaconsejado que el recubrimiento del mismo se realice con cualquier tipo de madera, parquet, corcho, etc.

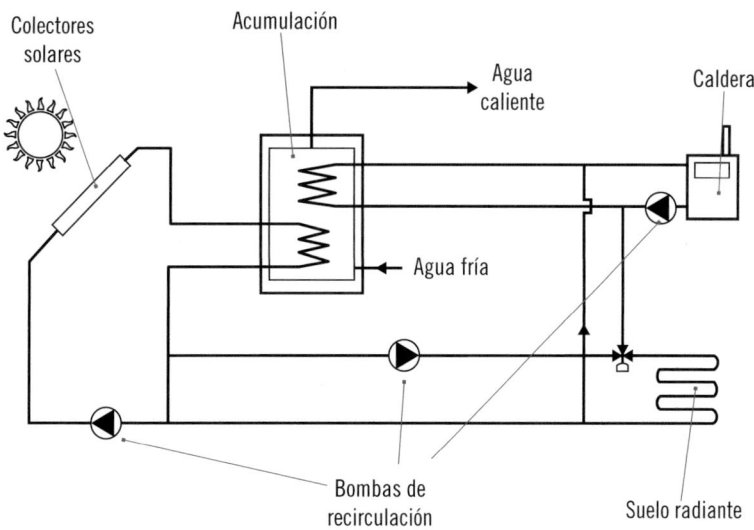

Otra opción cada vez más utilizada en zonas de climas fríos es la de instalar captadores de vacío que, aunque resultan más costosos, trabajan a temperaturas superiores a los 70 °C. Este tipo de captadores son los preferidos por chinos, japoneses, norteamericanos o alemanes, al estar especialmente indicados para aplicaciones de apoyo a calefacción por radiadores convencionales. Aunque en España todavía tienen poca penetración en el mercado, se ha registrado un incremento de la demanda considerable durante los últimos años.

Climatización de piscinas

La utilización de la energía solar térmica para la climatización de piscinas permite poder disfrutar de ellas durante un periodo de tiempo más amplio del que podría hacerse sin emplear este sistema, ya que la ley prohíbe emplear sistemas de calefacción tradicionales para calentarlas, cosa que además resultaría muy caro.

La climatización del agua para piscinas constituye otra aplicación interesante de la energía solar, tanto si se trata de instalaciones cubiertas como a la intemperie. Estas últimas merecen especial atención al existir en gran número y al conseguir resultados más que satisfactorios con sistemas sencillos y baratos. De hecho, resulta bastante económico lograr una temperatura estable y placentera en piscinas al aire libre. En primer lugar, porque, al circular el agua de la piscina directamente por los captadores solares, no es necesario utilizar ningún tipo de intercambiador de calor ni de sistema de acumulación. Y, en segundo lugar, porque la temperatura de trabajo suele ser tan baja que permite prescindir de cubiertas, carcasas o cualquier otro tipo de material aislante. De esta manera, se consigue reducir el precio del captador sin excesivo prejuicio en su rendimiento.

 Sabía que...

Las ubicaciones más utilizadas para la instalación de estos colectores o paneles solares suelen ser los tejados de las viviendas, el jardín (cerca de la piscina), o en cualquier otro sitio plano sobre el suelo que no entorpezca demasiado.

La utilización de la energía solar para climatizar piscinas cubiertas también es otra opción interesante. Estos sistemas son algo más complejos que los empleados en piscinas al aire libre pero, al mismo tiempo, perfectamente compatibles con otras aplicaciones de aprovechamiento solar. Lo habitual en estos casos es que se empleen captadores de placa plana con un sistema formado por un doble circuito e intercambiadores combinables con la producción de agua caliente sanitaria y la calefacción. Las piscinas cubiertas deben contar con una fuente energética de apoyo, a la vez que será recomendable planificar su operación, debido a los largos periodos que se requieren para calentar la totalidad del agua con el sistema solar.

Para extender la temporada de utilización de la piscina a finales de primavera y principios de otoño, y lograr que el agua alcance una temperatura que haga el baño más agradable, es aconsejable utilizar captadores plásticos, generalmente de polietileno o polipropileno, con tratamiento frente a los efectos de la intemperie (rayos ultravioleta, lluvia, etc.) y los agentes químicos para la purificación del agua de la piscina, sin ningún tipo de cubierta, carcasa, ni material aislante ya que:

- El rendimiento de los mismos es óptimo para este uso dado que la temperatura de trabajo no superará los 30 °C.
- Las pérdidas por radiación y conducción son muy pequeñas, permitiendo prescindir de cubiertas y aislamientos.
- La inversión a realizar es muy inferior al reducirse significativamente el precio por m^2 de este tipo de captadores respecto a los convencionales.
- El uso de este tipo de captadores permite hacer un calentamiento directo del agua de la piscina, sin necesidad de intercambiadores que encarezcan la instalación.

Una piscina requiere un calentamiento que mantenga el agua a una temperatura de entre 22 y 27 °C. Existen dos formas de conseguirlo: una directa, donde el circuito es abierto (sistema que se emplea para climatizar piscinas descubiertas), y la indirecta, en la que se utiliza un intercambiador (sistema que se emplea para climatizar piscinas cubiertas). En ambos casos, la circulación es forzada, ya que los colectores se encuentran más elevados que la piscina, por lo que es necesario el uso de bombas.

Los colectores solares utilizados para calefacción de piscinas están hechos de materiales plásticos resistentes a los rayos UV del sol y se instalan sin recubrimiento normalmente encima del techo. Los materiales más usados son el polipropileno y polietileno, que dan buen rendimiento a bajas temperaturas de trabajo, y que tienen un coste muy reducido. Se suelen utilizar en placas de polipropileno flexible, que son muy ligeras, resistentes y duraderas extendiéndose en zonas expuestas al sol. Por dentro de ellas circula la misma agua de la piscina. Además, no reaccionan con el cloro de las piscinas y resisten bien la corrosión. Estos colectores se utilizan principalmente en piscinas al aire libre.

La reducción de costes energéticos y el bajo mantenimiento de los captadores solares de polipropileno hacen muy atractivo su uso para la climatización de piscinas.

Para la climatización de una piscina durante todo el año, se suelen utilizar colectores solares planos con efecto invernadero para conseguir mejores rendimientos a temperaturas de ambiente frías. Dentro de ellos circula un fluido caloportador anticongelante, pues los colectores de polipropileno, al no disponer de cubierta de cristal, sufren grandes pérdidas cuando baja la temperatura ambiente.

Principales diferencias entre colectores	
Colector de Piscina	**Colector de ACS**
Polipropileno	Cobre
Abierto	Cerrado con vidrio
Temperatura de 32°	Temperatura de 70°
Tuberías de PVC	Tuberías de cobre
Grandes volúmenes de agua	Pequeños volúmenes de agua
Alta presión y desagüe	Baja presión y desagüe
Inclinación de 0 a 40°	Inclinación de 30°
Directo en el tejado	Estructura metálica
5 kg/m²	20 kg/m²

En el sistema de climatización directo, es la misma agua de la piscina la que circula por los colectores del sistema de captación, impulsada por la bomba del sistema de filtración. Allí el agua, una vez filtrada, se calienta y vuelve a la piscina, que desempeña la función de acumulador, ahorrando ese elemento a la instalación, también actúa de vaso de expansión, por lo que no habrá sobrepresiones por efecto de la dilatación del agua. Este sistema tiene el inconveniente de no poderse añadir anticongelante al fluido de circulación, lo que en algunas zonas sería imprescindible en invierno. Son instalaciones simples, en las que no se emplea un equipo de control diferencial de temperaturas sino un reloj temporizador para poner en marcha la depuradora, y por tanto el circuito solar, a las horas de más radiación. El inconveniente es que, al hacer funcionar la depuradora a las horas de baño, se han de emplear productos de depuración que no resulten peligrosos.

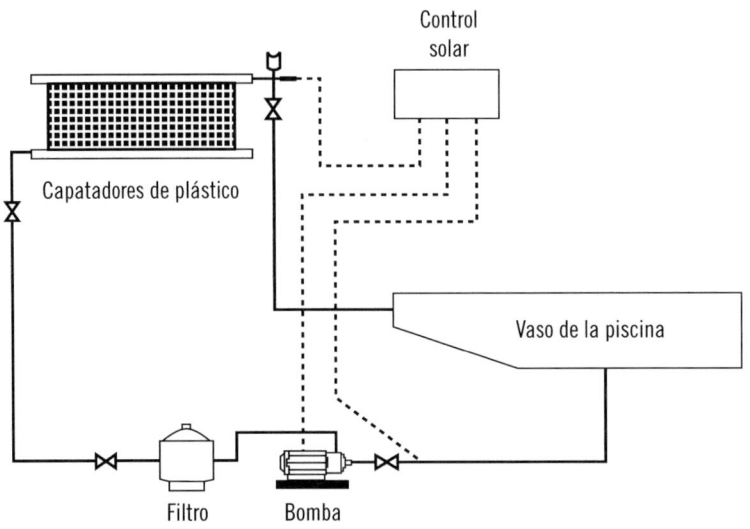

Capatadores de plástico

Control solar

Vaso de la piscina

Filtro   Bomba

 **Consejo**

En la climatización de piscinas, aunque el sistema directo de calentamiento sea el más económico y sencillo de instalar, es aconsejable instalar sistemas de calentamiento indirecto que permiten utilizar productos y aditivos que protegen la instalación, garantizándole una vida más larga.

En el sistema indirecto, se produce la transferencia de calor desde el sistema captador a un sistema separado de acumulación del agua potable, utilizando dos circuitos independientes: el primario sería el circuito del captador y el secundario, el circuito de la piscina. Esto permite usar líquidos diferentes en ambos sistemas, con lo que es posible utilizar en el primario anticongelantes y otros aditivos que protejan contra la corrosión y alarguen la vida de la instalación.

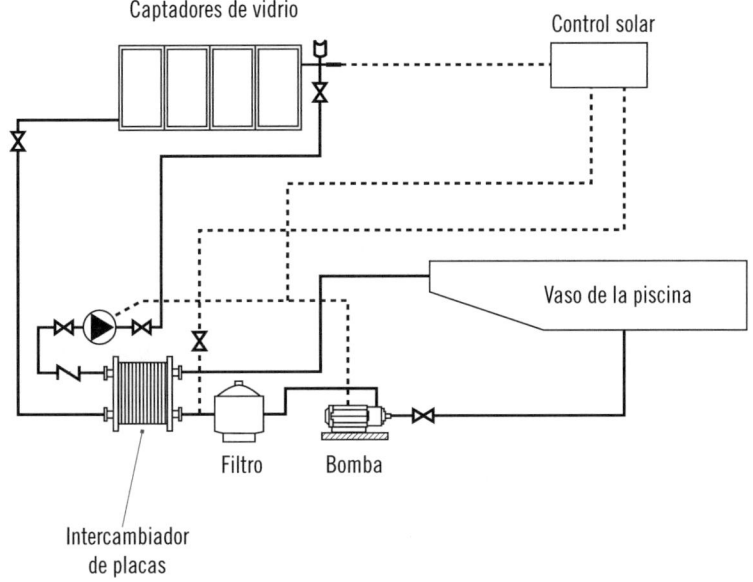

En esta aplicación, el agua de la piscina es impulsada por la bomba del sistema de filtrado desde las tomas de fondo. Una vez filtrada, el agua de la piscina pasa por el intercambiador de calor para absorber el calor generado en los captadores.

Una variante de este sistema consiste en utilizar en el primario un intercambiador integrado en forma de suelo radiante, que ofrece mejor rendimiento térmico, ya que aprovecha la estratificación del agua por temperatura y calienta siempre la parte más fría.

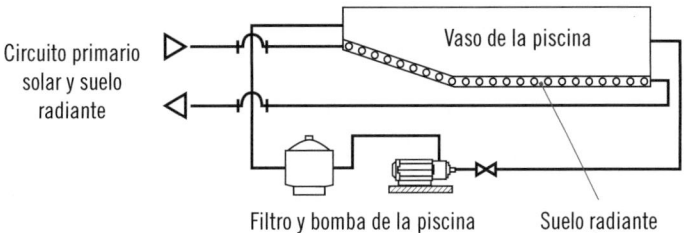

El sistema integrado tiene la ventaja de funcionar independientemente de los horarios de depuración, pero supone una inversión más grande. El intercambiador independiente es más fácil de mantener, además de ser una opción más barata.

En esta aplicación, el agua de la piscina es impulsada por la bomba del equipo de filtración. Una vez filtrada, el agua de la piscina pasa por el intercambiador de calor para absorber el calor generado en el sistema de captación. Cada sistema tiene su propia bomba. Si el intercambiador es independiente, la regulación será como en el caso directo, con la diferencia de que el mando de la bomba impulsora del circuito de depuración también debe accionar la bomba del circuito primario. La opción más difundida en los circuitos con intercambiador integrado es la del uso de un termostato diferencial que acciona la bomba del primario en función de la diferencia entre la temperatura de la piscina y la de los captadores. Como se ha descrito, hará falta un termostato de seguridad para cerrar el sistema de caldeo cuando la temperatura del vaso supere en 10 ºC la temperatura de uso.

El sistema de climatización indirecto es apropiado para piscinas ubicadas en zonas con fuerte contraste de temperaturas, en las que puede helar por las noches durante el periodo de utilización de la piscina, como pueden ser las áreas de montaña, o en piscinas que van a ser usadas todo el año. Cuando la piscina se encuentre en zonas con noches frías, es necesario utilizar mantas térmicas con las que cubrir el acumulador para mantener la temperatura conseguida por el sistema solar. La manta térmica flota sobre el agua de la piscina y permite incrementar algunos grados la temperatura del agua ya que evita que los grados ganados durante el día se pierdan por la noche. Si se dispone de algún sistema de calefacción permitirá reducir el tiempo de funcionamiento al 50 %, ya que actúa como reflectante.

Otro equipo que debe disponerse en un sistema de climatización de una piscina interior es el de deshumidificación, para reducir la humedad ambiente, asegurando de este modo el confort de los usuarios y la buena conservación de edifico y mobiliario.

*La utilización de mantas térmicas flotantes ayuda al mantenimiento de la
temperatura del agua en zonas frías y evita daños en la estructura de la
piscina ocasionados por el hielo y los cambios bruscos de temperatura.*

 Recuerde

El sistema integrado tiene la ventaja de funcionar independientemente de los horarios de
depuración, pero supone una inversión más grande.

Otros posibles esquemas de la instalación

En función de las características de las piscinas o del clima de la zona
en la que se ubiquen, se pueden utilizar diferentes esquemas de instalaciones solares térmicas para su climatización. Algunas configuraciones
posibles son:

- Calentamiento directo en el que se utiliza la bomba del circuito de
  depuración para la circulación del agua por el primario del circuito
  solar.

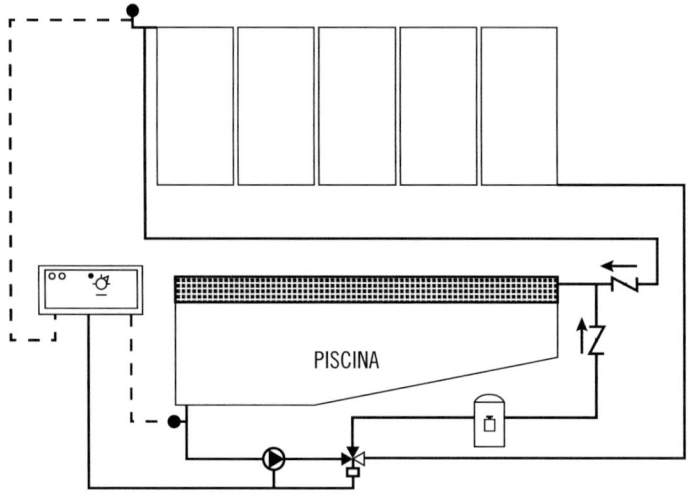

■ Calentamiento directo en el que se utiliza un circuito solar totalmente independiente del circuito de depuración, por lo que dispone de su propia bomba de circulación.

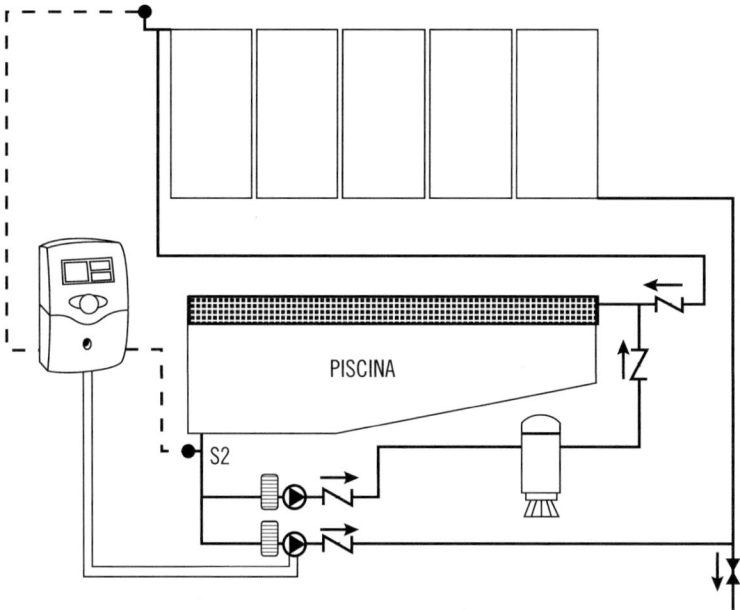

▌Calentamiento de piscinas descubiertas durante todo el año: este tipo de instalaciones son las utilizadas por usuarios que viven en zonas con unas buenas y constantes condiciones meteorológicas durante todo el año, que disponen de una piscina exterior, que desean una temperatura del vaso de la misma de unos 25 °C a lo largo de todo el año y que actualmente tienen una factura elevada del sistema que emplean para calentarla (normalmente caldera de gas). Para este tipo de instalaciones se utilizan captadores solares planos convencionales y colectores solares de tubos de vacío gracias a su mejor rendimiento en condiciones climatológicas desfavorables. Debido a que no están preparados para soportar agua clorada, se debe instalar un intercambiador de placas que separe el circuito solar del circuito de la piscina. Es muy importante utilizar una manta térmica durante las noches para reducir de forma considerable las pérdidas por convección producidas por el viento y las pérdidas por radiación del agua a la atmósfera (más acentuadas por la noche).

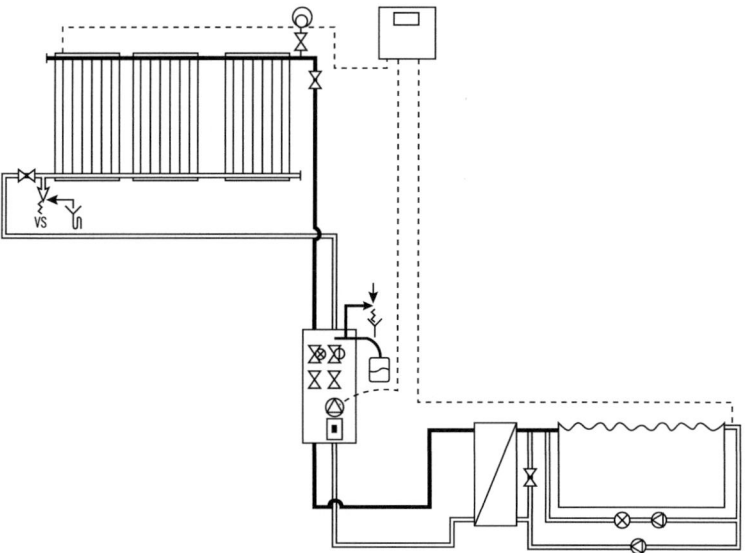

▌Calentamiento de piscinas descubiertas durante primavera-otoño-verano y producción de ACS durante todo el año: este tipo de instalaciones tienen una doble función:

▮ Extender la temporada de utilización de la piscina a finales de primavera y principios de otoño y lograr que el agua alcance una temperatura que haga el baño más agradable.

▮ Cubrir entre un 50-70 % de la energía necesaria para obtener el agua caliente sanitaria que consume la vivienda. Trabaja en serie con el sistema de energía auxiliar de la vivienda.

▮ Para este tipo de instalaciones se utilizan captadores solares planos convencionales y colectores solares de tubos de vacío gracias a su mejor rendimiento en condiciones climatológicas desfavorables. Debido a que no están preparados para soportar agua clorada, se debe instalar un intercambiador de placas que separe el circuito solar del circuito de la piscina.

Principio de funcionamiento:

▮ En invierno el sistema se utiliza para producir ACS y permite un ahorro en la factura del sistema convencional de apoyo.

▮ En verano, cuando existe menos consumo de ACS, mejores condiciones climatológicas y un mayor uso de la piscina, el excedente de producción del campo solar sirve para calentar el vaso de la piscina y de esta forma evitar instalar sistemas de disipación de calor.

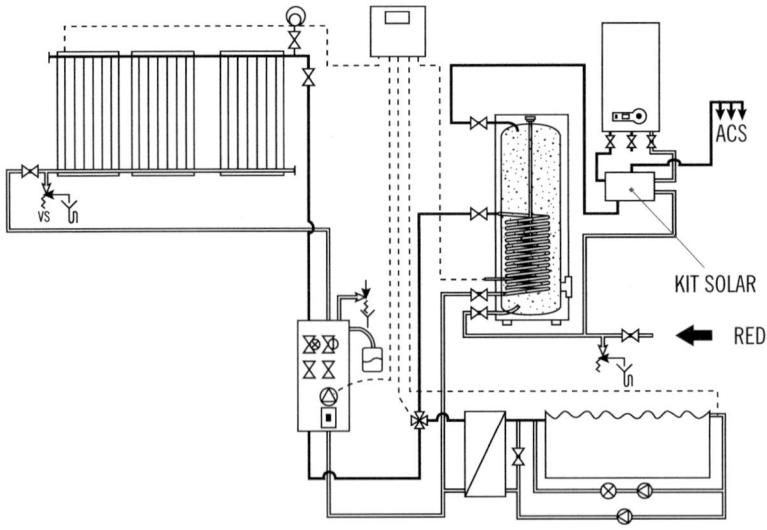

▮ Climatización de piscinas cubiertas durante todo el año: este tipo de instalaciones tienen su principal aplicación en la climatización de piscinas cubiertas de polideportivos, gimnasios, etc. Permiten cubrir el porcentaje de contribución solar mínima que marca el Código Técnico de la Edificación en su documento básico HE4 para la climatización de piscinas cubiertas. Su principal ventaja reside en el hecho de que se consigue una reducción considerable en la factura del sistema convencional de energía utilizado para calentar la piscina (normalmente caldera de gas) porque realiza las siguientes funciones:

   ▮ Calienta el agua del vaso de la piscina y la mantiene entre 25-28 °C para que el baño sea agradable.
   ▮ Produce el ACS que se utiliza en las duchas de los vestuarios.

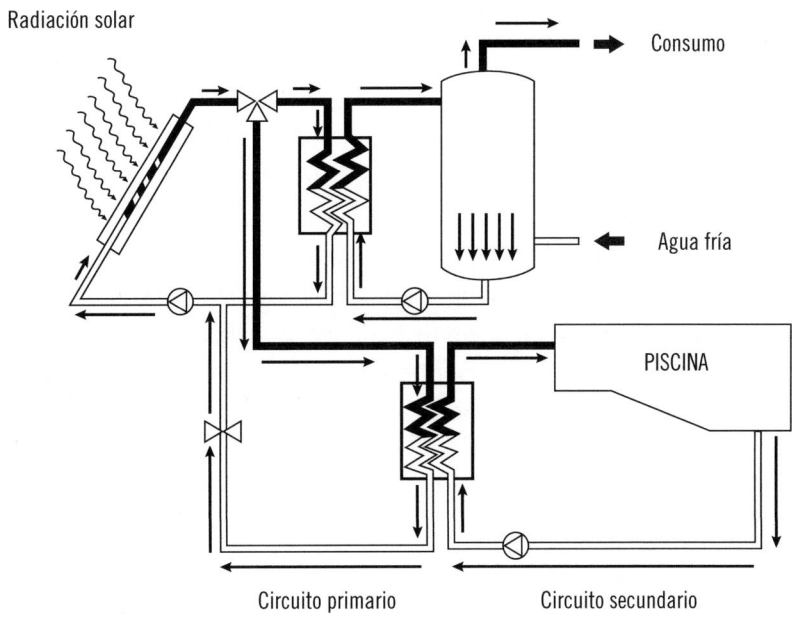

Radiación solar · Consumo · Agua fría · PISCINA · Circuito primario · Circuito secundario

? Sabía que...

En instalaciones de piscinas cubiertas, la humedad del ambiente favorece la aparición de moho y hongos, por lo que la instalación de deshumidificadores es aconsejable para solucionar este problema.

Refrigeración en edificios

La demanda energética para la refrigeración de edificios con el fin de lograr unas condiciones de confort aceptables en verano y parte de la primavera y otoño aumenta considerablemente año tras año en los países desarrollados. Pese a que la mayor parte de instalaciones para acondicionar el ambiente funcionan mediante equipos eléctricos, cada vez existen más opciones en el mercado basadas en energía solar. El aprovechamiento de la energía solar para producir frío es una de las aplicaciones térmicas con mayor futuro, pues las épocas en las que más se necesita enfriar el espacio coinciden con las que se disfruta de mayor radiación solar. Además, esta alternativa a los sistemas de refrigeración convencionales es doblemente atractiva porque permite aprovechar las instalaciones solares durante todo el año, empleándolas en invierno para la calefacción y en verano para la producción de frío. Por eso, algunos de los organismos internacionales más representativos en el ámbito de la energía solar térmica, como es el caso de Federación de la Industria Solar Térmica Europea (ESTIF) o la Agencia Internacional de la Energía, dedican gran parte de sus esfuerzos a potenciar la investigación y el desarrollo de estas tecnologías basadas en lo que se ha denominado frío solar.

Hoy por hoy, existen cerca de 70 sistemas de estas características en Europa, con un área total de captación solar cercana a los 17.000 m^2 y de una capacidad de energía que ronda los 12 MW. En España existe un pequeño grupo de fabricantes que demuestran cada vez mayor interés por desarrollar este tipo de soluciones, y trabajan en el desarrollo de captadores adaptados a esta aplicación, aunque todavía queda mucho camino por recorrer. Las medidas puestas en marcha por las principales asociaciones del sector, junto a los avances que se han producido durante los últimos años en este campo, permiten ser optimista de cara al futuro. Según las previsiones disponibles en estos momentos, la demanda de refrigeración solar crecerá de manera significativa en los próximos años. Unas expectativas que vienen a corroborar que la tecnología solar para producir frío ya está madura desde el punto de vista tecnológico y ambiental, y lo que es más importante, también desde el punto de vista económico. De las diversas fórmulas de aprovechar el calor solar para acondicionar térmicamente un ambiente, la más viable en términos de coste de la inversión y ahorro de energía es la constituida por el sistema de refrigeración por absorción, utilizada en el 60 % de los casos. El funcionamiento de estos equipos se basa en la capacidad de determinadas sustancias para absorber un fluido refrigerante. Como absorbentes se utilizan principalmente el amoniaco o el bromuro de litio, mientras que como líquido refrigerante es el agua el más recomendado. La diferencia fundamental entre un sistema de refrigeración convencional respecto a los utilizados con tecnología solar radica en la fuente de energía que ambos precisan para operar. En el caso del refrigerador solar por absorción, la energía eléctrica requerida en el sistema de compresión se suplanta por una adición de calor.

 Sabía que...

Los términos **frío solar** y **refrigeración solar** se refieren a aquellos sistemas que usan la energía solar para la refrigeración de espacios y ambientes.

Usos en la industria

Las posibilidades que ofrece la energía solar térmica son extraordinariamente amplias, apareciendo cada día nuevas aplicaciones para su aprovechamiento. Como no podía ser de otra manera, la energía del Sol también reporta importantes beneficios en el ámbito de la industria, de modo especial en los procesos que requieren un considerable caudal de calor para secar, cocer, limpiar o tratar ciertos productos. Son muchos los ejemplos en los que la industria se vale de calor solar para desempeñar sus actividades: tintado y lavado de tejidos en la industria textil, procesos de obtención de pastas químicas en la industria papelera, baños líquidos de pintura para la limpieza y desengrasado de automóviles, limpieza y desinfección de botellas e infinidad de envases, secado de productos agrícolas, tratamiento de alimentos, suelo radiante para granjas o invernaderos, y un largo etcétera.

Entre los sistemas basados en la energía del Sol que más se utilizan con fines industriales hay que hacer hincapié en los secadores solares y el precalentamiento de fluidos:

- **Secadores solares.** En procesos de secado de semillas, tabaco, etc., así como en procesos de secado de madera, pescado, etc., los sistemas solares ofrecen una solución muy apropiada. Mediante grandes tubos que actúan como captadores solares de aire, es posible precalentar y elevar la temperatura en una planta industrial del orden de 10 a 15 °C, lo que es suficiente en la mayoría de los procesos de secado. En estos ámbitos, los captadores de aire presentan indudables ventajas, al no ser necesario estar pendientes de posibles fugas o problemas de congelación.
- **Precalentamiento de fluidos.** Es factible la utilización de la energía solar (mediante captadores de baja o media temperatura) para el precalentamiento de fluidos, obteniéndose importantes ahorros energéticos. Los elementos y diseños para esta aplicación pueden ser los mismos que los utilizados en agua caliente sanitaria. En consecuencia, se trata de sistemas de aprovechamiento de la energía solar muy similares a los que se emplean en la vivienda.

Otra de las aplicaciones industriales más espectacular de la energía solar térmica son los **hornos solares**. Se trata de un conjunto de helióstatos que se mueven con el sol y reflejan las radiaciones en un foco. En este último se pueden alcanzar temperaturas del orden de los 3.000 °C. Esto tiene su utilidad en campos tan variados como en la medición de la resistencia de materiales, sobre todo metálicos y cerámicas, en la obtención de fibras de alta dureza, en la prueba de reacciones químicas, en la simulación de los efectos de una explosión nuclear, en aerospacial, etc., por citar algunos ejemplos. Este tipo de energía solar ha permitido un gran avance en el campo de la termomecánica.

El horno solar de Odeillo es uno de los mayores hornos solares del mundo con una potencia térmica 1.000 kW. Es utilizado como centro de investigación de la energía solar por el Centro Nacional francés para la Investigación Científica (CNRS).

También, la llamada **química solar** tiene un interés muy importante a nivel industrial. Muchas reacciones químicas se desarrollan a altas temperaturas (en general, suelen ser superiores a los 800 ºC): obtención de hidrógeno, neutralización de residuos orgánicos tóxicos, etc.

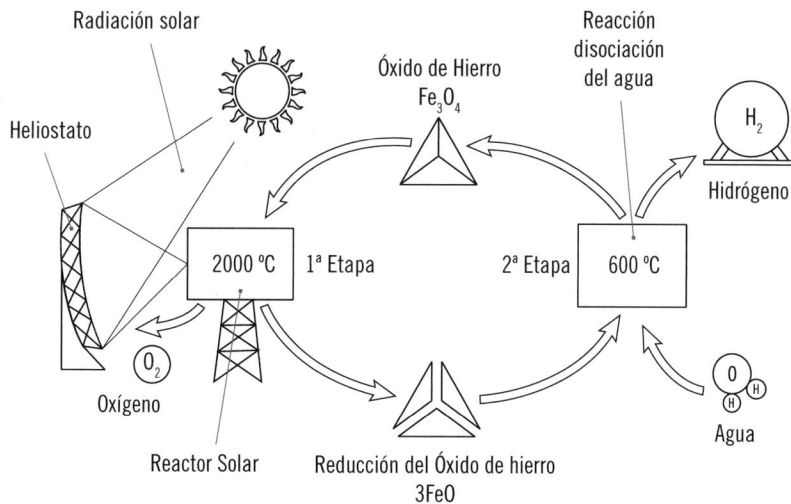

Recuerde

La energía del Sol reporta importantes beneficios en el ámbito de la industria, como puede ser, por ejemplo, en secadores solares, en precalentamiento de fluidos, en hornos solares o en química solar.

Otra aplicación industrial interesante de la energía solar es la **desalinización del agua de mar** para la obtención de agua potable. Normalmente, este tipo de plantas utilizan la energía solar para calentar el fluido necesario para desalinizar. Hasta ahora, se utilizaban para esta operación combustibles fósiles.

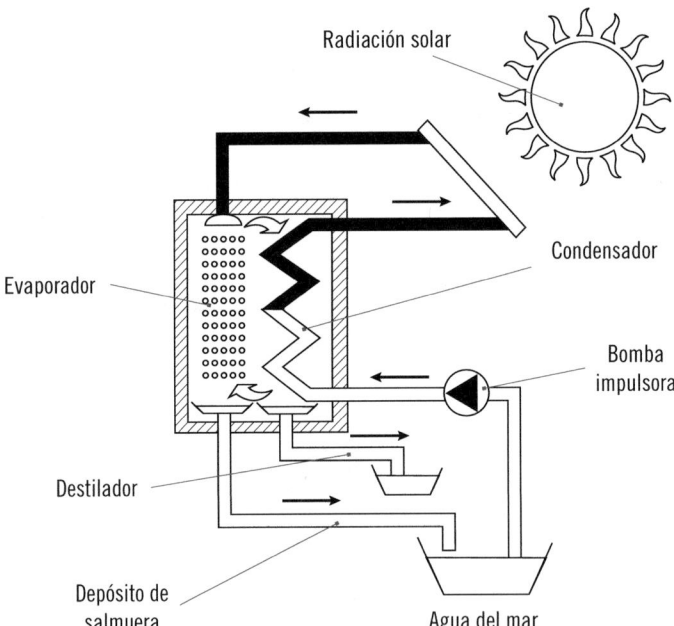

La aplicación de energía solar para esta aplicación es factible en instalaciones a pequeña escala. A gran escala se han planteado diversas iniciativas sin que esté claramente demostrada la viabilidad de los proyectos. También se ha empleado la energía solar térmica en distintos procesos de desalinización en tecnologías de evaporación.

Otras aplicaciones industriales en las que se emplea la energía solar térmica tienen lugar a temperaturas similares a las del agua caliente sanitaria. Estas pueden ser el lavado de botellas, descortezados, separación de fibras, tratamiento de alimentos, etc. Los elementos y diseño para esta utilización pueden ser los mismos que para agua caliente sanitaria y, en consecuencia, se trata de una serie de aplicaciones comerciales.

La aplicación de la energía solar térmica en secaderos solares se basa en principio en los secaderos tradicionales, pero optimizados a partir de la concentración de calor mediante medios de captación más o menos específicos (usando colectores de aire caliente), que se introduce forzado como aire caliente dentro del secadero. Las aplicaciones principales se encuentran en el secado de productos agrícolas, aunque también puede aplicarse en otros sectores.

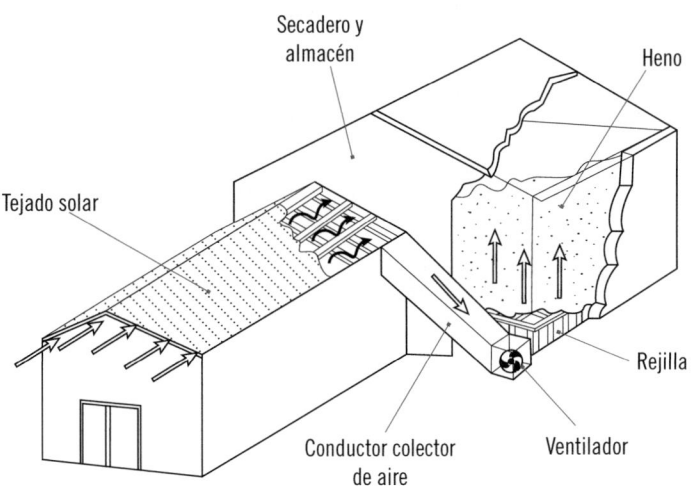

Otras aplicaciones

El aprovechamiento de la energía solar encuentra cada día nuevos usos que amplían el radio de acción a ámbitos más allá de la vivienda o la industria. Gracias al ingenio y perspicacia de algunos fabricantes, continuamente aparecen en el mercado nuevas aplicaciones que parecían impensables solo hace algunos años. Entre ellas, hay que destacar las cocinas solares, que ya han encontrado utilidad a nivel comercial con equipos portátiles que resultan muy apropiados para pasar un estupendo día de campo al aire libre.

Antes de que se les diera esta utilidad, estos simples artefactos habían sido, y siguen siendo, muy útiles para el cocinado de alimentos y la pasteurización de agua en países subdesarrollados. Las cocinas solares evitan el consumo de grandes cantidades de leña y reducen el riesgo de enfermedades ocasionadas por el mal estado de las aguas en regiones especialmente castigadas por la pobreza en África, Asia o el sur de América.

Las cocinas solares parabólicas tienen un mecanismo muy sencillo, capaz de orientarse para alcanzar temperaturas entre 180 y 200 °C, concentrando la radiación solar en un solo punto.

13. Resumen

Son diversos los elementos que constituyen una instalación solar térmica. Entre ellos se pueden encontrar captadores, circuitos primarios y secundarios, intercambiadores, depósitos de acumulación, depósitos de expansión, bombas de circulación, tuberías, purgadores, caudalímetros, válvulas y elementos de regulación.

El sistema de energía auxiliar es un elemento imprescindible en toda instalación solar si no se quieren sufrir restricciones energéticas en aquellos periodos en los que no hay suficiente radiación y/o el consumo es superior a lo previsto. Así, atendiendo al tipo de sistema de apoyo empleado y a las características de la instalación solar (acumulación individual, centralizado o distribuida) se pueden distinguir distintas tipologías.

Por otro lado, la energía solar térmica es una alternativa muy interesante en una gran variedad de aplicaciones, entre las que se encuentra el agua caliente sanitaria, la calefacción, la climatización de piscinas, o la producción de calor en multitud de procesos industriales.

Ejercicios de repaso y autoevaluación

1. Los colectores y el intercambiador forman parte del circuito...

   a. ... secundario.
   b. ... primario.
   c. ... secundario y del primario.
   d. Todas las opciones son incorrectas.

2. El comportamiento de los colectores solares a lo largo de su vida útil puede verse afectado por diversas condiciones como...

   a. ... la temperatura ambiente alta.
   b. ... fuertes vientos.
   c. ... niveles altos de radiación solar y ultravioleta.
   d. Todas las opciones son correctas.

3. ¿Qué requisitos generales no debe tener un acumulador?

   a. Adecuada estratificación de temperaturas.
   b. Elevada capacidad térmica del medio de almacenamiento.
   c. Buen aislamiento térmico.
   d. Baja resistencia dentro de los rangos de presión y temperaturas de trabajo.

4. Los acumuladores de acero vitrificado, frente a los de acero negro,...

   a. ... son menos ligeros.
   b. ... tienen un coste mayor.
   c. ... tienen problemas de corrosión.
   d. ... soportan temperaturas inferiores.

5. ¿Qué medida se debe tomar para disminuir las pérdidas térmicas?

    a. Utilizar materiales aislantes apropiados.

    b. Aislar el acumulador.

    c. Instalar adecuadamente las tuberías de conexión para evitar las pérdidas térmicas debidas a la circulación natural del agua por el interior de estas tuberías.

    d. Todas las opciones son correctas.

6. Indique cuál de las siguientes afirmaciones es verdadera o falsa.

    a. En acumuladores convencionales, normalmente el agua caliente es extraída por la parte inferior del mismo.

        ☐ Verdadero
        ☐ Falso

    b. Se recomienda que la tubería de salida la tenga en el lateral del acumulador.

        ☐ Verdadero
        ☐ Falso

    c. En el caso de que un acumulador funcione con un serpentín, es conveniente situarlo en la parte superior del acumulador, para mejorar la eficiencia del proceso y también para conseguir calentar toda el agua del acumulador.

        ☐ Verdadero
        ☐ Falso

    d. Un intercambiador de calor en una instalación solar aumenta las posibilidades de obturación de las tuberías por deposición calcárea en el circuito primario.

        ☐ Verdadero
        ☐ Falso

    e. Los intercambiadores de calor poseen la misión de realizar la transferencia de calor entre fluidos que se encuentran a diferentes temperaturas.

        ☐ Verdadero
        ☐ Falso

7. ¿Qué factores deben tener un buen material aislante?

    a. Que tenga una buena resistencia al envejecimiento y putrefacción.

    b. Mayor capacidad de transferencia de calor que los intercambiadores incorporados en el acumulador.

    c. Elevada capacidad térmica del medio de almacenamiento.

    d. Niveles altos de radiación solar y ultravioleta.

8. En las válvulas de asiento...

    a. ... la presión del fluido es superior a la tensión del muelle.

    b. ... el obturador y el vástago son de acero inoxidable.

    c. ... el obturador y el vástago, al reposar sobre el asiento, permiten el paso del fluido.

    d. ... tienen el inconveniente de que no permiten limitar la presión máxima de trabajo.

9. En el fluido térmico, el contenido en sales de calcio, expresado como contenido en carbonato cálcico, no será mayor de...

    a. ... 200 mg/l.

    b. ... 300 mg/l.

    c. ... 400 mg/l.

    d. ... 500 mg/l.

10. ¿Cuál de las siguientes opciones es "un acumulador de agua atravesado por un conducto–chimenea por el que circulan los gases de combustión procedentes de un quemador atmosférico o de tiro forzado"?

    a. Termo eléctrico.

    b. Termoacumulador a gas de calentamiento directo.

    c. Termoacumulador a gas de calentamiento indirecto.

    d. Generadores de agua caliente sanitaria.

Capítulo 4
Refrigeración

Contenido

1. Introducción

Uno de los métodos más antiguos de refrigeración, y que en algunos lugares aún se sigue utilizando, es el que se basa en la fusión de hielo o nieve, que a la presión de 1 atm, tiene lugar a una temperatura de 0 °C. El hielo o nieve se coloca en el espacio o sobre los objetos que se quieren refrigerar o enfriar y que tienen una temperatura superior a los 0 °C. Según la segunda ley de la termodinámica, el calor fluirá espontáneamente de la región de mayor temperatura (espacio u objetos a refrigerar) hacia la región de menor temperatura (hielo o nieve), de manera que el espacio u objetos son enfriados. Esto ocurre también debido a que el hielo o nieve, en esas condiciones de temperatura y presión ambiente, debe pasar al estado líquido y, para hacer ese cambio de fase (sólido a líquido), se requiere una determinada cantidad de calor (calor de fusión = 80 cal/g), que es suministrada por los alrededores.

Otras prácticas muy comunes para obtener refrigeración eran también mediante el uso del bióxido de carbono (hielo seco) o agua fría, operando bajo principios semejantes a los mencionados para el hielo o nieve. Los sistemas de refrigeración que actualmente más se utilizan son el sistema de refrigeración por compresión y el sistema de refrigeración por absorción. Estos sistemas se basan en la evaporación o gasificación de un líquido a baja presión. Al igual que un sólido absorbe calor para pasar al estado líquido, un líquido también debe de absorber calor para vaporizarse o pasar al estado gaseoso.

2. Conocimientos básicos de refrigeración solar

En los últimos años se ha venido trabajando en sistemas de refrigeración que utilizan la radiación solar para producir el efecto de enfriamiento. Dentro de las aplicaciones de la energía solar, esta es una de las más importantes e interesantes debido, por un lado, al reto tecnológico que implica desarrollar sistemas de este tipo, y por el otro, al hecho de que en esta aplicación coincide la disponibilidad con la necesidad, esto es: cuanto más flujo de energía radiante llega a un determinado lugar, más altas son las temperaturas ambientales y, por lo tanto, más se requiere de la refrigeración o enfriamiento. Por ejemplo, se tiene conocimiento de que en los países tropicales casi no se consume carne y leche, entre otras cosas, porque se descomponen muy fácilmente y la mayoría de la gente de escasos recursos económicos no cuenta con sistemas de refrigeración para su conservación. También se sabe que en estos mismos países gran parte de las cosechas de frutas y verduras se pierden por la misma causa.

Tanto el sistema de refrigeración por compresión como el de absorción pueden ser adaptados para que funcionen con energía solar. El primero, mediante la conversión de la energía solar en energía mecánica o eléctrica para hacer funcionar el compresor de un sistema convencional; y el segundo, mediante la utilización directa de la energía solar como fuente de energía térmica. Este último, por no implicar conversiones de un tipo de energía en otro, resulta más económico y eficiente y es el sistema que se abordará en el capítulo presente. Debido a la intermitencia propia de la radiación solar, lo más sensato es pensar que son sistemas de refrigeración intermitentes, aunque también se pueden desarrollar sistemas que operan continuamente, pero que necesitan de un sistema de almacenamiento y de una fuente auxiliar de energía para que puedan seguir operando en las horas que no hay radiación solar (noche y períodos con nublados intensos). Decidirse por algún tipo de sistema también tiene que ver con la aplicación que se le vaya a dar. Si el sistema se necesita para el acondicionamiento calorífico de viviendas o edificios, generalmente se utilizan sistemas continuos que utilizan una mezcla de bromuro de litio-agua (BrLi-H_2O), pero si lo que se requiere es conservar alimentos o cualquier tipo de producto perecedero, un sistema intermitente podría dar buenos resultados. Estos, generalmente, utilizan una mezcla de amoniaco-agua (NH_3-H_2O) y logran temperaturas lo bastante bajas como para producir hielo.

Los sistemas de refrigeración con mezcla de amoniaco-agua son los más utilizados en la industria alimentaria.

En Europa, aproximadamente el 50 % de la demanda energética se relaciona con la calefacción, pero la demanda de energía para refrigeración está aumentando de manera meteórica. En varios países, los picos de consumo eléctrico ya no se dan en invierno, sino en verano. Por ello, debe forzarse una evolución del mercado hacia la refrigeración generada a partir de fuentes renovables, con el objetivo principal de evitar que siga aumentando el consumo energético. La energía solar térmica y demás energías renovables pueden reemplazar el consumo de grandes cantidades de combustibles fósiles y, con ello, contribuir a la reducción de las emisiones de CO_2 y otras sustancias nocivas.

Para dimensionar los sistemas de climatización se deben tener en cuenta las condiciones climáticas anuales de la zona en la que están ubicados los edificios.

En España hay un marco legislativo, a través del R. D. 314/2006 del Código Técnico de la Edificación, complementado con la directiva europea 2010/31/UE, que va a propiciar la evolución de la refrigeración solar, hasta ahora mucho menos extendida y desarrollada, por su complejidad, que la calefacción solar.

El incremento del tamaño del mercado que va a propiciar la normativa va a ejercer un efecto de arrastre hacia la evolución de nuevas tecnologías y nuevas aplicaciones, todas ellas tendentes a diseñar los edificios con sistemas energéticos eficientes y completos con energías renovables.

Aunque hay que ser precavidos ante una tecnología no suficientemente madura en cuanto al desarrollo del acoplamiento de sistemas en la refrigeración solar, hay que ser consciente del impresionante mercado que se espera a medio plazo con dicha aplicación, mercado que demandará soluciones eficaces optimizando los recursos disponibles en los edificios.

La eficiencia de los sistemas de climatización es mayor cuanto más elevada es la temperatura que alcanza el agua calentada por los captadores solares.

En la actualidad, el coste de las máquinas de absorción hace complicada la rentabilidad a corto plazo de las instalaciones de refrigeración solar, si bien los proyectos son viables cuando se prevé un periodo de amortización largo conjuntamente con otros sistemas.

Su aplicación es muy interesante cuando el diseño se realiza como disipador de calor, aumentando además el rendimiento y la durabilidad de la instalación solar al aprovechar los excedentes de calor y al dimensionar adecuadamente, y con mayor cobertura, el uso anual de la instalación.

Aplicación práctica

Virginia trabaja como voluntaria realizando proyectos de mejora de las condiciones de vida para zonas deprimidas de África, en las que no es posible acceder a los servicios básicos.

Actualmente está proyectando un sistema para refrigeración de alimentos perecederos que funcionen mediante la utilización directa de la energía solar, como fuente de energía térmica.

¿Qué sistema sería el más apropiado y eficiente en este caso, compresión o absorción? ¿Cuál sería la fuente de energía auxiliar más apropiada?

SOLUCIÓN

El sistema de absorción, mediante la utilización directa de la energía solar como fuente de energía térmica, al no implicar conversiones de un tipo de energía en otro, resulta el más económico y eficiente en este caso.

Debido a la intermitencia propia de la radiación solar, lo más sensato es pensar en un sistema de refrigeración intermitente. Este sistema necesita de un sistema de almacenamiento y de una fuente auxiliar de energía para que pueda seguir operando en las horas que no hay radiación solar. En este caso, al tratarse de un sistema para la conservación de alimentos perecederos, lo más apropiado sería un sistema de refrigeración intermitente con una mezcla de amoniaco-agua (NH_3-H_2O) que logra temperaturas lo bastante bajas como para producir hielo.

3. Sistemas de absorción y adsorción

En los últimos años, se ha producido un crecimiento evidente de las necesidades de refrigeración en los edificios, tanto por una mayor exigencia de las condiciones de confort como por un aumento de las cargas térmicas.

3.1. Sistema de absorción

Habitualmente, la demanda de refrigeración es cubierta por electricidad, hecho que provoca puntas de consumo considerables en las redes de distribución eléctricas durante los meses de verano.

No obstante, existen tecnologías para refrigerar accionadas por fuentes térmicas, como la energía solar. Cuando se utiliza un sistema de refrigeración solar, además de las ventajas propias del uso de una fuente de energía renovable, cabe destacar la coincidencia entre la máxima demanda y la máxima producción (máxima radiación solar). Este tipo de sistema es adecuado para edificios del sector terciario, con demanda intensiva de refrigeración y de calefacción (hoteles, centros comerciales u oficinas).

En toda Europa está reapareciendo la tendencia a aplicar sistemas de refrigeración accionados mediante energía solar térmica debido a diferentes motivos, entre los que destaca la búsqueda de refrigerantes alternativos a los CFC o HCFC y la existencia de un mercado consolidado de energía solar térmica. Las tecnologías de refrigeración que se pueden acoplar a un sistema solar son las máquinas enfriadoras térmicas, tanto las de absorción como las de adsorción, y los procesos de desecación y enfriamiento evaporativo.

Las primeras aplicaciones industriales de los principios termodinámicos de la absorción de un vapor por un líquido, con el fin de conseguir la refrigeración de otro líquido, datan de los años 30. La comercialización a mayor escala de plantas frigoríficas de absorción con ciclo amoniaco-agua comienza en los 40, y la puesta en el mercado de las primeras plantas con ciclo agua-bromuro de litio tiene lugar a principios de los 50. Los ciclos de absorción se basan físicamente en la capacidad que tienen algunas sustancias, tales como el agua y algunas sales como el bromuro de litio, para absorber, en fase líquida, vapores de otras sustancias, tales como el amoniaco y el agua, respectivamente.

La refrigeración por absorción no es algo nuevo, pero sí es ahora cuando su instalación está aumentando, impulsada por las iniciativas que promueven el uso de energías renovables. Básicamente, es una instalación de refrigeración en la que se sustituye el compresor mecánico por un sistema térmico de evaporación y absorción, quedando igual el circuito refrigerante.

El refrigerante (el agua) no es comprimido mecánicamente, sino absorbido por un solvente (bromuro de litio o amoniaco) en un proceso exotérmico. Para comprimir el líquido se emplea una simple bomba. La energía que consume una bomba para líquido es despreciable en comparación con necesaria para comprimir un gas en un compresor. A una presión superior, el refrigerante es evaporado del solvente en un proceso endotérmico, o sea mediante la absorción de calor. A partir de este punto, el proceso de refrigeración es igual al de un sistema de refrigeración por compresión.

La mezcla de refrigerante y solvente en aplicaciones de aire acondicionado y para temperaturas mayores a 0 °C es agua y bromuro de litio (LiBr). En aplicaciones para temperaturas hasta -60 °C, es amoniaco (NH_3) y agua.

A partir de este principio, es posible concebir una máquina en la que se produce una evaporación, con la consiguiente absorción de calor, que permite el enfriamiento de un fluido secundario en el intercambiador de calor que actúa como evaporador, para acto seguido recuperar el vapor producido disolviendo una solución salina o incorporándolo a una masa líquida. El resto de componentes e intercambiadores de calor que configuran una planta frigorífica de absorción se utilizan para transportar el vapor absorbido y regenerar el líquido correspondiente para que la evaporación se produzca de una manera continua. En los ciclos de absorción se habla siempre de agente absorbente, designando así a la sustancia que absorbe los vapores, y de agente refrigerante, o agente frigorífico, a la sustancia que se evapora y da lugar a una producción frigorífica aprovechable. Serían absorbentes el agua y la solución de bromuro de litio, y refrigerantes, el amoniaco y el agua destilada, en los ciclos de absorción agua-amoniaco y bromuro de litio-agua, respectivamente.

Para conseguir una mejor compresión del funcionamiento de un ciclo de absorción, se hará una comparación entre este y un ciclo de refrigeración por compresión mecánica, de uso más extendido y, por tanto, más conocido a todos los niveles técnicos. En un ciclo de compresión mecánica, los vapores del agente frigorígeno (como debe ser denominado), que se producen en el evaporador de la máquina dando lugar a la producción frigorífica, son aspirados por un compresor que ejerce las funciones de transportar el fluido y de elevar su nivel de entalpía.

El vapor comprimido a alta presión y con un elevado nivel térmico se entrega a un intercambiador de calor, el condensador, para que ceda su energía a otro fluido, que no es utilizable para la producción frigorífica, y cambie de estado, pasando a ser líquido a alta presión y temperatura, y por lo tanto tampoco utilizable para la producción frigorífica. Este líquido relativamente caliente se fuerza a pasar a través de un dispositivo en el que deja parte de la energía que contiene, por fricción mecánica fundamentalmente, y a partir del cual entra en una zona del circuito frigorífico en la que la presión se mantiene sensiblemente mas baja, debido a que el compresor está aspirando de ella, que la presión de saturación que correspondería en el equilibrio a la temperatura a la que se encuentra el agente frigorígeno en estado líquido.

Este desequilibrio, entre las presiones y temperaturas de saturación y las reales, a las que el refrigerante se encuentra origina la evaporación parcial del líquido, que toma el calor latente de cambio de estado de la masa del propio líquido, enfriándola hasta la temperatura de saturación que corresponde a la presión a la que se encuentra, punto en el que la evaporación se interrumpe. El refrigerante en estado líquido a baja temperatura entra en el evaporador, donde se evaporará, cerrando así el ciclo frigorífico.

En la máquina de absorción se produce un proceso similar: el refrigerante, agua o amoniaco, se evapora en el evaporador tomando el calor de cambio de estado del fluido que circula por el interior del haz tubular de este intercambiador. Los vapores producidos se absorben por el absorbente, agua o solución de bromuro de litio, en un proceso de disolución endotérmico que requiere de refrigeración externa para que la solución se mantenga en condiciones de temperatura correctas y no aumente la presión en la cámara en la que se produce la absorción y que se denomina absorbedor. En este circuito de refrigeración externa se utilizan normalmente torres de refrigeración de agua de tipo abierto o cerrado. El agua enfriada en la torre se hace circular a través del interior del haz tubular de otro intercambiador que se encuentra situado en el interior de la cámara del absorbedor y sobre el que se rocía el absorbente para facilitar el proceso de la absorción. La masa de absorbente conteniendo el refrigerante absorbido se transporta, mediante bombeo, hasta otro intercambiador de calor cuya función es separar el refrigerante del absorbente, por destilación del primero. Este intercambiador de calor se denomina concentrador o generador y es de tipo inundado. Por su haz tubular se hace circular el fluido caliente, normalmente agua o vapor de agua, que constituye la fuente principal de energía para el funcionamiento del ciclo de absorción, y que procede como efluente de cualquier tipo de proceso en el que se genere calor residual. En el concentrador se produce la ebullición del refrigerante, que se separa del absorbente y que, como consecuencia, aumenta su concentración, en el caso de solución salina, o su pureza, cuando se trata de agua, para que pueda ser utilizado de nuevo en el proceso de absorción.

El equipo de absorción genera agua fría a partir de calor procedente de energía solar en su generador, aportado por un fluido caliente (90 ºC). A bajas temperaturas y presiones, la mezcla presente en el circuito interior de absorbente-refrigerante absorbe la energía del fluido caliente, separando y evaporando el refrigerante, lo que provoca el efecto de refrigeración (7 ºC). El calor intercambiado se evacúa mediante disipación en el condensador a temperatura media (30 ºC).

Esquema sistema de absorción

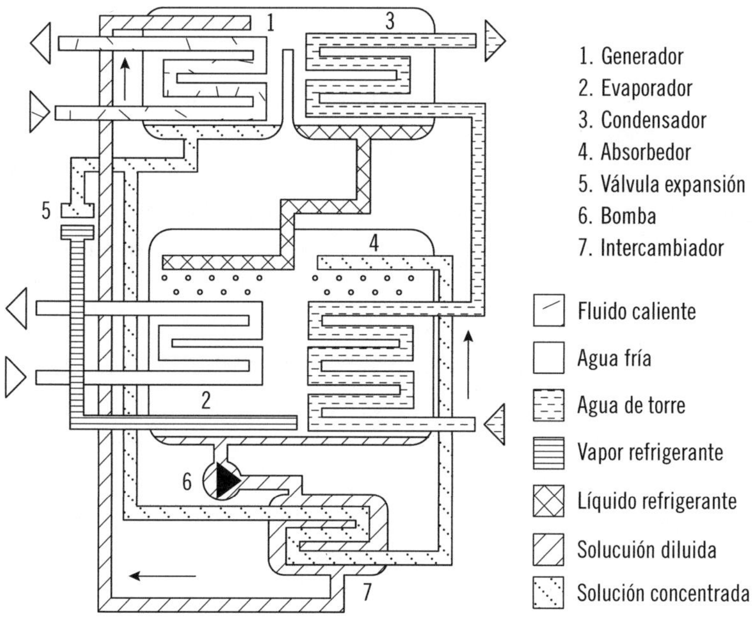
1
2
3
4
5
6
7
1. Generador
2. Evaporador
3. Condensador
4. Absorbedor
5. Válvula expansión
6. Bomba
7. Intercambiador
Fluido caliente
Agua fría
Agua de torre
Vapor refrigerante
Líquido refrigerante
Solucuión diluida
Solución concentrada

El **flujo** de absorbente vuelve al absorbedor siguiendo un camino más o menos diferente según cada tipo de máquina, mientras que el flujo de vapores del refrigerante destilado en el concentrador pasa, por simple diferencia de presión, a otro intercambiador de calor por el interior de cuyo haz tubular circula agua procedente también de la torre de refrigeración, y que se denomina condensador porque alrededor de su haz tubular se produce la condensación de los vapores del agente frigorífico para volver al estado líquido. El líquido obtenido en el condensador se canaliza hacia la cámara de evaporador, por gravedad y por diferencia de presión, ya que esta se encuentra a una presión inferior a la de la cámara del condensador. Cuando el líquido llega a la cámara del evaporador sufre un fenómeno idéntico al comentado en la descripción hecha del ciclo de compresión mecánica, y se evapora parcialmente, llevando la temperatura de la masa del líquido a la temperatura de saturación que corresponde a la presión en la que la cámara del evaporador se encuentra. De esta forma, el líquido frío está en condiciones de tomar calor del fluido que circula por el interior del haz tubular del evaporador, hasta evaporarse, cerrando así su ciclo.

Si se comparan ambos ciclos, se comprenderá que en el de absorción los intercambiadores de calor del absorbedor y del condensador, junto con la bomba o bombas que hacen la función de transporte del absorbente, equivalen a su trabajo al compresor del ciclo de compresión mecánica. Mientras que en el evaporador, condensador y dispositivo de expansión de las máquinas de absorción se desarrollan procesos similares, por no decir idénticos, a los que tienen lugar en sus homónimos del ciclo de compresión mecánica.

Sería válido referirse al concentrador y condensador de la máquina de absorción como **sector de alta presión,** y al absorbedor y evaporador como **sector de baja presión,** siguiendo la similitud con el ciclo de compresión mecánica.

La instalación de un sistema de refrigeración por absorción es cara. Al coste de la máquina en sí hay que sumarle el del montaje de la instalación, los componentes (hay que usar colectores solares de tubos de vacío, que son más caros que los planos) y el consumo del calentador de apoyo. Además, la instalación precisa de una torre de refrigeración, que debe ser sometida a constantes operaciones de mantenimiento para evitar la aparición de la legionela. Todo esto hace que este no sea el mejor método de refrigeración usando energías renovables, ya que la inversión inicial es elevada, es poco económica y requiere constante mantenimiento.

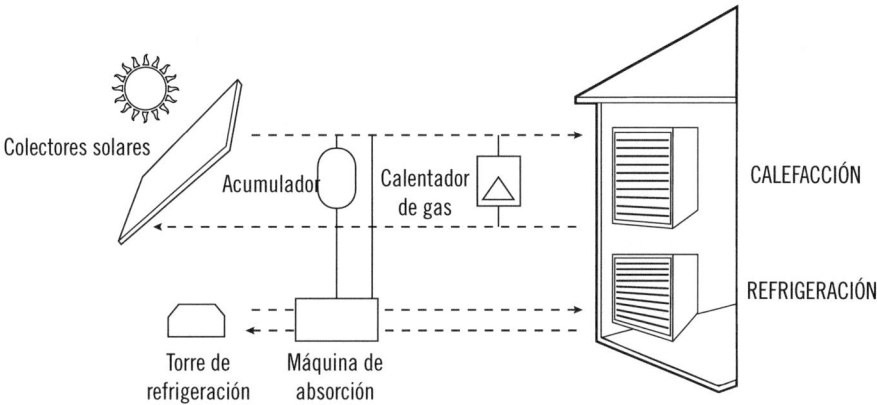

3.2. Sistemas de adsorción

El uso de sistemas de adsorción comenzó a desarrollarse a partir de los años 70, debido a la crisis del petróleo y los problemas medioambientales derivados del uso de gases de efecto invernadero.

La **adsorción** es un proceso reversible mediante el cual un material gaseoso, adsorbato, es fijado, adsorbido, en la superficie de un sólido poroso, adsorbente, que es el que adsorbe.

Además de ser un proceso reversible es un proceso exotérmico, ya que la unión del adsorbato y el adsorbente produce calor.

El proceso inverso a la adsorción se denomina desorción y es un proceso endotérmico, es decir, que precisa energía térmica.

La máquina de adsorción

La máquina de adsorción es una máquina enfriadora, cuyo ciclo de funcionamiento es similar al ciclo de compresión tradicional, sustituyendo la compresión mecánica por una compresión térmica, que tiene lugar a través de las cámaras en las que se producen alternativamente los procesos de adsorción y desorción.

La refrigeración por adsorción es un proceso cuasi continuo que requiere al menos 2 compartimentos o cámaras con material de "sorción" y que operan en paralelo. Los sistemas disponibles en el mercado usan generalmente agua como refrigerante y gel de sílice como adsorbente.

La máquina de adsorción necesita una fuente de energía térmica que puede ser convencional o renovable como la solar.

Esta máquina funciona con una pareja adsorbente/adsorbato que puede estar formada por diferentes componentes, aunque la pareja más utilizada es la compuesta por **gel de sílice** como adsorbente y **agua** como adsorbato o refrigerante.

Una máquina de adsorción consta de cuatro compartimentos:

- Un evaporador en la parte inferior de la máquina.
- Dos cámaras de adsorción en la parte central, donde tienen lugar los procesos de adsorción/desorción.
- Un condensador en la parte superior de la máquina.

Ambas cámaras de adsorción están conectadas al evaporador y al condensador mediante válvulas que permiten la transferencia de vapor cuando la presión es suficiente y contienen intercambiadores de calor por los que circula agua caliente o fría para aportar calor o enfriar.

Al adsorbente en el primer compartimento se le aporta calor procedente de agua caliente de la fuente de calor externa (como por ejemplo agua caliente procedente del captador solar) mediante su intercambiador de calor. El adsorbedor en el segundo compartimento adsorbe el vapor de agua que llega del evaporador, este compartimento tiene que ser enfriado a través de su intercambiador para poder conseguir una adsorción continua.

Esquema de una enfriadora por adsorción

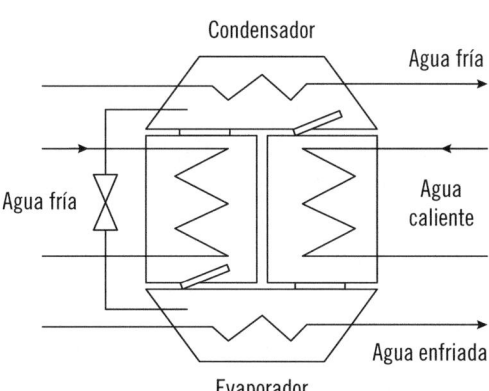

Funcionamiento

Tal y como se ha comentado anteriormente, los fluidos de trabajo más comunes son el agua como refrigerante y el gel de sílice como adsorbente.

La máquina funciona de forma totalmente automática con un ciclo de cuatro etapas.

Etapa 1

En el evaporador, el agua del circuito de frío de la instalación aporta el calor que ha retirado del proceso que se quiere refrigerar, esto se consigue evaporando el fluido refrigerante que suele ser agua. En esta etapa, la válvula que conecta el evaporador con la **cámara de adsorción** (cámara 1) está abierta, mientras que la válvula que conecta esta cámara con el condensador está cerrada. Como la presión de la cámara de adsorción es ligeramente inferior a la presión del evaporador, el agua evaporada entra en dicha cámara.

El fluido refrigerante es adsorbido por el adsorbente que se va saturando. Como este proceso es exotérmico, el intercambiador de esta cámara es el encargado de disipar el calor generado.

Mientras tanto, en la **cámara de desorción** (cámara 2) se regenera el adsorbente que se encuentra saturado de vapor de agua del ciclo anterior. Al ser este proceso endotérmico, se hace circular agua caliente a través del intercambiador de calor, permaneciendo la válvula que conecta el condensador con la cámara de desorción abierta y la válvula que conecta esta cámara con el evaporador cerrada. Al ser la presión en el interior de esta cámara ligeramente superior a la presión del condensador, el vapor de agua (fluido refrigerante) que se libera del adsorbente como consecuencia del proceso de desorción pasa al condensador.

En el condensador, el fluido refrigerante se condensa. Al condensarse cede calor al agua del circuito del intercambiador. El vapor de agua condensado se encuentra a una presión ligeramente superior a la del evaporador, por lo que pasa a este a través de la válvula de expansión cerrándose el ciclo.

Etapa 2

Cuando el adsorbente de la cámara 1 está saturado de agua y el adsorbente en la cámara 2 está seco, la máquina automáticamente invierte las funciones de ambas cámaras.

Se cierran las válvulas que conectan ambas cámaras con el evaporador y condensador, y se abren las válvulas entre las dos cámaras, permitiendo que las presiones se igualen. A continuación, el agua caliente de la cámara de desorción (cámara 2) se hace circular a través de la cámara 1 para transferirle el calor residual de la cámara 2 y comenzar el proceso de calentamiento de esta.

Cuando el proceso de inversión de las cámaras se completa, el proceso de desorción en la cámara 1 y el proceso de adsorción en la cámara 2 comienzan de nuevo repitiéndose el proceso descrito.

Etapas enfriamiento por adsorción

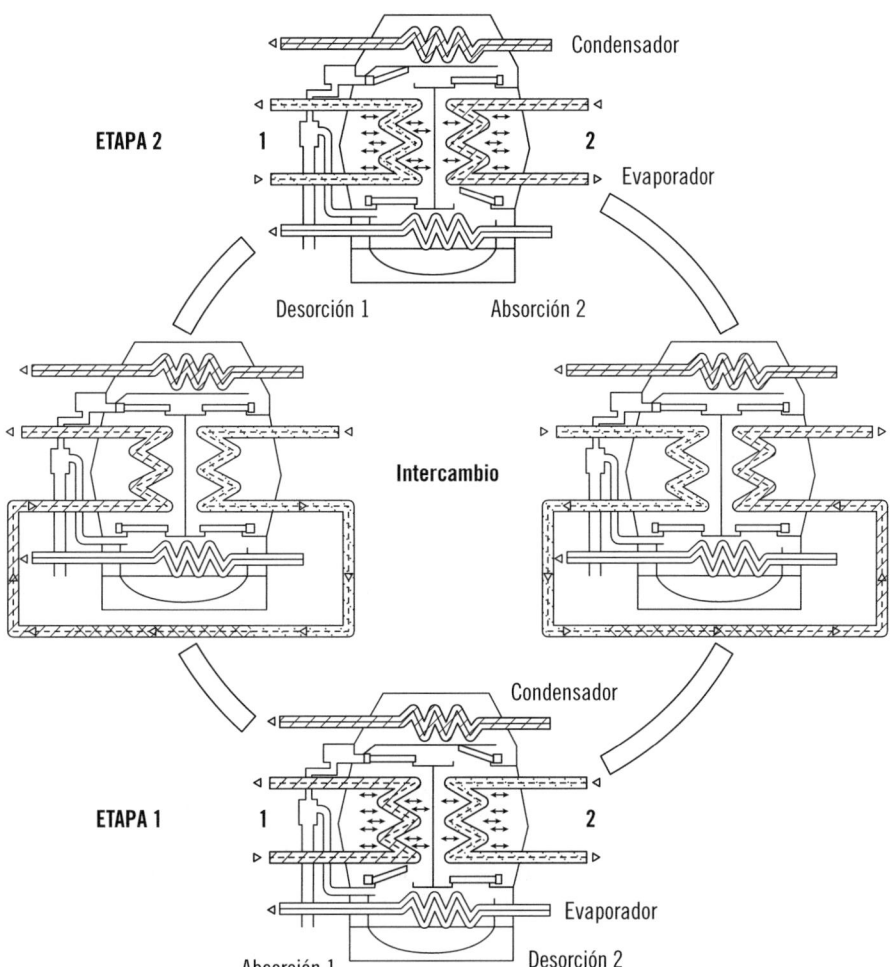

Condensador

ETAPA 2 1 2

Evaporador

Desorción 1   Absorción 2

Intercambio

Condensador

ETAPA 1 1 2

Evaporador

Absorción 1   Desorción 2

3.3. Normativa relacionada con la prevención de la legionela

Según el Real Decreto 487/2022, de 21 de junio, por el que se establecen los requisitos sanitarios para la prevención y el control de la legionelosis, la legionela es una bacteria ambiental capaz de sobrevivir condiciones físicoquímicas variadas, reproduciéndose a temperaturas entre 20 ºC y 50 ºC. Su temperatura óptima de crecimiento es entre 35 ºC y 37 ºC, muriendo a temperaturas superiores a 70 ºC.

En el Anexo III, punto I, parte A, de este real decreto, están detallados los requisitos de diseño para instalaciones o equipos de los sistemas de agua sanitaria y en el Anexo IV, parte B, el programa de mantenimiento y revisión, el programa de tratamiento de instalaciones y equipos para los sistemas de agua sanitaria, incluyendo los procedimientos de limpieza y desinfección de los sistemas de agua caliente sanitaria (ACS).

Las instalaciones deben diseñarse y mantenerse correctamente para evitar un brote de legionela según el Real Decreto 487/2022 y la Norma UNE 100030:2017 Prevención y control de la proliferación y diseminación de legionela en instalaciones.

3.4. Consideraciones de operación y mantenimiento

Uno de los rasgos característicos de la maquinaria frigorífica de absorción ha sido siempre su hermeticidad y dificultad de comprensión para los operadores. Por principio, la necesidad de confinar sustancias de cierto riesgo como el amoniaco, y de mantener depresiones relativas muy altas en su interior, para conseguir la evaporación de refrigerantes, tales como el agua, a temperaturas lo suficientemente bajas para hacerlas utilizables en procesos de refrigeración (para que el agua se evapore a 5 °C se requiere una presión absoluta de 870 Pa) condicionan un diseño mecánico muy robusto y hermético, que dificulta en buena medida la interpretación desde el exterior de lo que está sucediendo en el interior de la máquina, durante su funcionamiento. Por otra parte, los técnicos frigoristas que se encuentran por primera vez delante de una planta enfriadora por ciclo de absorción, por muy expertos que sean en el servicio de maquinaria de compresión mecánica de vapor, tardan bastante tiempo en comprender que la mayoría de los criterios de servicio y las reglas del arte válidas en la refrigeración convencional, no son de aplicación inmediata a las máquinas de absorción. El comportamiento de los fluidos interiores de la máquina de absorción, refrigerante y absorbente, durante el proceso de funcionamiento del ciclo está directamente condicionado por la evolución energética de los fluidos exteriores a la máquina, es decir, agua a enfriar en el evaporador, agua de la torre de recuperación, y agua caliente o vapor aportado al concentrador. El equilibrio energético entre todos los intercambiadores de calor de la máquina es el que condiciona la estabilidad del ciclo. A diferencia de cómo se comporta un ciclo de compresión mecánica en el que el trabajo del compresor es determinante, en un ciclo de absorción el equilibrio se consigue a partir de efectos puramente termodinámicos. Esto también hace más compleja la comprensión del comportamiento de la máquina para los operadores, ya que esta se adapta en cada instante a las condiciones cambiantes de los circuitos exteriores, buscando el equilibrio, como un ser vivo se adapta a las condiciones del medio que le rodea. Los americanos llaman a la máquina de absorción *the living machine.* Además, la gran inercia térmica de las máquinas de absorción para adaptarse a las variaciones externas, debido fundamentalmente a su volumen y a las cantidades importantes de absorbente y refrigerante que contienen, son también inconvenientes para la buena comprensión de su respuesta en unas determinadas condiciones de estado. Desde el punto de vista de su operación y mantenimiento, las máquinas de absorción requieren intervenciones específicas que no son de aplicación en otro tipo de circuitos frigoríficos. Por ejemplo: es preciso efectuar mediciones periódicas del estado de pureza del agua y de las soluciones salinas, mediante la extracción de muestras y análisis de las mismas, el conocimiento de los niveles de concentración en las soluciones es imprescindible para determinar si el rendimiento instantáneo de un determinado equipo es o no correcto, la Refrigeración por Absorción sea hoy considerada como opción interesante para la solución de problemas de refrigeración en procesos industriales y de climatización, para los que solo unos años atrás era descartada.

De todo lo comentado hasta ahora puede extraerse otra conclusión importante: teniendo en cuenta que los sistemas de absorción son tanto más interesantes, económicamente hablando, cuanto más barata es la energía térmica disponible para el accionamiento de las máquinas, está claro que este tipo de equipos son especialmente útiles para recuperar calor de deshecho, y esta particularidad permite enfocar el problema de aprovechamiento energético desde otro punto de vista. Los sistemas de absorción no solo hacen posible la utilización de energías térmicas que serían evacuadas a la atmósfera de no utilizarse estos sistemas para su recuperación y aprovechamiento, sino que además, al mismo tiempo, evitan el consumo de energías más caras, fósiles o eléctricas, para su utilización en la producción frigorífica. Es decir, de alguna manera, dan lugar a un doble ahorro de energía: uno por la recuperación de energías desechables y otro por la reducción de consumos primarios en la producción de energía eléctrica.

? Sabía que...

El humo blanco que sale de las torres de refrigeración no son gases dañinos para la atmósfera, ya que es vapor de agua.

Por último, se va a comentar las peculiaridades de los equipos de refrigeración por absorción en lo relativo a la incidencia de su utilización sobre el medioambiente. Al centrarse en el comentario de los ciclos agua-bromuro de litio, se ve que su influencia medioambiental se considera menos conocida, ya que los ciclos amoniaco-agua están más condicionados en su efecto medioambiental por la presencia del amoniaco como refrigerante, y su divulgación ha sido más amplia por esta razón, al ser este agente frigorífico plenamente ecológico, sobre todo en lo relativo a su ODP (Potencial de Destrucción de Ozono) y GWP (Efecto Invernadero). Los aspectos de impacto indirecto, en función de la contaminación originada en la producción de energía eléctrica, y de TEI (Impacto Ambiental Global), son prácticamente comunes a ambos tipos de ciclos y están en relación directa con los COP de cada máquina, para cada aplicación concreta, por lo que serán válidas para el ciclo amoniaco-agua las consideraciones que se harán sobre los ciclos agua-bromuro de litio.

4. Otras tecnologías de refrigeración solar (adsorción, desecación)

En las máquinas de adsorción, a diferencia de las de absorción, en vez de un absorbente (líquido) se utiliza un adsorbente (sólido). Además, el ciclo de funcionamiento no es continuo, sino que tiene una fase de carga y una de descarga. El COP (Coeficiente de eficiencia energética) de estas máquinas se encuentra entre 0,55-0,65 y la temperatura de la fuente caliente puede ser inferior a la de las máquinas de absorción (a partir de 55 ºC). Esto permite el uso de captadores planos.

La adsorción es el proceso en virtud del cual moléculas en fase gaseosa o en una disolución se condensan sobre la superficie de un sólido. El elemento que se une a la superficie recibe el nombre de adsorbato, mientras que la sustancia que captura el adsorbato sobre su superficie recibe el nombre de adsorbente. Para referirse al proceso inverso, es decir, al abandono del adsorbente por parte del adsorbato, se utilizarán indistintamente los términos deserción y regeneración.

La captura de gases por parte de la superficie plana de un sólido es un fenómeno común en la naturaleza, pero la cantidad de adsorbato capturado en este caso rara vez es importante. Habitualmente, los mejores adsorbentes son sólidos altamente porosos, con un tamaño típico de poros, adecuado a la molécula que se les ha de fijar, de manera que en ellos el área de superficie libre por unidad de volumen es, en varios órdenes de magnitud, superior a la de un sólido no poroso. Por ejemplo, el carbón activado, paradigma de sólido poroso y de interés directo en este trabajo, ofrece áreas de hasta 1.000 m^2 por gramo de material.

4.1. Características generales

El proceso de adsorción tiene unas características y peculiaridades que están promoviendo su desarrollo para la climatización en edificios. Entre ellas se pueden destacar:

- La adsorción es un proceso que libera energía, mientras que la deserción es endotérmica. Las energías típicas implicadas en el proceso rondan los 2–10 kcal/mol, energías que a su vez son del mismo orden de magnitud que los calores latentes de vaporación de los adsorbatos puros.
- Es un fenómeno reversible.
- No trae consigo cambios de volumen en el sólido adsorbente.
- El equilibrio de adsorción entre la fase adsorbida y la fase gaseosa de un adsorbato (asumiendo que no hay otras especies presentes) en presencia de adsorbente es divariante, esto es, se requieren dos variables para definir el estado del sistema. Usualmente, son la presión y la temperatura las variables elegidas.
- Por regla general, a igual presión, la cantidad de gas adsorbido sobre un lecho de sólido adsorbente decrece al aumentar la temperatura, mientras que, a igual temperatura, incrementos de presión conducen a incrementos en la masa adsorbida.

Comparación de sistemas utilizados para refrigeración solar			
	Absorción	**Absorción**	**Desecantes**
Ciclo/fluido	Cerrado/agua	Cerrado/agua	Abierto/aire
Componentes	Agua/BrLi o NH3/Agua	Agua/Silica-gel	Silica-gel o Zeolita
Eficiencias (COP)	0,5 a 1,5	0,6 a 1,3	0,5 a 1
Temperatura generador (ºC)	60 - 90 - 160	80 - 110	45 - 80
Potencias (kW)	10 - 1.000	5 - 5.000	20 - 300

Guía IDAE 022: Guía Técnica de Energía Solar Térmica (p. 246), por IDAE, 2020.

5. Máquinas de simple y de doble efecto

Desde hace más de veinte años, las máquinas comercializadas de más rendimiento (japonesas o construidas bajo licencia en los Estados Unidos) son o bien las de tipo amoníaco-agua, o **de efecto simple,** o bien máquinas agua-bromuro de litio, o **de doble efecto.**

El efecto doble permite hacer pasar el coeficiente de realización (COP: Coeficiente de Rendimiento; coeficiente entre la energía frigorífica producida y el gasto calorífico necesario en el destilador), de una media de 0,6 a más de 1 en las condiciones nominales de funcionamiento (COP frigorífico medido sobre el PCS del gas natural). Este mejoramiento de los rendimientos está vinculado a la puesta en ejecución del paso de regeneración y de un intercambiador térmico suplementario. El doble efecto permite, por otra parte, alternar el modo de calentamiento con el modo frío o simultanearlos.

Por último, se señala la aparición de máquinas de efecto triple, experimentadas en los Estados Unidos en varios prototipos industriales, de los que el COP alcanza 1,2 - 1,3 en condiciones nominales de funcionamiento.

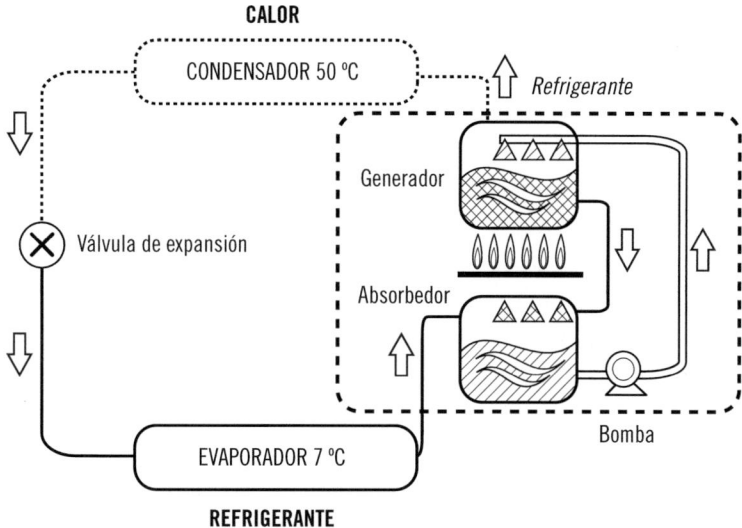

5.1. Máquina de ciclo de efecto simple amoníaco-agua

El efecto simple representa la base técnica de las máquinas a absorción, y ayuda a comprender el funcionamiento del ciclo de efecto doble (descrito más abajo). En el generador, la solución amoníaco-agua es llevada a ebullición, gracias a una aportación calorífica asegurada por un quemador que funciona a gas natural. El fluido refrigerante (amoníaco) se vaporiza y se separa del agua bajo una presión próxima a 20 bares. Es enviado hacia el condensador. En este, el amoníaco se condensa por enfriamiento gracias al aire exterior.

El amoníaco líquido luego se dirige hacia el evaporador, donde se detiene. La presión del amoníaco en el seno de este evaporador está próxima a los 4 bares. A causa de la variación de presión, el amoníaco se vaporiza absorbiendo las calorías del circuito de utilización (la temperatura en el evaporador está próxima a los +3 °C).

Estos vapores de amoníaco pasan luego por el aparato de absorción, y son absorbidos por el agua proveniente de la separación amoniaco-agua que se produjo en el generador.

5.2. Máquina de ciclo de doble efecto agua-bromuro de litio

La máquina de doble efecto agua-bromuro de litio permite un funcionamiento en modo frío o en modo calor (como la máquina efecto simple pero con prestaciones muy superiores). La técnica es la misma, la pareja fluido refrigerante-absorbente es lo que difiere. En el caso de estas máquinas, el fluido refrigerante es agua que cambiará de estado en el ciclo termodinámico. El absorbente es el bromuro de litio, que es una sal muy ávida de agua y que absorberá el vapor de agua después de su paso en el evaporador.

Funcionamiento en modo frío

Los elementos constitutivos de una máquina de doble efecto son los mismos que las de una máquina de efecto simple con el añadido de un generador de baja temperatura.

Si el evaporador, el sistema absorbente y el condensador desempeñan los mismos papeles y reciben los mismos fluidos que en el caso del efecto simple, la concentración de la solución (es decir, la producción de refrigerante y la regeneración del absorbente) se efectúa en dos etapas distintas (desde el punto de vista de termodinámica de dos efectos distintos).

La primera etapa es idéntica, de hecho, a la del efecto simple. La solución diluida (o solución rica) se preconcentra en el generador a alta temperatura, a llama directa (quemador de gas natural). La segunda etapa consiste en una concentración final en el generador a temperatura baja de esta solución intermedia por el vapor del refrigerante obtenido en el generador alta temperatura. La solución concentrada resultante posteriormente es enviada al sistema de absorción, y el vapor total del refrigerante (salidas sucesivamente de los generadores de baja temperatura y de alta temperatura) es dirigido hacia el condensador.

Funcionamiento en modo simultáneo

Una recuperación de calor de baja temperatura (37-39 °C) sobre el condensador en modo frío es factible sobre toda máquina a absorción que funciona en frío durante el período invernal, con el fin, por ejemplo, de

precalentar agua sanitaria, de asegurar el calentamiento de una fachada norte a mitad de temporada o de alimentar una red de suelo radiante.
Algunos constructores añaden a sus máquinas intercambiadores complementarios para permitir una producción de agua caliente a alta temperatura (85 °C máximo) simultánea con la producción de agua helada.
Estos intercambiadores permiten, por una parte, trabajar con parejas de temperaturas salida/retorno comparables a los modos clásicos de calentamiento
(incremento de T de 20 °C con una temperatura de salida de 80 °C). Permiten,
por otra parte, evitar la utilización del condensador y del evaporador cuando
solo se utiliza en modo calor, transformando así el grupo a absorción en una
caldera simple.

La producción simultánea de calor para el calentamiento (80/60 °C) y de
frío para el enfriamiento (7/12 °C), adaptada a cada momento a las necesidades, es pues realizable fácilmente.

Recuerde

Los elementos constitutivos de una máquina de doble efecto son los mismos que las de una
máquina de efecto simple con el añadido de un generador de baja temperatura.

6. Coeficiente COP

El coeficiente de rendimiento de la máquina está dado por el frío producido
en el evaporador dividido entre el calor que se alimenta en el generador. Así:

$$(COP) \quad \frac{(Q_{EV})}{(Q_{GE})}$$

Si la salida de calor en el evaporador fuera igual a la entrada de calor en el generador, entonces el coeficiente de rendimiento u operación sería igual a 1. Sin embargo, debido a que se requiere que el absorbente tenga una afinidad fisicoquímica con el fluido de trabajo, la reacción de absorción debe ser exotérmica y el proceso de generación endotérmico, mayor que el calor latente de condensación o evaporación proporcionada por el cambio de fase en el fluido de trabajo.

Cada componente del sistema debe ser tan eficiente como sea posible, dentro de unos costos razonables. Cada pérdida de rendimiento lleva a un aumento del consumo de energía necesaria para producir el mismo efecto final.

Las bombas y ventiladores representan una parte nada despreciable del consumo total de todo el sistema de climatización. Los diseñadores prestan poca atención al rendimiento de estos componentes y no acostumbran a especificarlos correctamente en el pliego de condiciones. Como resultado de ello, el coste inicial de inversión se convierte en el principal criterio de selección, en lugar de dar importancia al coste óptimo a lo largo del ciclo de vida.

Puede producirse la misma cantidad de energía de refrigeración con diferentes cantidades de energía primaria. El coeficiente de rendimiento (COP) de las máquinas de refrigeración tiene un amplio rango de variación, dependiendo de la calidad de fabricación y del tipo de ciclo de refrigeración (por ejemplo, compresión de vapor en uno o varios rangos o ciclos de absorción con distintas mezclas de refrigerantes). Además, incluso los ciclos de absorción con un bajo coeficiente de rendimiento (COP), pueden consumir menos energía primaria si el calor viene de una fuente de baja calidad energética. Contrariamente, la compresión necesaria para el otro tipo de ciclo acostumbra a tener un rendimiento muy bajo.

El COP nominal se basa en los períodos de funcionamiento a régimen, mientras que los valores durante la puesta en funcionamiento y apagado, cuando el equipo no trabaja a pleno rendimiento, acostumbran a ser mucho más bajos. Por ello, es importante maximizar el COP medio estacional de los equipos de refrigeración intentando reducir los períodos en que trabaja a régimen parcial. Para hacerlo, se pueden adoptar un par de medidas relativamente sencillas y efectivas:

- La presencia de depósitos de acumulación de hielo o agua fría puede reducir la potencia de los equipos de refrigeración, al prever un sistema de almacenamiento que permite suministrar el frío necesario durante las puntas de demanda, obtenido con energía consumida durante los períodos con bajas demandas. Los inconvenientes de este sistema son la dimensión y el precio de estos depósitos de almacenamiento. Una solución de compromiso puede ser un depósito más pequeño que actúe como amortiguador, suplementando la potencia media a base de enfriar directamente este depósito con el sistema de refrigeración. Esta opción tiene sentido cuando estas puntas de potencia estén lo suficientemente separadas en el tiempo para garantizar un alto COP, ya que en caso contrario la potencia instalada sería la misma que sin acumulación.

- La potencia total de refrigeración puede escalonarse, dividirse en dos rangos, de forma que solo se ponga en funcionamiento uno en estos largos períodos, que además funcionaría con un buen COP. Si la demanda total es menor hay menos ahorro en el consumo para compensar el coste de la inversión y, por lo tanto, los tiempos de retorno son más largos. Una consecuencia importante de un diseño arquitectónico energéticamente eficiente es la simplificación de la mayoría de sistemas de climatización para cada edificio.

7. Torres de refrigeración

Una torre de refrigeración es un dispositivo utilizado para disminuir la temperatura de un líquido, por lo general agua, al mantenerlo en contacto con una corriente de aire, de manera que una pequeña parte se evapora y la mayor parte se enfría. Se utilizan en instalaciones de aire acondicionado a gran escala y en otras muchas aplicaciones industriales.

Las grandes torres de refrigeración, identificadas muchas veces por su utilización en las centrales nucleares, están separadas de los reactores y no descargan radiactividad. También se utilizan en centrales que funcionan con carbón y aceite. Estas torres encarecen mucho el coste de las centrales, pero su uso se ha hecho necesario al comprobar el perjuicio ambiental que produce el vertido de agua caliente en ríos y lagos.

Adviértase el tamaño de la torre de refrigeración comparándola con el tamaño del automóvil que aparece en la zona inferior izquierda de la imagen

Las torres de refrigeración se encuentran hoy en día en las ciudades y polígonos industriales de todo el mundo. Sus características técnicas les permiten seguir siendo competitivas respecto a otros sistemas de refrigeración y por ello seguirán estando presentes durante mucho tiempo. La polémica sobre estos sistemas industriales de alto rendimiento se debe a la aparición de un brote epidémico en 1976 en la ciudad de Filadelfia, Estados Unidos, con 240 afectados, de los que 34 fallecieron. Este fenómeno epidemiológico permitió detectar una nueva bacteria que fue denominada legionela.

 **Importante**

Las torres de refrigeración de los edificios tienen que cumplir con la normativa para la prevención de legionela, por lo que las instalaciones deben diseñarse y mantenerse correctamente según la Norma UNE 100030 y el Real Decreto 487/2022, de 21 de junio, por el que se establecen los requisitos sanitarios para la prevención y el control de la legionelosis.

El foco de infección epidémico fue identificado en las torres de refrigeración del edificio que albergaba a los congresistas de la denominada Legión Americana, de ahí el nombre de legionela por el que se le conoce *(Legionella*

Pneumophila). Debido a las condiciones de trabajo de las torres de refrigeración, (temperatura y humedad), las bacterias encuentran en ellas un hábitat adecuado para su reproducción.

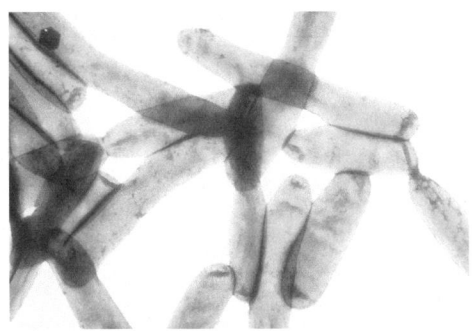

Legionella Pneumophila

Sus sistemas de ventilación y su ubicación en espacios abiertos favorecen la dispersión de las bacterias en el medioambiente y la posibilidad de su inhalación por las personas.

7.1. Mantenimiento y recuperación

Un mal mantenimiento de la maquinaria e instalaciones de refrigeración implica la aparición de fenómenos de sedimentación y corrosión en las estructuras de los sistemas de circulación de fluidos de las torres de refrigeración.

Estos fenómenos de sedimentación y corrosión favorecen la rápida proliferación de diferentes bacterias, entre ellas, la denominada legionela.

 Sabía que...

Se considera que de 8.000 a 18.000 personas sufren la legionelosis en los EE. UU. cada año.

Los aspectos a tratar para la minimización o eliminación de focos bacterianos en las estructuras y equipos de circulación de fluidos podrían enumerarse, entre otros posibles focos de infección, en los siguientes:

1. Las aguas de utilización para la refrigeración.
2. Los fenómenos de corrosión-erosión de las estructuras internas de la maquinaria.
3. Los procesos de corrosión por la exposición de la maquinaria a los cambios climáticos atmosféricos (lluvias, heladas, radiación solar).
4. La formación de sedimentos en las estructuras de circulación de fluidos actúa principalmente sobre los últimos tres aspectos señalados anteriormente.

Los sistemas de refrigeración industrial de centrales térmicas, refinerías de petróleo y plantas petroquímicas, y de acondicionamiento de aire en hospitales y centros comerciales, necesitan evacuar calor residual de sus procesos, utilizando para ello a menudo un flujo de agua a baja temperatura a través de intercambiadores de calor.

Las unidades exteriores de los aparatos de climatización se pueden cubrir disminuyendo las acciones negativas de las condiciones climáticas.

Ese flujo de agua, una vez calentado, puede desecharse al ambiente, con lo cual será necesario contar con una masa elevada de agua disponible para el proceso y en condiciones óptimas de utilización (desmineralizada, sin sólidos en suspensión, etc.) o bien podrá recircularse nuevamente al proceso una vez refrigerada, con lo cual los costes de operación disminuirán en gran medida.

La forma más eficiente de refrigerar ese flujo de agua recirculada es mediante una torre de refrigeración evaporativa de ciclo abierto.

El enfriamiento sufrido por el agua en una torre de refrigeración se basa en la transmisión combinada de masa y calor al aire que circula por el interior de la torre.

El agua entra siempre por la parte superior y es distribuida de tal forma que establezca el mejor contacto posible con el aire atmosférico que asciende procedente de la parte inferior de la torre. Para lograr este efecto, el agua se reparte uniformemente, con ayuda generalmente de unos pulverizadores, sobre un relleno que aumenta el tiempo y la superficie de contacto entre ambos fluidos.

En condiciones normales de funcionamiento, este contacto conduce a una evaporación de parte del agua (aproximadamente un 1 % del caudal total de agua por cada 7 ºC de refrigeración). Como el agua debe absorber calor para pasar de líquido a vapor a presión constante, este calor se toma del líquido restante. De esta manera, el calor de evaporación del agua a la presión atmosférica se transfiere del agua de refrigeración al aire atmosférico (calor latente). El resto del calor transmitido se debe a la diferencia de temperatura entre los dos fluidos (calor sensible).

El calor latente supone frecuentemente más del 90 % del calor total transmitido.

Atendiendo al modo de contacto entre las dos fases, aire y agua, las torres de refrigeración se clasifican en:

■ Torres a contracorriente: cuando los flujos de aire y agua son paralelos, ascendente de aire y descendente de agua.

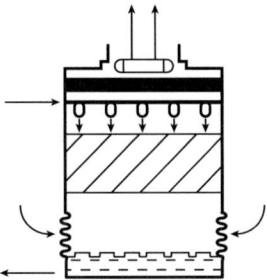

■ Torres de flujo cruzado: cuando las corrientes son transversales, descendente de agua y lateral de aire.

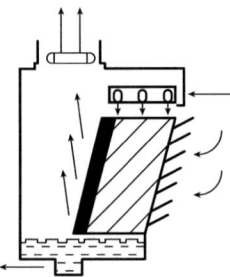

Atendiendo al modo en que circula el aire en el interior de la torre, se clasifican en:

■ Torres de tiro natural: cuando el aire es inducido a través de la torre debido a la diferencia de densidad existente entre el aire húmedo y caliente del interior de la torre, y el aire atmosférico exterior más frío y, por consiguiente, más denso.

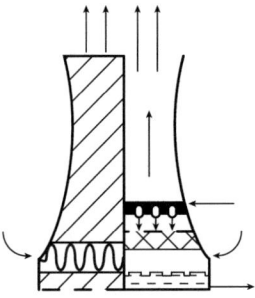

■ Torres de tiro mecánico: cuando el aire es inducido o forzado a circular por la torre por medio de ventiladores.

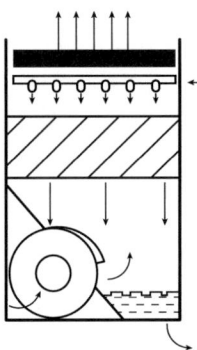

8. Enfriamiento desecativo

Además de los procesos de absorción y adsorción, están los ciclos de enfriamiento desecativo. Consiste en captar aire del exterior, el cual se seca haciéndolo pasar por una sustancia que absorbe la humedad. Posteriormente, se enfría con un intercambiador aire-aire para que la temperatura baje a la que tenía antes de la deshumidificación y, finalmente, mediante la pulverización de agua se humidifica, con lo que su temperatura baja varios grados más. La energía solar, a través de colectores que usan aire en lugar de agua, aportan la energía para la regeneración, es decir, el secado de la sustancia desecativa. Es una tecnología ideal para ambientes secos.

9. Resumen

Últimamente, se ha estado trabajando en sistemas de refrigeración que utilizan la radiación solar para producir el efecto de enfriamiento. Tanto el sistema de refrigeración por compresión como el de absorción pueden ser adaptados para que funcionen con energía solar.

La refrigeración por absorción no es algo nuevo, pero sí es ahora cuando su instalación está aumentando, impulsada por las iniciativas que promueven el uso de energías renovables.

En las máquinas de adsorción, a diferencia de las de absorción, en vez de un absorbente (líquido) se utiliza un adsorbente (sólido). Además, el ciclo de funcionamiento no es continuo, sino que tiene una fase de carga y una de descarga.

Las máquinas comercializadas de más rendimiento son o bien las de tipo amoníaco-agua, o de efecto simple, o bien máquinas agua-bromuro de litio, o de doble efecto.

El coeficiente de rendimiento (COP) de la máquina está dado por el frío producido en el evaporador dividido entre el calor que se alimenta en el generador.

Una torre de refrigeración es un dispositivo utilizado para disminuir la temperatura de un líquido, por lo general agua, al mantenerlo en contacto con una corriente de aire, de manera que una pequeña parte se evapora y la mayor parte se enfría.

Ejercicios de repaso y autoevaluación

1. Determine si la siguiente oración es verdadera o falsa: "La mezcla de refrigerante y solvente en aplicaciones de aire acondicionado y para temperaturas mayores a 0 °C es agua y bromuro de litio (LiBr)".

   ☐ Verdadero
   ☐ Falso

2. Determine si la siguiente oración es verdadera o falsa: "La mezcla de refrigerante y solvente en aplicaciones de aire acondicionado y para temperaturas hasta -60 °C es amoniaco (NH3) y bromuro de litio (LiBr)".

   ☐ Verdadero
   ☐ Falso

3. Un sistema de refrigeración por absorción...

   a. ... tiene una instalación barata.
   b. ... es el mejor método de refrigeración usando energías renovables.
   c. ... canaliza el líquido obtenido en el condensador hacia la cámara de evaporador.
   d. ... no requiere mantenimiento.

4. La legionela es una bacteria que muere a...

   a. ... 70 °C.
   b. ... 80 °C.
   c. ... 90 °C.
   d. ... 100 °C.

5. La maquinaria frigorífica de absorción se caracteriza por...

   a. ... su homogeneidad.
   b. ... su facilidad de compresión para los operadores.
   c. ... su hermeticidad.
   d. Las opciones b y c son correctas.

6. **Complete la siguiente oración.**

En las máquinas de_____, a diferencia de las de absorción, en vez de un absorbente (_____) se utiliza un adsorbente (_____). Además, el ciclo de funcionamiento no es _____, sino que tiene una fase de carga y una de descarga.

La adsorción es el proceso en virtud del cual moléculas en fase _____ o en una disolución se _____ sobre la superficie de un sólido.

La captura de _____ por parte de la superficie plana de un sólido es un fenómeno común en la naturaleza, pero la cantidad de _____ capturado en este caso rara vez es importante.

7. **En el proceso de adsorción, las energías típicas implicadas en el proceso rondan los...**

   a. ... 4 – 8 kcal/mol.
   b. ... 5 – 9 kcal/mol.
   c. ... 2 – 10 kcal/mol.
   d. ... 6 – 10 kcal/mol.

8. **¿Qué tipo de máquina hace pasar el COP de una media de 0,6 a más de 1 en las condiciones nominales de funcionamiento?**

   a. Máquina de doble efecto.
   b. Máquina de efecto simple.
   c. Máquina de triple efecto.
   d. Las opciones a y c son correctas.

9. **Las máquinas de simple efecto se componen de...**

   a. ... amoníaco y agua.
   b. ... agua y bromuro de litio.
   c. ... bromuro de litio y amoniaco.
   d. Todas las opciones son incorrectas.

10. La presencia de depósitos de acumulación de hielo o agua fría puede...

a. ... aumentar la potencia de los equipos de refrigeración.
b. ... disminuir la potencia de los equipos de refrigeración.
c. No influyen en la potencia de los equipos de refrigeración.

Capítulo 5

Normativa de aplicación

Contenido

1. Introducción

En los últimos años, el uso de energías renovables, incluida la energía solar, se ha visto incrementado por las exigencias impuestas por la Unión Europea y los acuerdos internacionales adoptados para paliar los efectos de la crisis climática actual y alcanzar los objetivos que se van incorporando a cada uno de los planes energéticos que se han desarrollado en las últimas décadas.

El desarrollo del Plan Nacional Integrado de Energía y Clima 2021-2030 (PNIEC) pretende alcanzar una mejora del 32,5 % de la eficiencia energética, considerando las necesidades propias de cada región, su crecimiento y su capacidad de aprovechamiento de energía solar.

2. Normativa de aplicación

El hecho de que se aprobara el nuevo CTE supuso un avance importante en el desarrollo de la energía solar térmica, obligando a su utilización en los nuevos edificios y en aquellos que se vayan a rehabilitar y cumplan las condiciones propuestas dentro del propio CTE. Pero este documento no es el único que regula el mercado de la energía solar térmica sino que también existen ordenanzas municipales y normativas tanto a nivel nacional como a nivel de comunidad autónoma que rigen las normas dentro del mismo. Muchos ayuntamientos, dentro de sus capacidades, han dado la oportunidad a los ciudadanos de beneficiarse de las ayudas existentes para la instalación de los sistemas solares térmicos. La mayoría de estos municipios pertenecen a las provincias de Madrid, Barcelona, Sevilla, Valencia, Granada, Burgos y Ceuta. Además de subvenciones, los ayuntamientos pueden ofrecer otras posibilidades recogidas en el Real Decreto Legislativo, 2/2004, de 5 de marzo, por el que se aprueba el texto refundido de la Ley Reguladora de las Haciendas Locales, como la reducción de hasta el 50 % de la cuota del impuesto de bienes e inmuebles en los que se hayan instalado sistemas para el aprovechamiento térmico o eléctrico de la energía proveniente del sol (art. 74.5) o la reducción de hasta el 95 % de la cuota del impuesto sobre construcciones, instalaciones u obras en las que se incorporen sistemas para el aprovechamiento térmico o eléctrico de la energía solar (art. 103.2).

A continuación, se analiza, de forma cronológica, los aspectos fundamentales de la normativa aplicada a la energía solar térmica:

- En 1998, con la aprobación del Reglamento de Instalaciones Térmicas en los edificios (RITE) a través del R. D. 1751/1998 modificado por el R. D. 1218/2002 y sustituido por el nuevo Reglamento de Instalaciones Térmicas en los edificios (RITE) que aprobó el Real Decreto 1027/2007, de 20 de julio, se establecen las condiciones que las instalaciones de este tipo deben cumplir para la generación de ACS, controlando así el uso racional de la energía y potenciando la eficiencia energética de dichas instalaciones.
- El RITE aprobado por el Real Decreto 1027/2007 ha sufrido dos modificaciones principales: el R. D. 238/2013 modificó alguno de sus artículos e instrucciones técnicas, transponiendo la Directiva 2010/31/UE del Parlamento Europeo y del Consejo, de 19 de mayo de 2010, relativa a la eficiencia energética de los edificios; y el R. D. 178/2021, transpone la Directiva 2018/844/UE, la cual modifica la Directiva 2010/31/UE relativa a la eficiencia energética de los edificios y la Directiva 2012/27/UE relativa a la eficiencia energética y afecta al Reglamento de Instalaciones térmicas en los edificios.
- Gracias al R. D. 1955/2000 se regulan las actividades relacionadas con la comercialización y el suministro a la hora de realizar las instalaciones térmicas, así como su transporte y distribución.
- Hasta el año 2003 con el R. D. 865/2003 no se normalizan los criterios necesarios de higiene para la prevención y control de enfermedades transmitidas por el aire en instalaciones de aire acondicionado y calefacción.
- Al igual que con la energía fotovoltaica, en el año 2004 se estableció un régimen jurídico y económico de la actividad de producción de energía eléctrica en régimen especial con el R. D. 436/2004 (actualmente derogado). En la actualidad, con el R. D. 661/2007 de 25 de mayo, se establece el régimen jurídico y económico de la actividad de producción de energía eléctrica en régimen especial. Este real decreto define que la revisión de las tarifas, primas e incentivos se realizará cada 4 años a partir de 2010, en el que se procederá a la primera revisión.
- En el año 2006 se aprueba el Código Técnico de la Edificación (CTE) mediante el R. D. 314/2006, de 17 de marzo, el cual recoge las exi-

gencias básicas de calidad que deben cumplir los edificios relacionadas con los requisitos de seguridad y habitabilidad establecidos en la Ley 38/1999, de 5 de noviembre, de Ordenación de la Edificación (LOE). El CTE está en constante actualización y modernización. El Real Decreto 450/2022, de 14 de junio, por el que se modifica el Código Técnico de la Edificación es la última modificación del reglamento aprobada y publicada en el BOE.

En industria es necesario identificar el contenido de las tuberías o la temperatura del líquido que transportan mediante etiquetas con leyendas y códigos de colores normalizados.

 **Importante**

Tanto el Reglamento de Instalaciones Térmicas en los Edificios (RITE) como el Código Técnico de la Edificación (CTE) son de obligado cumplimiento, tanto para la construcción de nuevos edificios como para aquellos que se vayan a rehabilitar.

Para incentivar el desarrollo energético sostenible y el uso de energías renovables, en el año 2021 se aprobaron el R. D. 477/2021, de 29 de junio, por el que se aprueba la concesión directa a las comunidades autónomas y a las ciudades de Ceuta y Melilla de ayudas para la ejecución de diversos programas de incentivos ligados al autoconsumo y al almacenamiento, con fuentes de energía renovable, así como la implantación de sistemas térmicos renovables en el sector residencial y el Real Decreto 1124/2021, de 21 de diciembre, por el que se aprueba la concesión directa a las comunidades autónomas y a las ciudades de Ceuta y Melilla de ayudas para la ejecución de los programas de incentivos para la implantación de instalaciones de energías renovables térmicas en diferentes sectores de la economía, en el marco del Plan de Recuperación, Transformación y Resiliencia para paliar los daños provocados por la crisis del COVID-19 y, a través de reformas e inversiones, construir un futuro más sostenible.

 Nota

Además, cada comunidad autónoma, dentro de sus competencias y a través del Fondo Europeo de Desarrollo Regional (FEDER), promueven el desarrollo de ayudas y subvenciones propias. Sigue vigente el periodo de programación de los fondos FEDER 2014-2020, mientras se desarrolla la programación para el periodo 2021-2027.

Algunos de los Programas de incentivos, ayudas y subvenciones en diferentes comunidades autónomas son:

- **Andalucía:** Orden de 23 de diciembre de 2016 regula el Programa de incentivos para el Desarrollo Energético Sostenible de Andalucía 2020 "Andalucía es más" (vigente en agosto de 2022).
- **Aragón:** Orden EIE/1940/2016, de 16 de noviembre, por las que se establecen las bases reguladoras de subvenciones en materia de ahorro y diversificación energética, uso racional de la energía, aprovechamiento de los recursos autóctonos y renovables e infraestructuras energéticas, modificada por la Orden EIE/601/2018, de 5 de abril.

- **Asturias:** Resolución de 23 de mayo de 2018, de la consejería de Empleo, Industria y Turismo, por la que se aprueban las bases reguladoras de la concesión de subvenciones para el uso de energías renovables y para acciones de ahorro y eficiencia energética.
- **Cataluña:** Resolución ACC/3662/2021, de 1 de diciembre, por el que se convocan las ayudas para el año 2021 del Programa de incentivos ligados al autoconsumo y almacenamiento, con fuentes de energía renovable e implantación de sistemas térmicos renovables.
- **Comunidad Valenciana:** Resolución de 21 de enero de 2022 del presidente del Instituto Valenciano de Competitividad Empresarial (IVACE) por la que se convocan ayudas para actuaciones de rehabilitación energética en edificios existentes, incluido en el Plan de Recuperación, Transformación y Resiliencia, con cargo al presupuesto del ejercicio 2021.
- **Madrid:** Resolución de 17 de septiembre de 2020 del Director General del Instituto para la Diversificación y Ahorro de la Energía, por la que se formaliza la primera convocatoria de ayudas a la inversión en instalaciones de generación de energía eléctrica con fuentes de energía renovable en la Comunidad de Madrid, cofinanciadas con Fondos de la Unión Europea.
- **Murcia:** Orden de 8 de marzo de 2021 de la Consejería de Empresa, Industria y Portavocía, por la que se convocan subvenciones para el fomento de la eficiencia energética y las energías renovables en las empresas para el ejercicio 2021.

2.1. Normativa

La **legislación de aplicación europea** sería la siguiente:

- Energía para el futuro: Fuentes de energía renovables. Libro Verde para una estrategia comunitaria / Comunicación de la Comisión (1996) COM (1996) 576.
- Energía para el futuro: fuentes de energía renovables. Libro Blanco para una Estrategia y un plan de acción comunitarios COM (1997) 599, actualizado en 2001.

- Directiva 2009/125/CE del Parlamento Europeo y del Consejo, de 21 de octubre de 2009, por la que se instaura un marco para el establecimiento de requisitos de diseño ecológico aplicables a los productos relacionados con la energía.
- Directiva 2010/31/UE del Parlamento Europeo y del Consejo, de 19 de mayo de 2010, relativa a la eficiencia energética de los edificios.
- Directiva 2011/92/UE del Parlamento Europeo y del Consejo de 13 de diciembre de 2011 relativa a la evaluación de las repercusiones de determinados proyectos públicos y privados sobre el medio ambiente.
- Directiva 2012/27/UE del Parlamento Europeo y del Consejo, de 25 de octubre de 2012, relativa a la eficiencia energética, por la que se modifican las Directivas 2009/125/CE y 2010/30/UE, y por la que se derogan las Directivas 2004/8/CE y 2006/32/CE.
- Reglamento (UE) 2017/1369 del Parlamento Europeo y del Consejo, de 4 de julio de 2017, por el que se establece un marco para el etiquetado energético y se deroga la Directiva 2010/30/UE.
- Directiva (UE) 2018/844 del Parlamento Europeo y del Consejo, de 30 de mayo de 2018, por la que se modifica la Directiva 2010/31/UE relativa a la eficiencia energética de los edificios y la Directiva 2012/27/UE relativa a la eficiencia energética.
- Directiva (UE) 2018/2001 del Parlamento Europeo y del Consejo de 11 de diciembre de 2018 relativa al fomento del uso de energía procedente de fuentes renovables.
- Directiva (UE) 2018/2002 del Parlamento Europeo y del Consejo, de 11 de diciembre de 2018, por la que se modifica la Directiva 2012/27/UE relativa a la eficiencia energética.

Y la **legislación de aplicación nacional:**

- Real Decreto 891/1980, de 14 de abril, sobre homologación de los paneles solares.
- Orden IET/2366/2014, de 11 de diciembre, por la que se modifica la Orden de 28 de julio de 1980, por la que se aprueban las normas e instrucciones técnicas complementarias para la homologación de los paneles solares.

- Ley 82/1980, de 30 de diciembre, sobre conservación de la Energía establece el marco jurídico general para potenciar la adopción de las energías renovables (parcialmente derogada por la Ley 40/1994, de 30 de diciembre, de Ordenación del Sistema Eléctrico Nacional).
- Ley 7/2021, de 20 de mayo, de cambio climático y transición energética.
- Ley 54/1997, de 27 de noviembre, del sector eléctrico (parcialmente derogada por la Ley 24/2013, de 26 de diciembre, del Sector eléctrico).
- Ley 24/2013, de 26 de diciembre, del Sector Eléctrico.
- Ley 18/2014, de 15 de octubre, de aprobación de medidas urgentes para el crecimiento, la competitividad y la eficiencia.
- Real Decreto 1027/2007, de 20 de julio, por el que se aprueba el Reglamento de Instalaciones Térmicas en los Edificios (última actualización en agosto de 2022).
- Real Decreto 1955/2000, de 1 de diciembre, por el que se regulan las actividades de transporte, distribución, comercialización, suministro y procedimientos de autorización de instalaciones de energía eléctrica.
- Real Decreto 842/2002, de 2 de agosto, por el que se aprueba el reglamento electrotécnico para baja tensión.
- Real Decreto 487/2022, de 21 de junio, por el que se establecen los requisitos sanitarios para la prevención y el control de la legionelosis.
- Real Decreto-ley 9/2013, de 12 de julio, por el que se adoptan medidas urgentes para garantizar la estabilidad financiera del sistema eléctrico.
- Real Decreto 2351/2004, de 23 de diciembre, por el que se modifica el procedimiento de resolución de restricciones técnicas y otras normas reglamentarias del mercado eléctrico.
- Real Decreto Legislativo 2/2004, de 5 de marzo, por el que se aprueba el texto refundido de la Ley Reguladora de las Haciendas Locales.
- Real Decreto 314/2006, de 17 de marzo, por el que se aprueba el Código Técnico de la Edificación.
- Real Decreto 140/2003, de 7 de febrero, por el que se establecen los criterios sanitarios de la calidad del agua de consumo.
- Real Decreto 742/2013, de 27 de septiembre, por el que se establecen los criterios técnicos-sanitarios de las piscinas.

2.2. Código técnico de la edificación

El Código Técnico de la Edificación (CTE) es el marco normativo, aprobado por el Real Decreto 314/2006, de 17 de marzo, que establece las exigencias básicas de calidad que deben cumplir los edificios relacionadas con los requisitos básicos de seguridad y habitabilidad recogidos en la Ley 38/1999, de 5 de noviembre, de Ordenación de la Edificación (LOE). El CTE se utiliza también como instrumento para la transposición de las directivas europeas relacionadas.

El CTE promueve el desarrollo de la investigación, desarrollo e innovación (I+D+I) y el fomento del uso de nuevas tecnologías en el sector de la construcción, a través de un enfoque prestacional en el que se establecen los criterios que deben cumplir los edificios, pero deja abierta la forma en la que deben cumplirse, permitiendo el uso de técnicas innovadoras sin perder de vista los elementos tradicionales de la construcción.

El Código Técnico de la Edificación está dividido en dos partes:

- **Primera parte:** detalla las exigencias básicas relacionadas con la seguridad estructural, seguridad en caso de incendio, seguridad de utilización y accesibilidad, ahorro de energía, protección frente al ruido y salubridad.
- **Segunda parte:** constituido por los Documentos Básicos (DB), textos de carácter técnico y reglamentario que desarrollan de manera práctica las exigencias detalladas en la primera parte del CTE. Cada DB contiene la caracterización y cuantificación de los criterios básicos y una relación de procedimientos que acreditan su cumplimiento mediante su uso. Los proyectistas o directores de obra pueden optar por procedimientos alternativos equivalentes, justificando documentalmente que el edificio cumple las exigencias básicas del CTE.
  Los Documentos Básicos (DB) de aplicación son:

  - DB SE: Seguridad estructural

    - DB SE-AE: Acciones en la edificación
    - DB SE-C: Cimientos

▍DB SE-A: Acero
▍DB SE-F: Fábrica
▍DB SE-M: Madera

▍DB SI: Seguridad en caso de incendio
▍DB SUA: Seguridad de utilización y accesibilidad
▍DB HE: Ahorro de energía
▍DB HR: Protección frente al ruido
▍DB HS: Salubridad

Esquema normativo CTE

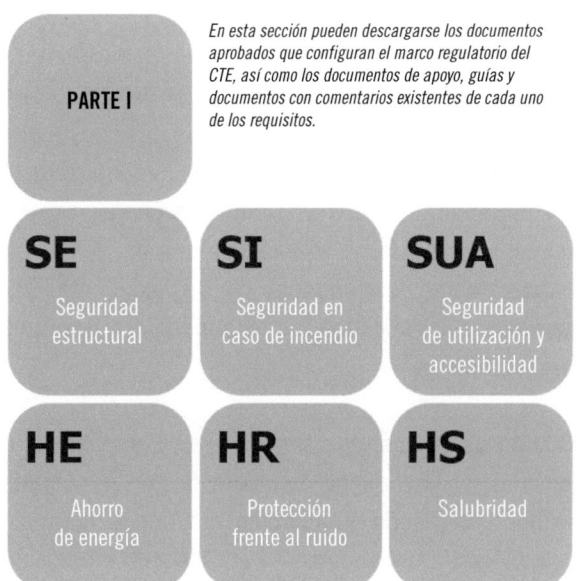

PARTE I

En esta sección pueden descargarse los documentos aprobados que configuran el marco regulatorio del CTE, así como los documentos de apoyo, guías y documentos con comentarios existentes de cada uno de los requisitos.

SE — Seguridad estructural

SI — Seguridad en caso de incendio

SUA — Seguridad de utilización y accesibilidad

HE — Ahorro de energía

HR — Protección frente al ruido

HS — Salubridad

Los Documentos de Apoyo (DA), los Documentos Básicos con comentarios y los Documentos Reconocidos (DR) son documentos complementarios oficiales no reglamentarios que ayudan a la comprensión y aplicación de los Documentos Básicos.

Esquema piramidal de la reglamentación

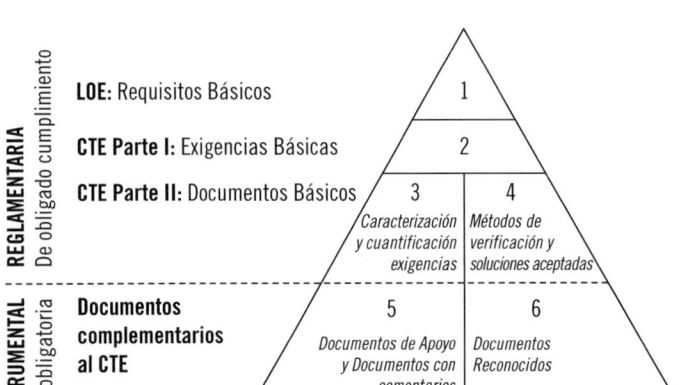

Dentro de los Documentos Básicos (DB) del CTE, el DB HE tiene como objeto establecer las reglas y procedimientos básicos de ahorro de energía para conseguir un uso racional de la energía necesaria para la utilización de los edificios, reduciendo a límites sostenibles su consumo y conseguir que parte de este consumo proceda de fuentes de energía renovable. Está dividido en siete secciones que se corresponden con las exigencias básicas HE 0 a HE 6. La correcta aplicación de cada sección supone el cumplimiento de la exigencia básica correspondiente.

La inclusión de la energía solar en el CTE supuso una apuesta legislativa muy importante en una de las tecnologías que en España cuenta con unos niveles técnicos de diseño y ejecución muy altos, además de contar con una situación privilegiada del recurso solar. Todo esto hace que las instalaciones sean económicamente rentables durante su periodo de vida útil.

 **Recuerde**

Los Documentos Básicos DB revisan y actualizan la reglamentación técnica existente, además de incorporar las áreas no tratadas hasta el momento.

Según el artículo 15 del Real Decreto 314/2006, por el que se aprueba el Código Técnico de la Edificación, el Documento Básico DB HE: Ahorro de energía, especifica los parámetros y objetivos para cumplir con la satisfacción de las exigencias básicas y la superación de los niveles mínimos de calidad:

15.1. Exigencia básica HE 0: Limitación del consumo energético. El consumo energético de los edificios se limitará en función de la zona climática de su ubicación, el uso del edificio y, en el caso de edificios existentes, el alcance de la intervención. El consumo energético se satisfará, en gran medida, mediante el uso de energía procedente de fuentes renovables.

15.2. Exigencia básica HE 1: Condiciones para el control de la demanda energética. Los edificios dispondrán de una envolvente térmica de características tales que limite las necesidades de energía primaria para alcanzar el bienestar térmico en función de la zona climática de su ubicación, del régimen de verano y de invierno, del uso del edificio y, en el caso de edificios existentes, del alcance de la intervención. Las características de los elementos de la envolvente térmica en función de su zona climática, serán tales que eviten las descompensaciones en la calidad térmica de los diferentes espacios habitables. Así mismo, las características de las particiones interiores limitarán la transferencia de calor entre unidades de uso, y entre las unidades de uso y las zonas comunes del edificio. Se limitarán los riesgos debidos a procesos que produzcan una merma significativa de las prestaciones térmicas o de la vida útil de los elementos que componen la envolvente térmica, tales como las condensaciones.

15.3. Exigencia básica HE 2: Condiciones de las instalaciones térmicas. Las instalaciones térmicas de las que dispongan los edificios serán apropiadas para lograr el bienestar térmico de sus ocupantes. Esta exigencia se desarrolla actualmente en el vigente Reglamento de Instalaciones Térmicas en los Edificios (RITE), y su aplicación quedará definida en el proyecto del edificio.

15.4. Exigencia básica HE 3: Condiciones de las instalaciones de iluminación. Los edificios dispondrán de instalaciones de iluminación adecuadas a las necesidades de sus usuarios y a la vez eficaces energéticamente, disponiendo de un sistema de control que permita ajustar su funcionamiento a la ocupación real de la zona, así como de un sistema de regulación que optimice el aprovechamiento de la luz natural en las zonas que reúnan unas determinadas condiciones.

15.5. Exigencia básica HE 4: Contribución mínima de energía renovable para cubrir la demanda de agua caliente sanitaria. Los edificios satisfarán sus necesidades de ACS y de climatización de piscina cubierta, empleando en gran medida energía procedente de fuentes renovables o procesos de cogeneración renovables; bien generada en el propio edificio o bien a través de la conexión a un sistema urbano de calefacción.

15.6. Exigencia básica HE 5: Generación mínima de energía eléctrica procedente de fuentes renovables. Los edificios dispondrán de sistemas de generación de energía eléctrica procedente de fuentes renovables para uso propio o suministro a la red.

15.7. Exigencia básica HE 6: Dotaciones mínimas para la infraestructura de recarga de vehículos eléctricos. Los edificios dispondrán de una infraestructura mínima que posibilite la recarga de vehículos eléctricos.

Recuerde

Los Documentos Básicos (DB) revisan y actualizan la reglamentación técnica existente, además de incorporar áreas no tratadas hasta el momento por la Reglamentación técnica existente.

La última modificación del DB HE 4 ha unificado la exigencia a nivel nacional, obligando a cubrir, al menos, el 70 % de la demanda energética anual para Agua Caliente Sanitaria (ACS) y para climatización de piscinas con energía procedente de fuentes renovables. Este valor puede reducirse al 60 % cuando la demanda de ACS sea inferior a 5.000 l/día. Para su cálculo se deja de tener en cuenta el coeficiente climático. Es aplicable a edificios de nueva construcción o existentes con una demanda de ACS superior a 100 l/día, calculada según el anejo F del DB HE 4.

Una modificación muy importante es que la energía térmica solar deja de ser la energía renovable principal. Aparecen nuevas tecnologías como la aerotermia, la geotermia o la biomasa, cuyas bombas de calor deben disponer de un valor de rendimiento medio estacional (SCOPdhw) igual o superior a 2,5 cuando sean accionadas eléctricamente o superior a 1,15 cuando sean accionadas mediante energía térmica.

El Anejo F del DB HE 4 se utiliza para el cálculo de la demanda de referencia de ACS, distinguiendo:

■ **Edificios de uso residencial privado:** se considerará unas necesidades de 28 l/día*persona a 60 °C, un valor de ocupación mínimo según la tabla a-Anejo F y un factor de centralización, en caso de viviendas multifamiliares, según la tabla b-Anejo F.

Tabla a-Anejo F. Valores mínimos de ocupación de cálculo en uso residencial privado

Número de dormitorios	1	2	3	4	5	6	≥6
Número de personas	1,5	3	4	5	6	6	7

Tabla b-Anejo F. Valor del factor de centralización en viviendas multifamiliares

N.º viviendas	N≤3	4≤N≤10	11≤N≤20	21≤N≤50	51≤N≤75	76≤N≤100	N≥101
Factor de centralización	1,5	3	4	5	6	6	7

■ **Edificios de uso distinto al residencial privado:** la demanda orientativa de agua caliente sanitaria (ACS) a 60 °C para usos distintos del residencial privado, se recoge en la tabla c-Anejo F. Los valores se incrementarán teniendo en cuenta las pérdidas térmicas por distribución, acumulación y recirculación.

Tabla c-Anejo F. Demanda orientativa de ACS para usos distintos del residencial privado

Criterio de demanda	Litros/día-persona
Hospitales y clínicas	55
Ambulatorio y centro de slud	41
Hotel *****	69
Hotel ****	55
Hotel ***	41
Hotel/hostal **	34
Camping	21

Continúa en página siguiente >>

<< Viene de página anterior

Tabla c-Anejo F. Demanda orientativa de ACS para usos distintos del residencial privado

Criterio de demanda	Litros/día-persona
Hostal/pensión *	28
Residencia	41
Centro penitenciario	28
Albergue	24
Vestuarios/Duchas colectivas	21
Escuela sin ducha	4
Escuela con ducha	21
Cuarteles	28
Fábricas y talleres	21
Oficinas	2
Gimnasios	21
Restaurantes	8
Cafeterías	1

■ Para calcular el consumo de ACS a una temperatura de preparación, distribución o uso, diferente a la de referencia (60 ºC), se utiliza la siguiente expresión:

$$D(T) = \sum_{i=1}^{12} D_i(T)$$

$$D_i(T) = D_i(60 \,ºC)\, \frac{60 - T_i}{T - T_i}$$

Donde:

▮ D(T) = Demanda de agua caliente sanitaria anual a la temperatura T elegida

▮ $D_i(T)$ = Demanda de agua caliente sanitaria para el mes i, a la temperatura T elegida

- $D_i(60\ ^\circ C)$ = Demanda de agua caliente sanitaria para el mes i, a la temperatura de 60 ℃
- T = Temperatura del acumulador final
- T_i = Temperatura media del agua fría en el mes i (según el Anejo G del DB HE: Ahorro de energía)

Recuerde

Los edificios dispondrán de instalaciones térmicas apropiadas destinadas a proporcionar el bienestar térmico de sus ocupantes, regulando el rendimiento de las instalaciones y sus equipos.

En el caso en que la aplicación del Código Técnico de la Edificación no sea urbanística, técnica o económicamente viable, sea incompatible con la naturaleza de la intervención o con el grado de protección del edificio, se podrá aplicar la solución que permita el mayor grado de adecuación efectiva, bajo el criterio y responsabilidad del proyectista o del técnico que realice la memoria, quedando reflejado en el proyecto o memoria las justificaciones de las acciones realizadas.

En el proyecto o memoria final de la instalación debe quedar constancia del grado de prestación alcanzado y los condicionantes y mantenimiento del edificio que se deben tener en cuenta durante su uso.

Estas exigencias básicas tienen carácter de mínimos, debiéndose complementar con las que establezcan las comunidades autónomas y entidades locales para sus territorios.

La aplicación de la ejecución de las instalaciones solares, y en general de todo lo referente al Código Técnico de la Edificación, va a depender de muchos actores (arquitectos, proyectistas de energía solar, instaladores, técnicos municipales, ciudadanos, etc.) que deben actuar coordinados para que en los edificios se puedan ejecutar todo este tipo de instalaciones sin que esto suponga un deterioro de la imagen de los mismos. El arquitecto deberá diseñar un edificio teniendo en cuenta las instalaciones solares y, de acuerdo con el proyectista de las mismas, buscar las soluciones en cada momento que supongan el cumplimiento de los requisitos de la norma y, lo que es más importante, instalaciones que funcionen y sean fiables técnica y económicamente.

Por otro lado, los técnicos municipales deberán velar por el cumplimiento de las normas recogidas en el código, por lo que es necesaria una fuerte labor de formación para que estos puedan en todo momento proteger a los ciudadanos del municipio.

3. Ordenanzas municipales

Una ordenanza es un tipo de norma jurídica, que se incluye dentro de los reglamentos, y que se caracteriza por estar subordinada a la ley. El término proviene de la palabra orden, por lo que se refiere a un mandato que ha sido emitido por quien posee la potestad para exigir su cumplimiento. Por ese motivo, el término ordenanza también significa "mandato". Según los diferentes ordenamientos jurídicos, las ordenanzas pueden provenir de diferentes autoridades. Entre otros ejemplos, se encuentra la ordenanza municipal, que es dictada por un ayuntamiento, municipalidad o su máxima autoridad (alcalde o presidente municipal), para la gestión del municipio o comuna.

Al intento de acercar los beneficios energéticos del Sol al ciudadano, se suman también muchos ayuntamientos y corporaciones locales. En la actualidad, más de 50 municipios, de los más de 8.000 existentes, contemplan ayudas específicas a la instalación de sistemas solares térmicos. Entre los municipios que tienen ordenanzas aprobadas destacan las capitales de Barcelona, Madrid, Sevilla, Granada, Burgos, Ceuta y, recientemente, Valencia, con lo que unos 8 millones de ciudadanos pueden disfrutar de este tipo de bonificaciones en su localidad.

Ejemplos de placas solares térmicas

4. Reglamentación de seguridad

En el artículo 13 del Reglamento de Instalaciones Térmicas en los Edificios (RITE) se establece que: "Las instalaciones térmicas deben diseñarse y calcularse, ejecutarse, mantenerse y utilizarse de tal forma que se prevenga y reduzca a límites aceptables el riesgo de sufrir accidentes y siniestros capaces de producir daños o perjuicios a las personas, flora, fauna, bienes o al medio ambiente, así como de otros hechos susceptibles de producir en los usuarios molestias o enfermedades".

En los reglamentos de seguridad se especifican todos aquellos aspectos referentes a la seguridad y protección de la salud de las personas, por lo que son de obligado cumplimiento.

En el artículo 12 de la Ley 21/1992, de 16 de julio, de Industria se establece lo siguiente:

▐ *Los Reglamentos de Seguridad establecerán:*

   ▌ *Las instalaciones, actividades, equipos o productos sujetos a los mismos.*

   ▌ *Las condiciones técnicas o requisitos de seguridad que según su objeto deben reunir las instalaciones, los equipos, los procesos, los productos industriales y su utilización, así como los procedimientos técnicos de evaluación de su conformidad con las referidas condiciones o requisitos.*

I Las medidas que los titulares deban adoptar para la prevención, limitación y cobertura de los riesgos derivados de la actividad de las instalaciones o de la utilización de los productos; incluyendo, en su caso, estudios de impacto ambiental.

I Las condiciones de equipamiento, los medios y capacidad técnica y, en su caso, las autorizaciones exigidas a las personas y empresas que intervengan en el proyecto, dirección de obra, ejecución, montaje, conservación y mantenimiento de instalaciones y productos industriales.

I Cuando exista un riesgo directo y concreto para la salud o para la seguridad del destinatario o de un tercero, la exigencia de suscribir seguros de responsabilidad civil profesional por parte de las personas o empresas que intervengan en el proyecto, dirección de obra, ejecución, montaje, conservación y mantenimiento de instalaciones y productos industriales. La garantía exigida deberá ser proporcionada a la naturaleza y alcance del riesgo cubierto.

I Las instalaciones, equipos y productos industriales deberán estar construidos o fabricados de acuerdo con lo que prevea la correspondiente Reglamentación, que podrá establecer la obligación de comprobar su funcionamiento y estado de conservación o mantenimiento mediante inspecciones periódicas.

I Los Reglamentos de Seguridad podrán condicionar el funcionamiento de determinadas instalaciones y la utilización de determinados productos a que se acredite el cumplimiento de las normas reglamentarias, en los términos que las mismas establezcan.

I Los Reglamentos podrán disponer, como requisito de la fabricación de un producto o de su comercialización, la previa homologación de su prototipo, así como las excepciones de carácter temporal a dicho requisito.

I Los Reglamentos de Seguridad Industrial de ámbito estatal se aprobarán por el Gobierno de la Nación, sin perjuicio de que las comunidades autónomas, con competencia legislativa sobre industria, puedan introducir requisitos adicionales sobre las mismas materias cuando se trate de instalaciones radicadas en su territorio.

Recuerde

La aplicación de la ejecución de las instalaciones solares, y en general de todo lo referente al Código Técnico de la Edificación, va a depender de muchos actores (arquitectos, proyectistas de energía solar, instaladores, etc.).

5. Reglamentación medioambiental

Al igual que el resto de las energías renovables, las aplicaciones térmicas de la energía solar presentan muchos beneficios medioambientales, como evitar la contaminación atmosférica, nula o escasa repercusión sobre el suelo, el agua, la vegetación, etc. La utilización de la energía solar térmica en muchas ocasiones va asociada al entorno urbano, en el cual se presentan problemas medioambientales de diferentes tipos y entre los que destaca la contaminación atmosférica producida por vehículos, instalaciones térmicas domésticas, etc. Por tanto, la aplicación de esta tecnología tiene como ventaja disminuir sensiblemente las emisiones gaseosas originadas por los sistemas de generación de agua caliente, precisamente en aquellas localizaciones en que este problema resulta más acusado. La integración de los paneles solares térmicos de forma armoniosa con la edificación puede paliar o enmascarar el posible efecto visual negativo. Adicionalmente, la aplicación de energía solar térmica en sectores como el hotelero puede ser un aspecto de interés fuera del campo estrictamente energético, ya que proporciona una imagen de respeto con el medioambiente, cuidado del entorno y calidad de vida.

ENERGÍA SOLAR TÉRMICA

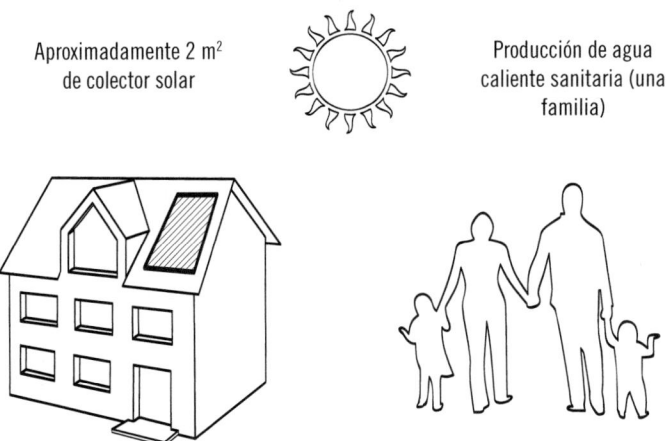

Aproximadamente 2 m² de colector solar

Producción de agua caliente sanitaria (una familia)

PODEMOS EVITAR CADA AÑO LA EMISIÓN DE UNA TONELADA DE CO_2

5.1. Ley 21/2013, de 9 de diciembre, de evaluación ambiental

Con el fin de promover el desarrollo sostenible, garantizando un elevado nivel de protección ambiental en todo el territorio español, se desarrolló la Ley 21/2013, de 9 de diciembre, de evaluación ambiental. Las premisas que se tuvieron en cuenta en su redacción son:

La evaluación ambiental resulta indispensable para la protección del medio ambiente. Facilita la incorporación de los criterios de sostenibilidad en la toma de decisiones estratégicas, a través de la evaluación de los planes y programas. Y a través de la evaluación de proyectos, garantiza una adecuada prevención de los impactos ambientales concretos que se puedan generar, al tiempo que establece mecanismos eficaces de corrección o compensación.

La evaluación ambiental es un instrumento plenamente consolidado que acompaña al desarrollo, asegurando que este sea sostenible e integrador.

Mediante este proyecto, se unifican en una sola norma dos disposiciones: la Ley 9/2006, de 28 de abril, sobre evaluación de los efectos de determinados planes y programas en el medio ambiente y el Real Decreto Legislativo 1/2008, de 11 de enero, por el que se aprueba el texto refundido de la Ley de Evaluación de Impacto Ambiental de proyectos y modificaciones posteriores al citado texto refundido.

La ley establece un esquema similar para ambos procedimientos –evaluación ambiental estratégica y evaluación de impacto ambiental– y unifica la terminología. Además, estos procedimientos se regulan de manera exhaustiva, lo cual aporta dos ventajas: por una parte puede servir de acicate para que las comunidades autónomas los adopten en su ámbito de competencias, sin más modificaciones que las estrictamente necesarias para atender a sus peculiaridades, y por otra parte, hace que el desarrollo reglamentario de la ley no resulte imprescindible.

Asimismo, esta ley incrementa la seguridad jurídica de los promotores. El establecimiento de unos principios a los que debe someterse la evaluación ambiental y el llamamiento a la cooperación en el marco de la Conferencia Sectorial de Medio Ambiente determinará el desarrollo de una legislación homogénea en todo el territorio nacional, que permitirá a los promotores conocer de antemano cuáles serán las exigencias legales de carácter medioambiental requeridas para la tramitación de un plan, un programa o un proyecto, con independencia del lugar donde pretenda desarrollarlo. De acuerdo con estos principios, debe subrayarse que todos los anexos que se incorporan a la ley son legislación básica y por tanto, de aplicación general.

Por último, la existencia de un marco jurídico común –con las especificidades estrictamente necesarias en cada comunidad autónoma– evitará procesos de deslocalización.

En materia de medio ambiente, la regulación básica estatal y la autonómica de desarrollo deben asegurar, por imperativo del artículo 45 de la Constitución, la protección y preservación del medio ambiente, para lo cual un marco básico y común es absolutamente indispensable.

La presente ley se asienta en la competencia exclusiva del Estado en materia de legislación básica sobre protección del medio ambiente, sin perjuicio de las facultades de las comunidades autónomas de establecer normas adicionales de protección (artículo 149.1.23.ª de la Constitución).

Esta ley está formada por 64 artículos distribuidos en tres títulos:

Título I: Principios y disposiciones generales
Título II: Evaluación ambiental

Capítulo I: Evaluación ambiental estratégica
Capítulo II: Evaluación de impacto ambiental de proyectos
Capítulo III: Consultas transfronterizas

Título III: Seguimiento y régimen sancionador

 Definición

Evaluación ambiental
Proceso a través del cual se analizan los efectos significativos que tienen o pueden tener los planes, programas y proyectos, antes de su adopción, aprobación o autorización sobre el medio ambiente, incluyendo en dicho análisis los efectos de aquellos sobre los siguientes factores: la población, la salud humana, la flora, la fauna, la biodiversidad, la geodiversidad, la tierra, el suelo, el subsuelo, el aire, el agua, el clima, el cambio climático, el paisaje, los bienes materiales, incluido el patrimonio cultural y la interacción entre todos los factores mencionados.

Continúa en página siguiente >>

<< Viene de página anterior

La evaluación ambiental incluye tanto la evaluación ambiental estratégica, que procede respecto de los planes o programas, como la evaluación de impacto ambiental, que procede respecto de los proyectos. En ambos casos la evaluación ambiental podrá ser ordinaria o simplificada y tendrá carácter instrumental respecto del procedimiento administrativo de aprobación o de adopción de planes y programas, así como respecto del de autorización de proyectos o, en su caso, respecto de la actividad administrativa de control de los proyectos sometidos a declaración responsable o comunicación previa (Ley 21/2013, de 9 de diciembre, de evaluación ambiental).

El Título I regula cuestiones generales como el objeto y finalidad de la norma; las definiciones o el ámbito de aplicación, estableciendo como obligación principal de la ley el sometimiento a una adecuada evaluación ambiental a todo plan, programa o proyecto que afecte significativamente al medio ambiente, antes de su adopción, aprobación o autorización.

El **objeto y finalidad** de esta ley está recogido en su artículo 1 y establece las bases que regirán la evaluación ambiental de los planes, programas y proyectos que pueden afectar significativamente sobre el medio ambiente, garantizando el nivel adecuado de protección ambiental y promoviendo el desarrollo sostenible, mediante:

a. La integración de los aspectos medioambientales en la elaboración y en la adopción, aprobación o autorización de los planes, programas y proyectos;

b. el análisis y la selección de las alternativas que resulten ambientalmente viables;

c. el establecimiento de las medidas que permitan prevenir, corregir y, en su caso, compensar los efectos adversos sobre el medio ambiente;

d. el establecimiento de las medidas de vigilancia, seguimiento y sanción necesarias para cumplir con las finalidades de esta ley.

El artículo 2 establece que los procedimientos de evaluación ambiental se apoyarán en los siguientes **principios de evaluación ambiental:**

a. Protección y mejora del medio ambiente.

b. Precaución y acción cautelar.

c. Acción preventiva, corrección y compensación de los impactos sobre el medio ambiente.

d. Quien contamina paga.

e. Racionalización, simplificación y concertación de los procedimientos de evaluación ambiental.

f. Cooperación y coordinación entre la Administración General del Estado y las Comunidades Autónomas.

g. Proporcionalidad entre los efectos sobre el medio ambiente de los planes, programas y proyectos, y el tipo de procedimiento de evaluación al que en su caso deban someterse.

h. Colaboración activa de los distintos órganos administrativos que intervienen en el procedimiento de evaluación, facilitando la información necesaria que se les requiera.

i. Participación pública.

j. Desarrollo sostenible.

k. Integración de los aspectos ambientales en la toma de decisiones.

l. Actuación de acuerdo al mejor conocimiento científico posible.

 **Definición**

Impacto o efecto significativo
Alteración de carácter permanente o de larga duración de uno o varios factores recogidos en la definición de Evaluación ambiental.

Según el artículo 6, serán objeto de **evaluación ambiental estratégica ordinaria,** los planes, programas y sus modificaciones, adoptados o aprobados por una Administración pública y cuya elaboración y aprobación sea exigida por una disposición legal o reglamentaria, cuando:

a. *Establezcan el marco para la futura autorización de proyectos legalmente sometidos a evaluación de impacto ambiental y se refieran a la agricultura, ganadería, silvicultura, acuicultura, pesca, energía, minería, industria, transporte, gestión de residuos, gestión de recursos hídricos, ocupación del dominio público marítimo terrestre, utilización del medio marino, telecomunicaciones, turismo, ordenación del territorio urbano y rural, o del uso del suelo; o bien,*

b. *requieran una evaluación por afectar a espacios Red Natura 2000 en los términos previstos en la Ley 42/2007, de 13 de diciembre, del Patrimonio Natural y de la Biodiversidad.*

c. *Los comprendidos en el apartado 2 cuando así lo decida caso por caso el órgano ambiental en el informe ambiental estratégico de acuerdo con los criterios del anexo V.*

d. *Los planes y programas incluidos en el apartado 2, cuando así lo determine el órgano ambiental, a solicitud del promotor.*

Serán objeto de una evaluación ambiental estratégica simplificada:

a. *Las modificaciones menores de los planes y programas mencionados en el apartado anterior.*

b. *Los planes y programas mencionados en el apartado anterior que establezcan el uso, a nivel municipal, de zonas de reducida extensión.*

c. *Los planes y programas que, estableciendo un marco para la autorización en el futuro de proyectos, no cumplan los demás requisitos mencionados en el apartado anterior.*

Según el artículo 7, serán objeto de una evaluación de impacto ambiental ordinaria los siguientes proyectos:

a. *Los comprendidos en el anexo I, así como los proyectos que, presentándose fraccionados, alcancen los umbrales del anexo I mediante la acumulación de las magnitudes o dimensiones de cada uno de los proyectos considerados.*

b. Los comprendidos en el apartado 2, cuando así lo decida caso por caso el órgano ambiental, en el informe de impacto ambiental de acuerdo con los criterios del anexo III.

c. Cualquier modificación de las características de un proyecto consignado en el anexo I o en el anexo II, cuando dicha modificación cumple, por sí sola, los umbrales establecidos en el anexo I.

d. Los proyectos incluidos en el apartado 2, cuando así lo solicite el promotor.

Serán objeto de evaluación de impacto ambiental simplificada:

a. Los proyectos comprendidos en el anexo II.

b. Los proyectos no incluidos ni en el anexo I ni el anexo II que puedan afectar de forma apreciable, directa o indirectamente, a Espacios Protegidos Red Natura 2000.

c. Cualquier modificación de las características de un proyecto del anexo I o del anexo II, distinta de las modificaciones descritas en el artículo 7.1.c) ya autorizados, ejecutados o en proceso de ejecución, que pueda tener efectos adversos significativos sobre el medio ambiente. Se entenderá que esta modificación puede tener efectos adversos significativos sobre el medio ambiente cuando suponga:

1. Un incremento significativo de las emisiones a la atmósfera.

2. Un incremento significativo de los vertidos a cauces públicos o al litoral.

3. Incremento significativo de la generación de residuos.

4. Un incremento significativo en la utilización de recursos naturales.

5. Una afección a Espacios Protegidos Red Natura 2000.

6. Una afección significativa al patrimonio cultural.

d. Los proyectos que, presentándose fraccionados, alcancen los umbrales del anexo II mediante la acumulación de las magnitudes o dimensiones de cada uno de los proyectos considerados.

e. Los proyectos del anexo I que sirven exclusiva o principalmente para desarrollar o ensayar nuevos métodos o productos, siempre que la duración del proyecto no sea superior a dos años.

Una de las novedades que se incluye en el artículo 15 de esta ley es la **regulación de la confidencialidad** que las administraciones públicas deben mantener relacionada con la documentación aportada por el promotor, solucionando problemas de aplicación de la Ley 27/2006, de 18 de julio, por la que se regulan los derechos de acceso a la información, de participación pública y de acceso a la justicia en materia de medio ambiente.

En el artículo 16 se establece la exigencia de que los documentos presentados por los promotores durante la evaluación ambiental estén realizados por personas capacitadas técnicamente para mantener el nivel técnico requerido. Todos los estudios y documentos ambientales deben tener identificado a su autor o autores, indicando su titulación y/o profesión regulada, la fecha de inclusión y la firma del autor. Los estudios y documentos recogidos son:

- Evaluación ambiental estratégica:

  - Documento inicial estratégico
  - Estudio ambiental estratégico
  - Documento ambiental estratégico

- Evaluación de impacto ambiental:

  - Documento inicial
  - Estudio de impacto ambiental
  - Documento ambiental

El Título II está dedicado, en capítulos independientes, a los procedimientos de evaluación ambiental estratégica y los procedimientos de evaluación de impacto ambiental, tanto ordinarios como simplificados.

A continuación, se detalla cómo están organizados los capítulos y secciones recogidos en el Título II y su contenido más relevante:

El **capítulo I** se divide en dos secciones dedicadas, respectivamente, a la evaluación ambiental estratégica ordinaria y simplificada.

En la sección 1.ª se ha tratado de sistematizar el procedimiento ordinario, siguiendo un orden cronológico que facilite a los promotores la aplicación de esta ley.

Asimismo, se ha tratado de asimilar la terminología de la evaluación ambiental estratégica con la empleada en la evaluación de impacto ambiental, más antigua y ya consolidada en nuestro ordenamiento jurídico.

De esta manera, el informe de sostenibilidad ambiental que regulaba la Ley 9/2006, de 28 de abril, pasa ahora a denominarse estudio ambiental estratégico, mientras que la memoria ambiental pasa a ser, en virtud de esta ley, la declaración ambiental estratégica, a semejanza, respectivamente, del estudio de impacto ambiental y la declaración de impacto ambiental.

Las consultas a las administraciones afectadas resultan fundamentales para la determinación del alcance y contenido que debe tener el estudio ambiental estratégico y por este motivo se conforman con carácter obligatorio en la directiva comunitaria de evaluación ambiental de planes y programas, y como no puede ser de otra manera, en la propia ley. Para lograr una correcta integración de los aspectos ambientales en la planificación, la norma ordena que las sucesivas versiones de un plan o programa —borrador, versión inicial y propuesta final— incorporen el contenido del documento ambiental previo correspondiente —documento inicial estratégico, estudio ambiental estratégico y declaración ambiental estratégica—.

El procedimiento ordinario de evaluación ambiental estratégica finaliza con la declaración ambiental estratégica, pronunciamiento del órgano ambiental que, como ya se ha apuntado, tiene la naturaleza jurídica de un informe preceptivo y determinante, no será objeto de recurso y deberá publicarse en el «Boletín Oficial del Estado» o diario oficial correspondiente, sin perjuicio de su publicación en la sede electrónica del órgano ambiental...

La sección 2.ª regula el procedimiento simplificado de evaluación ambiental estratégica, que incluye como novedad la previa admisión a trámite, continúa con las consultas a las administraciones afectadas y concluye con un informe ambiental estratégico, que puede determinar bien que el plan o programa tiene efectos significativos sobre el medio ambiente, y por tanto debe someterse a una evaluación estratégica ordinaria, o bien que el plan o programa no tiene efectos significativos sobre el medio ambiente y, por tanto, puede adoptarse o aprobarse en los términos que el propio informe establezca.

Para el caso de que en el informe ambiental estratégico se haya concluido que es preciso realizar una evaluación ambiental estratégica ordinaria, se regula expresamente y por primera vez que se conservarán las actuaciones realizadas en el procedimiento simplificado.

El **capítulo II** de este título II regula la evaluación de impacto ambiental de proyectos con un mayor grado de detalle de lo que lo hacía la anterior ley, aportando una mayor seguridad jurídica. Podrá ser, al igual que la estratégica, ordinaria o simplificada.

La sección 1.ª regula el procedimiento ordinario de evaluación de impacto ambiental, que se aplica a los proyectos enumerados en el anexo I, incluyendo algunas novedades a la vista de la experiencia adquirida y de los problemas diagnosticados.

El procedimiento propiamente dicho se inicia cuando el órgano sustantivo remite al órgano ambiental el expediente completo, que incluye el proyecto, el estudio de impacto ambiental y el resultado de la información pública y de las consultas a las administraciones públicas afectadas y a las personas interesadas. No obstante, con carácter previo al procedimiento, deben efectuarse una serie de trámites, algunos obligatorios y otros de carácter potestativo. El primero de estos trámites previos es la determinación del alcance del estudio de impacto ambiental que, como novedad en esta ley, tendrá carácter voluntario para el promotor, como se contempla en la Directiva 2011/92/UE, del Parlamento Europeo y del Consejo, de 13 de diciembre.

A continuación, y una vez que el promotor ha elaborado el estudio de impacto ambiental, el órgano sustantivo debe realizar, en esta ocasión con carácter obligatorio, los trámites de información pública y de consultas a las administraciones afectadas y a las personas interesadas. La ley establece, por primera vez, que tendrán carácter preceptivo, el informe del órgano con competencias en materia de medio ambiente de la comunidad autónoma, el informe del organismo de cuenca, el informe sobre patrimonio cultural y, en su caso, el informe sobre dominio público marítimo terrestre.

La evaluación de impacto ambiental ordinaria propiamente dicha se desarrolla en tres fases: inicio, análisis técnico y declaración de impacto ambiental.

Admitido el expediente y después de su análisis técnico el procedimiento finaliza con la resolución por la que se formula la declaración de impacto ambiental, que determinará si procede o no la realización del proyecto a los efectos ambientales y, en su caso, las condiciones ambientales en las que puede desarrollarse, las medidas correctoras de los efectos ambientales negativos y, si proceden, las medidas compensatorias de los citados efectos ambientales negativos. Además, el contenido mínimo de la declaración de impacto ambiental se regula con mayor detalle y se prevé no solo su publicación en diarios oficiales sino también en la sede electrónica del órgano ambiental.

Como ya se ha afirmado de los restantes pronunciamientos ambientales, la declaración de impacto ambiental tiene la naturaleza jurídica de un informe preceptivo y determinante, no será recurrible y deberá ser objeto de publicación en el «Boletín Oficial del Estado» o diario oficial correspondiente. Concluye esta sección con la regulación de la vigencia de la declaración de impacto y del procedimiento para la modificación de la misma, y con la resolución de discrepancias, que se atribuye al Consejo de Ministros o al Consejo de Gobierno de la comunidad autónoma o al órgano que ésta haya determinado.

La vigencia de las declaraciones de impacto ambiental ha sido uno de los elementos de la normativa anterior cuya aplicación, sin duda, ha generado mayores dificultades. Para solventar esta situación se considera que las fechas relevantes son la de publicación de la declaración de impacto ambiental para iniciar el cómputo del plazo de su vigencia y la fecha de inicio de la ejecución del proyecto para su finalización. Se prevé, asimismo, la posibilidad de prórroga de la vigencia de la declaración de impacto ambiental por un plazo adicional.

Finalmente, se regula, por primera vez, la modificación del condicionado ambiental de una declaración de impacto ambiental, a solicitud del promotor, cuando concurran determinadas circunstancias.

La sección 2.ª del capítulo II regula la evaluación de impacto ambiental simplificada, a la que se someterán los proyectos comprendidos en el anexo II, y los proyectos que no estando incluidos en el anexo I ni en el anexo II puedan afectar directa o indirectamente a los espacios Red Natura 2000. Trámite esencial de este procedimiento, como en los restantes, es el de consultas, que obligatoriamente deberán efectuarse a las administraciones afectadas, y como novedad, también obligatoriamente se consultará a las personas interesadas.

El órgano ambiental, teniendo en cuenta el resultado de las consultas realizadas, resolverá mediante la emisión del informe de impacto ambiental, que deberá publicarse cuando el órgano ambiental determine que el proyecto no debe someterse al procedimiento ordinario de evaluación de impacto ambiental.

Es destacable que la ley indica, expresamente y por primera vez, que si el procedimiento simplificado concluye con la necesidad de someter el proyecto a procedimiento ordinario se conservarán las actuaciones realizadas, por lo que no será necesario realizar nuevas consultas si el promotor decide solicitar a la administración que determine el alcance y contenido del estudio de impacto ambiental.

*El **capítulo III** regula las consultas transfronterizas, que deberán efectuarse tanto cuando un plan, programa o proyecto que vaya a ser ejecutado en España pueda tener efectos significativos sobre el medio ambiente en otro Estado miembro de la Unión Europea o de otro Estado al que España tenga obligación de consultar en virtud de instrumentos internacionales, como cuando se dé la situación inversa, es decir, cuando un plan, programa o proyecto que se vaya a ejecutar en otro Estado pueda tener efectos significativos sobre el medio ambiente en España.*

 Definición

Estudio de impacto ambiental
Es el documento elaborado por el promotor que acompaña al proyecto e identifica, describe, cuantifica y analiza los posibles efectos significativos sobre el medio ambiente derivados o que puedan derivarse del proyecto, así como la vulnerabilidad del proyecto ante riesgos de accidentes graves o de catástrofes, el riesgo de que se produzcan dichos accidentes graves o catástrofes y el obligatorio análisis de los probables efectos adversos significativos en el medio ambiente en caso de ocurrencia. También analiza las diversas alternativas razonables, técnica y ambientalmente viables, y determina las medidas necesarias para prevenir, corregir y, en su caso, compensar, los efectos adversos sobre el medio ambiente.

El Título III regula el seguimiento de los planes y programas y de las declaraciones de impacto ambiental, el régimen sancionador y el procedimiento sancionador, incluyendo mejoras técnicas para solventar deficiencias halladas en las leyes anteriores.

Además de las disposiciones adicionales, transitorias, derogatorias y finales, esta ley dispone de seis anexos:

- Anexo I: Proyectos sometidos a la evaluación ambiental ordinaria regulada en el título II, capítulo II, sección 1ª.
- Anexo II: Proyectos sometidos a la evaluación ambiental simplificada regulada en el título II, capítulo II, sección 2ª.
- Anexo III: Criterios mencionados en el artículo 47.2 para determinar si un proyecto del anexo II debe someterse a evaluación de impacto ambiental ordinaria.
- Anexo IV: Contenido del estudio ambiental estratégico.
- Anexo V: Criterios mencionados en el artículo 31 para determinar si un plan o programa debe someterse a evaluación ambiental estratégica ordinaria.
- Anexo VI: Estudio de impacto ambiental, conceptos técnicos y especificaciones relativas a las obras, instalaciones o actividades comprendidas en los anexos I y II.

5.2. Real Decreto 487/2022, de 21 de junio, por el que se establecen los requisitos sanitarios para la prevención y el control de la legionelosis

Este real decreto tiene como **objetivo** la protección de la salud de la población mediante la prevención y el control de la legionelosis, adoptando medidas sanitarias en las instalaciones que utilicen agua susceptibles de proliferación de la legionela, de su diseminación a través de aerosoles y la exposición de las personas a los mismos.

 Sabía que...

La legionela es una bacteria ambiental capaz de sobrevivir en un amplio rango de condiciones fisicoquímicas, multiplicándose a temperaturas entre 20 °C y 50 °C. Su temperatura óptima de crecimiento está entre 35 °C y 37 °C, muriendo a partir de 70 °C.

Las medidas especificadas en este real decreto se aplicarán a las instalaciones que sean susceptibles de convertirse en focos de exposición humana a la bacteria y de la propagación de la enfermedad durante su funcionamiento, pruebas de servicio o mantenimiento.

En el anexo I de este real decreto, se recoge una lista no exhaustiva de instalaciones y equipos regulados:

1. *Sistemas de agua sanitaria.*

2. *Torres de refrigeración y condensadores evaporativos.*

3. *Equipos de enfriamiento evaporativo.*

4. *Centrales humidificadoras industriales.*

5. *Humidificadores.*

6. *Sistemas de agua contra incendios.*

7. *Sistemas de agua climatizada o con temperaturas similares a las climatizadas (≥24 ºC) y aerosolización con/sin agitación y con/sin recirculación a través de chorros de alta velocidad o la inyección de aire, vasos de piscinas polivalente con este tipo de instalaciones, vasos de piscinas con dispositivos de juego, zonas de juegos de agua, setas, cortinas y cascadas, entre otras.*

8. *Fuentes ornamentales con difusión de aerosoles y fuentes transitables.*

9. *Sistemas de riego por aspersión en el medio urbano o en campos de golf o deportes.*

10. *Dispositivos de enfriamiento evaporativo por pulverización mediante elementos de refrigeración por aerosolización.*

11. *Sistemas de lavado de vehículos.*

12. *Máquinas de riego o baldeo de vías públicas y vehículos de limpieza viaria.*

13. *Cualquier elemento destinado a refrigeración y/o humectación susceptible de producir aerosoles no incluido en el resto de puntos.*

14. *Instalaciones de uso sanitario/terapéutico: Equipos de terapia respiratoria; respiradores; nebulizadores; sistemas de agua a presión en tratamientos dentales; bañeras terapéuticas con agua a presión; bañeras obstétricas para partos e instalaciones que utilicen aguas declaradas mineromedicinales o termales.*

15. *Cualquier otra instalación que utilice agua en su funcionamiento y produzca o sea susceptible de producir aerosoles que puedan suponer un riesgo para la salud de la población.*

Los edificios de uso exclusivo de vivienda, siempre y cuando no afecten al ambiente exterior de estos edificios, quedan excluidos del ámbito de aplicación de este real decreto, aunque, ante la sospecha de un riesgo para la salud de la población, la autoridad sanitaria puede exigir la toma de medidas de control que considere oportunas.

Responsabilidades

Según el artículo 5 del R. D. 487/2022, el titular de la instalación, persona física o jurídica, es el responsable del cumplimiento de lo dispuesto en este real decreto, aunque no sea el que explote la instalación o haya contratado un servicio para la realización, total o parcial, de las actividades descritas.

Los titulares de las torres de refrigeración o condensadores evaporativos, o cualquier otra instalación que las administraciones sanitarias considere, están obligados a notificar a la autoridad sanitaria competente de la comunidad autónoma la puesta en funcionamiento, el número y características de la instalación, las modificaciones que afecten al sistema o el cese de la actividad, en el plazo máximo de un mes.

Las tareas descritas en el real decreto deben quedar descritas y acreditadas documentalmente, mediante la elaboración, desarrollo, implantación y evaluación de un Plan, redactado por un responsable técnico, donde queden recogidas las medidas correctoras necesarias. Además, en el caso de la contratación de entidades o empresas que realicen operaciones de prevención y control de legionela, debe existir un contrato en el que queden reflejadas las operaciones que realizarán y en el caso de que realicen las limpiezas y desinfecciones de las instalaciones, deben emitir un registro/certificado para cada instalación según el siguiente modelo (anexo X, R. D. 487/2022):

Registro/Certificado de limpieza y desinfección

Datos de la empresa/persona que realiza el tratamiento

Nombre
N° de Registro ROESB *(Si procede)*
Domicilio
NIF
Teléfono
Fax *(Opcional)*
Correo electrónico

Motivo del tratamiento de L+D:

Mantenimiento programado ☐   Aislamiento de *Legionella* ☐   Medida correctora ☐   Brote/Casos

Otros *(Especificar)* ☐

Datos del contratante:
.te:
Nombre
Domicilio
NIF
Teléfono
Fax *(Opcional)*
Correo electrónico

Instalación tratada:
Instalación tratada
Instalación notificada a la Autoridad Competente *(Si procede)*

Sí ☐   No ☐   Fecha de notificación

Nombre del circuito

Estado de conservación de la instalación:

Con corrosión ☐   Con incrustaciones, biocapa o algas ☐   Correcto ☐

Plano actualizado del Esquema hidráulico: Si ☐   No ☐

Además de lo dispuesto en este real decreto, los condensadores evaporativos y las torres de refrigeración, cumplirán con lo dispuesto en el apartado 6.5.1 de la norma UNE 100030, en lo referido a las distancias a tomas de aire y ventanas, siempre y cuando no contradigan la legislación vigente, según la Instrucción Técnica 1: Diseño y dimensionado del RITE.

Actuaciones del Titular de la instalación

Según el artículo 7, el titular de la instalación está obligado a controlar y prevenir la aparición y proliferación de legionela, mediante la elaboración de un plan de prevención y control de legionela (PPCL) o un plan sanitario frente a legionela (PSL).

Las medidas preventivas en las instalaciones de riesgo frente a legionela se basarán en la aplicación de cuatro principios, según el R. D. 487/2022:

> a. *Garantizar la eliminación o reducción de zonas sucias, el acumulo de suciedad, así como los estancamientos mediante un buen diseño y el mantenimiento de las instalaciones y equipos.*
>
> b. *Evitar las condiciones que favorecen la supervivencia y multiplicación de legionela, mediante el control de la temperatura del agua y la desinfección de la misma.*
>
> c. *Minimizar la emisión de aerosoles.*
>
> d. *Aplicar medidas correctoras para mitigar el riesgo.*

Plan de Prevención y Control de Legionela (PPCL)

En el artículo 8 se encuentra el contenido mínimo del PPCL:

- Descripción inicial y detallada de la instalación:

  - Datos técnicos y de funcionamiento, diseño y ubicación.
  - Plano o esquema señalizado actualizado que recoja todos los componentes, especialmente el esquema de funcionamiento del circuito

hidráulico, incluyendo los puntos de toma de muestras y de emisión de aerosoles.
- Contrato de suministro e identificación de la red de distribución del agua utilizada.

- Programa de mantenimiento y revisión de las instalaciones y equipos, incluyendo:

  - Medidas preventivas.
  - Designación de responsabilidades: instalador, titular, personal responsable técnico, operarios, empresas proveedoras, empresas externas…

- Programa de tratamiento de agua y limpieza y desinfección de la instalación.
- Programa de muestreo y análisis de agua.
- Programa de formación de personal.
- Documentación y registros de realización y control de las actividades programadas, incidencias y medidas correctivas.

El PPCL se debe revisar de forma periódica y actualizarse siempre que se detecten desviaciones de consideración o tras reformas sustanciales de la instalación.

Toda la documentación y registros se guardarán preferentemente en formato electrónico durante, al menos, 5 años desde su generación.

Plan Sanitario frente a Legionela (PSL)

El PSL está basado en las recomendaciones de la Organización Mundial de la Salud en función de la evaluación del riesgo y según el artículo 9 de este real decreto, debe contener:

- Evaluación del riesgo:

  - Identificación de los peligros
  - Priorización de los riesgos

▪ Determinación de los puntos críticos
▪ Descripción de las medidas correctoras y verificación de la eficacia de las mismas

■ Medidas de control y verificación
■ Gestión y comunicación
■ Evaluación continua del PSL

Si se opta por este plan para el control y prevención de legionela en la instalación, se debe mantener el PPCL hasta que el PSL no esté adecuadamente diseñado, planificado y validado mediante datos y/o resultados que aseguren su eficacia.

Control de la calidad del agua y uso de biocidas (desinfectantes)

El origen del agua utilizada en las instalaciones procederá, preferentemente, de la red de distribución de agua de consumo humano. En todo caso, se debe garantizar que el agua de aporte cumpla con los requisitos de los fabricantes de los elementos de la instalación.

Siempre que se tomen muestras para análisis de *Legionella spp.,* se deben determinar *in situ,* al menos, los siguientes parámetros físico-químicos:

■ pH: cuando el efecto del desinfectante depende del pH.
■ Temperatura
■ Conductividad
■ Desinfectante residual: se puede utilizar cualquiera de los biocidas autorizados y registrados, cumpliendo con los procedimientos establecidos en su autorización.

La instalación debe contar con el neutralizante específico del biocida utilizado en la desinfección.

Parámetros de calidad del agua						
Tipo de instalación	Aerobios (UFC/ml) (1)	pH (2)	Temperatura (ºC)	Turbidez (UNF)	Hierro Total (mg/L)	Conductividad
Sistemas de agua sanitaria	Dispuesto en R. D. 140/2003		Agua fría <20 ºC Agua caliente >50 ºC Acumulador >60 ºC	<4	≤0,2	-
Torres de refrigeración y condensadores evaporativos	100.000	(2)	-	<15	<2	(3)
Sistemas de agua climatizada o con temperaturas similares a las climatizadas (≥24 ºC) y aerosolización con/sin agitación y con/sin recirculación a través de chorros de alta velocidad o la inyección de aire, vasos de piscinas polivalente con este tipo de instalaciones, vasos de piscinas con dispositivos de juego, zonas de juegos de agua, setas, cortinas y cascadas, entre otras	100	(2)	Dispuesto en R. D. 742/2013	<5	-	-
Dispositivos de enfriamiento evaporativo por pulverización mediante elementos de refrigeración por aerosolización	Dispuesto en R. D. 140/2003		<20 ºC	<5	-	-
Otras instalaciones que puedan producir aerosolización	-	(2)	<20 ºC	-	-	-

(1) Método de análisis Norma UNE-EN ISO 6222:1999 Calidad del agua. Enumeración de microorganismos cultivables. Recuento de colonias por siembra en medio de cultivo de agar.
(2) Variable en función del biocida cuando su efectividad dependa del pH.
(3) Comprendida entre los límites que permitan la composición del agua de forma que no se produzca incrustación ni corrosión.
Fuente: R. D. 487/2002

Formación del personal

El personal propio o de empresas externas que realicen actividades menores en la prevención y control de legionela (control de pH, medición de temperatura, comprobación de biocida residual...) se incluirá dentro del programa de formación de la empresa, el cual debe contener la relación de contenidos en función de las actividades que se realizarán, las funciones asignadas, el nivel de conocimiento necesario y la forma de adquirirlo, de manera interna o externa.

El personal propio o de empresas externas que desempeña actividades relativas al programa de tratamiento, debe estar en posesión de la cualificación profesional relativa al mantenimiento higiénico-sanitario de instalaciones susceptibles de proliferación de legionela y otros organismos nocivos y su diseminación por aerosolización (SEA492_2).

Programa de mantenimiento y revisión y Programa de tratamiento de instalaciones y equipos (Anexo IV)

Los aspectos generales son los siguientes:

- Comprobación del funcionamiento y estado de conservación y limpieza de todas las partes de la instalación.
- Reparación y sustitución de componentes deteriorados.
- Limpieza y desinfección una vez al año, como mínimo y siempre que:

    - Se ponga en marcha la instalación por primera vez.
    - La instalación se ponga en marcha tras una parada superior a un mes.
    - Se realice una reparación o modificación estructural.
    - Se considere necesario tras una revisión general de la instalación.
    - Lo determine la autoridad sanitaria.

- Dosificación automática de los productos químicos, con sistemas de monitorización o control telemático, siempre que sea posible.

Los controles específicos de los Sistemas de Agua Caliente Sanitaria (ACS) son:

- Revisión de los puntos terminales (grifos y duchas):

    - Mensual: muestreo aleatorio.
    - Anual: todos los puntos terminales.

- Apertura de los grifos, dejando correr el agua unos minutos, de las zonas con poco uso o no utilizadas: semanal.
- Revisión, limpieza y desinfección de los depósitos acumuladores: trimestral.
- Eliminación de sedimentos de las tuberías a través de las válvulas de drenaje: mensual.
- Purga del fondo de los acumuladores: semanal.
- Control de temperaturas:

  - Diario: en los depósitos finales de acumulación. Temperatura >60 ºC.
  - Diario: en el circuito de retorno. Temperatura >50 ºC.
  - Mensual: muestra aleatoria de grifos y duchas, incluyendo los más cercanos y los más alejados de los acumuladores. Tiempo de estabilización de la temperatura <1 min. Temperatura >50 ºC.

Procedimiento de limpieza y desinfección del Sistema de Agua Caliente Sanitaria (ACS)

El procedimiento se realizará de forma secuencial empezando por la Limpieza del depósito, después la Limpieza del acumulador y, por último, la red y sus puntos terminales. Al final, se procede a la desinfección de la instalación. El procedimiento completo se encuentra recogido en el anexo IV. Programa de mantenimiento y revisión y Programa de tratamiento de instalaciones y equipos del Real Decreto 487/2022.

En este Anexo también se recogen las pautas a seguir en torres de refrigeración, condensadores evaporativos, sistemas de agua climatizada y otras instalaciones con riesgo de proliferación de legionela.

Programa de muestreo (Anexo V)

Establecer los puntos de muestreo es una tarea muy importante, ya que deben ser representativos en función del objetivo del muestreo y permitir el control de la eficacia de las tareas del programa de mantenimiento y revisión de las instalaciones y equipos y del programa de tratamiento (tratamiento de agua y de limpieza y desinfección de la instalación) para minimizar los procesos de corrosión, incrustación y crecimiento de legionela.

El programa de muestreo, al menos, debe incluir:

- Parámetros microbiológicos, físicos, químicos y físico-químicos a controlar.
- Los puntos a muestrear.
- Periodicidades y momento de muestreo.
- Número y tipos de determinaciones a realizar.
- Métodos de muestreo y de ensayo.
- Condiciones de conservación y transporte de muestras.
- Criterios de evaluación de resultados.
- Responsables designados a cada operación.

En este anexo se describen los puntos de muestreo que como mínimo se deben identificar según el tipo de instalación y sus características y del objetivo que tenga el muestreo. Por ejemplo, para instalaciones de agua caliente sanitaria (ACS) con circuito de retorno, se recogerá muestra de agua como mínimo de los siguientes puntos de la instalación:

- Un punto en el depósito
- Un punto en el acumulador
- Un punto en el circuito de retorno
- Dos puntos medios de la instalación
- En cada uno de los puntos terminales identificados

Si el objetivo de la toma de muestra de agua de estos puntos es comprobar la calidad del agua circulante suministrada al grifo o la ducha, la muestra se tomará tras purgar el punto de muestreo, dejando correr el agua hasta alcanzar temperatura constante; si lo que se pretende es identificar la presencia de legionela en el punto de muestreo, se tomará el primer litro de agua de la toma, sin purgar.

Frecuencia mínima de muestreo

	Legionela (UFC/L)	Aerobios (UCF/ml)	pH	Temperatura (°C)	Turbidez (UNF)	Biocida	Hierro total (µg/L)	Conductividad
Sistemas de agua sanitaria	T	T	D	D	Se	D	T	-
Torres de refrigeración y condensadores evaporativos	M	T	D	D	Se	D	M	M
Instalaciones con sistemas de agua climatizada o con temperaturas similares a las climatizadas y aerosolización con agitación y recirculación a través de chorros de alta velocidad y/o la inyección de aire, etc.	M	M	D	D	D	D	-	-
Dispositivos de enfriamiento evaporativo por pulverización mediante elementos de refrigeración por aerosolización	Sm	Sm	M	M	M	M	-	-
Instalaciones o equipos en los que se utilizan agua declarado minero medicinal y/o termal.	M	T	Se	Se	Se	-	-	-
Otras instalaciones que puedan producir aerosolización con depósito y recirculación	A	Sm	M	M	M	M	-	-
Otras instalaciones que puedan producir aerosolización sin recirculación	A	-	M	M	-	M	-	-

(D) Diario; (Se) Semanal; (M) Mensual; (T) Trimestral; (Sm) Semestral; (A) Anual

Fuente: Anexo V. Programa de muestreo del Real Decreto 487/2022

Medidas a adoptar en función de los resultados analíticos de Legionella spp. (Anexo VII)

En función de los resultados obtenidos en el recuento de *Legionella, spp.* tras la toma de muestras, las instalaciones deben tomar una serie de medidas correctoras para evitar su proliferación. El anexo VII del R. D. 487/2022 recoge las actuaciones mínimas que se deben tener en consideración:

Recuento de *Legionella spp.* (UFC/L)	Sistemas de agua sanitaria	Torres de refrigeración y condensadores evaporativos
No detección o <100	- Mantener los programas actuales.	- Mantener los programas actuales.

≤100 y <1.000	a. Si una proporción de muestras menor o igual al 30 % son ≥ a 1.000 UFC/l, tomadas simultáneamente (mismo muestreo) o 1 sola muestra es igual o superior a 1.000 UFC/l:
	  - Revisión de los programas, para identificar las medidas correctoras necesarias.
	  - Considerar la limpieza y desinfección del tramo de tubería y puntos terminales implicados.
	  - Realizar una nueva toma de muestra entre 15 y 30 días tras la limpieza y desinfección.
	b. Si más del 30 % de las muestras son positivas:
	  - Inmediata revisión de los programas para identificar otras acciones correctoras requeridas.
	  - Limpieza y desinfección del sistema.
	  - Realizar una nueva toma de muestra a los 15-30 días tras la limpieza y desinfección.
		- Revisar los programas y realizar las correcciones oportunas, a fin de establecer acciones correctoras que disminuyan la concentración de *Legionella spp.*
		- Remuestreo a los 15-30 días.

Continúa en página siguiente >>

<< Viene de página anterior

Recuento de *Legionella spp.* (UFC/L)	Sistemas de agua sanitaria	Torres de refrigeración y condensadores evaporativos

≥1.000	- Inmediata revisión del PPCL para identificar las medidas correctoras, incluyendo la limpieza y desinfección del sistema.
	- Realizar nueva toma de muestra a los 15-30 días tras la limpieza y desinfección.
	- Si es necesario, parar la instalación e informar a los usuarios.
		- Revisar los programas, y realizar las correcciones oportunas, con el fin de disminuir la concentración de *Legionella*.
		- Limpieza y desinfección.
		- Realizar una nueva toma de muestra entre 15 y 30 días tras la limpieza y desinfección:
		  - Si esta muestra no detecta *Legionella spp.*, tomar una nueva muestra al cabo de un mes. Si el resultado de la segunda muestra es ausencia, continuar con el mantenimiento previsto.
		  - Si en una de las dos muestras anteriores, da presencia, revisar el programa de mantenimiento y revisión e introducir las reformas estructurales necesarias. Si supera las 1.000 UFC/l, proceder a realizar una limpieza y desinfección y una nueva toma de muestras a los 15-30 días, tras la limpieza y desinfección.

≥10.000	-	- Parar el funcionamiento de la instalación y vaciar el sistema en su caso. - Limpiar y realizar un tratamiento antes de reiniciar el servicio. - Realizar una nueva toma de muestra a los 15-30 días.

 Aplicación práctica

En un sistema de agua caliente sanitaria con un recuento de *Legionella spp.* de 1.500 UFC/L (unidades formadoras de colonias por litro de agua analizada), ¿qué medidas hay que adoptar ante dicha situación?

SOLUCIÓN

Inmediata revisión del PPCL para identificar las medias correctoras, incluyendo la limpieza y desinfección de la instalación.

Tras 15 a 30 días después de la limpieza y desinfección, realizar una nueva toma de muestra para comprobar la eficacia de la misma.

En caso necesario, parar la instalación e informar a los usuarios.

Conclusiones

El Real Decreto 865/2003, de 4 de julio, por el que se establecían los criterios higiénico-sanitarios para la prevención y control de la legionelosis estaba totalmente desfasado respecto a nuevas tecnologías, instalaciones o procedimientos. Tras casi 20 años, ha sido necesaria la redacción de un nuevo real decreto, R. D. 487/2022, de 21 de junio, por el que se establecen los requisitos sanitarios para la prevención y el control de la legionelosis, donde quedan recogidas las mejoras técnicas, las nuevas medidas de gestión del riesgo e innovaciones necesarias para un mayor control de las instalaciones o equipos susceptibles.

Algunos de los cambios incorporados son:

- La incorporación del Plan de Prevención y Control de Legionela (PPCL) y Plan Sanitario frente a Legionela (PSL).
- Cambios en los protocolos de tomas de muestras y la frecuencia de muestreo.

- Modificación de los requisitos de formación del personal.
- Modificación de los protocolos de limpiezas y desinfecciones, ...

La experiencia acumulada en la aplicación de la normativa y los resultados del estudio epidemiológico y ambiental de los casos y brotes producidos en los últimos años hacen necesario seguir investigando los aspectos que se relacionan con la proliferación de la legionela y los procedimientos posibles para su correcta eliminación, lo que requerirá la adaptación de la normativa en función de los avances que se produzcan en el futuro.

6. Reglamento de Instalaciones Térmicas en los Edificios (RITE), sus Instrucciones Técnicas (IT) y Normas UNE de aplicación

El Reglamento de Instalaciones Térmicas en los Edificios (RITE), aprobado el 20 de julio de 2007 por el Real Decreto 1027/2007, establece:

Las exigencias de eficiencia energética y seguridad que deben cumplir las instalaciones destinadas a atender la demanda de bienestar térmico e higiene de las personas, durante su diseño y dimensionado, ejecución, mantenimiento y uso, así como de determinar los procedimientos que permitan acreditar su cumplimiento.

(Art. 1 del RITE)

Este reglamento ha sufrido dos grandes modificaciones de sus artículos e instrucciones técnicas a través de:

- Real Decreto 238/2013, por el que se modifican determinados artículos e instrucciones técnicas del RITE, transponiendo así la Directiva 2010/31/UE del Parlamento Europeo y del Consejo, de 19 de mayo de 2010, relativa a la eficiencia energética de los edificios.
- Real Decreto 178/2021, de 23 de marzo, por el que se modifica el Real Decreto 1027/2007, de 20 de julio, por el que se aprueba el RITE, transponiendo así la Directiva (UE) 2018/844 que modifica a su vez la Directiva 2010/31/UE relativa a la eficiencia energética de los edificios y la Directiva 2012/27/UE relativa a la eficiencia energética.

La última actualización del RITE contribuirá a alcanzar los objetivos climáticos establecidos en el Plan Nacional Integrado de Energía y Clima 2021-2030 (PNIEC), mejorando la eficiencia energética a través de la reducción del consumo de energía primaria en un 39,5 % en 2030 y de energía final en 36.809,3 Ktep (toneladas equivalentes de petróleo). Las líneas básicas de actuación en las que se basa la actualización mediante el R. D. 178/2001 son:

Obliga a justificar la instalación de sistemas térmicos convencionales en lugar de otros más eficientes y sostenibles.

Obliga a que los edificios con grandes consumos den el primer paso para convertirse en edificios inteligentes que contribuyan a la reducción de emisiones de gases de efecto invernadero (GEI).

Mantiene un enfoque basado en las prestaciones y objetivos de las instalaciones térmicas en edificios. De esta forma, el reglamento sigue recogiendo los requisitos que deben cumplir las instalaciones térmicas bajo el principio de neutralidad tecnológica, sin obligar al uso de una determinada técnica o material, ni evitar la introducción de nuevas tecnologías y conceptos.

Se adapta al contenido de la Directiva (UE) 2018/2001, relativa al fomento del uso de energía procedente de fuentes renovables en el sector de la calefacción y la refrigeración, y al de varios reglamentos europeos de diseño ecológico y etiquetado de productos relacionados con la energía.

Traspone parcialmente las directivas comunitarias en materia de eficiencia energética -concretamente la Directiva (UE) 2018/844 y la Directiva (UE) 2018/2002- e introduce varias modificaciones en la normativa para la instalación de sistemas térmicos en edificios, que deberán diseñarse bajo la utilización de sistemas eficientes que permitan la recuperación energética y la utilización de las energías renovables y de las energías residuales.

Los avances tecnológicos y los cambios normativos que han provocado la actualización del RITE son significativos, por lo que ya se está trabajando en una nueva actualización (Fase II) de carácter más técnico. Su entrada en vigor se espera para 2023.

? **Sabía que...**

El RITE establece que la Exigencia de Eficiencia energética recogida en la normativa, debe ser revisada periódicamente en intervalos inferiores a 5 años y, en caso necesario, será actualizada.

6.1. Reglamento Instalaciones Térmicas en los Edificios (RITE)

El texto legal del Real Decreto 1027/2007 está dividido en dos partes bien diferenciadas: el texto del Real Decreto, el cual incluye diferentes disposiciones que fueron de gran importancia para la aplicación del reglamento en el momento de su redacción; y el Anexo, el cual incluye el Reglamento de Instalaciones Térmicas en los Edificios (RITE) con sus artículos e instrucciones técnicas.

Algunas de las disposiciones que merecen una especial atención son:

- Disposición transitoria primera: los edificios en construcción o con licencia de obras anterior a la entrada en vigor del real decreto (febrero 2008) no estaban regulados por este en su ejecución, pero sí para reforma, mantenimiento y uso.
- Disposición transitoria segunda: las empresas instaladoras y mantenedoras autorizadas antes de la entrada en vigor del real decreto, mantendrían automáticamente su condición.
- Disposición transitoria tercera: unifica todos los carnés profesionales en uno solo y establece los mecanismos para su renovación y obtención.

El anexo del R. D. 1027/2007 contiene el Reglamento de Instalaciones Térmicas en los Edificios (RITE) y está dividido en dos partes:

- **Parte I:** Disposiciones generales. Está dividida en 47 artículos que incluyen las condiciones generales de la aplicación del reglamento:

▪ **Objeto:** establecer las exigencias de eficiencia energética y seguridad que deben cumplir las instalaciones térmicas en los edificios destinadas a atender la demanda de bienestar e higiene de las personas, durante su diseño y dimensionado, ejecución, mantenimiento y uso, así como determinar los procedimientos que permitan acreditar su cumplimiento.

▪ **Ámbito de aplicación:** se considerarán como instalaciones térmicas las instalaciones fijas de climatización (calefacción, refrigeración y ventilación) destinadas a atender la demanda de bienestar térmico e higiene de las personas, o las instalaciones destinadas a la producción de agua caliente sanitaria (ACS), incluidas las interconexiones a redes urbanas de calefacción o refrigeración y los sistemas de automatización y control. Se aplicará a las instalaciones térmicas en los edificios de nueva construcción y a las instalaciones térmicas que se reformen en los edificios existentes, exclusivamente en lo que a la parte reformada se refiere, así como en lo relativo al mantenimiento, uso e inspección de todas las instalaciones térmicas, con las limitaciones que en el mismo se determinan.

▪ **Exigencias técnicas:**

   ▪ Bienestar e higiene:

Las instalaciones térmicas deben diseñarse y calcularse, ejecutarse, mantenerse y utilizarse de tal forma que se obtenga una calidad térmica del ambiente, una calidad del aire interior y una calidad de la dotación de agua caliente sanitaria que sean aceptables para los usuarios del edificio sin que se produzca menoscabo de la calidad acústica del ambiente, cumpliendo, sin perjuicio de los posibles requisitos adicionales establecidos en el Código Técnico de la Edificación, los requisitos siguientes:

   1. Calidad térmica del ambiente: las instalaciones térmicas permitirán mantener los parámetros que definen el ambiente térmico dentro de un intervalo de valores determinados con el fin de mantener unas condiciones ambientales confortables para los usuarios de los edificios.

   2. Calidad del aire interior: las instalaciones térmicas permitirán mantener una calidad del aire interior aceptable, en los locales ocupados por las personas, eliminando los contaminantes que se produzcan de forma habitual durante el uso normal de los mismos, aportando un caudal suficiente de aire exterior y garantizando la extracción y expulsión del aire viciado.

3. *Higiene: las instalaciones térmicas permitirán proporcionar una dotación de agua caliente sanitaria, en condiciones adecuadas, para la higiene de las personas.*

4. *Calidad del ambiente acústico: en condiciones normales de utilización, el riesgo de molestias o enfermedades producidas por el ruido y las vibraciones de las instalaciones térmicas, estará limitado.*

(RITE)

■ Eficiencia energética, energías renovables y energías residuales:

Las instalaciones térmicas deben diseñarse y calcularse, ejecutarse, mantenerse y utilizarse de tal forma que globalmente se mejore la eficiencia energética y, como consecuencia, se reduzcan las emisiones de gases de efecto invernadero y otros contaminantes atmosféricos, mediante la utilización de sistemas eficientes energéticamente, de sistemas que permitan la recuperación de energía y la utilización de las energías renovables y de las energías residuales, cumpliendo los requisitos siguientes:

1. *Equipos: los equipos de generación de calor y frío, ventilación, así como los destinados al movimiento y transporte de fluidos, se seleccionarán en orden a conseguir que sus prestaciones, en cualquier condición de funcionamiento, cumplan las exigencias mínimas en eficiencia energética establecidas por los reglamentos de diseño ecológico, según lo establecido por el Real Decreto 187/2011, de 18 de febrero, relativo al establecimiento de requisitos de diseño ecológico aplicables a los productos relacionados con la energía.*

2. *Distribución de fluidos: los equipos y las conducciones de las instalaciones térmicas deben quedar aislados térmicamente, para conseguir los niveles adecuados de ventilación y que los fluidos portadores lleguen a las unidades terminales con temperaturas próximas a las de salida de los equipos de generación.*

3. *Regulación y control: las instalaciones estarán dotadas de los sistemas de regulación y control necesarios para que se puedan mantener las condiciones de diseño previstas en los locales climatizados, ajustando, al mismo tiempo, los consumos de energía a las variaciones de la demanda térmica, así como interrumpir el servicio.*

4. *Contabilización de consumos: las instalaciones térmicas deben estar equipadas con sistemas de contabilización para que el usuario conozca su consumo de energía, y para permitir el reparto de los gastos de explotación en función del consumo, entre distintos usuarios, cuando la instalación satisfaga la demanda de múltiples consumidores.*

5. *Emisores: los emisores de las instalaciones térmicas deben seleccionarse para conseguir los niveles adecuados de bienestar, exigencias de eficiencia energética, utilización de energías renovables y aprovechamiento de energías residuales recogidos en las Instrucciones Técnicas.*

6. *Recuperación de energía: las instalaciones térmicas y las de ventilación incorporarán subsistemas que permitan el ahorro, la recuperación de energía y el aprovechamiento de energías residuales.*

7. *Utilización de energías renovables y aprovechamiento de energías residuales: las instalaciones térmicas utilizarán las energías renovables y aprovecharán las energías residuales, con el objetivo de cubrir con estas energías una parte de las necesidades del edificio.*

(RITE)

■ Seguridad:

Las instalaciones térmicas deben diseñarse y calcularse, ejecutarse, mantenerse y utilizarse de tal forma que se prevenga y reduzca a límites aceptables el riesgo de sufrir accidentes y siniestros capaces de producir daños o perjuicios a las personas, flora, fauna, bienes o al medio ambiente, así como de otros hechos susceptibles de producir en los usuarios molestias o enfermedades.

(RITE)

■ **Condiciones administrativas:** condiciones generales, su documentación técnica de diseño y dimensionado, el contenido de los proyectos, memorias técnicas y las condiciones de los equipos y materiales.

■ **Condiciones para la ejecución de las instalaciones térmicas:** de equipos, materiales, ejecución, control final de obra y el certificado de la instalación.

■ **Condiciones para la puesta en servicio de la instalación.**

■ **Condiciones para la el uso y mantenimiento de la instalación:** mantenimiento, registro y certificado de mantenimiento.

■ **Inspecciones:** de instalaciones y de eficiencia energética.

■ **Empresas instaladoras y mantenedoras:** habilitación, registro, ejercicio de la actividad y carnés profesionales.

■ **Régimen sancionador:** infracciones y sanciones.

■ **Comisión asesora:** funciones, composición y organización.

- **Parte II:** Instrucciones técnicas. Contiene las exigencias técnicas y su cuantificación, mediante el establecimiento de valores límite y los procedimientos que permiten acreditar su cumplimiento. Está formada por cuatro instrucciones técnicas:

  - IT 1: Diseño y dimensionado:

    - Exigencia de bienestar e higiene.
    - Exigencia de eficiencia energética, energías renovables y residuales.
    - Exigencia de seguridad.

  - IT 2: Montaje:

    - Pruebas.
    - Ajuste y equilibrado.
    - Eficiencia energética.

  - IT 3: Mantenimiento y uso:

    - Mantenimiento y uso de las instalaciones térmicas.
    - Programa de mantenimiento preventivo.
    - Programa de gestión energética.
    - Instrucciones de seguridad.
    - Instrucciones de manejo y maniobra.
    - Instrucciones de funcionamiento.
    - Limitación de temperaturas.

  - IT 4: Inspección:

    - Inspecciones periódicas de eficiencia energética.
    - Periodicidad.

Sabía que...

Este Real Decreto tiene carácter de reglamentación básica del Estado.

El contenido íntegro del Reglamento de Instalaciones Térmicas en los Edificios (RITE) se puede consultar en el Boletín Oficial del Estado (BOE). Están disponibles todas las modificaciones que este reglamento ha experimentado desde su publicación en 2007.

Importante

El Real Decreto 1027/2007, por el que se regula el Reglamento de Instalaciones Térmicas en los Edificios, se revisa periódicamente, por lo que es necesario disponer de los documentos consolidados más recientes, los cuales están disponibles en la página web del Boletín Oficial del Estado.

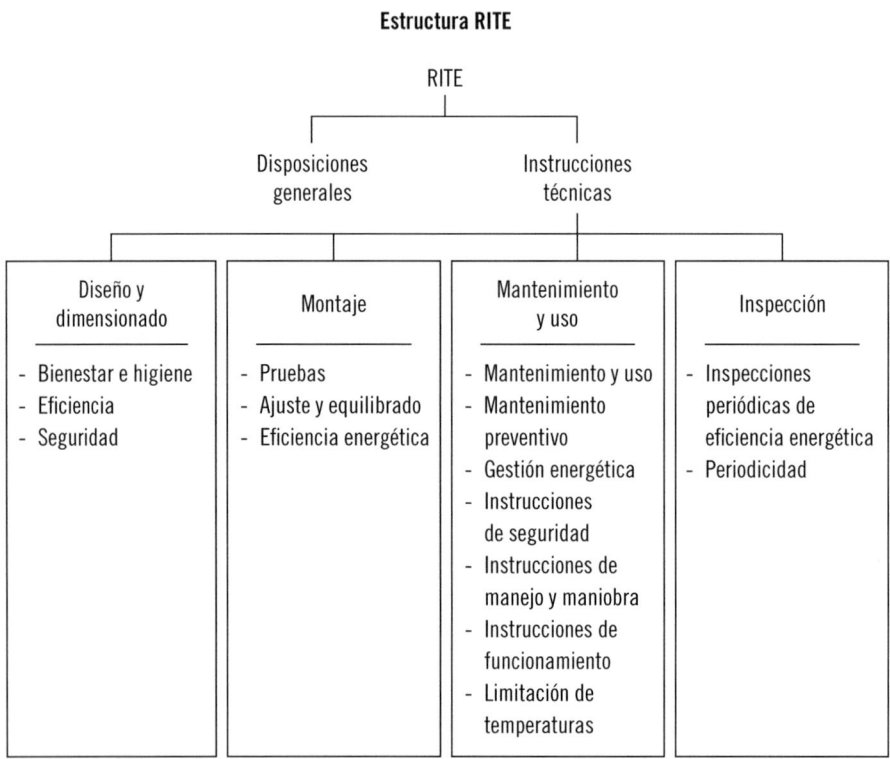

Estructura RITE

6.2. Normas Técnicas de referencia

Las Instrucciones Técnicas recogidas en el Reglamento de Instalaciones Térmicas en los Edificios (RITE) hacen referencia a diferentes normas técnicas que se deben tener en cuenta a la hora de diseñar, dimensionar, montar, mantener, usar e inspeccionar las instalaciones.

Las Instrucciones técnicas pueden establecer la aplicación obligatoria, voluntaria o simple referencia a normas UNE u otras normas reconocidas internacionalmente, de manera total o parcial, facilitando la adaptación al estado de la técnica de cada momento.

Nota

Si una Instrucción Técnica (IT) hace referencia a una norma determinada, la versión de aplicación aparece especificada y debe ser utilizada, aunque exista una nueva versión, salvo que se trate de normas UNE EN o EN ISO, cuya referencia haya sido publicada en el Diario Oficial de la Unión Europea en el marco de la aplicación del Reglamento UE 305/2011 del Parlamento Europeo y del Consejo, de 9 de marzo, por el que se establecen las condiciones armonizadas para la comercialización de productos de construcción y se deroga la Directiva 89/106/CEE. En este caso, la cita debe relacionarse con la versión de dicha referencia.

Las normas referenciadas están incluidas en el Apéndice 2: Normas de referencia del RITE, facilitando su uso y actualización:

NORMA	N.º	AÑO	TÍTULO
UNE-EN	215	2007	Válvulas termostáticas para radiadores. Requisitos y métodos de ensayo.
UNE-EN	378	2001	Sistemas de refrigeración y bombas de calor. Requisitos de seguridad y medioambientales.
UNE-EN	378-1	2017	Sistemas de refrigeración y bombas de calor. Requisitos de seguridad y medioambientales. Parte 1: Requisitos básicos, definiciones clasificación y criterios de elección.
UNE-EN	378-2	2017	Sistemas de refrigeración y bombas de calor. Requisitos de seguridad y medioambientales. Parte 2: Diseño, fabricación, ensayos, marcado y documentación.
UNE-EN	378-3	2017	Sistemas de refrigeración y bombas de calor. Requisitos de seguridad y medioambientales. Parte 3: Instalación in situ y protección de las personas.
UNE-EN	378-4	2017	Sistemas de refrigeración y bombas de calor. Requisitos de seguridad y medioambientales. Parte 4: Operación, mantenimiento recuperación y recuperación.
UNE-EN	1751	2014	Ventilación de edificios. Unidades terminales de aire. Ensayos aerodinámicos de compuertas y válvulas.

Continúa en página siguiente >>

<< Viene de página anterior

NORMA	N.º	AÑO	TÍTULO
UNE-EN	1856-1	2010	Chimeneas. Requisitos para chimeneas metálicas. Parte 1: Chimeneas modulares.
UNE-EN	1856-2	2010	Chimeneas. Requisitos para chimeneas metálicas. Parte 2: Conductos interiores y conductos de unión metálicos.
UNE-EN ISO	7730	2006	Ergonomía del ambiente térmico. Determinación analítica de interpretación del bienestar térmico mediante el cálculo de los índices PMV y PPD y los criterios de bienestar térmico local (ISO 7730:2005).
UNE-EN	12097	2007	Ventilación de edificios. Conductos. Requisitos relativos a los componentes destinados a facilitar el mantenimiento de sistemas de conductos.
UNE-EN	12237	2003	Ventilación de edificios. Conductos. Resistencia y fugas de conductos circulares de chapa metálica.
UNE-EN ISO	12241	2010	Aislamiento térmico para equipos de edificaciones e instalaciones industriales. Método de cálculo.
UNE-EN	12502-3	2005	Protección da materiales metálicos contra la corrosión. Recomendaciones para la evaluación del riesgo de corrosión en sistemas de distribución y almacenamiento de agua. Parte 3: Factores que influyen para materiales férreos galvanizados en caliente.
UNE-EN	12599	2014	Ventilación de edificios. Procedimiento de ensayo y métodos de medición para la recepción de los sistemas de ventilación y de climatización instalados.
UNE-EN	12831-3	2019	Eficiencia energética de los edificios. Método para el cálculo de la carga térmica de diseño. Parte 3: Carga térmica de los sistemas de agua caliente sanitaria y caracterización de la demanda.
UNE-EN	13053	2007+ A1 2012	Ventilación de edificios. Unidades de tratamiento de aire. Clasificación y rendimientos de unidades, componentes y secciones.
UNE-EN	13180	2003	Ventilación de edificios. Conductos. Dimensiones y requisitos mecánicos para conductos flexibles.
UNE-EN	13384-1	2016	Chimeneas. Métodos de cálculo térmico y de fluidos dinámicos. Parte 1: Chimeneas que prestan servicio a un único aparato de calefacción.

Continúa en página siguiente >>

<< Viene de página anterior

NORMA	N.º	AÑO	TÍTULO
UNE-EN	13384-2	2016	Chimeneas. Métodos de cálculo térmico y fluido-dinámico. Parte 2: Chimeneas que prestan servicio a un único aparato de calefacción.
UNE-EN	13403	2003	Ventilación de edificios. Conductos no metálicos. Red de conductos de planchas de material aislante.
UNE-EN	13410	2002	Aparatos suspendidos de calefacción por radiación que utilizan combustibles gaseosos. Requisitos de ventilación de los locales para uso no doméstico.
UNE-EN	13779	2008	Ventilación de los edificios no residenciales. Requisitos de prestaciones de sistemas de ventilación y acondicionamiento de recintos.
UNE-EN	14336	2005	Sistemas de calefacción en edificios. Instalación y puesta en servicio de sistemas de calefacción por agua.
UNE-EN	15232-1	2018	Eficiencia energética de los edificios. Impacto de la automatización, el control y la gestión de los edificios.
UNE-EN	15378-1	2018	Eficiencia energética de los edificios. Sistemas de calefacción y agua caliente sanitaria en los edificios. Parte 1: inspección de calderas y sistemas de calefacción y de agua caliente sanitaria.
UNE-EN ISO	16484-3	3	Sistemas de automatización y control de edificios (BACS). Parte 3: Funciones (ISO 16484-3:2005).
PNE-EN	16798-1	2006	Eficiencia energética de los edificios. Ventilación de los edificios. Parte 1: Parámetros del ambiente interior a considerar para el diseño y la evaluación de la eficiencia energética de edificios incluyendo la calidad del aire interior, condiciones térmicas, iluminación y ruido (Módulo 1-6).
UNE EN	16798-3	2018	Eficiencia energética de los edificios. Ventilación de los edificios. Parte 3: Para edificios no residenciales. Requisitos de eficiencia para los sistemas de ventilación y climatización (Módulos M5-1, M5-4).
UNE-EN	16798-17	2018	Eficiencia energética de los edificios. Ventilación de los edificios. Parte 17: Directrices para la inspección de los sistemas de ventilación y acondicionamiento de aire.
UNE-EN ISO	16890-1	2017	Filtros de aire utilizados en ventilación general. Parte 1: Especificaciones técnicas, requisitos y clasificación según eficiencia basado en la materia particulada (PM). (ISO 16890-1:2016).
UNE-EN ISO	17225	2014	Biocombustibles sólidos. Especificaciones y clases de combustibles.

Continúa en página siguiente >>

<< Viene de página anterior

NORMA	N.º	AÑO	TÍTULO
UNE-EN	50102	1996	Grados de protección proporcionados por las envolventes de materiales eléctricos contra los impactos mecánicos externos (código IK).
UNE-EN	50102-A1	1999	Grados de protección proporcionados por las envolventes de materiales eléctricos contra los impactos mecánicos externos (código IK).
UNE-EN	50102-A1/CORR	2002	Grados de protección proporcionados por las envolventes de materiales eléctricos contra los impactos mecánicos externos (código IK).
UNE-EN	50102/CORR	2002	Grados de protección proporcionados por las envolventes de materiales eléctricos contra los impactos mecánicos externos (código IK).
UNE-EN	50194-1	2011	Aparatos eléctricos para la detección de gases combustibles en locales domésticos. Parte 1: Métodos de ensayo y requisitos de funcionamiento.
UNE-EN	50194-2	2019	Aparatos eléctricos para la detección de gases combustibles en locales domésticos. Parte 2: Aparatos eléctricos de funcionamiento continúo en instalaciones fijas de vehículos recreativos y emplazamientos similares. Métodos de ensayo adicionales y requisitos de funcionamiento.
UNE	50244	2018	Aparatos eléctricos para la detección de gases combustibles en locales domésticos. Guía de selección, instalación, uso y mantenimiento.
UNE-EN	60034-2-1	2014	Máquinas eléctricas rotativas. Parte 2-1: Métodos normalizados para la determinación de las pérdidas y del rendimiento a partir de ensayos (excepto las máquinas para vehículos de tracción).
UNE	60529-A1, A2	2018	Grados de protección proporcionados por las envolventes (Código IP).
UNE	60601	2013	Salas de máquinas y equipos autónomos de generación de calor o frío o para cogeneración, que utilizan combustibles gaseosos.
UNE	60670-6	2014	Instalaciones receptoras de gas suministradas a una presión máxima de operación (MOP) inferior o igual a 5 bares. Parte 6: Requisitos de configuración, ventilación y evacuación de los productos de la combustión en los locales destinados a contener los aparatos a gas.
UNE	100012	2005	Higienización de sistemas de climatización.
UNE	100030	2017	Prevención y control de la proliferación y diseminación de legionela en instalaciones.
UNE	100100	2000	Climatización. Código de colores.

Continúa en página siguiente >>

<< Viene de página anterior

NORMA	N.º	AÑO	TÍTULO
UNE	100151	2004	Climatización. Ensayos de estanquidad de redes de tuberías.
UNE	100155	2004	Climatización. Diseño y cálculo de sistemas de expansión.
UNE	123001	2012	Cálculo, diseño e instalación de chimeneas modulares, metálicas y de plástico.
UNE	123003	2011	Cálculo, diseño e instalación de chimeneas autoportantes.
UNE	164003	2014	Biocombustibles sólidos. Especificaciones y clases de biocombustibles. Huesos de aceituna.
UNE	164004	2014	Biocombustibles sólidos. Especificaciones y clases de biocombustibles. Cáscaras de frutos.
UNE	171330	2006 2010 2014	Calidad ambiental en interiores.
UNE-CEN/TR	12108IN	2015	Sistemas de canalización en materiales plásticos. Práctica recomendada para la instalación en el interior de la estructura de los edificios de sistemas de canalización a presión de agua caliente y fría destinada al consumo humano.
UNE-EN	12237 ER	2007	Ventilación de edificios. Conductos. Resistencia y fugas de conductos circulares de chapa metálica.
UNE-EN	13410 ER	2011	Aparatos suspendidos de calefacción por radiación que utilizan combustibles gaseosos. Requisitos de ventilación de los locales para uso no doméstico.
UNE-CEN/TR	1749 IN	2014	Esquema europeo para la clasificación de los aparatos que utilizan combustibles gaseosos según la forma de evacuación de los productos de la combustión (tipos).
UNE-CR	1752 IN	2008	Ventilación de edificios. Criterios de diseño para el ambiente interior.

7. Eficiencia energética, ahorro de energía y protección del medioambiente

En este apartado se va a desarrollar la normativa relacionada con la eficiencia energética, el ahorro de energía y la protección del medio ambiente relacionada con las instalaciones térmicas de los edificios.

7.1. Real Decreto 390/2021, de 1 de junio, por el que se aprueba el procedimiento básico para la certificación de la eficiencia energética de los edificios

En este real decreto se establecen las condiciones técnicas y administrativas que deben regular la realización de las certificaciones de eficiencia energética de los edificios y la trasmisión de los resultados del proceso a los usuarios y propietarios de los mismos.

También se establecen las condiciones técnicas y administrativas de la metodología de cálculo de la calificación de eficiencia energética en función del consumo de energía de los edificios y la aprobación de la etiqueta de eficiencia energética como distintivo común en todo el territorio nacional.

Este real decreto surge tras la aprobación de la Directiva (UE) 2018/844 del Parlamento europeo y del Consejo, de 30 de mayo de 2018, por la que se modifica la Directiva 2010/31/UE relativa a la eficiencia energética de los edificios y la Directiva 2012/27/UE relativa a la eficiencia energética y la necesidad de la trasposición al ordenamiento jurídico español de las modificaciones que incorpora: revisión e incorporación de nuevas definiciones, modificación de las bases de datos para el registro de los certificados de eficiencia energética y la vinculación de incentivos financieros para la mejora de la eficiencia energética.

Como resultado de la experiencia acumulada en la implementación del derogado Real Decreto 235/2013, de 5 de abril, por el que se aprueba el procedimiento básico para la certificación de eficiencia energética de edificios de nueva construcción, el R. D. 390/2021 incorpora modificaciones para la mejora del procedimiento para la certificación de la eficiencia energética de los edificios, actualización del contenido de la certificación, incremento de su calidad y establecimiento de obligaciones a empresas inmobiliarias para mostrar los certificados de los inmuebles que alquilen o vendan.

 **Definición**

Eficiencia energética de un edificio
Consumo de energía, calculado o medido, que se estima necesario para satisfacer la demanda energética del edificio en unas condiciones normalizadas de funcionamiento y ocupación, que incluirá, entre otras cosas, la energía consumida en la calefacción, la refrigeración, la ventilación, la producción de agua caliente sanitaria y la iluminación.

El **ámbito de aplicación** de este real decreto es:

1. Este procedimiento básico para la certificación de la eficiencia energética de los edificios será de aplicación a:

　　a. Edificios de nueva construcción.

　　b. Edificios o partes de edificios existentes que se vendan o alquilen a un nuevo arrendatario.

　　c. Edificios o partes de edificios pertenecientes u ocupados por una Administración Pública, entendiendo por esta última la definida en el artículo 2.3 de la Ley 39/2015, de 1 de octubre, del Procedimiento Administrativo Común de las Administraciones Públicas, con una superficie útil total superior a 250 m².

　　d. Edificios o partes de edificios en los que se realicen reformas o ampliaciones que cumplan alguno de los siguientes supuestos:

　　　　1.º Sustitución, instalación o renovación de las instalaciones térmicas tal que necesite la realización o modificación de un proyecto de instalaciones térmicas, de acuerdo con lo establecido en el artículo 15 del Reglamento de Instalaciones Térmicas en los Edificios, aprobado por el Real Decreto 1027/2007, de 20 de julio.

　　　　2.º Intervención en más del 25 % de la superficie total de la envolvente térmica final del edificio.

　　　　3.º Ampliación en la que se incremente más de un 10 % la superficie o el volumen construido de la unidad o unidades de uso sobre las que se intervenga, cuando la superficie útil total ampliada supere los 50 m².

e. *Edificios o partes de edificios con una superficie útil total superior a 500 m²
destinados a los siguientes usos:*

1.º *Administrativo.*

2.º *Sanitario.*

3.º *Comercial: tiendas, supermercados, grandes almacenes, centros
comerciales y similares.*

4.º *Residencial público: hoteles, hostales, residencias, tensiones,
apartamentos turísticos y similares.*

5.º *Docente.*

6.º *Cultural: teatros, cines, museos, auditorios, centros de congresos, salas
de exposiciones, bibliotecas y similares.*

7.º *Actividades recreativas: casinos, salones recreativos, salas de fiesta,
discotecas y similares.*

8.º *Restauración: bares, restaurantes, cafeterías y similares.*

9.º *Transporte de personas: estaciones, aeropuertos y similares.*

10.º *Deportivos: gimnasios, polideportivos y similares.*

11.º *Lugares de culto, de usos religiosos y similares.*

f. *Edificios que tengan que realizar obligatoriamente la Inspección Técnica del
Edificio o inspección equivalente.*

(R. D. 390/2021)

 Sabía que...

Tanto las empresas mantenedoras de las instalaciones térmicas del edificio, como el auditor
energético o el proveedor de servicios energéticos del edificio pueden solicitar una copia
del certificado de eficiencia energética.

En el artículo 8 se encuentra el **contenido** de la Certificación de eficiencia energética, para los que se dispondrán de modelos oficiales para su cumplimentación (Real Decreto 390/2021, de 1 de junio):

> 2. *En particular, el Certificado de Eficiencia Energética del edificio o de la parte del mismo referido en el apartado a) contendrá como mínimo la siguiente información:*
>
> > a. *Identificación del edificio o de la parte del mismo que se certifica, incluyendo su referencia catastral y, en su caso, la existencia de circunstancias especiales de catalogación arquitectónica.*
> >
> > b. *Indicación del procedimiento reconocido al que se refiere el artículo 5 utilizado para obtener la calificación de eficiencia energética.*
> >
> > c. *Indicación de la normativa sobre ahorro y eficiencia energética de aplicación en el momento de su construcción.*
> >
> > d. *Descripción de las características energéticas del edificio: envolvente térmica, instalaciones técnicas, condiciones normales de funcionamiento y ocupación, condiciones de confort y demás datos utilizados para obtener la calificación de eficiencia energética del edificio.*
> >
> > e. *Calificación de eficiencia energética del edificio expresada de acuerdo al documento reconocido de Calificación de la eficiencia energética de los edificios.*
> >
> > f. *Recomendaciones de posibles intervenciones para la mejora de los niveles óptimos o rentables de la eficiencia energética de un edificio o de una parte de este. Las recomendaciones incluidas en el certificado de eficiencia energética podrán abordar, entre otras:*
> >
> > > 1.º *Las intervenciones recomendadas para la mejora de la envolvente, teniendo en consideración, en su caso, el nivel de protección arquitectónica del edificio.*
> > >
> > > 2.º *Las medidas de mejora de las instalaciones técnicas del edificio incluyendo, si procede, la recomendación de sustitución de equipos abastecidos por combustibles fósiles por alternativas más sostenibles. Asimismo, se podrán incluir medidas que disminuyan las pérdidas térmicas en las redes de distribución de los fluidos caloportadores.*
> > >
> > > 3.º *La incorporación de sistemas de automatización y control.*
> > >
> > > 4.º *La secuencia temporal más adecuada para la realización de las medidas propuestas.*

g. Fecha de la visita al inmueble y descripción de las pruebas y comprobaciones llevadas a cabo por el técnico competente durante la fase de calificación energética.

Según el artículo 9 de este real decreto, los certificados de eficiencia energética deben ser suscritos por un técnico competente. El certificado de eficiencia energética de proyecto debe quedar incorporado al proyecto de ejecución del edificio.

 **Definición**

Técnico competente

Técnico que esté en posesión de cualquiera de las titulaciones académicas y profesionales habilitantes para la redacción de cualquiera de los proyectos de edificación o para la dirección de obras y dirección de ejecución de obras de edificación, según lo establecido en la Ley 38/1999, de 5 de noviembre, de Ordenación de la Edificación, o para la suscripción de certificados de eficiencia energética.

En el artículo 14 se establecen los **criterios** que las administraciones públicas tendrán en cuenta a la hora de establecer **incentivos financieros** para la mejora de la eficiencia energética en la reforma energética, siendo:

- La eficiencia energética de los equipos o materiales utilizados en la reforma serán instalados por un instalador con el nivel pertinente de certificación o cualificación.
- Los valores estándar para el cálculo del ahorro de energía de los edificios.
- Los resultados de una auditoría energética.
- Los resultados de otro método pertinente, transparente y proporcionado que muestre la mejora en la eficiencia energética.

La validez máxima del certificado de eficiencia energética será de 10 años, menos para los edificios con calificación energética "G", cuya validez máxima será de 5 años.

En la página web del Ministerio para la Transición ecológica y el Reto demográfico, en la sección **Energía → Energía y desarrollo sostenible → Eficiencia energética → Certificación,** está disponible el Registro de documentos reconocidos y las herramientas informáticas que facilitan el cumplimiento de este procedimiento básico. Alguno de los documentos y herramientas que contiene son:

- Procedimientos para la certificación de edificios en proyectos y terminados: herramientas informáticas para la calificación de la eficiencia energética de edificios.
- Modelo de Certificado de Eficiencia energética.
- Documento Calificación de la eficiencia energética de los edificios.
- Modelo de etiqueta de Proyecto.
- Modelo de etiqueta de Edificio terminado.

Modelo de etiqueta de calificación energética de Edificio terminado. Fuente: Modelo del documento reconocido Modelo de etiqueta del Edificio Terminado de la web del Ministerio para la Transición ecológica y el Reto demográfico.

7.2. Resolución de 25 de marzo de 2021, conjunta de la Dirección General de Política Energética y Minas y de la Oficina Española de Cambio Climático, por la que se publica el Acuerdo del Consejo de Ministros de 16 de marzo de 2021, por el que se adopta la versión final del Plan Nacional Integrado de Energía y Clima 2021-2030 (PNIEC)

El Plan Nacional Integrado de Energía y Clima 2021-2030 (PNIEC) refleja el compromiso y la contribución española al esfuerzo internacional y europeo para alcanzar una economía próspera, moderna, competitiva y climáticamente neutra en 2050. Los objetivos vinculantes fijados por la Unión Europea para 2030 son:

- 40 % de reducción de emisiones de gases de efecto invernadero (GEI) respecto a 1990.
- 32 % de renovables sobre el consumo total de energía final bruta.
- 32,5 % de mejora de la eficiencia energética.
- 15 % interconexión eléctrica de los Estados miembros.

El PNIEC identifica los retos y oportunidades a través de cinco dimensiones: la descarbonización, incluidas las energías renovables; la eficiencia energética; la seguridad energética; el mercado interior de la energía; y la investigación, innovación y competitividad. Teniendo en cuenta estas dimensiones, el PNIEC se ha desarrollado siguiendo los siguientes pasos:

1. Cumplimiento de manera adecuada y responsable con las exigencias derivadas del Acuerdo de París.
2. Interrelación y coherencia entre el PNIEC y la Estrategia de Descarbonización a Largo Plazo 2050, relacionando los enfoques a medio (2030) y largo (2050) plazo.
3. Este plan se presenta dentro del Marco Estratégico de Energía y Clima, acompañado la Ley de 7/2021, de 20 de mayo, de cambio climático y transición energética, la Estrategia de Transición justa y la Estrategia Nacional contra la Pobreza energética.
4. Constitución de la Comisión Interministerial de Cambio climático y transición energética.

5. Coordinación con las CC. AA. a través de la Comisión de Coordinación de políticas de cambio climático.

6. Proceso de participación, presentación y comunicación, a través de Consulta pública del PNIEC y reuniones, presentaciones y debates con entidades y organizaciones sociales, empresariales y medioambientales.

7. Adaptación a las presiones e impactos derivados del PNIEC, preservando el patrimonio natural, la diversidad biológica y los recursos hidráulicos.

8. Este plan se complementa con la Estrategia de economía circular.

9. Mantenimiento de la competitividad industrial.

10. Compromiso con la igualdad en los sectores implicados.

11. Conexión con la agenda de los Objetivos de Desarrollo Sostenible.

12. Formación adecuada y experta de los responsables de la elaboración del plan.

El PNIEC se divide en dos grandes bloques:

- **Primer bloque:** detalla el proceso, los objetivos, las políticas y medidas existentes y las necesarias para alcanzar los objetivos del Plan, el análisis del impacto económico, de empleo, distributivo y de beneficios sobre la salud.

- **Segundo bloque:** constituido por los anexos, integra la parte analítica donde se especifican las proyecciones, tanto del Escenario Tendencial (sin nuevas políticas) como del Escenario Objetivo (con el PNIEC) y las descripciones de los diferentes modelos que han permitido el desarrollo del análisis prospectivo, los cuales proporcionan robustez a los resultados.

La ejecución de este Plan transformará el sistema energético hasta una mayor autosuficiencia, aprovechando de manera eficiente el potencial de energías renovables existente en España, particularmente el solar y el eólico. Esta transformación reducirá la dependencia de los combustibles fósiles, se diversifica las fuentes de energía y suministro, aumentando la flexibilidad del sistema y proporcionando seguridad energética.

Uno de los objetivo en materia de rehabilitación energética de edificios recogido en este plan, es la Mejora de la eficiencia energética (renovación de instalaciones térmicas de calefacción y ACS) de 300.000 viviendas/año de media, buscando alcanzar los 4.775,9 ktep de ahorro de energía final acumulado en el periodo 2021-2030.

Previsión indicativa anual de viviendas rehabilitadas energéticamente 2021-2030. PNIEC

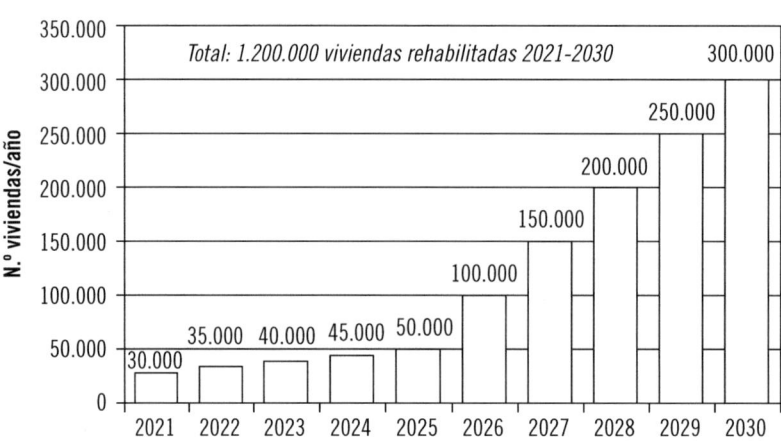

Para alcanzar este ahorro las acciones incluidas en el PNIEC se centran en la reducción de las emisiones de CO_2 y del consumo final de energía, mediante:

- **Mejoras de la Envolvente térmica de los edificios.** Esta acción reduce la demanda de calefacción y refrigeración de los edificios, pudiendo actuar sobre fachadas, cubiertas, suelos, carpinterías exteriores, vidrios y protecciones solares.
- **Mejoras de las Instalaciones Térmicas.** El ámbito de actuación son las instalaciones recogidas en el RITE: calefacción, climatización, producción de ACS y ventilación, mediante sustitución, reforma o instalación de nuevos equipos y sistemas, instalación de sistemas de enfriamiento, sistemas domóticos o de control y regulación.

Los mecanismos de actuación que facilitarán la consecución de los objetivos de ahorro previstos son:

- **Fiscalidad.** Analizando los beneficios que supone la mejora de la eficiencia energética de los edificios existentes en el sector residencial.

- **Medidas legislativas.** Adaptando la ley a las nuevas exigencias en eficiencia energética y energías renovables.
- **Programas de apoyo público.** Ayudas a fondo perdido y de financiación para mejorar la calificación energética de los edificios existentes.
- **Programas de financiación.** Instrumentos de financiación en colaboración con entidades financieras.
- **Formación.** Tanto de proyectistas, dirección facultativa y agentes encargados del control externo de la normativa energética, como de las entidades financieras.
- **Información.** Guías, buenas prácticas y manuales vinculados con la rehabilitación energética.
- **Comunicación**. Campañas específicas de información y comunicación.

8. Resumen

La aprobación del nuevo Código Técnico de la Edificación supuso un avance importante en el desarrollo de la energía solar térmica, obligando a su utilización en los nuevos edificios y en aquellos que se vayan a rehabilitar y cumplan las condiciones propuestas dentro del propio CTE.

El Código Técnico de la Edificación es el marco normativo que establece las exigencias que deben cumplir los edificios en relación con los requisitos básicos de seguridad y habitabilidad establecidos en la Ley de Ordenación de la Edificación (LOE).

Al intento de acercar los beneficios energéticos del Sol al ciudadano, se suman también muchos ayuntamientos y corporaciones locales mediante ordenanzas.

Existe también un reglamento de seguridad y otro medioambiental.

El Reglamento de Instalaciones Térmicas en los Edificios (RITE) se desarrolla con un enfoque basado en prestaciones u objetivos, es decir, expresando los requisitos que deben satisfacer las instalaciones térmicas sin obligar al uso de una determinada técnica o material ni impidiendo la introducción de nuevas tecnologías y conceptos en cuanto al diseño.

Ejercicios de repaso y autoevaluación

1. El Real Decreto por el que se aprueba el Reglamento de Instalaciones Térmicas de los Edificios (RITE) es el:

    a. R. D. 1067/2007
    b. R. D. 1751/2007
    c. R. D. 1027/2007
    d. R. D. 155/2021

2. La exigencia básica HE 4 corresponde a...

    a. ... rendimiento de las instalaciones térmicas.
    b. ... la contribución mínima de energía renovable para cubrir la demanda de agua caliente sanitaria.
    c. ... la limitación de la demanda energética.
    d. ... las condiciones de las instalaciones térmicas.

3. Complete la siguiente oración:

El Código Técnico de la _____ es el marco normativo, aprobado por el Real Decreto _____, de 17 de marzo, que establece las exigencias básicas de _____ y habitabilidad recogidas en la Ley _____, de 5 de noviembre, de _____ de la Edificación.

Promueve el desarrollo de la _____, desarrollo e _____ y el fomento de nuevas _____ en el sector de la construcción.

4. ¿Cuál es el documento básico recogido en el CTE que se centra en el ahorro de energía?

    a. DB SE
    b. DB HR
    c. DB HS
    d. DB HE

5. ¿En qué fecha se aprobó la Ley 21/2013, de evaluación ambiental?

    a. 9 de diciembre
    b. 15 de noviembre
    c. 22 de julio
    d. 4 enero

6. ¿Con qué frecuencia se debe comprobar el nivel de aerobios como indicador de la probabilidad de proliferación de legionela en sistemas de agua sanitaria?

    a. Diariamente
    b. Mensualmente
    c. Trimestralmente
    d. Anualmente

7. Tras realizar una limpieza y desinfección provocada por un recuento de Legionella spp. superior a 1.000 UFC/L, ¿cuándo se debe realizar una nueva toma de muestra?

    a. Tras 60 días, como mínimo
    b. En los 10 días posteriores
    c. Entre 15 y 30 días tras la limpieza y desinfección
    d. No es necesario realizar una nueva toma de muestra

8. Complete la siguiente oración.

El RITE establece las exigencias de _____ energética y _____ que deben cumplir las _____ destinadas a atender la demanda de bienestar _____ e _____ de las personas, durante su diseño y _____, ejecución, _____ y uso, así como determinar los _____ que permitan acreditar su cumplimiento.

9. ¿Cuál no es un requisito que debe cumplir las instalaciones térmicas de los edificios relacionado con la exigencia técnica "Bienestar e higiene"?

    a. Calidad del aire interior
    b. Contabilización de consumos
    c. Calidad del ambiente acústico
    d. Higiene

10. ¿Qué Real Decreto aprueba el procedimiento básico para la certificación de la eficiencia energética de los edificios?

    a. R. D. 235/2015, de 5 de abril.
    b. R. D. 841/2022, de 24 de marzo.
    c. R. D. 391/2013, de 7 de julio.
    d. R. D. 390/2021, de 1 de junio.

Capítulo 6

Representación simbólica de instalaciones solares

Contenido

1. Introducción

En este capítulo se analizará en profundidad lo que es el sistema diédrico y el croquis y se verá la representación en perspectiva de las instalaciones solares térmicas.

Por otro lado, se hará un repaso por toda la simbología hidráulica y eléctrica, la representación de los circuitos eléctricos y el esquema unifilar y multifilar.

Por último, se verán los esquemas y diagramas simbólicos funcionales y cómo interpretar planos de instalaciones de edificios.

2. Sistema diédrico y croquizado

Una correcta representación de un objeto debe permitir que se defina de forma exacta su geometría (sus formas) y dimensiones (sus medidas). Esto es posible gracias a los diferentes sistemas de representación existentes.

2.1. Sistema diédrico

El sistema diédrico se basa en la proyección paralela y ortogonal de modo simultáneo sobre dos planos de referencia perpendiculares llamados planos de proyección. Uno de ellos se conoce como plano de proyección vertical y el otro como plano de proyección horizontal.

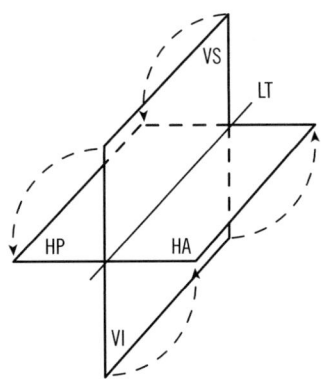

La dirección perpendicular al plano vertical proyecta un punto del espacio sobre él, de igual modo que la dirección perpendicular al plano horizontal lo proyectará sobre este.

En este sentido, se establece un sistema en el que dos proyecciones definen inequívocamente puntos del espacio y recíprocamente donde todo punto del espacio puede ser de hecho representado sobre dos planos ilimitados. Para convertir estos dos planos en uno solo, el del dibujo, se recurre a abatir el plano vertical alrededor del eje que constituye la intersección de ambos (línea de tierra) hasta conseguir hacerlo coincidir con el plano horizontal sobre el que se representa.

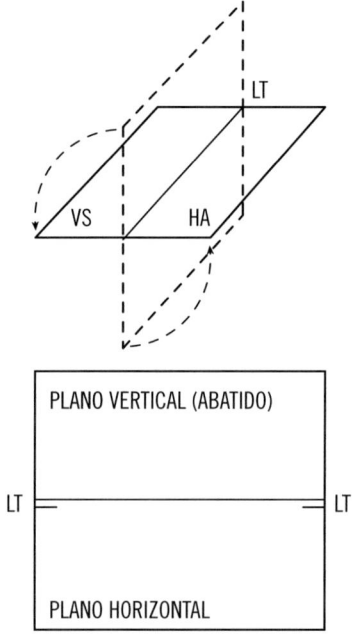

 **Definición**

Abatimiento
Giro en torno a una recta que puede ser la intersección de dos planos.

La distancia del objeto al plano de proyección no modifica el resultado de esta, siendo la posición relativa respecto a la dirección de proyección la causa de ella. Segmentos y figuras situados en un plano paralelo al de proyección quedarán representados en su verdadera forma y magnitud. Cualquier otro segmento se expresará gráficamente con una longitud reducida dependiente de su inclinación respecto del plano correspondiente. Por ello se procura, en general, aplicar este sistema a los cuerpos cuyas direcciones principales se encuentren sobre planos horizontales, paralelos.

En el sistema diédrico, un punto aparece representado por sus distancias a los planos de proyección. La distancia al plano vertical se representa sobre el horizontal como distancia entre la línea de tierra y la proyección horizontal del punto (alejamiento), en su verdadera magnitud. La distancia al plano horizontal en realidad es la distancia, sobre el plano vertical, que se puede medir entre la proyección vertical del punto y la línea de tierra (cota), en su verdadera magnitud.

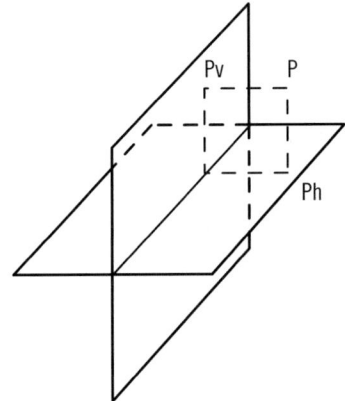

Otro problema será el de determinar el verdadero tamaño de los segmentos oblicuos al plano de proyección: para ello se ha de recurrir al abatimiento. El abatimiento en la práctica se realizará girando el plano oblicuo, que contiene el segmento, alrededor de su intersección con el plano de proyección hasta que aquel se superponga sobre él. Este segmento abatido mantiene su verdadera magnitud, esto es, la magnitud del segmento en el espacio.

Quizá, la mayor utilidad que se puede atribuir a este sistema de representación es la que ataña a los objetos que se pueden comprender, por estar estructurados así en el espacio, según dos planos ortogonales. Su aplicación en el campo industrial y de las ingenierías es frecuente, así como para la arquitectura, y es mecanismo de expresión para cualquier construcción que pretenda comunicar descriptivamente los aspectos más singulares del objeto con una gran precisión y exactitud métrica.

Para situar la posición de cualquier objeto en el espacio, hay que referirlo a una estructura preestablecida, compuesta por los siguientes elementos:

- Dos planos perpendiculares, conocidos como *planos de proyección,* que dividen el espacio geométrico en cuatro cuadrantes o diedros convexos, situados respecto a aquellos que pudiesen configurar el objeto y leídos en un sentido contrario a la agujas del reloj.

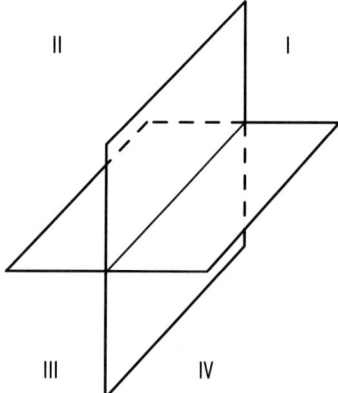

- La recta de intersección entre estos planos de proyección se llama *línea de tierra.* Se representa como una recta con dos guiones.

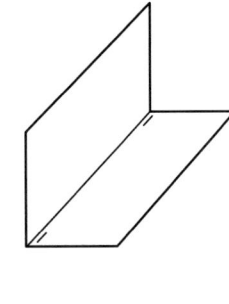

- *Punto,* que vendrá definido por sus dos proyecciones sobre estos planos.
- En determinados casos, no será suficiente con las dos proyecciones para definir un objeto totalmente, necesitando recurrir a un tercer plano de proyección, ortogonal a los otros y llamado *plano de perfil.* Este nuevo plano puede ser exterior al objeto, en cuyo caso sirve para determinar sobre él una nueva proyección, o bien pasar por él, en cuyo caso lo secciona. Determinará una representación del objeto cortado por dicho plano.

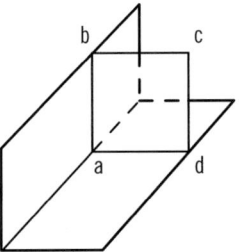

- *Planos bisectores* son aquellos que, conteniendo a la línea de tierra, dividen a los diedros en partes iguales, son comunes a dos de estos, siendo el primero bisector del primer diedro y del tercero, y el segundo bisector, común al segundo y cuarto diedro.

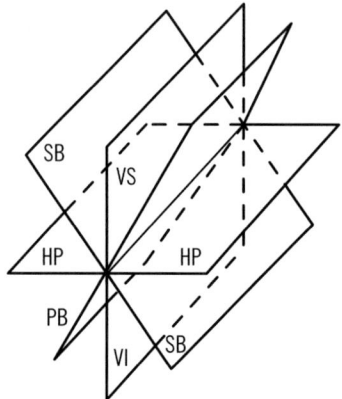

Gaspard Monge, geómetra francés, fue quien codificó el estudio y mecanismo del sistema diédrico.

Además de los elementos previamente definidos, convendría precisar algunos aspectos de diferenciación específica. Puesto que un punto exterior a un plano mantiene una sola perpendicular al plano mismo y todo punto real tiene una sola proyección ortogonal sobre cada plano de proyección, en la práctica, sobre cada plano de referencia horizontal se construirán plantas, y sobre cada plano vertical, alzados.

A continuación, se verán los elementos esenciales con los que se opera en el sistema diédrico.

El punto

La proyección ortogonal de un punto del espacio P es el pie de la perpendicular trazada por el punto al plano.

En el sistema diédrico, un punto queda totalmente definido cuando se conocen sus dos proyecciones, puntos también, que son los pies de las perpendiculares trazadas por el punto dado a los planos de proyección. En la siguiente figura, P, es el punto del espacio y p p' son respectivamente sus proyecciones horizontal y vertical designadas estas con las letras minúsculas correspondientes y la vertical afectada con una coma en su parte superior derecha, leyéndose "prima", o sea, p prima sería el nombre de p'.

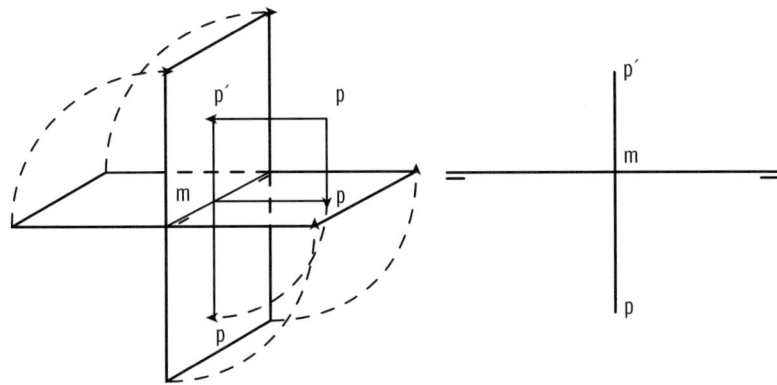

Al ser P p y P p' perpendiculares a los planos de proyección, el plano que determinan lo es también a los referidos planos y a LT, en el punto m. Al abatir el plano H que contiene a p, proyección horizontal, esta describe un arco de 90° hasta situarse en el semiplano vertical inferior, por lo que la condición que deben reunir las proyecciones diédricas de un punto es que el segmento que las une sea perpendicular a la línea de tierra. En la figura anterior se observa, que si por p p', que son las proyecciones diédricas del punto, se trazan perpendiculares a LT, estas se encontrarán en un mismo punto, m, de la mencionada línea de tierra.

Cota y alejamiento

Se llama cota u ordenada de un punto a la distancia del mismo al plano H. Alejamiento es la distancia del punto al plano V.

De la simple inspección de la figura anterior se deduce que su cota P p es igual a p' m, distancia de la proyección vertical a la línea de tierra, y que su alejamiento P p' es igual a p m, distancia de proyección horizontal a la línea de tierra.

Tanto la cota como el alejamiento pueden ser positivos, nulos o negativos.

Todos los puntos situados por encima del plano horizontal (1º y 2º diedros) tienen cota positiva, los contenidos en dicho plano cota nula, y los situados por debajo (3º y 4º diedros), negativa.

Respecto al plano vertical, los puntos situados delante (pertenecientes a los diedros 1º y 4º) tienen alejamiento positivo, si pertenecen a dicho plano su alejamiento es nulo, y si se hallan situados posteriormente al plano (diedros 2º y 3º) el alejamiento será negativo.

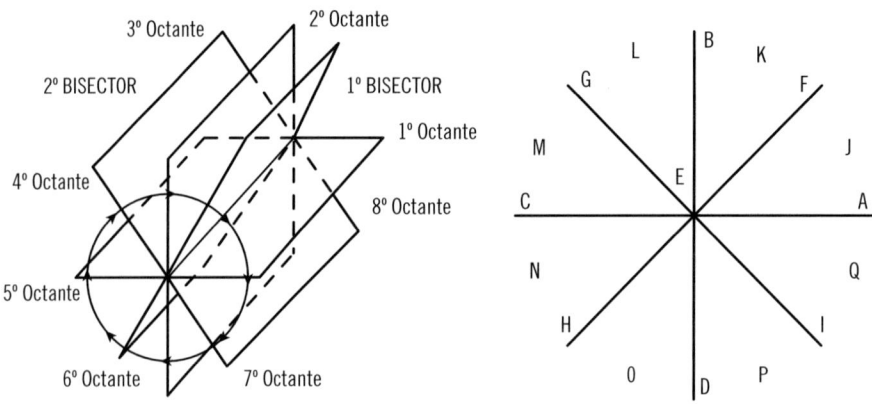

Plano bisector

Se denomina plano bisector de un ángulo diedro al plano que, pasando por la arista, contiene la bisectriz del ángulo rectilíneo correspondiente al diedro. Tal y como se ha visto anteriormente, los planos que constituyen el sistema diédrico forman cuatro diedros rectos, opuestos por la arista LT dos a dos, luego solo existen dos planos bisectores, que se denominan primer bisector y segundo bisector. El primer bisector atraviesa al primer y tercer diedro, y el segundo bisector pertenece al segundo y cuarto.

Los planos bisectores dividen a los diedros en dos partes iguales llamadas octantes. Por tanto, los dos bisectores junto con los planos de proyección dividen al espacio en ocho octantes cuyo orden y numeración se expresa en la anterior figura.

Alfabeto del punto

Las diversas posiciones que puede ocupar un punto en el espacio respecto a los planos de proyección y a los bisectores, así como las proyecciones que les corresponden en cada caso, reciben el nombre de alfabeto del punto.

Estas posiciones son 17, las cuales están representadas en la anterior figura, cuyo estudio completo se inicia seguidamente.

Planos situados en los puntos de proyección

Si el punto está situado en alguno de los planos de proyección, la proyección del mismo en el plano al cual pertenece se confunde con el propio punto, y la otra proyección se encuentra siempre en la línea de tierra, puntos A, B, C y D. El punto E se halla situado en la línea de tierra y, por consiguiente, pertenece a ambos planos y a ambos bisectores, por lo que sus proyecciones se confunden ambas con el propio punto.

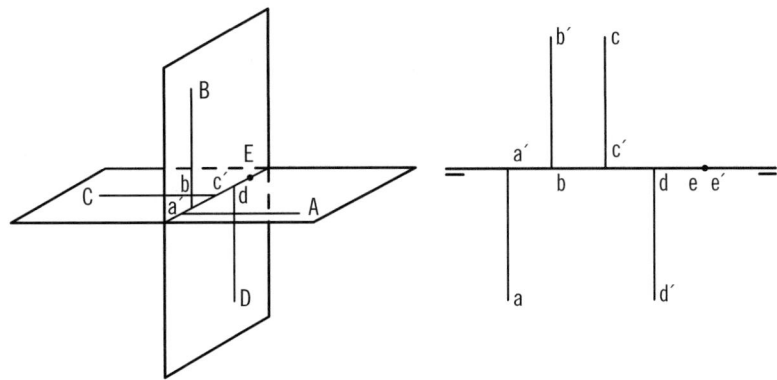

■ El punto A tiene cota nula y alejamiento positivo.
■ El punto B tiene cota positiva y alejamiento nulo.
■ El punto C tiene cota nula y alejamiento negativo.
■ El punto D tiene cota negativa y alejamiento nulo.
■ El punto E tiene cota y alejamiento nulos.

En la figura de la derecha están representadas las proyecciones de estos puntos respecto a la línea de tierra.

Puntos situados en los planos bisectores

Todo punto situado en el plano bisector equidista de los planos del diedro correspondiente, por la misma razón que cualquier punto situado en la bisectriz de un ángulo equidista de los lados del mismo. Según esto, sus proyecciones estarán equidistantes de la línea de tierra, por lo que se puede concretar que, los puntos situados en los bisectores, tienen sus proyecciones a igual distancia de LT.

Estarán una a cada lado de LT si pertenecen al primer bisector (primer y tercer diedro). Si, además de pertenecer al primer bisector, corresponde al primer diedro, punto F, la proyección vertical estará por encima de LT y la horizontal por debajo. El punto H, situado también en el primer bisector, pero perteneciente al tercer diedro, tendrá sus proyecciones invertidas respecto al anterior, es decir, la horizontal por encima de LT y la vertical por debajo.

Las proyecciones de los puntos G e I, situados en el segundo bisector (segundo y cuarto diedro) estarán coincidentes en un solo punto respecto a LT, por encima, si el punto, además de hallarse en el segundo bisector, pertenece al segundo diedro (punto G) y debajo de LT si, hallándose en el mismo bisector, corresponde al cuarto diedro (punto I).

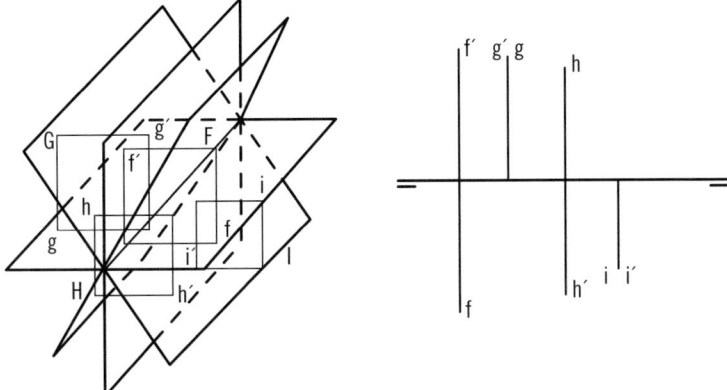

- El punto F (primer bisector, primer diedro) tiene cota y alejamiento iguales y positivos.
- El punto H (primer bisector, tercer diedro) tiene cota y alejamiento iguales y negativos.
- El punto G (segundo bisector, segundo diedro) tiene cota positiva y alejamiento negativo, ambos iguales.
- El punto I (segundo bisector, cuarto diedro) tiene cota negativa y alejamiento positivo, ambos iguales.

 Aplicación práctica

De los siguientes puntos, ¿cuál tiene cota negativa y alejamiento distinto y negativo?

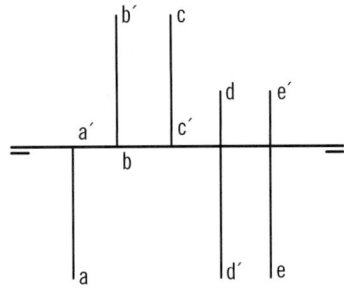

Continúa en página siguiente >>

<< Viene de página anterior

SOLUCIÓN

El punto D.

Puntos situados en los octantes

Cuando los puntos no se hayan situados en los planos de proyección ni en los bisectores, estarán situados en el espacio entre los planos que forman los diedros, y como estos ya se sabe que quedan divididos en dos espacios iguales por los bisectores, los puntos se hallarán en los octantes cuyas posiciones se estudiarán a continuación.

Todos los puntos situados en los octantes tendrán siempre una cuota y alejamiento desiguales, siendo estas coordenadas una positiva y otra negativa, ambos datos positivos, o ambos negativos, según al octante a que pertenezcan. Estos puntos son: J, K, L, M, N, O, P y Q, los cuales están representados en la posición que ocupan en el espacio en la siguiente figura en la representación de la izquierda.

En la figura de la derecha, dichas representaciones son las que corresponden a los mencionados puntos respecto a LT.

El punto J, situado en el primer octante, tiene cota y alejamiento positivos, siendo aquella menor que este. Respecto a la línea de tierra, su proyección vertical (j') estará por encima y más próxima a dicha línea, que la proyección horizontal (j), que estará por debajo y más distante.

El estudio de la siguiente figura será suficiente para determinar respecto a LT las proyecciones de los restantes puntos. No obstante:

- El punto K (segundo octante) tiene cota y alejamiento positivos, siendo aquella mayor que este.

■ El punto L (tercer octante) tiene cota positiva y alejamiento negativo, siendo aquella mayor que este.

■ El punto M (cuarto octante) tiene cota positiva y alejamiento negativo, siendo aquella menor que este.

■ El punto N (quinto octante) tiene ambos datos negativos, y su cota menor que su alejamiento.

■ El punto O (sexto octante) tiene ambos datos negativos, su cota mayor que su alejamiento.

■ El punto P (séptimo octante) tiene cota negativa y alejamiento positivo, siendo aquella mayor que este.

■ El punto Q (octavo octante) tiene cota negativa y alejamiento positivo, siendo aquella menor que este.

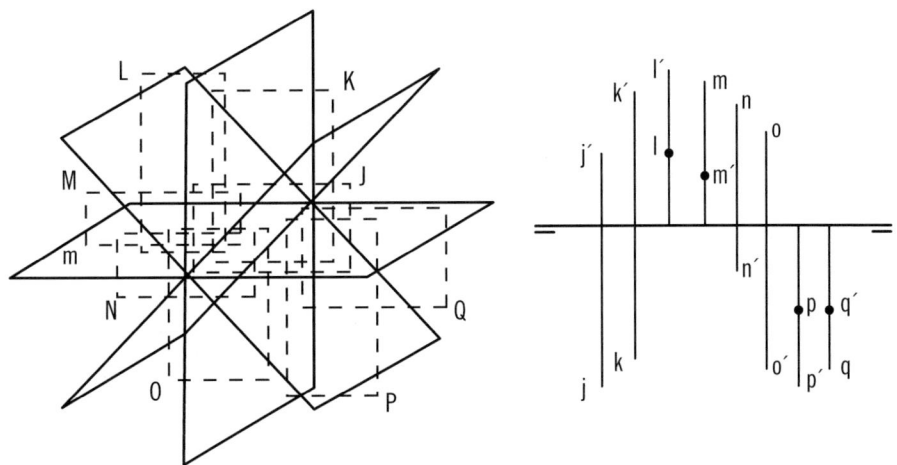

Resumiendo, todos los puntos pertenecientes a los octantes en que interviene el plano H, es decir, 1°, 4°, 5° y 8°, tienen su cota menor que su alejamiento, y los pertenecientes a los octantes en que interviene el plano V, es decir, 2°, 3°, 6° y 7°, su alejamiento es menor que la cota. Ambos datos serán positivos, negativos o de signo distinto según el cuadrante a que pertenezca el punto, como anteriormente se ha visto.

No se puede concluir el estudio del alfabeto del punto sin indicar lo importante que es su completo conocimiento, puesto que del mismo se derivan los restantes elementos: rectas, planos, volúmenes, etc. Es muy conveniente dedicarle una atención especial para conocer, de una forma inmediata, la posición que ocupa un punto dadas sus proyecciones diédricas, así como determinar las proyecciones en función de la posición que tiene en el espacio. Se aconseja no proseguir el estudio sin tener un dominio total de este elemental tema.

La recta

En geometría, la recta es un elemento unidimensional, formada por una serie infinita de puntos dispuestos en una sola dirección. Para representarla, se utilizan sus proyecciones sobre el plano vertical y el plano horizontal de uno de sus puntos iniciales y finales.

Posiciones particulares de una recta respecto a un plano

Antes de iniciar el estudio de la representación de la recta en el sistema diédrico hay que conocer las posiciones que esta puede adoptar respecto a un plano. Estas posiciones son tres:

1. Paralela. (R)
2. Perpendicular. (S)
3. Inclinada. (T)

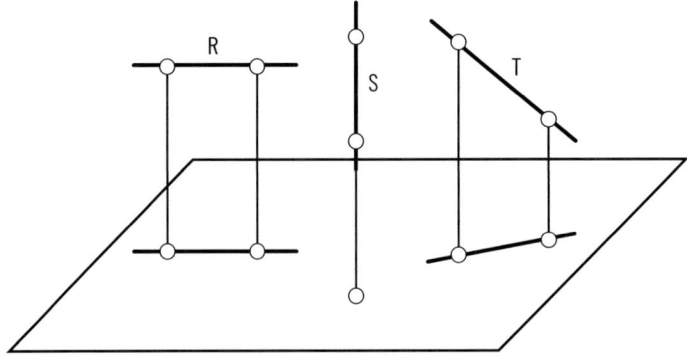

Proyecciones de una recta

La proyección de una recta sobre un plano será otra recta obtenida por las proyecciones de todos los puntos de aquella.

No obstante, no será necesario obtener las proyecciones de todos sus puntos para determinar la proyección de la recta, ya que es suficiente efectuarlo con dos de ellos, uniendo las proyecciones de estos entre sí.

En el dibujo anterior se observa que:

■ En el caso de la recta R, paralela al plano, su proyección r será paralela a la recta, puesto que los dos puntos tienen igual cota.
■ La recta S, perpendicular al plano, se proyectará en el mismo por un punto, s, ya que en este punto precisamente están coincidentes las proyecciones de los dos puntos elegidos de la recta, por encontrarse ambos en la misma perpendicular al plano.
■ Por último, la recta T, inclinada al plano, se proyectará en el mismo en t, y en menor magnitud, (considerando los puntos de T como pertenecientes a un segmento, la proyección de ellos en t será otro segmento de menor magnitud).

Sabía que...

La palabra proyección proviene del latín *proiectio* (hacer delante).

En el sistema diédrico, las proyecciones de una recta serán también dos rectas (o una recta y un punto si fuese perpendicular a uno de los dos planos del sistema), obteniéndose sus proyecciones al efectuar las de dos de sus puntos sobre cada uno de los dos planos de proyección del sistema.

Trazas de una recta

La recta puede definirse por sus trazas. Se denominan trazas de una recta a los puntos en los cuales la recta corta a los planos de proyección. La intersección de la recta con el plano vertical será, por tanto, un punto situado en el plano vertical que se llama traza vertical y se designará con v', y su intersección con el plano horizontal será igualmente otro punto perteneciente a este plano que se llama traza horizontal y cuya designación será h.

Conocidas las trazas v' h de la recta R, se procede a obtener su proyección horizontal r. Recordando el caso estudiado en el alfabeto del punto (punto B), su traza vertical v' es un punto situado en dicho plano vertical y, por tanto, v' será el propio punto. Su proyección horizontal v se obtiene trazando por v' la perpendicular a la línea de tierra. Uniendo v con h está representada la proyección horizontal r, de la recta R del espacio. El plano que contiene a R y r se denomina proyectante horizontal de la recta, siendo su intersección con el horizontal de proyección, precisamente la proyección horizontal de la recta.

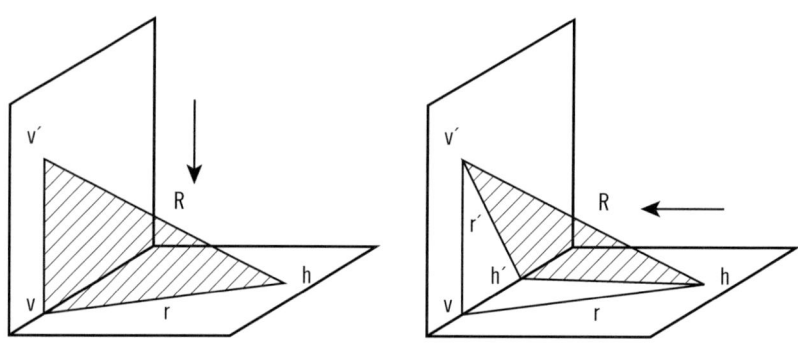

Obtenida ya una de sus proyecciones (la horizontal), se procede a obtener la vertical (figura de la derecha).

Recuerde

La proyección ortogonal de un punto del espacio P es el pie de la perpendicular trazada por el punto al plano.

Del mismo modo, su traza horizontal h es un punto perteneciente al plano horizontal (caso del punto A en el alfabeto del punto). Según ello, h es el propio punto del plano y su proyección horizontal, por lo que para obtener la proyección vertical del referido punto basta trazar por h una perpendicular a LT para determinar h'. Al unir h' con v' se obtiene la proyección vertical r' de la recta R del espacio. El plano que determinan R y r' será el plano proyectante vertical de la recta, y su intersección con el vertical de proyección será precisamente r', proyección vertical de la recta.

En la siguiente figura, está representada en el espacio una recta R y sus respectivas proyecciones. Es de observar que la recta al cortar a los planos de proyección (trazas) pasa de un diedro a otro. Una recta puede pasar como máximo por tres diedros.

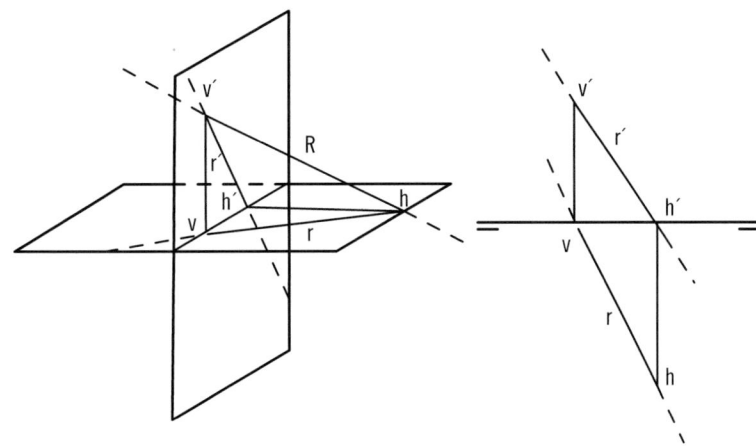

Trazas con los bisectores

Según se ha visto, la recta puede definirse por sus trazas, que son los puntos en los cuales corta a los planos de proyección, o puntos notables de una recta, pero como quiera que los bisectores dividen en dos espacio iguales a los diedros, también estos planos bisectores son cortados por la recta en unos puntos que se llaman *trazas con los bisectores,* siendo, asimismo, puntos notables de la recta. El punto en que la recta corta al primer bisector será siempre aquel de la recta que tenga igual cota que alejamiento, y sus proyecciones estén situadas sobre las proyecciones de la recta una a cada lado de la línea de tierra. El punto de intersección de la recta con el segundo bisector también tendrá siempre igual cota que alejamiento, pero en sus proyecciones aparecerán confundidas ambas en un solo punto, que es precisamente aquel en que se cortan las proyecciones diédricas de la recta. Para una más fácil y total compresión, recuérdense los casos de puntos situados en los bisectores estudiados en el alfabeto del punto. Las trazas con los bisectores se designarán por b1 y b2, para el primero y segundo, respectivamente, según se verá más adelante al estudiar estos casos.

Partes vistas y ocultas de una recta

Para determinar la parte vista y oculta de una recta se ha de tener presente que al observador se le supone siempre situado en el primer diedro, por lo que solo serán vistas las figuras situadas en él. En el caso de la recta que se ha elegido, en la figura anterior, solo será vista la porción de recta, segmento rectilíneo, comprendido entres sus trazas vertical v' y horizontal h. Estas trazas, por ser puntos de los semiplanos vertical superior y horizontal anterior, que son los que determinan el primer diedro, se denominan trazas vistas y, por consiguiente, el segmento v' h de la recta R será visto. Esta recta, a partir de su traza v', pasa al segundo diedro y, a partir de su traza h, pasa al cuarto. De ello se deduce que los puntos v' h, trazas vistas de la recta, son los que separan la parte vista de la parte oculta. En sus proyecciones diédricas, la parte vista, es decir, la correspondiente al primer diedro, se representa con trazo continuo grueso, y las partes ocultas, que son las de los diedros 2° y 4°, se representarán con líneas de trazos. La recta de la siguiente figura pasa por el 1°, 4° y 3° cuadrante.

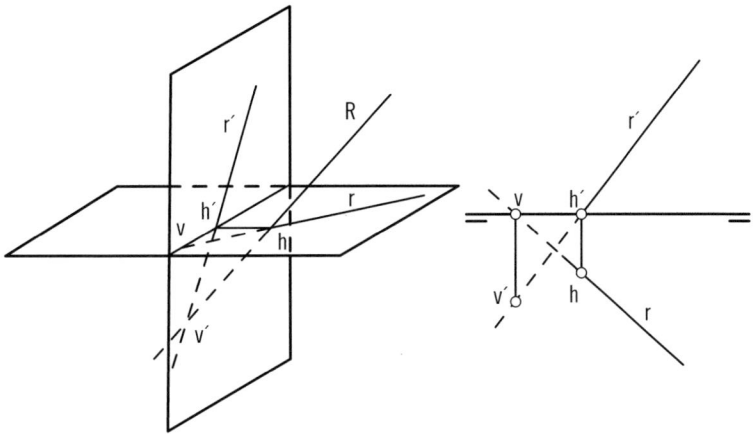

 **Nota**

El hecho de que en la representación de las vistas de una recta exitan una parte vista y otra oculta es debido a que la recta es un elemento infinito, que no acaba en el punto de intersección de esta con el plano, sino que se prolonga por el cuadrante oculto del sistema de representación.

Resumiendo todo lo expuesto, se puede concretar:

- Si son vistas las dos trazas de una recta, será visto el segmento determinado por ellas.
- Si una traza es vista y la otra oculta (por pertenecer esta a cualquiera de los semiplanos que no constituyen el primer diedro), la recta queda dividida en dos semirrectas con origen en su traza vista, siendo oculta la semirrecta que contiene a su traza oculta y vista la otra.
- Cuando las dos trazas de una recta son ocultas, la recta será oculta toda ella, es decir, no pasa por el primer diedro.

Determinación de las trazas de una recta conocidas sus proyecciones

Hasta ahora, se han obtenido las proyecciones de la recta conocidas sus trazas. Procediendo a la inversa, se trazarán perpendiculares a la línea de tierra por los puntos en que esta línea es cortada por las proyecciones dadas. Estas perpendiculares determinan en su intersección con las proyecciones correspondientes unos puntos que son las trazas de la recta.

Rectas que se cortan y rectas que se cruzan

Si dos rectas se cortan en el espacio, las proyecciones del mismo nombre han de cortarse en dos puntos contenidos en una misma perpendicular a la línea de tierra. Al hablar de estos dos puntos se está haciendo referencia a las dos proyecciones del punto de intersección de las rectas en el espacio, y no a dos puntos distintos, o también que, siendo la intersección de dos rectas un punto, las proyecciones del mismo serán los puntos de intersección de las correspondientes proyecciones de las rectas y han de encontrarse en una misma perpendicularidad a LT (figura de la izquierda).

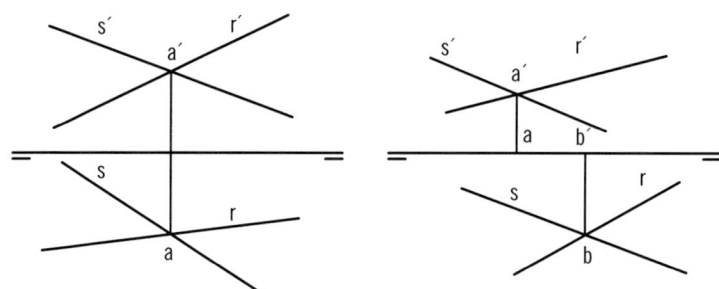

Según lo que se acaba de exponer, las rectas representadas en la figura de la derecha no pueden cortarse en el espacio, aun cuando sus proyecciones se corten. Se trata, por tanto, de dos rectas que se cruzan, puesto que el punto de intersección aparente no está situado sobre una perpendicular a la línea de tierra, por lo que a' b son proyecciones de puntos distintos.

Alfabeto de la recta

Las diversas posiciones que una recta puede adoptar en el espacio, respecto a los planos de proyección y a los bisectores, constituyen el alfabeto de la recta. Estas posiciones son 53, las cuales se estudiarán en distintos grupos, según la posición de esta respecto a los planos o a los bisectores.

Rectas paralelas a la LT (17 posiciones)

Siendo 17 las posiciones que constituyen el alfabeto del punto, serán otras tantas las posiciones de la recta. En la siguiente figura están representadas en el espacio las 17 posiciones del punto, por cada uno de los cuales pasa una recta paralela a LT.

Toda recta paralela a LT tiene siempre sus proyecciones paralelas a dicha línea.

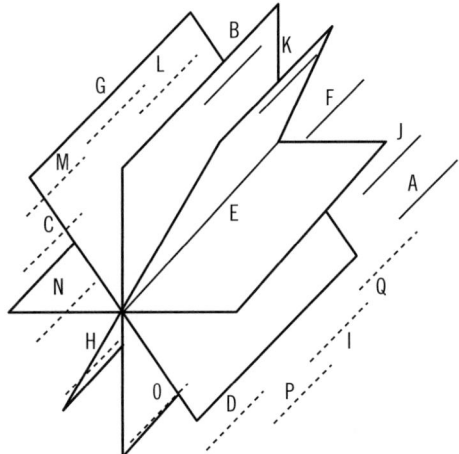

 Importante

Dos rectas que se cruzan no tienen ningún punto común entre ellas.

En la siguiente figura están representadas todas las proyecciones paralelas. Por ello, una vez obtenidas las proyecciones de las diversas posiciones del punto, se trazarán, por las mismas, rectas paralelas a LT. Las trazas de estas rectas serán un punto impropio, es decir, situado en el infinito.

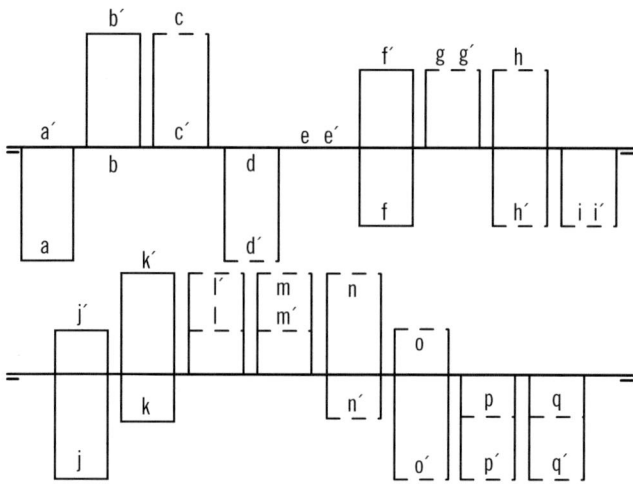

Rectas perpendiculares a los planos de proyección (6 posiciones)

Todas estas rectas cortarán a los bisectores determinando un punto en los mismos, denominado traza con los bisectores (B_1 con el 1er bisector y B_2 con el 2°).

Perpendiculares al plano H (Rectas A, B, C, 3 posiciones)

En la siguiente figura se muestran las diferentes posiciones que pueden tener las restas perpendiculares al plano H.

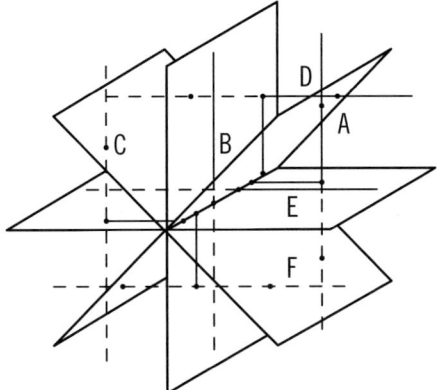

Estas rectas se hallan situadas por delante del vertical, contenidas en él y por detrás del mismo. Solamente tienen traza horizontal.

- **Recta A:** su traza es vista. Pasa del 1° al 4° diedro y las trazas con los bisectores son los puntos b1b'1 y b2 b'2. Es vista en el 1er diedro y oculta en el 4°. Su proyección horizontal es un punto a, que se confunde con el de su traza, h, con la proyección horizontal b1 de intersección con el primer bisector y con las proyecciones b2 b'2 horizontal y vertical, respectivamente, de la intersección con el 2° bisector.

- **Recta B:** está situada en el plano vertical. Su traza, h, es un punto de LT, que es su proyección horizontal b. Es vista por encima de LT y oculta por debajo.

- **Recta C:** su traza es oculta. Pasa del 2° al 3er diedro y las trazas con los bisectores son los puntos b1 b'1 y b2 b'2. Toda ella es oculta. Su proyección horizontal, c, es un punto que se confunde con el de su traza, h, con la proyección horizontal b1 de intersección con el 1er bisector y con las proyecciones b2 b'2 horizontal y vertical, respectivamente, de la intersección con el 2° bisector.

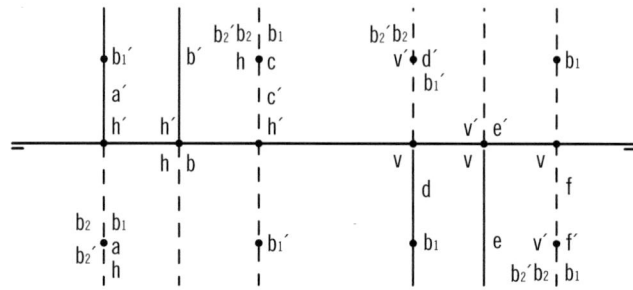

Perpendiculares al plano V (Rectas D, E, F, 3 posiciones)

Se encuentran situadas por encima del horizontal, contenida en él y por debajo del mismo, respectivamente. Solo tienen una traza, la vertical, ya que al ser perpendiculares al plano V, su traza con el H es un punto impropio.

- Recta D: su traza es vista. Pasa del 1° al 2° diedro.
- Recta E: situada en el horizontal. Su traza, v', es un punto de LT que es, asimismo, su proyección vertical e'. Es vista en el horizontal anterior y oculta en el posterior.
- Recta F: su traza es oculta, así como toda la recta, puesto que pertenece a los diedros 3° y 4°.

Rectas paralelas a los planos de proyección (6 posiciones)

Una recta es paralela a un plano de proyección cuando es paralela a una de las rectas del plano. Las rectas paralelas al plano, nunca lo cortan.

Existen infinitas rectas en los planos de proyección y también son infinitas las rectas paralelas a cada una de las rectas del plano. Todos los puntos de las rectas paralelas a uno de los planos de proyección están a la misma distancia y en su proyección se obtiene su verdadera magnitud.

Paralelas al plano H (Rectas A, B, C, 3 posiciones)

Para determinar las trazas de estas rectas con los bisectores se procesará como sigue. Con el 1er bisector se construye un ángulo con vértice en el punto donde cualquiera de sus proyecciones corta a LT igual al formado por esta línea y dicha proyección. Donde sea cortada la proyección de nombre contrario, se encuentra una de las proyecciones de la traza con el bisector. La traza con el 2º bisector estará determinada por la intersección de las dos proyecciones de la recta.

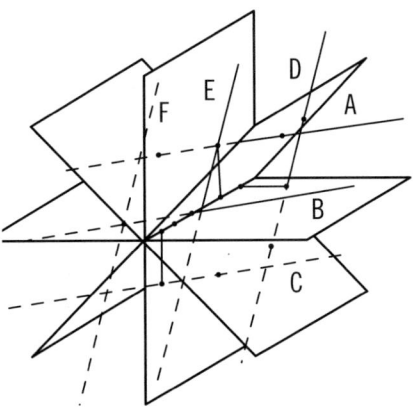

Se encuentran situadas estas rectas por encima, en el horizontal, y por debajo del mismo, respectivamente. Solamente tiene traza vertical, ya que la horizontal, por ser las rectas paralelas a dicho plano, será un punto impropio.

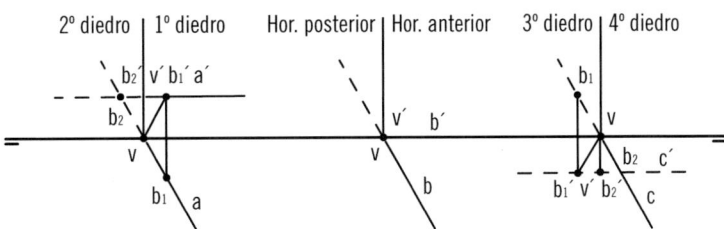

I **Recta A:** su traza es vista pasando del 1º al 2º diedro. A partir de su traza vista en el 1er diedro y oculta en el 2º. Su proyección vertical, a', es paralela a LT a una distancia igual a la de la cota de cualquier punto de la recta y la proyección horizontal, a, formará con LT un ángulo igual al que la recta forma con el plano vertical. Las trazas con los bisectores son los puntos b1 b'1 y b2b'2.

▪ **Recta B:** se encuentra situada esta recta en el plano horizontal. Su traza es un punto de LT a partir del cual es vista en el horizontal anterior y oculta en el posterior. Su proyección vertical, b', se confunde con LT, y la horizontal formará un ángulo con dicha línea igual al que forma la recta con el plano vertical.

▪ **Recta C:** su traza es oculta, así como toda la recta, pasando del 3º al 4º diedro. Su proyección vertical, c', paralela a LT, y situada por debajo, estará a una distancia igual a la de la cota negativa de cualquier punto de la recta, y la proyección horizontal, c, formará con dicha línea el mismo ángulo que la recta forma con el plano vertical. Las trazas con los bisectores son los puntos b1 b'1 y b2 b'2.

Paralelas al plano V (Rectas D, E, F, 3 posiciones)

Como puede apreciarse en la primera figura del apartado anterior, las rectas se encuentran situadas por delante, en la vertical, y por detrás del mismo, respectivamente. Del mismo modo que las tres anteriores, solo tienen una traza, en este caso la horizontal, ya que por ser las rectas paralelas al plano vertical, su traza con dicho plano es un punto impropio.

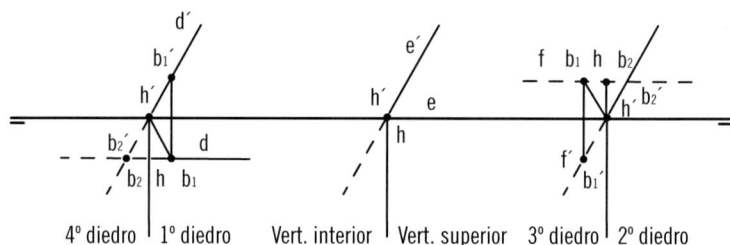

4º diedro ┆ 1º diedro   Vert. interior ┆ Vert. superior   3º diedro ┆ 2º diedro

▪ **Recta D:** su traza es vista. Pasa del 1º al 4º diedro.
▪ **Recta E:** situada en el plano vertical. Su traza es un punto de LT a partir del cual es vista en el vertical superior y oculta en el inferior.
▪ **Recta F:** su traza es oculta, al igual que toda la recta, ya que pertenece a los diedros 2º y 3º.

Estas tres rectas tienen sus proyecciones horizontales d, e, f, paralelas a LT a una distancia igual al alejamiento de cualquier punto de las respectivas rectas y las proyecciones verticales d', e', f', forman con LT el mismo ángulo que el formado por rectas con el plano horizontal.

Rectas oblicuas a los planos de proyección y que pasan por tres diedros (4 posiciones)

En la siguiente figura aparecen representados en el espacio los cuatro casos generales.

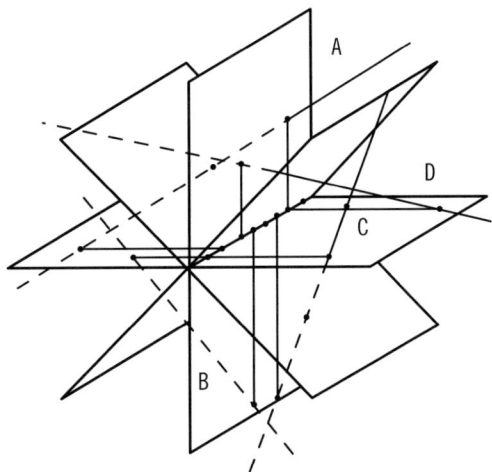

- **Recta A:** pasa por los diedros 1º, 2º y 3º, siendo vista a partir de su traza vertical v', en el 1er diedro. Su traza vertical v' es vista y la horizontal, h, oculta.
- **Recta B:** pasa por los diedros 2º, 3º, y 4º, siendo oculta toda ella. Sus dos trazas, por tanto, son ocultas.
- **Recta C:** pasa por los diedros 1º, 4º y 3º. A partir de su traza horizontal, h, es vista en el 1er diedro. Su traza horizontal, h, es vista, y la vertical, v', oculta.
- **Recta D:** pasa por los diedros 2º, 1º y 4º. El segmento determinado por sus trazas es visto por pertenecer al 1er diedro. Por tanto, sus dos trazas son vistas.

En sus proyecciones, se observa que la porción correspondiente al 1er diedro tiene su proyección vertical (a', c', d') (parte vista), por encima de LT, y su proyección horizontal (a, c, d), por debajo. La porción correspondiente al 3er diedro estará invertida en sus proyecciones respecto a la del 1er diedro. La porción de recta perteneciente al 2° diedro tiene sus dos proyecciones por encima de LT y la correspondiente al 4°, las dos por debajo de dicha línea.

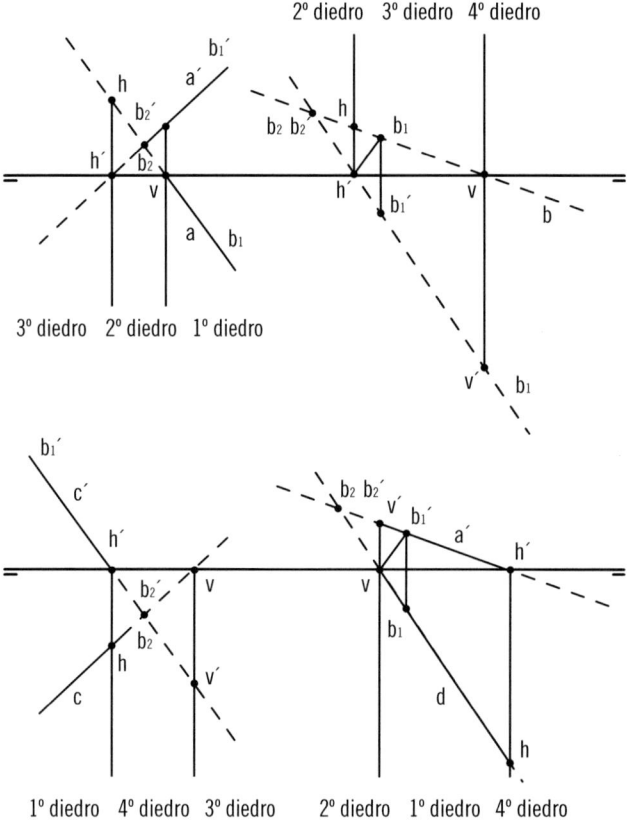

Al igual que en los casos estudiados anteriormente de rectas perpendiculares o paralelas a los planos de proyección, las trazas con los bisectores están designadas por los puntos b$_1$ b'$_1$ y b$_2$ b'$_2$.

Rectas oblicuas a los planos de proyección, que cortan a LT (4 posiciones)

Estas rectas pasan solo por dos diedros, ya que sus trazas son puntos pertenecientes a LT.

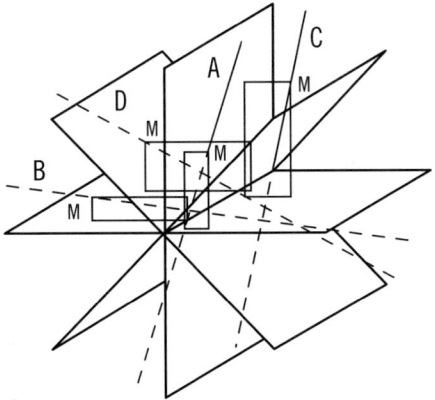

Perpendiculares a LT (Rectas A, B, 2 posiciones)

Dos son las posiciones que pueden tener las rectas perpendiculares a la LT, tal y como se indica a continuación:

- **Recta A:** pasa del 1° al 3er diedro. Al tener sus dos proyecciones confundidas, por ser perpendicular a LT, es una recta de perfil. Para definirla se hace uso de un punto del primer diedro (mm').
- **Recta B:** pasa del 2° al 4° diedro, por lo que toda ella es oculta, y al igual que la anterior, tiene sus dos proyecciones confundidas, definiéndola por un punto del segundo diedro (mm').

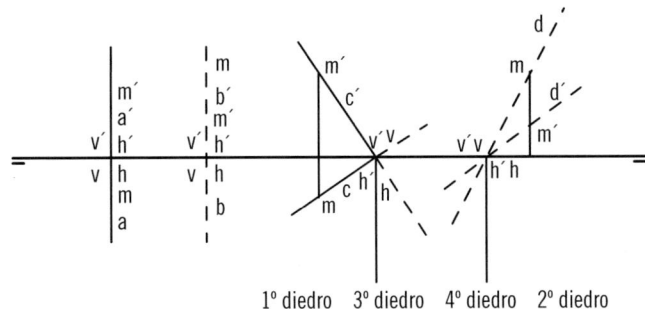

Importante

Siempre que una recta sea oblicua a uno de los planos del sistema diédrico, su proyección tendrá una parte vista y otra oculta.

Oblicuas a LT (Rectas C, D, 2 posiciones)

Dos son las posiciones que pueden tener las rectas oblicuas a la LT, tal y como se indica a continuación:

- Recta C: pasa del 1° al 3er diedro. Sus proyecciones se cortan en un mismo punto de LT, que es su traza.
- Recta D: pasa del 2° al 4° diedro. Toda ella es oculta y sus proyecciones se cortan en un mismo punto de LT, que es el de su traza.

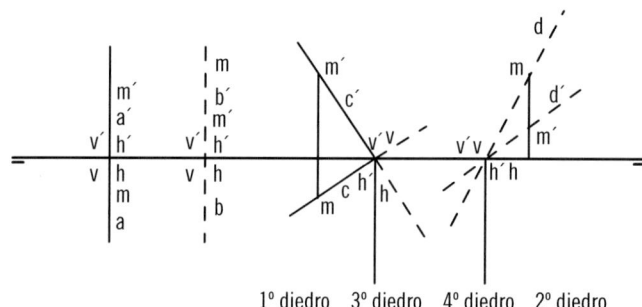

1° diedro   3° diedro   4° diedro   2° diedro

Rectas paralelas a los planos bisectores (6 posiciones)

Las rectas paralelas a los planos bisectores tienen en común que todos sus puntos, salvo uno, tienen distinta cota, origen y alejamiento. Las proyecciones, tanto vertical como horizontal, son oblicuas respecto de la línea de tierra, formando el mismo ángulo con ella.

Paralelas al primer bisector (Rectas A, B, C, 3 posiciones)

Estas rectas tienen la particularidad de que su traza con el 1er bisector es un punto impropio, ya que al ser paralelas al mismo solo pueden cortarlo en el infinito. Su traza con el 2° bisector será un punto cuyas proyecciones equidistan de LT y, además, por ser la traza un punto del 2° bisector, ambas proyecciones están confundidas.

Sus proyecciones han de formar el mismo ángulo con LT, y, además, una de sus proyecciones tiene que ser paralela a la simétrica de la otra, respecto a LT.

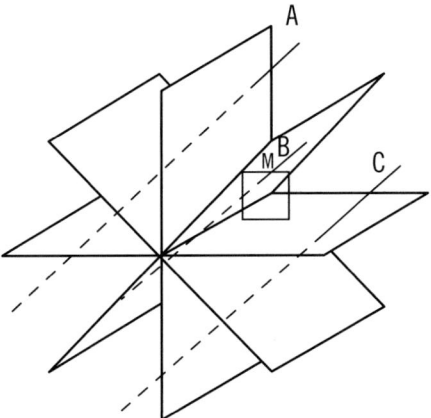

ı **Recta A:** situada por encima del 1er bisector, pasa por los diedros 1°, 2° y 3°. Sus trazas con los planos de proyección (h, v') equidistan LT. El punto donde se cortan sus proyecciones (b$_2$ b'$_2$) se encuentra situado por debajo de LT, ya que también pertenece al 4° diedro.

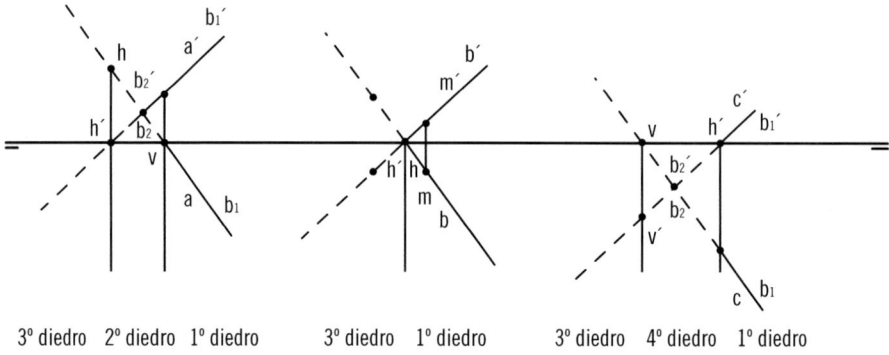

3° diedro   2° diedro   1° diedro   3° diedro   1° diedro   3° diedro   4° diedro   1° diedro

Paralelas al segundo bisector (Rectas A, B, C, 3 posiciones)

Estas rectas tienen su traza con el 2° bisector en el infinito, y siendo esta traza el punto donde ambas proyecciones se cortan, han de hacerlo en el infinito precisamente, luego las proyecciones de la recta paralelas al 2° bisector son paralelas entres sí, por lo que han de formar el mismo ángulo con la LT.

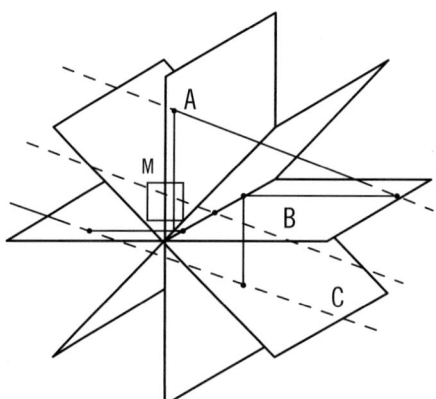

⏐ **Recta A:** situada por encima del 2° bisector, pasa por los diedros 2°, 1° y 4°. Sus trazas con los planos de proyección (h v') equidistan de LT, la vertical por encima y la horizontal por debajo. El punto b_1 b'_1 es el de intersección con el 1er bisector.

■ **Recta B:** se encuentra situada en el propio 2° bisector pasando por los diedros 2° y 4°. Su traza con los planos de proyección y con el 1er bisector es un punto de LT. Toda ella es oculta y ambas proyecciones están confundidas.

■ **Recta C:** situada por debajo del 2° bisector, pasa por los diedros 2°, 3° y 4°. Toda ella es oculta. Sus trazas con los planos de proyección (h v') equidistan de LT, la horizontal por encima y la vertical por debajo. El punto b_1 b'_1 es el de intersección con el 1er bisector.

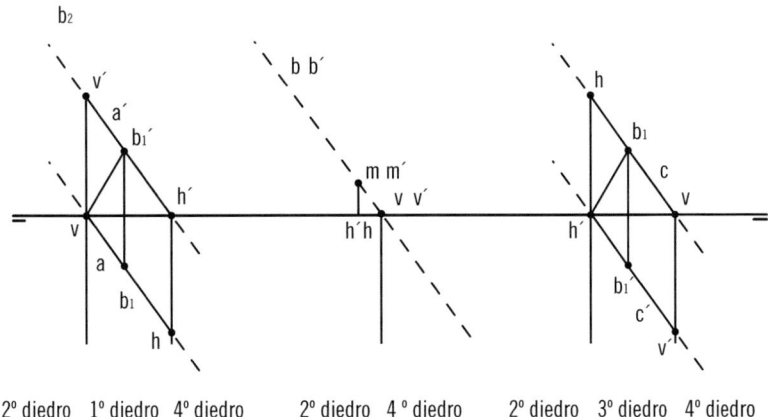

2° diedro 1° diedro 4° diedro   2° diedro 4° diedro   2° diedro 3° diedro 4° diedro

Definición

Punto del infinito
También llamado punto impropio, es el punto del infinito en el que se cortarían dos rectas paralelas.

Rectas de perfil (10 posiciones)

En todos estos casos, las proyecciones de las rectas se encuentran siempre en una misma perpendicular a la línea de tierra, al estar contenidas en un plano de perfil. Pueden ser perpendiculares u oblicuas a los bisectores. En el primer caso, las trazas equidistan de LT y en el 2º, no.

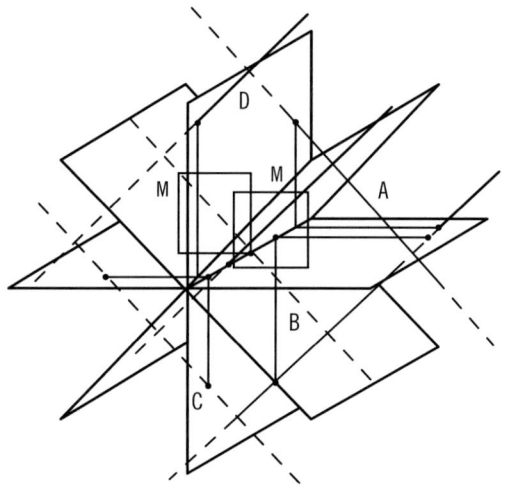

Perpendiculares a los bisectores (6 posiciones)

Las rectas que son perpendiculares a los planos bisectores pueden tener seis posiciones, tal y como se muestra a continuación:

■ Perpendiculares al primer bisector (rectas A, B, C, 3 posiciones):

  ı **Recta A:** situada por encima del 2º bisector y paralela al mismo. Es visible el segmento comprendido entre sus trazas, es decir, el perteneciente al 1er diedro.
  ı **Recta B:** se encuentra situada en el 2º bisector. Se determina por un punto M (mm') del 2º bisector. Es toda oculta.
  ı **Recta C:** paralela al 2º bisector, se encuentra situada por debajo del mismo. Toda ella es oculta por pasar por los diedros 2º, 3º y 4º.

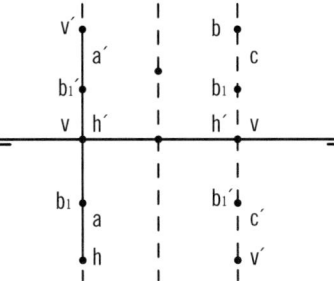

■ Perpendiculares al segundo bisector (rectas D, E, F, 3 posiciones):

- **Recta D:** situada por encima del 1er bisector y paralela al mismo. Es visible en el 1er diedro, pasando además por el 2° y 3°, en los cuales es oculta.
- **Recta E:** contenida en el 1er bisector. Al igual que la recta B, se indica por un punto M (mm') del 1er bisector. Es visible en el 1er diedro y oculta en el 2°.
- **Recta F:** paralela al 1er bisector, se encuentra situada por debajo del mismo. Es visible en el 1er diedro y oculta en el 4° y 3°.

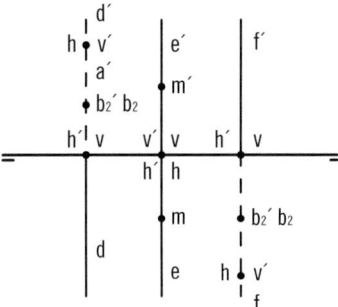

Trazas de la recta de perfil

Las trazas de una recta de perfil no pueden obtenerse por el procedimiento indicado para una recta oblicua cualquiera, puesto que sus dos proyecciones se encuentran en prolongación, por lo que cortan a la línea de tierra en un punto común. Se precisa, por tanto, realizar una operación denominada abatimiento.

Rectas de perfil oblicuas a los bisectores (Rectas A, B, C, D, 4 posiciones)

Como se ha mencionado anteriormente, estas rectas tendrán sus proyecciones en una misma perpendicular a la línea de tierra y sus trazas no están equidistantes de LT.

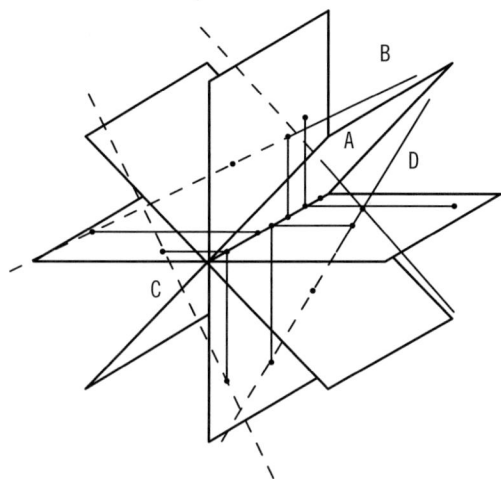

- **Recta A:** pasa por los diedros 1°, 2° y 4°, siendo visible en el 1°.
- **Recta B:** pasa por los diedros 1°, 2° y 3°, siendo visible a partir de su traza vertical en el 1er diedro.
- **Recta C:** pasa por los diedros 2°, 3° y 4°, por lo que toda ella es oculta.
- **Recta D**: corresponde a los diedros 1°, 4° y 3°, por lo que a partir de su traza horizontal es visible en el 1er diedro.

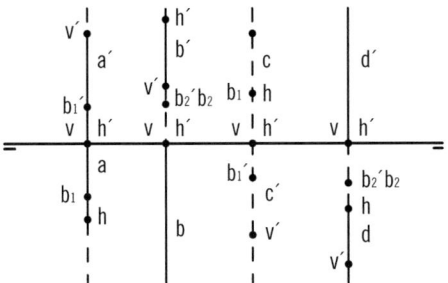

 Sabía que...

Euclides fue el padre de la geometría, que lleva su nombre "Geometría Euclídea", que es la que estudia las propiedades del plano y del espacio tridimensional.

El plano

Tal como se inició al hablar de las notaciones empleadas en los trazados de proyecciones, uno de los procedimientos empleados para representar a un plano es por medio de sus trazas.

Trazas de un plano

Se denominan trazas de un plano a las intersecciones de este con cada uno de los planos de proyección. Estas intersecciones serán rectas. Sea un plano cualquiera P, oblicuo a los dos de proyección. Este plano corta a los de proyección según las rectas M' N, la vertical y horizontal respectivamente, las cuales por consiguiente son sus trazas, vertical y horizontal. Como quiera que esas trazas son rectas contenidas en los planos vertical y horizontal, sobre ellas coinciden sus proyecciones vertical y horizontal respectivamente (m' n), y la otra proyección de cada una de ellas vendrá siempre situada sobre la línea de tierra (m n'). El plano dado corta a los que constituyen el diedro según dos rectas concurrentes, por lo que ambas trazas han de concurrir necesariamente en un punto de la línea de tierra.

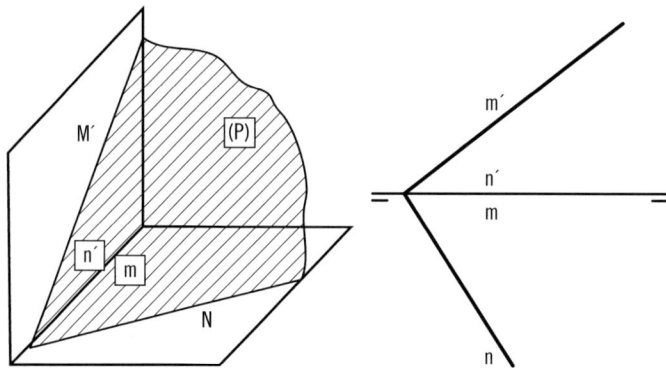

Obsérvese que en el caso estudiado se han designado a las trazas del plano con letras distintas (M, la vertical, y N, la horizontal). Teniendo en cuenta las notaciones citadas anteriormente, y siempre en aras de una mayor planificación, se prescinde de las proyecciones de las trazas situadas sobre la línea de tierra y se designarán la traza vertical (proyección vertical) y la traza horizontal (proyección horizontal) con la misma letra con que se haya designado al plano. Así, en la siguiente figura, el plano (P) del espacio tendrá por trazas P' P del plano. De aquí que, para obtener las proyecciones diédricas de un plano, se representarán solo las trazas P y P', donde se puede apreciar que se ha prescindido de la proyección horizontal de la traza vertical y de la proyección vertical de la traza horizontal.

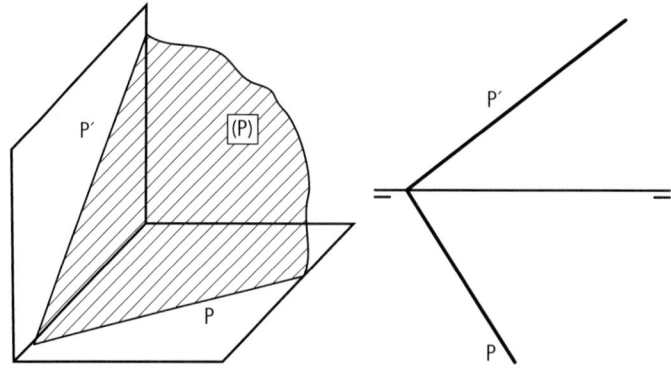

2.2. El croquis, el esquema y el plano

Tal y como se ha comentado en apartados anteriores, el dibujo técnico es la disciplina mediante la cual se representa de forma bidimensional y/o tridimensional de los diversos elementos que componen un equipo o instalación con el fin de que a partir de dicha representación sea posible definir de manera concisa su forma y sus características.

Dicha representación se puede realizar mediante diferentes documentos llamados croquis, esquemas y planos.

Croquis

El croquis es un dibujo del elemento, equipo o instalación que no está hecho a escala, realizado a mano alzada, pero que guarda cierta proporción con el objeto o concepto original sin la ayuda de instrumentos de dibujo como regla, compás, etc.

Esquema

El esquema es el dibujo que representa mediante símbolos una instalación, así como la interconexión entre los elementos que la componen y el suministro de energía. Para realizarlo se precisa de instrumentos de dibujo.

Plano

El plano es el dibujo realizado con la ayuda de instrumentos como reglas, plantillas, compás etc., y que representa las diferentes vistas de un objeto o instalación desde distintas posiciones, conteniendo acotaciones y realizado todo ello a una determinada escala.

3. Representación en perspectivas de instalaciones

El objetivo fundamental del dibujo técnico es la representación de elementos de tres dimensiones sobre un elemento material que posee solo dos, el papel, el encerado, etc.

La técnica se presenta siempre bajo dos aspectos: uno, la necesidad de representar objetos, instalaciones, etc., de forma que en ellas se puedan realizar modificaciones, reproducciones, verificar dimensiones, etc., y otra, en la cual solo se precisa mostrar unas ideas generales representativas de tales objetos a los fabricantes, clientes, etc.

En el primer caso, se podría realizar bien mediante el dibujo o la fotografía, si bien esta última no se suele emplear por los grandes problemas que presenta, sobre todo cuando se han de determinar dimensiones, no así, cuando se trata de facilitar la compresión a personas que desconocen por completo los sistemas de dibujo. En el segundo caso, no se puede emplear la fotografía por el simple hecho de que una idea no se puede plasmar fotográficamente.

Como consecuencia de todo ello, se hace necesaria la aplicación de una serie de sistemas que resuelvan todos estos inconvenientes. De ello se ocupan los diferentes sistemas de representación, cuyo fundamento se encuentra en la forma de proyectarse los cuerpos sobre diferentas planos.

Recuerde

El croquis es un dibujo que no está hecho a escala, pero que guarda cierta proporción con el objeto o concepto original.

3.1. Sistemas de representación

Todos los sistemas de representación se fundamentan en la *geometría descriptiva,* la cual es una parte de la geometría, que tiene como objetivo representar sobre el plano del dibujo los cuerpos del espacio, utilizando para ello las proyecciones. Todos ellos son absolutamente reversibles, de modo que pueda ser representado cualquier objeto, espacial o viceversa. Partiendo de un dibujo, es posible definir o imaginar ese objeto.

Los principales sistemas utilizados son: el sistema diédrico, el sistema de planos acotados, el sistema axonométrico y el sistema cónico. En este apartado se van a describir superficialmente los fundamentos del sistema de planos acotados de gran aplicación en representaciones terrestres, y el Cónico, muy aplicado en construcción y decoración.

Sistema de planos acotados

En este sistema, se considera un único plano de proyección en posición horizontal, coincidente con el plano del dibujo, denominado plano de comparación, en el que se utiliza la proyección ortogonal.

Sistema cónico

En este sistema se utiliza tanto la proyección cónica como la ortogonal.

La proyección cónica de un punto A del espacio será el punto de intersección del rayo proyectante que parte del punto V, donde se supone situado el observador, y dirigido al punto A, con el plano de dibujo. Ahora bien, para poder determinar este punto previamente hay que hallar la proyección V" del vértice de proyección, así como el A" proyección ortogonal del A. Uniendo V" con A", está la proyección del rayo V-A, que se cortará con él en el punto (A).

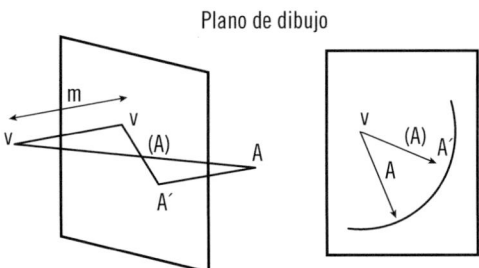
Plano de dibujo

Para los técnicos, presenta una mayor ventaja utilizar la perspectiva lineal, que no es sino la proyección cónica tratada de forma matemática. Consta de un plano horizontal H y otro vertical V, siendo este el plano del dibujo. También habrá que definir un plano horizontal en el cual deberá hallarse contenido el punto V y M proyección vertical V'' llamado plano horizonte, siendo su intersección con el plano V la línea de horizonte LH. En las siguientes figuras se muestra cómo hallar la perspectiva lineal del punto A y de una pirámide.

 **Definición**

Sistema axonométrico o perpectiva axonométrica

Es el sistema de representación gráfica que consiste en representar un elemento o volumen en un plato mediante su proyección, referida a tres ejes ortogonales.

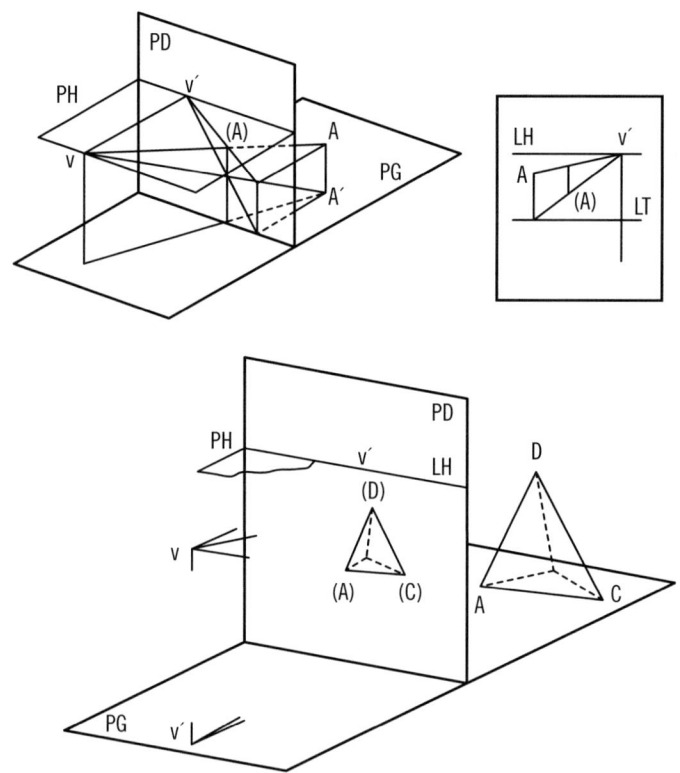

Sistema axonométrico

La proyección axonométrica se utiliza fundamentalmente cuando se quiere obtener una idea tridimensional de un objeto sobre un plano de dibujo. Para ello, se emplean los planos de proyección vertical, horizontal, así como uno de perfil, en los que, por lo general, se supone apoyada la pieza. Todo este conjunto se proyecta, a su vez, sobre un cuarto plano, oblicuo respecto de los anteriores y que se cortan en lo que se llama *triángulo de trazas.* La proyección obtenida sobre este cuarto plano es la proyección axonométrica.

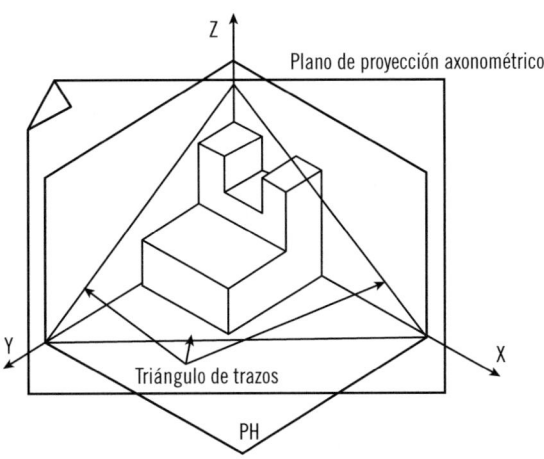

Sobre el triángulo de trazas se proyectan las trazas respectivas del V, H y plano de perfil que dan lugar a un sistema de ejes tridimensional y que, en definitiva, será sobre el que se trabaje.

En el sistema axonométrico, dependiendo del ángulo que forman entre sí los ejes del triángulo de trazas, se obtienen las siguientes variedades:

- Axonométrico – Isométrico, en el que los tres ángulos son iguales.
- Axonométrico – Dimétrico o monodimétrico, en el que dos ángulos son iguales y uno, desigual.
- Axonométrico – Anisométrico o trimétrico, en el que los tres ángulos son desiguales.

Todos los elementos que componen cualquier instalación, tienen que representarse utilizando la simbología normalizada existente.

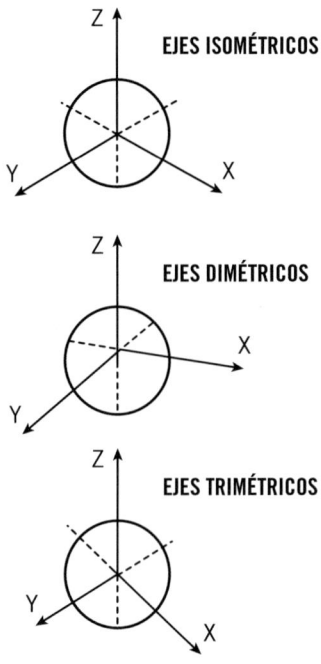

La proyección de estos tres ejes sobre el plano de dibujo irá afectada de unos coeficientes de reducción Ex, Ey, Ez, que tendrán que ser aplicados a cada una de las aristas paralelas a estos ejes.

En el caso de la proyección isométrica, los coeficientes empleados en cada eje serán iguales. En dimétrico, será el mismo para dos ejes, y, por último, en el caso del trimétrico, todos los coeficientes serán distintos.

Ejemplo de una instalación simplificada de agua caliente por energía solar. Perspectiva isométrica

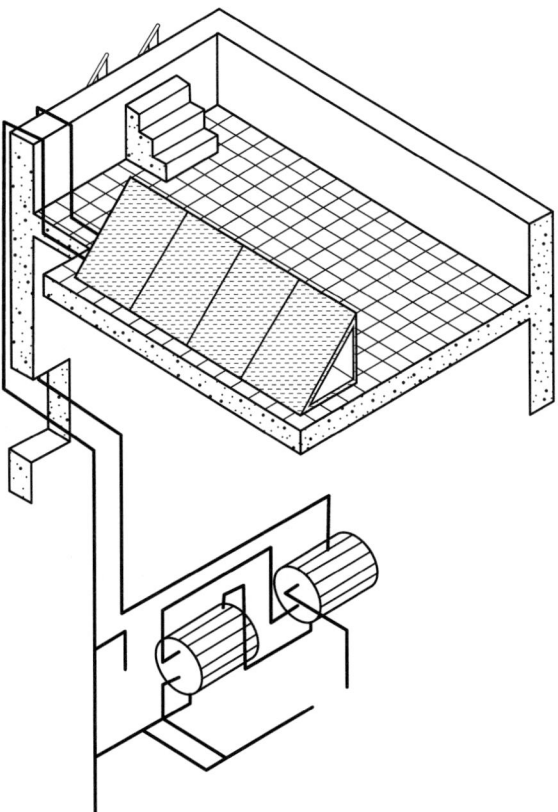

3.2. Representación de una instalación

Existen diferentes modos de representar una instalación, pero la más usual es mediante esquemas.

Un esquema es la representación bidimensional de una instalación mediante símbolos normalizados que representan sus componentes, así como la interconexión entre ellos y con los suministros de energía. Estos símbolos suelen ir acompañados de nomenclaturas que indican algunas de sus características.

Los esquemas tienen que ser fáciles de leer y universales, por lo que su diseño se rige mediante una serie de normas técnicas comunes.

Existen tantos tipos de esquemas como tipos de instalaciones, cada una de las cuales se representa con simbología específica.

Los esquemas pueden ser unifilares o simplificados y desarrollados.

Los esquemas unifilares se caracterizan por la representación del circuito, mediante una única línea que aporta una visión globalizada del equipo o instalación.

Los esquemas desarrollados muestran el equipo o instalación mediante el uso de simbología normalizada, conteniendo todas sus conexiones eléctricas, así como todos los enlaces que intervienen en su funcionamiento.

Esquemas de instalaciones solares térmicas

Las instalaciones solares térmicas, al incluir numerosos elementos, su representación tiene que incluir simbología de muchos tipos como hidráulica, eléctrica, de regulación y control, y de representación de elementos de construcción, además de los elementos propios como paneles solares, intercambiadores de calor o acumuladores. Esto hace que en la elaboración de los esquemas que representan a dichas instalaciones, haya que utilizar una cantidad notable de símbolos, que tal y como se ha comentado anteriormente han de ser universales y normalizados.

4. Simbología hidráulica

Las tuberías pueden ser representadas a escala o en forma esquemática. Los trazados a escala suelen realizarse cuando se trata de planos de grandes instalaciones, en los que las tolerancias son mínimas y, sobre todo, cuando los tubos vienen de taller y no son cortados en obra.

Aparte del sistema normal de representación en los dibujos de tuberías, existe otro tipo de representación que se conoce con el nombre de dibujo desarrollado de la tubería. En estos dibujos se giran las tuberías verticales hasta hacerlas coincidir con las horizontales en un mismo plano.

Todos los datos pueden indicarse sobre el dibujo o mediante cuadros explicativos.

Las representaciones esquemáticas, cuando no vayan acotadas, deben ir ajustadas a escala. En ellas, todos sus elementos irán representados por su símbolo correspondiente UNE 1062.

En dibujos esquemáticos, la línea representativa de la tubería debe ir con línea más gruesa que el resto.

Las cotas se dan con relación a los ejes de las tuberías en los dos tipos de dibujo –real y esquemático– siempre acompañadas de todos los datos necesarios.

Ejemplo de trazado esquemático

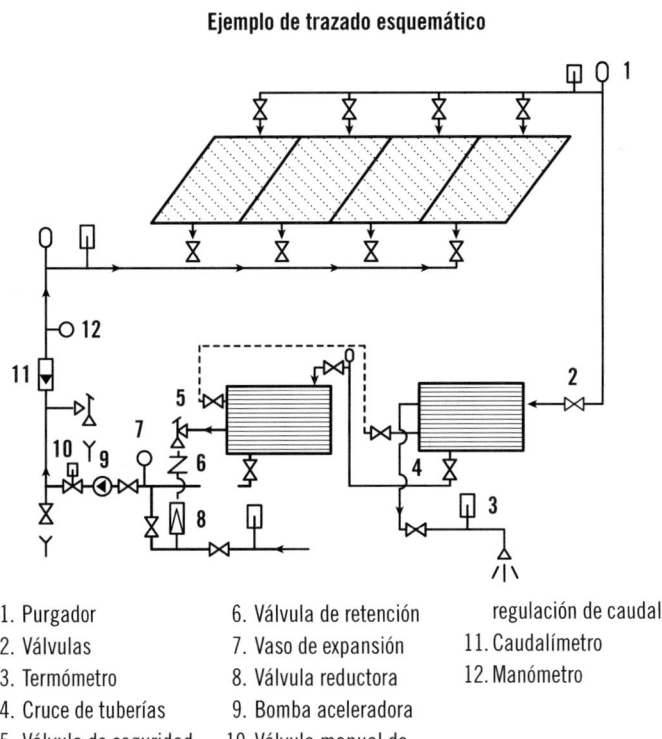

1. Purgador	6. Válvula de retención	regulación de caudal
2. Válvulas	7. Vaso de expansión	11. Caudalímetro
3. Termómetro	8. Válvula reductora	12. Manómetro
4. Cruce de tuberías	9. Bomba aceleradora	
5. Válvula de seguridad	10. Válvula manual de	

Al proyectar una instalación, ha de tenerse en cuenta la posible accesibilidad a cada uno de sus elementos manuales.

 **Definición**

Válvula

Elemento que manda o regula la puesta en marcha, el paro y la dirección, así como la presión o el caudal del fluido enviado por el compresor o almacenado en un depósito.

Para determinar la naturaleza de los fluidos que circulan por tuberías, la norma UNE 1063 establece un código de colores e indicaciones convencionales, asimismo, se usan algunos signos convencionales para indicar el peligro que pueda representar tal fluido o fluidos.

A continuación, se muestran los símbolos convencionales utilizados para representar tuberías incluidos en la norma UNE 1062:1952.

GRUPO	DENOMINACIÓN		SIGNO
Industria de calefacción y saneamiento	Tubo de calefacción liso	Horizontal	
	Grupo de tubos de calefacción lisos	Horizontal	
		Vertical	
	Tubo de aletas	Aislado	
	Grupo de tubos de aletas		
	Radiador		
	Colector de válvulas		
	Calentador de alimentación		CA
	Caja de agua caliente		CC

Continúa en página siguiente >>

<< Viene de página anterior

GRUPO	DENOMINACIÓN	SIGNO
Industria de calefacción y saneamiento	Toma de agua caliente	
Industria de calefacción y saneamiento	Ducha	
	Bañera	
	Sumidero	S
Construcción de motores diésel	Tubo de calefacción	
	Placa de seguridad	

SIGNOS GENERALES			
Tubo liso	—	Válvula	
Brida	|	Válvula de compuerta	
Enchufe de tubo de fundición	)	Grifo	
Manguito roscado		Contrapeso	
Tubo revertido		Resorte	
Apoyo		Flotador	
Punto fijo			

SIGNOS CONVENCIONALES PARA TUBERÍAS UNE 1062		
Grupo	Denominación	Signo
Válvulas	De paso recto — Con bridas	
	De paso recto — Con extremos roscados	
	Angular — Con bridas	
	Angular — Con extremos roscados	
	De tres pasos — Con bridas	
	De tres pasos — Con extremos roscados	
	De retención — Con bridas	
	De retención — Con extremos roscados	
	Angular de retención — Con bridas	
	Angular de retención — Con extremos roscados	
	De seguridad con contrapeso — Con bridas	
	De seguridad con contrapeso — Con extremos roscados	
	Angular de seguridad con contrapeso — Con bridas	
	Angular de seguridad con contrapeso — Con extremos roscados	

Continúa en página siguiente >>

<< Viene de página anterior

SIGNOS CONVENCIONALES PARA TUBERÍAS UNE 1062		
Grupo	**Denominación**	**Signo**
Válvulas	De seguridad con resorte — Con bridas	
	De seguridad con resorte — Con extremos roscados	
	Angular de seguridad con resorte — Con bridas	
	Angular de seguridad con resorte — Sin bridas	
	De cierre automático en caso de rotura de tubos — Sin cierre manual	
	De cierre automático en caso de rotura de tubos — Con cierre manual	
	Válvula reductora de presión. Nota: el vértice indica la dirección de menor presión — Con bridas	
	Válvula reductora de presión. Nota: el vértice indica la dirección de menor presión — Con extremos roscados	
	Válvula de paso recto con flotador — Con bridas	
	Válvula de paso recto con flotador — Con extremos roscados	
	Válvula angular con flotador — Con bridas	
	Válvula angular con flotador — Con extremos roscados	

Continúa en página siguiente >>

<< Viene de página anterior

SIGNOS CONVENCIONALES PARA TUBERÍAS UNE 1062		
Grupo	**Denominación**	**Signo**
Válvulas de compuertas	Válvula de compuertas — Con bridas	
	Válvula de compuertas — Con extremos roscados	
	Válvula de compuertas — De enchufe y cordón	
Grifos	De paso recto — Con bridas	
	De paso recto — Con extremos roscados	
	De tres pasos — Con bridas	
	De tres pasos — Con extremos roscados	
Compuertas	De estrangulación — Con bridas	
	De estrangulación — Con extremos roscados	
	De retención — Con bridas	
	De retención — Con extremos roscados	
Separador	De agua	
	De aceite	
Escapes	Colector de condensación	
	Sombrerete para lluvia	
	Silencioso	

Continúa en página siguiente >>

<< Viene de página anterior

SIGNOS CONVENCIONALES PARA TUBERÍAS UNE 1062			
Grupo	**Denominación**		**Signo**
Escapes	Embudo de evacuación		
	Sifón		
Coladores	Sin válvula de pie	Con bridas	
		Con extremos roscados	
	Con válvula de pie	Con bridas	
		Con extremos roscados	
Juntas de dilatación	En forma de tira		
	Con prensas-estopas		
Instrumentos de medida	Contador vapor de agua sin registrador	Con bridas	
		Con extremos roscados	
	Contador vapor de agua con registrador	Con bridas	
		Con extremos roscados	
	Manómetros y vacuómetros		
	Termómetros		

OTROS SÍMBOLOS UTILIZADOS EN INSTALACIONES DE AGUA CALIENTE Y EN AGUA FRÍA			
AGUA CALIENTE			
ESPECIFICACIÓN	Canalización de acero calorifugada	Canalización de cobre calorifugada	Canalización de acero sin calorifugar	Canalización de cobre sin calorifugar
SÍMBOLO				
ESPECIFICACIÓN	Contador divisionario colocado	Llave de compuerta colocada	Llave de paso colocada	Llave de compuerta con grifo de vaciado colocada
SÍMBOLO				
ESPECIFICACIÓN	Válvula de retención colocada	Purgador colocado	Dilatador de acero	Dilatador de cobre
SÍMBOLO				
ESPECIFICACIÓN	Bomba aceleradora colocada	Calentador instantáneo a gas instalado	Calentador acumulador individual a gas instalado	Calentador acumulador individual eléctrico instalado
SÍMBOLO				
ESPECIFICACIÓN	Calentador acumulador centralizado instalado	Calentador de paso centralizado instalado	Hidromezclador automático colocado	Hidromezcador manual colocado
SÍMBOLO				
ESPECIFICACIÓN	Grifo colocado			
SÍMBOLO				

Continúa en página siguiente >>

<< Viene de página anterior

OTROS SÍMBOLOS UTILIZADOS EN INSTALACIONES DE AGUA CALIENTE Y EN AGUA FRÍA			
AGUA FRÍA			
ESPECIFICACIÓN	Contador general colocado	Llave general colocada	Contador divisionario colocado	Batería de contadores colocada
SÍMBOLO				
AGUA FRÍA			
ESPECIFICACIÓN	Canalización de acero	Canalización de cobre	Llave de paso colocada	Llave de paso con grifo de vaciado colocada
SÍMBOLO				
ESPECIFICACIÓN	Válvula reductora colocada	Válvula de retención colocada	Antiariete colocado	Depósito acumulador colocado
SÍMBOLO				
ESPECIFICACIÓN	Grupo de presión instalado	Grifo colocado	Fluxor colocado	Local húmedo
SÍMBOLO				

5. Simbología eléctrica

Los símbolos gráficos para esquemas eléctricos están en continua modificación. La Comisión Electrotécnica Internacional (IEC) pone a disposición de los usuarios una base de datos (de suscripción) con los símbolos actualizados permanentemente.

 **Importante**

Un referenciado claro de los contactos de los distintos elementos que componen una instalación o equipo, facilita las labores de montaje y mantenimiento, disminuyendo el tiempo empleado en realizarlas.

A pesar de que la norma UNE-EN 60617 está anulada, no existe norma que la reemplace y los símbolos que incluye siguen utilizándose de manera rutinaria en los proyectos actuales, por lo que es necesario dar a conocer los símbolos más usados.

Esta norma está dividida en las siguientes partes:

PARTE	DESCRIPCIÓN
UNE-EN 60617-2	Elementos de símbolos, símbolos distintivos y otros símbolos de añplicación general
UNE-EN-60617-3	Conductores y dispositivos de conexión
UNE-EN 60617-4	Componentes pasivos básicos
UNE-EN 60617-5	Semiconductores y tubos electrónicos
UNE-EN 60617-6	Producción, transformación y conversión de la energía eléctrica
UNE-EN 60617-7	Aparamenta y dispositivos de control y protección
UNE-EN 60617-8	Instrumentos de medida, lámparas y dispositivos de señalización
UNE-EN 60617-9	Telecomunicaciones: Conmutación y equipos periféricos
UNE-EN 60617-10	Telecomunicaciones: Transmisión
UNE-EN 60617-11	Esquemas y planos de instalación, arquitectónicos y topográficos
UNE-EN 60617-12	Operadores lógicos binarios
UNE-EN 60617-13	Operadores analógicos

5.1. Conductores, componentes pasivos, elementos de control y protección básicos

La simbología contenida en este apartado representa todos los elementos básicos que componen una instalación eléctrica.

Símbolo	Descripción
	Objeto (contorno de un objeto) Por ejemplo: - Equipo - Dispositivo - Unidad funcional - Componente - Función Deben incorporarse al símbolo o situarse en su proximidad otros símbolos o descripciones apropiadas para precisar el tipo de objeto Si la representación lo exige se puede utilizar un contorno de otra forma
	Pantalla, Blindaje Por ejemplo, para reducir la penetración de campos eléctricos o electromagnéticos
	Conductor
L1 3N - 380V50Hz L2 L3 N 3(1X10)+1x70	**Conductor** Se pueden dar informaciones complementarias Ejemplo: Circuito de corriente trifásica, 380 V, 50 Hz, tres conductores de 120 mm^2, con hilo neutro de 70 mm^2
3	**Conductores** (unifilar) Las dos representaciones son correctas Ejemplo: 3 conductores
	Conexión flexible
	Conductor apantallado
	Cable coaxial

Continúa en página siguiente >>

<< Viene de página anterior

Símbolo	Descripción
	Conexión trenzada Se muestran 3 conexiones
•	**Unión** Punto de conexión
o	**Terminal**
	Regleta de terminales Se pueden añadir marcas de terminales
	Conexión en T
	Unión doble de conductores La forma 2 se debe utilizar solamente si es necesario por razones de representación
	Caja de empalme, se muestra con tres conductores con T conexiones Representación multilineal
	Caja de empalme, se muestra con tres conductores con T conexiones Representación unifilar
==	**Corriente continua**
∿	**Corriente alterna**
	Corriente rectificada con componente alterna. (Si es necesario distinguirla de una corriente rectificada y filtrada)
+	**Polaridad positiva**
−	**Polaridad negativa**
N	**Neutro**
	Tierra Se puede dar información adicional sobre el estado de la tierra si su finalidad no es evidente

Continúa en página siguiente >>

<< Viene de página anterior

Símbolo	Descripción
	Masa, Chasis Se puede omitir completa o parcialmente las rayas si no existe ambigüedad. Si se omiten, la línea de masa debe ser más gruesa
	Equipotencialidad
	Contacto hembra (de una base o de una clavija) **Base de enchufe** En una representación unifilar, el símbolo indica la parte hembra de un conector multicontacto
	Contacto macho (de una base o de una clavija) **Clavija de enchufe** En una representación unifilar, el símbolo indica la parte macho de un conector multicontacto
	Base y Clavija
	Base y clavija multipolares El símbolo se muestra en una representación multifilar con 3 contactos hembra y 3 contactos macho
	Base y Clavija multipolares El símbolo se muestra en una representación unifilar con 3 contactos hembra y 3 contactos macho
	Conector a presión
	Clavija y conector tipo jack
	Clavija y conector tipo jack con contactos de ruptura
	Base con contacto para conductor de protección
	Toma de corriente múltiple El símbolo representa 3 contactos hembra con conductor de protección
	Base de enchufe con interruptor unipolar

Continúa en página siguiente >>

<< Viene de página anterior

Símbolo	Descripción
	Base de enchufe (telecomunicaciones). Símbolo general. Las designaciones se pueden utilizar para distinguir diferentes tipos de tomas: TP = teléfono FX = telefax M = micrófono FM = modulación de frecuencia TV = televisión TX = telex = altavoz
	Punto de salida para aparato de iluminación Símbolo representado con cableado
	Lámpara, símbolo general
	Luminaria, símbolo general **Lámpara fluorescente**, símbolo general
	Luminaria con tres tubos fluorescentes (multifilar)
	Luminaria con cinco tubos fluorescentes (unifilar)
	Cebador, tubo de descarga de gas con Starter térmico para lámpara fluorescente
	Resistencia, símbolo, general
	Fotorresistencia
	Resistencia variable
	Resistencia variable de valor preajustado
	Potenciómetro con contacto móvil

Continúa en página siguiente >>

<< Viene de página anterior

Símbolo	Descripción
	Resistencia dependiente de la tensión
	Elemento calefactor
	Condensador, símbolo general
	Condensador variable
	Condensador con ajuste predeterminado
	Bobina, símbolo general, **inductancia, arrollamiento o reactancia**
	Bobina con núcleo magnético
	Bobina con tomas fijas, se muestra una toma intermedia
	Interruptor normalmente abierto (NA) Cualquiera de los dos símbolos es válido
	Interruptor normalmente cerrado (NC)
	Interruptor automático. Símbolo general
	Interruptor. Unifilar
	Interruptor con luz piloto. Unifilar
	Interruptor unipolar con tiempo de conexión limitado. Unifilar
	Interruptor graduador. Unifilar Regulador de intensidad luminosa

Continúa en página siguiente >>

<< Viene de página anterior

Símbolo	Descripción
	Interruptor bipolar. Unifilar
	Conmutador
	Conmutador unipolar. Unifilar Por ejemplo, para los diferentes niveles de iluminación
	Interruptor unipolar de dos posiciones. Conmutador de vaivén. Unifilar
	Conmutador con posicionamiento intermedio de corte
	Conmutador intermedio. Conmutador de cruce. Unifilar Diagrama equivalente de circuitos
	Pulsador normalmente cerrado
	Pulsador normalmente abierto
	Pulsador. Unifilar
	Pulsador con lámpara indicadora. Unifilar
	Calentador de agua. Símbolo representado con cableado
	Ventilador. Símbolo representado con cableado
	Cerradura eléctrica
	Interfono. Por ejemplo: intercomunicador
	Fusible

Continúa en página siguiente >>

<< Viene de página anterior

Símbolo	Descripción
	Fusible-interruptor
	Pararrayos
	Interruptor automático diferencial Representado por dos polos
	Interruptor automático magnetotérmico o guardamotor Representado por tres polos
	Interruptor automático de máxima intensidad. Interruptor automático magnético

5.2. Dispositivos de conmutación de potencia, relés, contactos y accionamientos

La obtención de los distintos símbolos se forman a partir de la combinación de acoplamientos, accionadores y otros símbolos básicos. A continuación, se muestran los más importantes y, luego, algunos de los símbolos más comunes.

ACOPLAMIENTOS MECÁNICOS	
Símbolo	**Descripción**
------	**Conexión**, mecánica, hidráulica, óptica o funcional La longitud puede ajustarse a lo necesario
═══	**Conexión**, mecánica, hidráulica, óptica o funcional Solo se utiliza cuando no puede utilizarse la forma anterior
-·····→·	**Conexión**, con indicación del sentido de la fuerza o movimiento de la transición
---⌐--	**Conexión**, con indicación del sentido de movimiento de rotación
⇐ ⇒(	**Acción retardada** Forma 1 y forma 2
--◁--	**Con retorno automático** El triángulo se dirige hacia el sentido del retorno
---ᵥ--	**Trinquete, retén o retorno no automático** Dispositivo para mantener una posición dada
---ᵥ--	**Trinquete o retén liberado**
---ᵥ--	**Trinquete o retén encajado**
---▽--	**Enclavamiento mecánico entre dos dispositivos**
___ᴎ__	**Dispositivo de enganche liberado**
__ᴵᴅ__	**Dispositivo de enganche enganchado**
_⊡_	**Dispositivo de bloqueo**
__⊓__	**Embrague mecánico desembragado**
__⊓⊦__	**Embrague mecánico embragado**
⊓	**Freno**
⟨⟩	**Engranaje**
⊦ - -	**Accionador manual**, símbolo general

ACCIONADORES DE DISPOSITIVOS	
Símbolo	Descripción
	Accionador manual protegido contra una operación no intencionada. Pulsador con carcasa de protección de seguridad contra manipulación indebida
	Mando de tirador. Tiradores
	Mando rotatorio. Selectores, interruptores
	Mando de pulsador. Pulsadores
	Mando por efecto de proximidad. Detectores inductivos de proximidad
	Mando por contacto. Palpadores
	Accionamiento de emergencia tipo "seta". Pulsador de paro de emergencia
	Mando de volante
	Mando de pedal
	Mando de palanca
	Mando manual amovible
	Mando de llave
	Mando de manivela
	Mando de corredera o roldana. Final de carrera
	Mando de leva. Interruptor de leva
	Mando por acumulación de energía

Continúa en página siguiente >>

Replanteo de instalaciones solares térmicas

<< Viene de página anterior

ACCIONADORES DE DISPOSITIVOS	
Símbolo	Descripción
	Accionamiento por energía hidráulica o neumática, de simple efecto
	Accionamiento por energía hidráulica o neumática, de doble efecto
	Accionamiento por efecto electromagnético. Relé
	Accionamiento por un dispositivo electromagnético para protección contra sobreintensidad
	Accionamiento por un dispositivo térmico para protección contra sobre-intensidad
	Mando por motor eléctrico
	Mando por reloj eléctrico
	Accionamiento por el nivel de un fluido. Boya de nivel de agua
	Accionado por un contactor. Cuenta impulsos
	Accionado por el flujo de un fluido. Interruptor de flujo de agua
	Accionado por el flujo de un gas. Interruptor de flujo de aire
%H2O	Accionado por humedad relativa

RELÉS	
Símbolo	**Descripción**
	Bobina de relé, contactor u otro dispositivo de mando, símbolo general Cualquiera de los dos símbolos es válido Si un dispositivo tiene varios devanados, se puede indicar añadiendo el número de trazos inclinados en el interior del símbolo
	Ejemplo: Dispositivo de mando con dos devanados separados. Forma 1 y forma 2
	Dispositivo de mando retardado a la desconexión. Desconexión retardada al activar el mando
	Dispositivo de mando retardado a la conexión. Conexión retardada al activar el mando
	Dispositivo de mando retardado a la conexión y a la desconexión. Conexión retardada al activar el mando y también al desactivarlo
	Mando de un relé rápido. Conexión y desconexión rápidas (relés especiales)
	Mando de un relé de enclavamiento mecánico. Telerruptor
	Mando de un relé polarizado
	Mando de un relé de remanencia
	Mando de un relé electrónico
	Bobina de una electroválvula

CONTACTOS DE ELEMENTOS DE CONTROL	
Símbolo	**Descripción**
	Interruptor normalmente abierto (NA)
	Interruptor normalmente cerrado (NC)
	Conmutador
	Contacto inversor solapado. Cierra el NO antes de abrir NC
	Contacto de paso, con cierre momentáneo cuando su dispositivo de control se activa
	Contacto de paso, con cierre momentáneo cuando su dispositivo de control se desactiva
	Contacto de paso, con cierre momentáneo cuando su dispositivo de control se activa o se desactiva
	Contacto (de un conjunto de varios contactos) **de cierre adelantado respecto a los demás contactos del conjunto**
	Contacto (de un conjunto de varios contactos) **de cierre retrasado respecto a los demás contactos del conjunto**
	Contacto (de un conjunto de varios contactos) **de apertura retrasada respecto a los demás contactos del conjunto**
	Contacto (de un conjunto de varios contactos) **de apertura adelantada respecto a los demás contactos del conjunto**
	Contacto de cierre retardado a la conexión de su dispositivo de mando. Temporizador a la conexión
	Contacto de cierre retardado a la desconexión de su dispositivo de mando. Temporizador a la desconexión
	Contacto de apertura retardado a la conexión de su dispositivo de mando. Temporizador a la conexión
	Contacto de apertura retardado a la desconexión de su dispositivo de mando. Temporizador a la desconexión

Continúa en página siguiente >>

<< Viene de página anterior

CONTACTOS DE ELEMENTOS DE CONTROL	
Símbolo	**Descripción**
	Contacto de cierre retardado a la conexión y también a la desconexión de su dispositivo de mando
	Contacto de cierre con retorno automático
	Contacto de apertura con retorno automático
	Contacto auxiliar de cierre autoaccionado por un relé térmico
	Contacto auxiliar de apertura autoaccionado por un relé térmico

CONTACTOS DE ACCIONADORES DE MANDO MANUAL	
Símbolo	**Descripción**
	Contacto de cierre de control manual, símbolo general Interruptor de mando
	Pulsador normalmente abierto, (retorno automático)
	Pulsador normalmente cerrado, (retorno automático)
	Interruptor girador
	Interruptor de giro con contacto de cierre
	Interruptor de giro con contacto de apertura

Continúa en página siguiente >>

<< Viene de página anterior

CONTACTOS DE ACCIONADORES DE MANDO MANUAL	
Símbolo	Descripción
	Ejemplo de un interruptor de mando rotativo de 4 posiciones fijas

ELEMENTOS CAPTADORES DE CAMPO	
Símbolo	Descripción
	Contacto de cierre de un interruptor de posición. Contacto NO de un final de carrera
	Contacto de apertura de un interruptor de posición. Contacto NC de un final de carrera
	Contacto de apertura de un interruptor de posición con maniobra positiva de apertura. Final de carrera de seguridad
	Interruptor sensible al contacto con contacto de cierre
	Interruptor de proximidad con contacto de cierre. Sensor inductivo de materiales metálicos
	Interruptor de proximidad con contacto de cierre accionado por imán
Fe	**Interruptor de proximidad de materiales férricos con contacto de apertura.** Detector de proximidad de hierro (Fe)

Continúa en página siguiente >>

<< Viene de página anterior

ELEMENTOS CAPTADORES DE CAMPO	
Símbolo	**Descripción**
	Termopar, representados con los símbolos de polaridad
	Termopar, la polaridad se indica con el trazo más grueso en uno de sus terminales (polo negativo)
	Interruptor de nivel de un fluido
	Interruptor de caudal de un fluido (interruptor de flujo)
	Interruptor de caudal de un gas
	Interruptor accionado por presión (presiostato)
	Interruptor accionado por temperatura (termostato)

ELEMENTOS DE POTENCIA	
Símbolo	**Descripción**
	Contactor, contacto principal de cierre de un contactor. Contacto abierto en reposo
	Contactor, contacto principal de apertura de un contactor. Contacto cerrado en reposo

Continúa en página siguiente >>

<< Viene de página anterior

ELEMENTOS DE POTENCIA	
Símbolo	**Descripción**
	Contactor con desconexión automática provocada por un relé de medida o un disparador incorporados
	Seccionador
	Seccionador de dos posiciones con posición intermedia
	Interruptor seccionador (control manual)
	Interruptor seccionador con apertura automática provocada por un relé de medida o un disparador incorporados
	Interruptor seccionador (de control anual), **interruptor seccionador** con dispositivo de bloqueo
	Interruptor estático, (semiconductor) símbolo general
	Contactor estático, (semiconductor)
	Contactor estático, (semiconductor) con el paso de la corriente en un solo sentido. Izquierdas
	Contactor estático, (semiconductor) con el paso de la corriente en un solo sentido. Derechas

5.3. Producción, transformación y conversión de la energía eléctrica

En la siguiente tabla aparece cómo se han de representar los elementos encargados de la producción, transformación y conversión de la energía eléctrica.

SÍMBOLO	DESCRIPCIÓN
⊣⊢	**Pie o acumulador,** el trazo largo indica el positivo
⊖	**Fuente de corriente ideal**
⊕	**Fuente de tensión ideal**
G	**Generador no rotativo.** Símbolo general
G ⊣⊢	**Generador fotovoltaico**
*	**Máquina rotativa.** Símbolo general El asterisco,*, será sustituido por uno de los símbolos literales siguientes: C = Conmutatriz G = Generador G5 = Generador síncrono M = Motor MG = Máquina reversible (que puede ser usada como motor y generador) MS = Motor síncrono
M	**Motor lineal.** Símbolo general
M =	**Motor de corriente continua**
M	**Motor paso a paso**
G	**Generador manual.** Generador de corriente de llamada, magneto

Continúa en página siguiente >>

<< Viene de página anterior

SÍMBOLO	DESCRIPCIÓN
	Motor serie, de corriente continua
	Motor de excitación (shunt) derivación, de corriente continua
	Motor de corriente continua de imán permanente
	Generador de corriente continua con excitación compuesta corta, representado con terminales y escobillas
	Motor de colector serie monofásico. Máquina de corriente alterna
	Motor serie trifásico. Máquina de colector
	Motor sincrónico monofásico

Continúa en página siguiente >>

<< Viene de página anterior

SÍMBOLO	DESCRIPCIÓN
	Generador síncrono trifásico, con inducido en estrella y neutro accesible
	Generador síncrono trifásico de imán permanente
	Motor de inducción trifásico con rotor en jaula de ardilla
	Motor de inducción trifásico con rotor bobinado
	Motor de inducción trifásico con estator en estrella y arrancador automático incorporado
	Transformador de dos arrollamientos (monofásico). Unifilar
	Transformador de dos arrollamientos (monofásico). Multifilar

Continúa en página siguiente >>

<< Viene de página anterior

SÍMBOLO	DESCRIPCIÓN
	Transformador de tres arrollamientos. Unifilar
	Transformador de tres arrollamientos. Multifilar
	Autotransformador. Unifilar
	Autotransformador. Multifilar
	Transformador con toma intermedia en un arrollamiento. Unifilar
	Transformador con toma intermedia en un arrollamiento. Multifilar
	Transformador trifásico, conexión estrella - triángulo. Unifilar
	Transformador trifásico, conexión estrella - triángulo. Multifilar

Continúa en página siguiente >>

<< Viene de página anterior

SÍMBOLO	DESCRIPCIÓN
	Transformador de corriente o trasnsformador de impulsos. Unifilar
	Transformador de corriente o trasnsformador de impulsos. Multifilar
	Convertidor. Símbolo general Se puede indicar a ambos lados de la barra central un símbolo de la magnitud, forma de onda, etc., de entrada y de salida para indicar la naturaleza de la conversión
	Convertidor de corriente continua. (DC/DC)
	Rectificador. Símbolo general (convertidor de AC a DC)
	Rectificador de doble onda, (puente rectificador).
	Ondulador, Inversor, (convertidor de DC a AC)
	Rectificador / ondulador; Rectificador / Inversor
	Arrancador de motor por etapas. Se puede indicar el número de etapas. Unifilar
	Arrancador regulador, Variador de velocidad. Unifilar
	Arrancador directo con contactores para cambiar el sentido de giro del motor. Unifilar
	Arrancador de estrella - triángulo. Unifilar

Continúa en página siguiente >>

<< Viene de página anterior

SÍMBOLO	DESCRIPCIÓN
	Arrancador por autotransformador. Unifilar
	Arrancador - regulador por tiristores, Convertidores de frecuencia, Variadores de velocidad. Unifilar

5.4. Semiconductores

En la siguiente tabla viene cómo se han de representar los elementos que funcionan como semiconductores.

SÍMBOLO	DESCRIPCIÓN
	Diodo
	Diodo emisor de luz (LED)
	Diodo Zener
	Tiristor
	Diac. Tiristor diodo bidireccional
	Diac. Tiristor triodo bidireccional
	Transistor bipolar NPN

Continúa en página siguiente >>

<< Viene de página anterior

SÍMBOLO	DESCRIPCIÓN
	Transistor bipolar PNP
	Transistor de efecto de campo (FET) con canal de tipo N
	Transistor de efecto de campo (FET) con canal de tipo P
	Fotodiodo
	Fototransistor
	Cristal piezoeléctrico

5.5. Operaciones lógicas binarias

En la siguiente tabla viene cómo se han de representar los elementos encargados de realizar operaciones lógicas binarias.

SÍMBOLO	DESCRIPCIÓN
	Puerta lógica SI (buffer)
	Puerta lógica NO o inversora (NOT)

Continúa en página siguiente >>

<< Viene de página anterior

SÍMBOLO	DESCRIPCIÓN
*	**Puerta lógica con una entrada negada.** (El círculo niega)
&	**Puerta lógica Y (AND).** La salida es 1 cuando todas las entradas son 1
≥1	**Puerta lógica O (OR).** La salida es 1 cuando cualquiera de las entradas es 1
=1	**Puerta lógica O exclusiva (XOR).** La salida es 1 si solo 1 entrada es 1
&	**Puerta lógica NO-Y (NAND).** Es la negación de ola puerta Y
≥1	**Puerta lógica NO-O (NOR).** Es la mnegació de la puerta O
S / R	**Biestable R-S**

6. Representación de circuitos eléctricos. Esquema unifilar y multifilar

En el campo eléctrico, los planos toman generalmente el nombre de esquema. Se entiende por tal la representación que indica las relaciones existentes entre los diferentes componentes, así como sus conexiones. Tal esquema puede adoptar dos formas:

- **Esquema unifilar:** es aquel en el que todos sus conductores se han representado agrupados en uno solo. El número de conductores indica, por una serie de trazos inclinados o por un número y un trazo inclinado, si son más de tres.

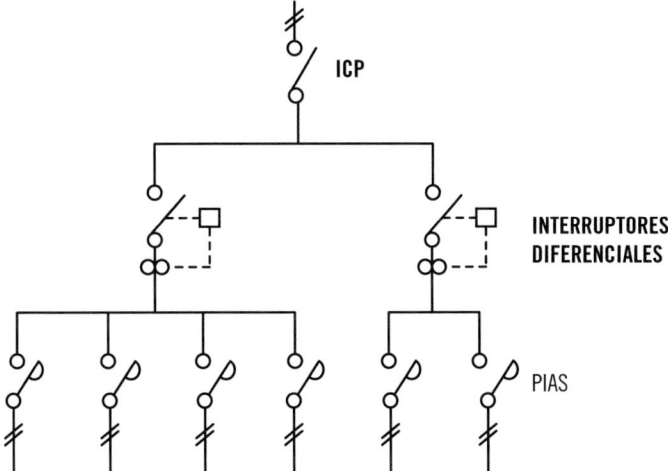

- **Esquema multifilar:** es aquel en el que los diferentes conductores están representados por una sola línea.

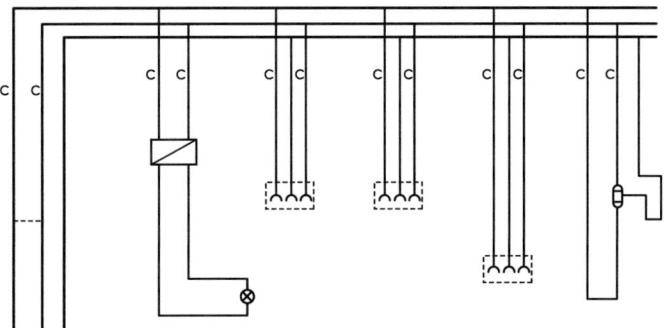

6.1. Clases de esquemas según su finalidad

Los nombres que reciben los esquemas son muy variados. De entre ellos, por su importancia y mayor aceptación, se encuentran los siguientes:

- **Esquemas de conjunto:** son esquemas descriptivos unifilares, en los que se da una visión puramente funcional del conjunto de una instalación.
- **Esquemas parciales:** son aquellos que, en la mayoría de los casos de forma multifilar, muestran por partes zonas del conjunto de la instalación.

- **Esquema elemental o funcional:** generalmente representado en forma unifilar, da idea del funcionamiento del circuito o instalación, sin que sea preciso el que todas sus conexiones sean representadas.
- **Esquema de conexiones:** en ellos se muestran todas las conexiones de una instalación. Su representación se hace de forma multifilar. Tal esquema es uno de los más importantes.
- **Esquemas topográficos:** en ellos se representa la conexión de los conductores a los armarios de automatismos, describiendo topográficamente la situación de sus mandos y elementos.
- **Esquemas equivalentes:** son los destinados al cálculo y análisis de los circuitos.

6.2. Colores a emplear en los esquemas multifilares

Si en un esquema multifilar, interesa conocer la polaridad de cada uno de los conductores, se permite usar tinta de colores con la siguiente norma:

- Para corriente continua.

  - Conductor negativo de azul.
  - Conductor positivo de rojo.

- Para corriente alterna, para las fases se emplean los colores amarillo, verde y violeta.

Si la finalidad es la de diferenciar instalaciones, se utilizará el rojo para circuitos de fuerza y calefacción, el verde, para circuitos, y el amarillo para instalaciones de escasa intensidad, como pueden ser las de telefonía.

6.3. Reglas y consejos a tener en cuenta en el dibujo de esquema

Para obtener la máxima información a través de un dibujo de esquema hay que seguir una serie de normas y consejos comunes que ayudan a su interpretación. Se debe tener en cuenta que:

- Se debe comenzar por hacer la distribución de los esquemas, haciendo un croquis sobre papel cuadriculado.
- Los símbolos no se dibujan a escala. Su tamaño es proporcional al del esquema.
- No se deben agrupar demasiado los símbolos, pues no permitirán realizar anotaciones.
- Los símbolos que, dentro de un esquema, representen un dispositivo de relativa importancia, generalmente, son representados mediante un símbolo de mayor tamaño que el resto de los elementos.
- En las fases o circuitos principales se emplen líneas más gruesas que las usadas para el resto de los circuitos.
- Si dentro de un esquema hay que mostrar el conjunto de un dispositivo, este se rodea mediante línea fina de trazo y punto.

7. Esquemas y diagramas simbólicos funcionales. Interpretar planos de instalaciones de edificios

El medio de comunicación del técnico es el dibujo, que en función de su destino será más o menos complejo y contendrá diferentes tipos de información.

El técnico deberá, por lo tanto, ser capaz de comunicar sus ideas mediante el dibujo y, además, tendrá que saber interpretar y entender los dibujos realizados por terceras personas.

El documento más usado por el ingeniero, y con el que se le identifica de forma automática, es un documento gráfico llamado, de forma genérica, plano. Al ser un documento de comunicación deberá estar realizado en un lenguaje sometido a normas y convencionalismos que hace que se pueda interpretar y realizar un proyecto o diseño de manera uniforme e inequívoca.

Según la forma de representación, los dibujos técnicos son:

- **Croquis:** es el primer dibujo que se realiza en un diseño. Es una representación a mano alzada, no es un dibujo de precisión, pero sí debe ser proporcionado y contiene las características fundamentales del diseño.

- **Dibujo:** este documento gráfico está realizado a escala y sigue las normas de dibujo ya establecidas.

La realización de este dibujo, también llamado plano, debe ser precisa y limpia, dando una visión completa y exacta del diseño. Debe tener las indicaciones necesarias, sin agobiar con la cantidad de datos que contenga. Esto significa que habrá que realizar tantos dibujos como sean necesarios para que la descripción sea completa sin que exista posibilidad de confusión.

En función del tipo de actividad técnica a la que se destine el dibujo se encuentran:

- **Planos o dibujos de despiece:** representan los elementos aislados con anotaciones, cotas, etc.
- **Planos de detalles:** aquí aparecen aquellos elementos que, por motivos de escalas, no quedan lo suficientemente explicados en los planos generales o de montaje. Las escalas son mayores y en algunos casos irán a escala natural.
- **Planos de conjunto, generales o de montaje:** reflejan el conjunto con todos sus elementos en condiciones de funcionamiento. Cuando se trata de una industria (nave industrial) se representa el conjunto tal y como quedará una vez terminada la obra.
- **Planos en perspectiva:** representan las figuras en perspectiva para dar una apariencia de mayor realismo. Dentro de la ingeniería se utiliza más a menudo la perspectiva isométrica y la caballera. Su uso más habitual es en catálogos y en instalaciones.
- **Diagrama:** es un dibujo geométrico, que sirve para resolver un problema o para figurar, de forma gráfica, la ley de variación de un fenómeno. En ingeniería, un diagrama es un documento gráfico indicativo de un proceso en el que, a través de los símbolos, el ingeniero expresa el desarrollo del proceso.
- **Esquema:** es una representación de una cosa atendiendo solo a sus líneas o características más significativas.

Los elementos y componentes de un dibujo técnico son:

- **Líneas y curvas:** son los elementos que definen el objeto. Pueden tener diferentes aspectos, trazos, puntos y rayas.

- **Cotas:** representan las dimensiones reales del objeto representado. Están constituidas por un conjunto de líneas, flechas, cifras, letras y símbolos convenientemente dispuestos.
- **Simbología:** existen diversos elementos con significado universalmente aceptados. Estos símbolos dependen del destino de los dibujos técnicos.
- **Anotaciones:** cuando la anotación se refiere de forma general al dibujo, se sitúa cerca de él, mientras que si se trata de un comentario específico a uno de los elementos, se suele acompañar de una línea terminada en una flecha que señala al elemento.
- **Escala:** indica la relación que existe entre lo dibujado y la realidad.
- **Cuadro de rotulación o carátula:** identifica al dibujo técnico y contiene información sobre el mismo, el nombre de la empresa, fecha de ejecución, responsables del diseño y del dibujo, posibles revisiones, etc.

Todo dibujo técnico está compuesto por el dibujo propiamente dicho, situado dentro de un recuadro o marco, y por el cuadro de rotulación cajetín o carátula. El plano debe contener la información necesaria para definir el objeto representado en él. El cuadro de rotulación contiene toda la información necesaria para identificar el plano.

Al igual que en el lenguaje escrito existen diferentes letras, cuyas combinaciones dan lugar a las palabras que, a su vez, en secuencia correcta forman la frase que transmite el mensaje, en dibujo técnico existen diferentes clases de líneas, cada una con su significado, y la forma de relación entre las mismas da indicaciones de lo que se está expresando.

Al constituir el dibujo técnico, un verdadero lenguaje gráfico, se hace necesario definir unas normas o reglas mediante las que el mencionado lenguaje haga llegar información debidamente interpretada.

Las formas de expresión de la normalización son:

- **Especificaciones:** documentos con las condiciones que debe cumplir un producto.
- **Reglamentos:** especificaciones de obligado cumplimiento.
- **Normas:** especificaciones que no siempre son de obligado cumplimiento, unas son de consulta y otras son recomendaciones.

Los principios generales de representación del dibujo técnico están recogidos en la colección de normas ISO 128:2022, las cuales anulan a la colección vigente UNE-EN ISO 128:2020.

Una de las normas recogidas, la ISO 128-3:2022, regula lo referido a:

- Vistas.
- Líneas.
- Cortes y secciones.

Dentro de la norma se utilizan cinco tipos de líneas:

- Línea continua
- Línea de trazos
- Línea de trazos y puntos
- Línea de trazos y dos puntos
- Línea a mano alzada

Junto a estos tipos de líneas aparece también un significado en función del mayor o menor grosor de la línea.

7.1. Clases de líneas

Cada línea tendrá un significado diferente, que es preciso conocer a la hora de aplicarlo y leerlo.

Algunos de los significados, al menos los más elementales, son los reflejados en la tabla siguiente:

	Línea continua gruesa	Se emplea para todas las aristas vistas
	Línea continua fina	Líneas de cota, líneas auxiliares de cota, rayado de superficies seccionadas

Continúa en página siguiente >>

<< Viene de página anterior

▬ ▬ ▬ ▬ ▬ ▬ ▬ ▬ ▬	Línea de trazos	Se emplea para todas las aristas ocultas (no vistas) y contornos
▬ ▪ ▬ ▪ ▬ ▪ ▬ ▪ ▬ ▪	Línea e trazo y punto	Ejes de simetría, ejes de revolución

Dado que cada tipo de línea tiene su significado, es necesario establecer un código de prioridades en su lectura y representación cuando coinciden en un dibujo técnico. Así, quedan determinadas las siguientes prioridades de representación:

1°- Contornos y aristas vistas.
2°- Contornos y aristas ocultas.
3°- Trazas de planos de corte.
4°- Ejes de revolución y trazas de planos de simetrías.
5°- Líneas de centros de gravedad.
6°- Líneas de proyección.

Todo lo anterior significa que:

- Si en el dibujo de una pieza han de aparecer superpuestas una arista vista y una arista oculta, se dibujará la arista vista.
- Cuando al dibujar un objeto aparecen superpuestos una arista vista y un eje, la representación de la arista vista prevalece sobre el eje, ya que este último es una línea imaginaria.
- Al aparecer superpuestas una arista oculta y una línea de ejes, en la representación de un objeto, prevalece la arista oculta, al ser el eje una línea imaginaria.

LÍNEA	DESIGNACIÓN	APLICACIONES GENERALES (véase la figura siguiente)
A ————————	Llena gruesa	A1 Contornos vistos A2 Aristas vistas
B ————————	Llena fina (recta o curva)	B1 Líneas ficticias vistas B2 Líneas de cota B3 Líneas de proyección B4 Líneas de referencia B5 Rayados B6 Contornos de secciones abatidas sobre la superficie del dibujo B7 Ejes cortos
C ∼∼∼∼∼ $D^{1)}$ —√—√—	Llena fina a mano alzada $^{2)}$ Llena fina (recta) con zigzag	C1 Límites de vistas o cortes parciales o interrumpidos, si estos no son límites D1 Líneas finas a trazos y puntos (véase la figura siguiente)
E ▬ ▬ ▬ ▬ F — — — —	Gruesa de trazos Fina de trazos	E1 Contornos ocultos E2 Aristas ocultas F1 Contornos ocultos F2 Aristas ocultas
G — · — · — ·	Fina de trazos y puntos	G1 Ejes de revolución G2 Trazas de planos de simetría G3 Trayectorias
H — ·· — — ·· ⌐	Fina de trazos y puntos, gruesa en los extremos y en los cambios de dirección	H1 Trazas de planos de corte
J ▬ · ▬ · ▬	Gruesa de trazos y puntos	J1 Indicación de líneas o superficies que son objeto de especificaciones particulares
K — ·· — ·· — ··	Fina de trazos y doble punto	K1 Contornos de piezas adyacentes K2 Posiciones intermedias y extremos de piezas móviles K3 Líneas de centros de gravedad K4 Contornos iniciales antes del conformado K5 Partes situadas delante de un plano de corte

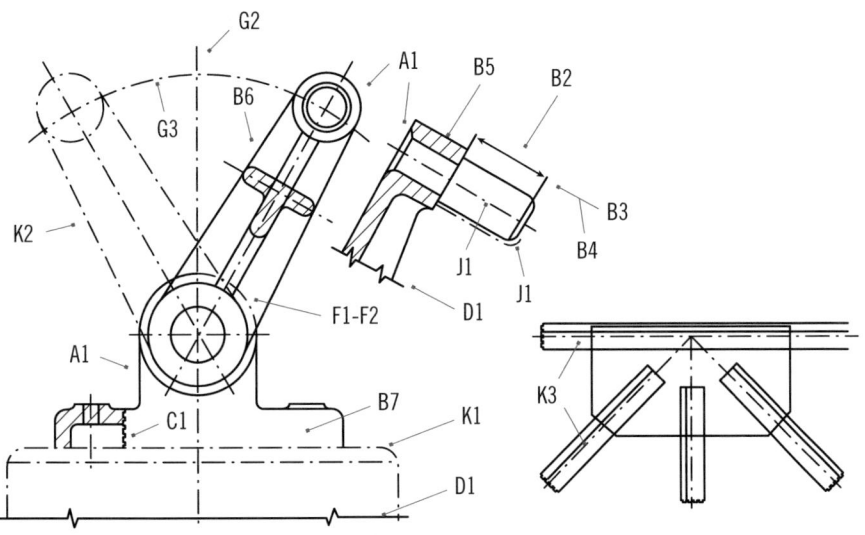

 **Importante**

El hecho de no respetar los tipos de líneas en un plano, puede dar lugar a confusiones a la hora de montar una instalación o dispositivo con la consiguiente pérdida económica para la empresa.

8. Resumen

El sistema diédrico se basa en la proyección paralela y ortogonal de modo simultáneo sobre dos planos de referencia perpendiculares llamados planos de proyección. Su aplicación en el campo industrial y de las ingenierías es frecuente, así como para la arquitectura.

El croquis es un dibujo que no está hecho a escala, pero que guarda cierta proporción con el objeto o concepto original.

El objetivo fundamental del dibujo técnico es la representación de elementos de tres dimensiones sobre un elemento material que posee solo dos, el papel, el encerado, etc. Los principales sistemas utilizados son: el sistema diédrico, el sistema de planos acotados, el sistema axonométrico y el sistema cónico.

Las tuberías pueden ser representadas a escala o en forma esquemática.

En los últimos años se han visto modificados los símbolos gráficos para esquemas eléctricos. Es necesario conocer los símbolos más usados.

En el campo eléctrico, los planos toman generalmente el nombre de esquema. Se entiende por tal la representación que indica las relaciones existentes entre los diferentes componentes, así como sus conexiones, y puede ser unifilar o multifilar.

El medio de comunicación del técnico es el dibujo, que en función de su destino será más o menos complejo y contendrá diferentes tipos de información.

Ejercicios de repaso y autoevaluación

1. **El sistema diédrico se basa en las proyecciones en...**

   a. ... dos planos verticales distintos.
   b. ... dos planos horizontales distintos.
   c. ... un plano vertical y otro horizontal.
   d. El sistema diédrico no se basa en proyecciones en planos.

2. **Indique si son verdaderas o falsas las siguientes afirmaciones:**

   a. La recta de intersección entre dos planos cualquiera se llama línea de tierra, se representa como una recta con dos guiones.

   ☐ Verdadero
   ☐ Falso

   b. Los planos bisectores son aquellos que, conteniendo a la línea de tierra, dividen a los diedros en partes distintas.

   ☐ Verdadero
   ☐ Falso

3. **La proyección de la recta sobre un plano...**

   a. ... será otra recta obtenida por las proyecciones de todos los puntos de aquella.
   b. ... será otro plano obtenido por las proyecciones de todos los puntos de aquella.
   c. ... será un punto obtenido por la proyección de la recta.
   d. ... será otro plano obtenido por la intersección de la recta y el plano anterior.

4. **Para determinar la parte vista y oculta de una recta, suponiendo que se dibuja de manera estándar, el observador se colocará...**

    a. ... en el primer diedro.
    b. ... en el segundo diedro.
    c. ... en el tercer diedro.
    d. ... en el cuarto diedro.

5. **Si dentro en una recta una traza es vista y la otra oculta...**

    a. ... la recta queda dividida en dos rectas.
    b. ... la recta formará un plano proyectante.
    c. ... la recta queda dividida en dos semirrectas con origen en su traza vista.
    d. ... la recta dividirá a la línea de tierra en dos semirrectas.

6. **Una recta que pasa por los diedros 1º, 2º y 3º, siendo vista a partir del 1er diedro...**

    a. ... su traza horizontal es vista y su traza vertical es oculta.
    b. ... su traza vertical es vista y la horizontal es oculta.
    c. ... sus trazas horizontal y vertical son ocultas.
    d. ... sus trazas horizontal y vertical son vistas.

7. **Una recta que pasa por los diedros 2º, 1º y 4º...**

    a. ... su traza horizontal es vista y su traza vertical es oculta.
    b. ... su traza vertical es vista y la horizontal es oculta.
    c. ... sus trazas horizontal y vertical son ocultas.
    d. ... sus trazas horizontal y vertical son vistas.

8. **Complete la siguiente oración.**

Todos los sistemas de representación se fundamentan en la _____,
la cual es una parte de la geometría, que tiene como objetivo representar sobre el plano
del dibujo los _____ del _____, utilizando para ello las _____. Todos
ellos son absolutamente _____, de modo que pueda ser representado cualquier
objeto, espacial o viceversa, partiendo de un dibujo es posible definir o imaginar ese
_____.

9. ¿En qué tipo de esquemas se representa la conexión de los conductores a los armarios de automatismos, describiendo topográficamente la situación de sus mandos y elementos?

    a. Esquemas de conexiones.
    b. Esquemas parciales.
    c. Esquemas topográficos.
    d. Esquemas equivalentes.

10. Si en el dibujo de una pieza han de aparecer superpuestas una arista vista y una arista oculta. ¿Cuál deberá ser dibujada?

    a. La arista vista
    b. La arista oculta
    c. Ambas con colores diferentes.

Capítulo 7
Proyectos de instalaciones solares térmicas

Contenido

1. Introducción

En este capítulo se verá el concepto y los tipos de proyecto de instalaciones solares térmicas, la memoria, los planos, los presupuestos, el pliego de condiciones y el plan de seguridad.

Además, se analizará de forma detallada los diferentes planos, como los de situación, los de detalle y de conjunto, los simbólicos, esquemas y diagramas lógicos, los diagramas, flujogramas y cronogramas.

Otros temas importantes en los proyectos son los procedimientos y operaciones de replanteo, los equipos informáticos para representación y diseño asistido y el cálculo de sobrecargas en edificios.

2. Concepto y tipos de proyectos

Cuando se tiene que llevar a cabo una obra debe existir un documento en el que se especifique de manera clara y concisa qué es lo que se ha de hacer, dónde, qué metodología hay que seguir y todos aquellos detalles que están relacionados con dicha ejecución.

2.1. Concepto

Un proyecto es una secuencia de actividades únicas, complejas y relacionadas teniendo un propósito o meta y que debe ser completada en un tiempo específico dentro de un presupuesto y de acuerdo a unas especificaciones dadas. Según la Real Academia de la Lengua, un proyecto queda definido como:

Conjunto de escritos, cálculos y dibujos que se hacen para dar idea de cómo ha de ser y lo que ha de costar una obra de arquitectura o de ingeniería.

También se podría definir un proyecto como:

- Una ordenación de actividades y recursos que depende del medio donde surge y se desarrolla, es decir, del contexto económico, político y social que lo enmarca, y requiere una metodología.
- Es la traducción escrita de la acción o acciones que se desea realizar para enfrentar un problema.
- El proyecto se refiere a un tiempo determinado: tiene un principio y un fin.
- Todo proyecto es un plan de acción, con objetivos claros y compartidos.

En función del tipo de instalación puede ser suficiente la redacción, por un técnico cualificado, de una memoria técnica, cumpliendo con la normativa vigente.

El plan de acción ordena el conjunto de tareas e iniciativas que servirán para enfrentarse a un problema (ordenar actividades, medios y recursos para lograr una meta u objetivo en un plazo determinado).

Características de los proyectos:

- Su duración es finita.
- Su resultado es único.
- Tiene carácter evolutivo.
- Se desarrolla bajo incertidumbre.

Elementos de un proyecto:

- Objetivos.
- Tareas.
- Recursos.
- Restricciones.

Se debe considerar el proyecto como un instrumento que, además de ser un requisito imprescindible a la hora de solicitar subvenciones y colaboración de entidades públicas o privadas, va a ayudar a conseguir los objetivos, ya que en su elaboración se está obligado a definir y concretar las acciones que se quieren llevar a cabo, así como la forma en que se realizan y los medios de los que se dispone.

 Recuerde

Un proyecto es una secuencia de actividades únicas, complejas y relacionadas teniendo un propósito o meta y que debe ser completada en un tiempo específico dentro de un presupuesto y de acuerdo a unas especificaciones dadas.

2.2. Tipos de proyectos

Se puede hacer una clasificación de proyectos, atendiendo a distintos criterios:

1. Atendiendo al fin del proyecto, se puede dividir en dos clases distintas:

   ▮ **De ejecución material:** son aquellos cuyo fin primordial es definir completamente todas sus partes, de forma que se puedan llevar a cabo. Es decir, es un proyecto constructivo que sirve de base para su ejecución.

■ **Administrativos o de legalización:** aquellos cuyo objetivo fundamental es obtener un permiso, licencia, autorización o patente. En este tipo de proyectos, no es necesario dar una definición completa de todos sus elementos sino de aquellos detalles que se consideran más importantes desde el punto de vista del organismo al que se presente. Si, por ejemplo, se trata de un proyecto de instalación eléctrica en baja tensión para viviendas, lo que interesará será resaltar el cumplimiento de las prescripciones dadas por el reglamento electrotécnico de baja tensión respecto a los materiales empleados, procedimientos de instalación, protección contra contactos directos e indirectos, sistemas de emergencia, fuentes de energías complementarias, etc. Si se trata de un proyecto para la obtención de licencia de obras o de actividad, se deberá hacer hincapié en el cumplimiento de las ordenanzas municipales, normas urbanísticas, reglamento de actividades molestas, nocivas, insalubres y peligrosas, medidas de protección del medioambiente, etc.

2. Atendiendo al contenido, los proyectos se pueden agrupar en los siguientes tipos:

■ **Proyectos de producto industrial.** Estos pueden ser:

ı De consumo, orientados a las economías domésticas o al consumo final.
ı De bienes de equipo, destinados a la fabricación de productos de consumo u otros bienes de equipo. Estos a su vez se puede subclasificar en:

ı Proyectos de maquinaria (eléctrica, mecánica).
ı Dispositivos/circuitos (eléctricos, electrónicos, etc.).
ı Útiles y herramientas.
ı Recipientes/depósitos.

■ **Proyectos de instalaciones.** En estos no se diseñan los componentes, sino la forma de ir relacionados (conectados) unos con otros. A su vez se pueden clasificar en eléctricos, frigoríficos, de climatización, aire comprimido, agua, etc.

- **Proyectos de procesos industriales.** En estos se definen las operaciones y toda la maquinaria necesaria para llevar a cabo el proceso industrial.
- **Proyectos de planta industrial,** donde se integran los anteriores proyectos. El objetivo fundamental es la distribución en planta del proceso y de las instalaciones y el proyecto del edificio. Incluye el proyecto de urbanización interior de planta, con delimitación de las calles, servicios de abastecimiento, alcantarillado, etc.
- **Proyecto de polígono industrial.** Son los proyectos de urbanización para la ubicación de una concentración de industrias. En estos se proyectan las industrias y servicios complementarios: redes de distribución de energía eléctrica, agua, alcantarillado, vías de circulación, etc.
- **Proyectos de gestión.** Aquellos cuyo objeto no es algo material, sino que puede consistir en la gestión de una gran empresa, informatización de actividades, contabilidad, optimización de recursos, etc. También pueden estar incluidos en este grupo los proyectos de seguridad e higiene y los programas de seguridad contra incendios. Cada día tienen más importancia este tipo de proyectos.

2.3. Proyecto y memoria técnica según RITE

El Real Decreto 1027/2007, de 20 de julio, por el que se aprueba el Reglamento de Instalaciones Térmicas de los Edificios (RITE) considera como instalaciones térmicas las instalaciones fijas de climatización para atender el bienestar térmico e higiénico de las personas y las instalaciones destinadas a la producción de agua caliente sanitaria (ACS). El RITE se aplica a las instalaciones térmicas de edificios de nueva construcción y a las instalaciones térmicas que se reformen en edificios existentes.

El art. 15 del RITE establece que:

- Será necesaria la realización de un proyecto en todas las instalaciones de generación de calor o frío de potencia térmica nominal superior a 70 kW.
- En instalaciones de potencia térmica nominal mayor o igual a 5 kW e inferior o igual a 70 kW, este proyecto se puede sustituir por una memoria técnica.

- Los sistemas solares consistentes en un único elemento prefabricado y las instalaciones de menos de 5 kW de potencia térmica nominal no están obligadas a presentar documentación ante el órgano competente de la Comunidad Autónoma que acredite el cumplimiento reglamentario.

- En caso de Instalaciones solares térmicas, se tendrá en cuenta la potencia nominal en generación de calor o frío del equipo de apoyo. Si no tuviera equipo de apoyo, la potencia nominal se determina multiplicando la superficie de apertura de campo de los captadores solares instalados por 0,7 kW/m^2.

- Será necesaria la realización previa de un proyecto o memoria técnica para justificar el cumplimiento de las exigencias del RITE y de la normativa vigente en las siguientes reformas de instalación:

    - Incorporación o modificación de subsistemas de climatización o de producción de ACS.
    - Sustitución del generador de calor o frío con características diferentes.
    - Interconexión con una red urbana de calefacción o refrigeración.
    - Ampliación del número de equipos.
    - Cambio del tipo de energía utilizada o incorporación de energías renovables.
    - Cambio de uso previsto del edificio.

Contenido mínimo del Proyecto según el RITE

Según el art. 16 del RITE, el proyecto debe describir, totalmente, la instalación térmica, incluyendo sus características generales y detallando la forma de ejecución para que pueda valorarse e interpretarse sin equivocaciones.

Debe ser redactado y firmado por un técnico titulado competente y su desarrollo puede ser en forma de uno o varios proyectos específicos, o estar integrado en el proyecto general del edificio.

Incluirá la siguiente información:

a. Justificación de que las soluciones propuestas cumplen las exigencias de bienestar térmico e higiene, eficiencia energética, uso de energías renovables y residuales y seguridad del RITE y demás normativa aplicable.

b. Las características técnicas mínimas que deben reunir los equipos y materiales que conforman la instalación proyectada, así como sus condiciones de suministro y ejecución, las garantías de calidad y el control de recepción en obra que deba realizarse.

c. Las verificaciones y las pruebas que deban efectuarse para realizar el control de la ejecución de la instalación y el control de la instalación terminada.

d. Las instrucciones de uso y mantenimiento de acuerdo con las características específicas de la instalación, mediante la elaboración de un «Manual de Uso y Mantenimiento» que contendrá las instrucciones de seguridad, manejo y maniobra, así como los programas de funcionamiento, mantenimiento preventivo y gestión energética de la instalación proyectada, de acuerdo con la IT 3.

Contenido mínimo de la Memoria Técnica según el RITE

Según el art. 16 del RITE, la memoria técnica será elaborada por un instalador habilitado o por un técnico titulado competente y su redacción se realizará utilizando impresos, según el modelo determinado por el órgano competente de cada Comunidad Autónoma.

Consta de los siguientes documentos:

a. Justificación de que las soluciones propuestas cumplen las exigencias de bienestar térmico e higiene, eficiencia energética y energías renovables y residuales y seguridad del RITE.

b. Una breve memoria descriptiva de la instalación, en la que figuren el tipo, el número y las características de los equipos generadores de calor o frío, sistemas de energías renovables y otros elementos principales.

c. El cálculo de la potencia térmica instalada de acuerdo con un procedimiento reconocido. Se explicitarán los parámetros de diseño elegidos.

d. Los planos o esquemas de las instalaciones.

Cada comunidad autónoma dispone de modelos para la cumplimentación de las memorias técnicas, publicados en sus respectivos boletines oficiales o disponibles en formato digital publicados en sus páginas web.

Ejemplo

En la comunidad de Madrid está disponible el modelo IT 3.1.5 para la Solicitud de registro y Memoria técnica de instalaciones en Edificios que no requieren proyecto (Calefacción, climatización y ACS con potencia mayor o igual a 5 kW y menor o igual a 70 kW), publicado en el BOCM del jueves 25 de febrero de 2021.

3. Memoria, planos, presupuesto, pliego de condiciones y plan de seguridad

Existen tantas formas de hacer proyectos como proyectos se pueden realizar, pero, en general deben contener, al menos, los siguientes documentos y apartados:

- D.0: Datos iniciales:

  - Datos identificativos
  - Resumen de características

- D.1: Memoria descriptiva:

  - Memoria
  - Cálculos
  - Estudio económico
  - Impacto ambiental
  - Anejos

- D.2: Planos:

  - Planos de situación
  - Planos de detalle y de conjunto
  - Planos simbólicos, esquemas y diagramas lógicos
  - Diagramas, flujogramas y cronogramas

- D.3: Pliego de condiciones:

  - Pliego de condiciones generales y económicas
  - Pliego de condiciones técnicas y particulares

- D.4: Presupuesto:

  - Mediciones
  - Precios unitarios
  - Sumas parciales
  - Presupuesto general

Además, para las instalaciones solares térmicas es necesaria la realización de un Plan de seguridad o Estudio de seguridad y salud, el cual se incluirá tras el documento D.4 Presupuesto y tendrá formato de proyecto; y la elaboración de un "Manual instrucciones o Manual de uso y Mantenimiento", que recogerá todas las descripciones, instrucciones y recomendaciones necesarias para asegurar el correcto uso y funcionamiento de la instalación, el cual formará parte del pliego de condiciones técnicas y particulares.

A continuación, vamos a desglosar cada uno de los documentos recogidos en el Proyecto de una instalación solar térmica.

3.1. Documento n.º 0 Datos iniciales

Al inicio del proyecto es importante identificar tanto los datos de la instalación como del responsable del proyecto, además de mostrar un breve resumen con las características de la instalación proyectada.

Las características de la instalación se pueden resumir en:

- Titular de la instalación proyectada
- Ubicación de la instalación
- Potencia térmica nominal de generación de frío o calor proyectada
- Potencia eléctrica absorbida
- Capacidad máxima de ocupantes en el edificio según el Código Técnico de la Edificación (CTE)
- Uso del edificio
- Obra nueva o reforma de instalación existente en edificio existente

Datos identificativos

En este apartado se recogerá la siguiente información:

- Datos de la instalación:

  - Denominación
  - Actividad
  - Dirección

- Datos del titular de la instalación proyectada:

  - Nombre o razón social
  - NIF
  - Responsable
  - Datos de contacto, …

- Autor del proyecto:

  - Nombre
  - NIF
  - Datos de contacto
  - Titulación
  - N.º de colegiado, …

- Director de obra (todos los datos necesarios para su identificación).
- Instalador autorizado (todos los datos necesarios para su identificación).

3.2. Documento n.º 1 Memoria

La memoria es uno de los documentos más importantes del proyecto. En ella se definen y resumen los aspectos característicos del proyecto, las instalaciones, los materiales, incluyendo la justificación técnica del cumplimiento de las especificaciones requeridas en la normativa de aplicación.

Memoria descriptiva

Es el documento que constituye la columna vertebral del proyecto, siendo el apartado descriptivo y explicativo del mismo. En él se expone cuál es el objeto del proyecto, a quién se destina, dónde se instalará. Se indican los antecedentes y estudios previos, las hipótesis de las que se parte y la selección de estas, así como las conclusiones y resultados definitivos. Puede incluir croquis explicativos o instrucciones para la instalación y puesta en marcha.

Los cálculos justificativos de la instalación estarán desarrollados detalladamente en el apartado de memoria justificativa o cálculos.

Al final de la memoria se debe poner el valor total de la ejecución del proyecto, recogido en el presupuesto general, la fecha de emisión y la firma de la persona que lo ha desarrollado.

Los apartados que pueden recogerse en la memoria de un proyecto para instalaciones solares térmicas son (la lista no es exhaustiva y cada proyectista redacta el proyecto según su criterio, respetando los contenidos mínimos marcados en el RITE):

- **Identificación de la solución escogida.** Descripción breve de la solución elegida y los aspectos o requisitos que se han contemplado para la elección, utilidad del proyecto, funcionamiento, …
  Puede incluir croquis de la instalación.

- **Antecedentes.** Descripción de la situación que ha provocado la necesidad de la realización del proyecto.
- **Objeto.** Breve explicación de la instalación proyectada, incluyendo los datos identificativos de la instalación y los datos administrativos del titular.

  Incluye un breve resumen de los pasos a seguir en la ejecución de la nueva instalación.
- **Plazo de ejecución.** Tras definir las actividades que se van a realizar, es necesario temporalizarlas de manera que permita establecer el plazo de ejecución del nuevo proyecto.
- **Normativa de aplicación.** Se debe tener en cuenta toda la legislación de aplicación, estatal, autonómica, regional y local que regule la instalación de sistemas solares térmicos. Alguna de esta normativa es:

  - Reglamento de Instalaciones Térmicas en los Edificios (RITE).
  - Código Técnico de la Edificación (CTE).
  - Guía IDAE 022: Guía Técnica de Energía Solar Térmica.

- **Descripción del edificio.** Las características del edificio afectarán a las características de la instalación proyectada, por lo que se debe incluir la siguiente información:

  - Ubicación y orientación del edificio.
  - Uso del edificio y de cada planta.
  - Capacidad máxima de ocupantes según el CTE.
  - N.º de plantas, además de la superficie y volumen por planta.
  - Estado del edificio.
  - Edificios colindantes.
  - Horario de apertura y cierre, si lo tuviera.

- **Descripción de la instalación proyectada.** En este apartado se hace un breve resumen de las diferentes partes de la instalación, las cuales se desarrollarán a lo largo del proyecto. Una instalación solar térmica para agua caliente sanitaria (ACS) está formada por los siguientes sistemas:

  - Sistemas de captación.
  - Sistema de intercambio.

- Sistema de almacenamiento o acumulación.
- Sistema de distribución.
- Sistema de regulación y control.
- Sistema de apoyo.

■ **Características técnicas de los equipos.** Características y propiedades de los equipos principales proyectados para la instalación:

- Captadores.
- Acumuladores.
- Bombas.
- Vasos de expansión, ...

■ **Métodos de cálculo.** Descripción del método de cálculo seleccionado para el cálculo de las características de la instalación en cuanto al volumen de acumulación, la superficie de captación y la fracción solar de demanda de la cubierta de la instalación.
Todos los cálculos justificativos de la instalación estarán recogidos en el documento memoria justificativa o de cálculo.

■ **Verificaciones y pruebas.** Las instalaciones solares térmicas deben pasar una serie de pruebas por parte del instalador, recogidas en el RITE y en la Guía IDAE 022, para la puesta en servicio y entrega de la instalación a su titular.
En este apartado se recoge un breve resumen de las pruebas realizadas o que se realizarán y de los resultados obtenidos, las cuales se desglosarán en el Pliego de condiciones o en este apartado, según la normativa vigente en el momento de la realización del proyecto.

■ **Instrucciones.** Conjunto de órdenes, normas o consejos que se deben tener en cuenta para la ejecución del proyecto y la puesta en servicio de la instalación.

Memoria justificativa o memoria de cálculo

Son los cálculos que justifican las soluciones y resultados expresados en la memoria, indicando los métodos de cálculo utilizado, en caso necesario.

No es necesaria la demostración de las fórmulas de procedencia y uso normalizado.

Las operaciones realizadas, las fases de cálculo y los resultados deben aparecer con suficiente claridad para el correcto seguimiento de los mismos.

Alguno de los apartados que se recogen en este documento para las instalaciones solares térmicas son:

- Datos iniciales geográficos y climatológicos
- Cálculo de las demandas de consumo de agua y energía
- Ubicación y disposición en planta de los captadores
- Esquema unifilar inicial de la instalación
- Cálculo de la superficie de captación y volumen de acumulación
- Cálculo de la red de tuberías en el circuito primario
- Dimensionado de bombas y vasos de expansión
- Cálculo de las protecciones
- Presentación de los resultados

Estudio económico

Este apartado no se refiere a costo de ejecución del proyecto, ni al costo del estudio mismo del proyecto. Aquí deben incluirse los estudios dedicados a justificar la realización del proyecto: viabilidad, rentabilidad, fiabilidad e interés económico del mismo.

Impacto ambiental

Se deben incluir los estudios que indican si la realización del proyecto tendría alguna repercusión positiva o negativa en el medioambiente.

Anejos

Es la información complementaria que se considere necesaria para la mejor comprensión del proyecto. Se numerarán separadamente según su contenido.

 **Ejemplo**

Por ejemplo, según proceda:

I ANEJO I.- Tablas, ábacos, diagramas y gráficos.
I ANEJO II.- Listados de programas.
I ANEJO III.- Transporte.
I ANEJO IV.- Montaje.
I ANEJO V.- Puesta en marcha.
I ANEJO VI.- Catálogos.

3.3. Documento n.º 2 Planos

Los planos se presentarán según las normas UNE, doblados para ser presentados en tamaño A4 y debidamente acotados. Dispondrán de cajetín, donde aparecerá la siguiente información:

- Título del plano
- N.º de plano
- Escala
- Material
- Peticionario
- Autor

Además de los planos de situación y los de edificación y obra civil, son necesarios los planos de las instalaciones proyectadas o existentes como los planos hidráulicos y los planos de electricidad.

Ejemplo

I Planos de emplazamiento
I Planos de instalaciones auxiliares (agua, electricidad)
I Planos de maquinaria
I Planos de conjuntos, subconjuntos, piezas
I Esquemas (eléctricos, electrónicos, neumáticos)

Planos

Todos los componentes de la instalación proyectada deberán quedar suficientemente identificados mediante planos de planta, de detalle, esquemas, etc.

Nota

En un proyecto, los planos son documentos de vital importancia, ya que definen cómo es la instalación y cuáles son los elementos que la componen. Por lo general, son los documentos más utilizados de un proyecto.

3.4. Documento n.º 3, pliego de condiciones

Es el documento en el que se fijan las exigencias, requisitos y condiciones que debe cumplir aquello que se ha proyectado.

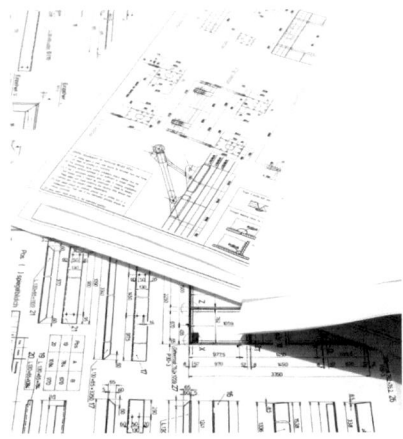

Está compuesto por los elementos que se describen a continuación.

Pliego de condiciones generales y económicas

Se indicarán las normas, reglamentos y leyes de carácter general que sean aplicables a la ejecución del proyecto, mostrando en su caso la procedencia y ámbito de aplicación (local, regional, nacional, internacional). Se indicarán las responsabilidades contractuales, arbitraje, jurisdicción y cualquier otro requisito de seguridad, manipulación, aprobación de cambios, etc. Igualmente, se dirá el plazo y lugar de la entrega.

Se indicarán asimismo en este apartado las condiciones de tipo económico a aplicar, tales como el plazo de validez, escalación de precios por inflación, por tipo de cambio de divisas, así como premios, penalidades, forma de pago, garantías, etc.

Pliego de condiciones técnicas y particulares

Se incluirán en este apartado aquellos requisitos técnicos que sean de aplicación, tales como características de materiales, componentes y equipos, normas de medición e inspección, detalles de ejecución y control del proyecto, programa de fabricación, ensayos y pruebas (de recepción, de ejecución y finales), programa con los plazos de ejecución del proyecto (plazos de ejecución de la obra, plazos de entrega de equipos), garantías exigidas y plazos de dichas garantías.

Se incluirá en este apartado cualquier condición o requisito particular, que no se haya recogido en apartados anteriores, tales como instrucciones particulares de construcción, de ejecución o manejo (manual o instrucciones para el usuario), etc.

Montaje, pruebas y puesta en marcha

La instrucción técnica IT 2 del Reglamento de Instalaciones Térmicas en Edificios recoge el procedimiento a seguir para realizar las pruebas de puesta en servicio y verificaciones de cualquier instalación solar térmica y quedan recogidas en el pliego de condiciones del proyecto de la instalación.

Estas pruebas se centran en verificar el buen funcionamiento de los equipos y de la instalación instalada, estableciendo las condiciones iniciales y de funcionamiento que se deben cumplir para comprobar la estanqueidad de las redes de tuberías de agua, de los circuitos frigoríficos, de las redes de conductos de aire y de las chimeneas, además de comprobar la libre dilatación de las redes tuberías.

Las pruebas finales se realizan siguiendo las instrucciones indicadas en los capítulos 5 y 6 de la norma UNE-EN 12599.

La empresa instaladora realizará y documentará el procedimiento de ajuste y equilibrado de los sistemas de distribución y difusión de aire y de los sistemas de distribución de agua, según los requisitos recogidos en el apartado IT 2.3 Ajuste y Equilibrado de la Instrucción Técnica IT 2 del RITE.

Entre las pruebas que la empresa instaladora realizará y documentará para comprobar la eficiencia energética de la instalación se pueden destacar:

- Comprobación de la eficiencia y la aportación energética de la producción de los sistemas de generación de energía de origen renovable.
- Comprobación de las pérdidas térmicas de distribución de la instalación hidráulica.

Manual de instrucciones o manual de uso y mantenimiento

El manual de uso y mantenimiento de las instalaciones térmicas contiene las instrucciones de seguridad, manejo y maniobra de la instalación, además de los programas de funcionamiento, mantenimiento preventivo y gestión energética para asegurar el correcto uso y funcionamiento de la instalación, asegurando que este funcionamiento se realice con la máxima eficiencia energética, garantizando la seguridad, durabilidad y la protección del medio ambiente y las exigencias establecidas en el proyecto. Es obligatorio para todas las instalaciones que requieran proyecto o memoria técnica para su ejecución.

El mantenimiento de las instalaciones se realizará según lo establecido en la Instrucción técnica IT 3 del RITE.

Operaciones de mantenimiento preventivo y su periodicidad		
Equipos y potencias útiles nominales (Pn)	**Usos**	
	Viviendas	**Restantes**
Calentadores de agua caliente sanitaria a gas Pn ≤ 24,4 kW	5 años	2 años
Calentadores de agua caliente sanitaria a gas 24,4 kW < Pn ≤ 70 kW	2 años	Anual
Calderas murales a gas Pn ≤ 70 kW	2 años	Anual
Resto instalaciones calefacción Pn ≥ 70 kW	Anual	Anual
Aire acondicionado Pn ≤ 12 kW	4 años	2 años
Aire acondicionado 12 kW < Pn ≤ 70 kW	2 años	Anual
Bomba de calor para agua caliente sanitaria Pn ≤ 12 kW	4 años	2 años
Bomba de calor para agua caliente sanitaria 12 kW < Pn ≤ 70 kW	2 años	Anual
Instalaciones de potencia superior a 70 kW	Mensual	Mensual
Instalaciones solares térmicas Pn ≤ 14 kW	Anual	Anual
Instalaciones solares térmicas Pn > 14 kW	Semestral	Semestral

Fuente: RITE (p. 75), act. 2022.

El manual de instrucciones debe ser entregado al titular de la instalación y formar parte de su suministro. Debe incluir:

- Proyecto ejecutado de la instalación incluyendo memoria de diseño actualizada con las modificaciones o adaptaciones realizadas durante el montaje de la instalación.
- Informe de la inspección final realizada por el técnico, certificando que la instalación se encuentra completamente finalizada, que se han realizado las pruebas y que está en condiciones de funcionamiento.
- Características de funcionamiento y manuales de los componentes principales.
- Recomendaciones de uso e instrucciones de seguridad.
- Plan de vigilancia.
- Programa de mantenimiento.
- Certificados y condiciones de garantía de todos los componentes y de la instalación.

Memoria de diseño

Es un documento resumen que recoge toda la información que se ha empleado o definido en el proyecto de la instalación. Da uniformidad y resume la documentación de la instalación, para facilitar la revisión de los contenidos del proyecto, visualizar y entender los parámetros fundamentales de la instalación y obtener la información necesaria para evaluar e inspeccionar la instalación ejecutada.

Para poder cumplimentar la memoria de diseño se debe haber definido, calculado, decidido y establecido todo lo referente a la instalación solar.

En la Guía IDAE 022: Guía Técnica de Energía solar Térmica se define un formato para la realización de las Memorias de Diseño con toda la información que debe contener:

- Datos generales
- Datos de partida: parámetros de uso y climáticos
- Parámetros funcionales

- Resultados del cálculo de prestaciones energéticas
- Configuración básica
- Condiciones de trabajo
- Fluido de trabajo
- Sistema de captación
- Sistema de acumulación
- Sistema de intercambio
- Circuitos hidráulicos
- Circuitos de consumo
- Sistema de expansión
- Sistema de medida
- Sistema de energía auxiliar o de apoyo
- Sistema eléctrico y de control
- Especificaciones de componentes

3.5. Documento n.º 4, presupuesto

Está compuesto por los elementos que se describen a continuación.

Mediciones

Se indicarán (generalmente en tablas) las diferentes partes que integran el proyecto, agrupadas de forma homogénea en distintas partidas, indicando las cantidades de cada parte.

Precios unitarios

Se indicará (generalmente en tablas) el costo unitario de cada una de las partes del apartado anterior.

Sumas parciales

Se configura (generalmente en tablas) en base a los dos apartados anteriores, indicando las cantidades de cada una de las partes, su precio unitario y el importe parcial de cada una de ellas.

Presupuesto general

En este apartado se indicarán cada una de las partidas parciales con sus correspondientes costos y, finalmente, la suma de todas ellas, que constituye el costo total del proyecto.

3.6. Estudio de seguridad y salud y Plan de seguridad y salud en el trabajo

Es el Real Decreto 1627/1997, de 24 de octubre, por el que se establecen las disposiciones mínimas de seguridad y de salud en las obras de construcción, el que establece los mecanismos específicos para la aplicación de la Ley 31/1995, de 8 de noviembre, de Prevención de Riesgos laborales y del Real Decreto 39/1997, de 8 de noviembre, por el que se aprueba el Reglamento de los Servicios de Prevención, en el sector de actividad relativo a las obras de construcción, contemplando todas sus peculiaridades.

El **ámbito de aplicación** es:

- Obras de construcción, teniendo en cuenta cualquier actividad que se lleve a cabo en la obra, localizando e identificando las zonas en las que se presten trabajos que impliquen alguno de los riesgos especiales incluidos en los apartados del anexo II del Real Decreto 1627/1997, como:

  - Trabajos con riesgos graves de sepultamiento, hundimiento o caída de altura.
  - Trabajos en los que la exposición a agentes químicos o biológicos suponga un riesgo de especial gravedad.
  - Trabajos en la proximidad de líneas eléctricas de alta tensión.
  - Trabajos que impliquen el uso de aire comprimido.
  - Etc.

- No se aplicará a las industrias extractivas a cielo abierto o subterráneas o por sondeos, que dispondrán de su normativa específica.

 **Definición**

Obra de construcción u obra
Es cualquier obra pública o privada, en la que se efectúen trabajos de construcción o ingeniería civil.

Casos de realización del estudio de seguridad y salud o del estudio básico de seguridad y salud

El Estudio de Seguridad y Salud se efectuará cuando:

- El presupuesto de ejecución por contrata incluido en el proyecto sea igual o superior a 450.759,08 €.
- La duración estimada sea superior a 30 días laborables, empleándose en algún momento a más de 20 trabajadores simultáneamente.
- La suma de los días de trabajo del total de los trabajadores en la obra, sea superior a 500 (volumen de mano de obra estimada).
- Las obras de túneles, galerías, conducciones subterráneas y presas.

Los proyectos de obra no incluidos en los anteriores supuestos incluirán un estudio básico de seguridad y salud.

Coordinadores en materia de seguridad y salud

Si hubiera varios proyectistas o contratistas, el promotor del proyecto designará coordinadores en materia de seguridad y salud durante la elaboración del proyecto y la ejecución del mismo, que podrá ser la misma persona.

ESQUEMA DE SEGURIDAD Y SALUD EN LA REDACCIÓN Y EJECUCIÓN DEL PROYECTO OBRA

(1) Elaboración del estudio de seguridad y salud si no hay coordinador de seguridad y salud y es designado por el promotor, puede ser elegido otro técnico competente.

(2) Designado por el promotor cuando hay varios proyectistas, durante la elaboración del proyecto de obra.

(3) Designado por el promotor cuando en la ejecución intervengan varias empresas, o una empresa y trabajadores autónomos, o varios trabajadores autónomos, durante la ejecución de la obra.

Contenido del estudio de seguridad y salud

El estudio deberá formar parte del proyecto de ejecución de obra o, en su caso, del proyecto de obra. Debe ser coherente con el contenido del mismo y recoger las medidas preventivas adecuadas a los riesgos que conlleve la realización de la obra. Tiene estructura de proyecto.

El contenido mínimo es el siguiente:

a. Memoria descriptiva:

■ De los procedimientos, equipos técnicos y medios auxiliares que deban utilizarse o cuya utilización pueda preverse.

▮ Identificación de los riesgos laborales que pueden ser evitados, indicando a tal efecto las medidas técnicas necesarias para ello.

▮ Relación de los riesgos laborales que no puedan eliminarse conforme a lo señalado anteriormente, especificando las medidas preventivas y protecciones técnicas tendentes a controlar y reducir dichos riesgos y valorando su eficacia, en especial cuando se propongan medidas alternativas.

▮ Se incluirá la descripción de los servicios sanitarios y comunes, de los que deberá estar dotado el centro de trabajo, en función del número de trabajadores que vayan a utilizarlos.

▮ En la elaboración de la memoria habrán de tenerse en cuenta las condiciones del entorno en que se realice la obra, así como la tipología y características de los materiales y elementos que hayan de utilizarse, determinación del proceso constructivo y orden de ejecución de los trabajos.

b. Pliego de condiciones particulares:

En este se tendrán en cuenta:

▮ Normas legales y reglamentarias aplicables a las especificaciones técnicas propias de la obra de que se trate.

▮ Prescripciones que se habrán de cumplir en relación con las características, la utilización y la conservación de las máquinas, útiles, herramientas, sistemas y equipos preventivos.

c. Planos:

En estos se desarrollarán los gráficos y esquemas necesarios para la mejor definición y comprensión de las medidas preventivas definidas en la memoria, con expresión de las especificaciones técnicas necesarias.

d. Mediciones:

Mediciones de todas aquellas unidades o elementos de seguridad y salud en el trabajo que hayan sido definidos o proyectados.

e. Presupuesto:

En este se cuantificará el conjunto de gastos previstos para la aplicación y ejecución del estudio de seguridad y salud, tanto por lo que se refiere a la suma total como a la valoración unitaria de elementos, con referencia al cuadro de precios sobre el que se calcula.

Estudio básico de seguridad y salud

En los proyectos de obras donde no es obligatorio el Estudio de seguridad y salud, el promotor está obligado a que, en la fase de redacción del proyecto, se elabore un Estudio básico de seguridad y salud, siguiendo las siguientes pautas:

- Lo elabora un técnico competente designado por el promotor.
- Cuando existe un coordinador de Seguridad y Salud en la elaboración del proyecto, le corresponde la elaboración del Estudio o hacer que se elabore bajo su responsabilidad.
- Deberá precisar las normas de seguridad y salud aplicables a la obra, a tal efecto, deberá contemplar:

  - Riesgos evitables y medidas técnicas necesarias.
  - Riesgos laborales inevitables y medidas preventivas y protecciones técnicas, valorando su eficacia.
  - Otro tipo de actividad que se efectúe en la obra, y actividades relacionadas en el anexo II del decreto (Relación no exhaustiva de los trabajos que implican riesgos especiales para la seguridad y la salud de los trabajadores).
  - Previsiones e informaciones útiles para efectuar en su día los trabajos posteriores previsibles en las debidas condiciones de seguridad y salud.

Plan de seguridad y salud en el trabajo

Tras la redacción del Estudio de seguridad y salud o el Estudio básico de seguridad y salud, según corresponda, es el momento de su integración en el campo de aplicación, mediante la elaboración de un Plan de seguridad y salud en el trabajo, siguiendo las indicaciones marcadas en el R. D. 1627/1997:

- En aplicación del estudio de seguridad y salud o, en su caso, del estudio básico, cada contratista elaborará un plan de seguridad y salud en el trabajo, en el que se analicen, estudien, desarrollen y complementen las previsiones contenidas en el estudio o estudio básico, en función de su propio sistema de ejecución de la obra.
- En el plan se incluirán, en su caso, las propuestas de medidas alternativas de prevención que el contratista proponga con la correspondiente justificación técnica, que no podrán implicar disminución de los niveles de protección previstos en el estudio básico. Estas propuestas alternativas incluirán su valoración económica.
- El plan de seguridad y salud deberá ser aprobado, antes del inicio de la obra, por el coordinador en materia de seguridad y salud durante la ejecución de la obra.
- En el caso de obras de las administraciones públicas, el plan, con el correspondiente informe del coordinador en materia de seguridad y salud durante la ejecución de la obra, se elevará para su aprobación a la administración pública que haya adjudicado la obra.
- Cuando no sea necesario un coordinador, sus funciones serán asumidas por la dirección facultativa.
- El plan de seguridad y salud podrá ser modificado por el contratista en función del proceso de ejecución de la obra, de la evolución de los trabajos y de las posibles incidencias o modificaciones que puedan surgir a lo largo de la obra, pero siempre con la aprobación del coordinador o la administración que ha encargado la obra.
- El plan estará en la obra a disposición permanente de:

  - La dirección facultativa.
  - Quienes intervengan en la ejecución de la obra.
  - Las personas u órganos con responsabilidades en materia de prevención de las empresas que intervienen en la obra.
  - Los representantes de los trabajadores.

Principios preventivos aplicables en la redacción del proyecto de obra

Los principios generales de prevención en materia de seguridad y salud contenidos en la ley de prevención de riesgos laborales deben ser considerados por el proyectista en las fases de concepción, estudio y elaboración del proyecto de obra, y en particular:

- Al tomar las decisiones constructivas, técnicas y de organización, con el fin de planificar los distintos trabajos o fases de trabajo que se desarrollarán simultánea o sucesivamente.
- Al estimar la duración requerida para la ejecución de estos distintos trabajos o fases de trabajo.

4. Planos de situación

Los planos de situación y emplazamiento son aquellos planos que muestran la ubicación de las obras que definen el proyecto en relación con su entorno a escala altamente reducida. Aunque no se puede establecer diferencia semántica entre los conceptos de situación y emplazamiento, es habitual, y la costumbre avala, denominar plano de situación al de ubicación puntual de las obras del proyecto y emplazamiento al plano de escala algo mayor donde se sitúan las obras de forma apreciable y en él queda constancia de su orientación y distribución general.

En el plano de situación se ha de mostrar con claridad la situación de las obras dentro de un municipio, comarca, isla, provincia o incluso nación. En los planos de situación debe quedar constancia del cercano y lejano entorno con los accesos por carretera, los municipios próximos, las ciudades distantes más importantes, puertos, aeropuertos, fábricas y demás temas de posible interés a efectos de proyecto y de obra.

Los planos de situación y emplazamiento permiten la correcta ubicación de la instalación, reflejando accesos, poblaciones e instalaciones cercanas.

En los planos de emplazamiento se esquematizarán los límites de la zona del proyecto de forma que se distingan en planta sus formas e interrelaciones locales con su entorno próximo.

Una vez efectuada la localización de la localidad en la que se pretende ubicar la instalación, se procede a la situación del proyecto situándolo dentro de la localidad en la que se plantea llevar a cabo el estudio/proyecto.

Con la localización se ha situado espacialmente la actuación y se ha resuelto el acceso, por carretera, a la localidad, al incluir referencia expresa a las vías de comunicación existentes en los alrededores de la zona de interés.

4.1. Situación de elementos puntuales

En el siguiente ejemplo, se expone la ubicación de una nave agrícola dentro de un proyecto agroindustrial:

INSTALACIÓN PROYECTADA

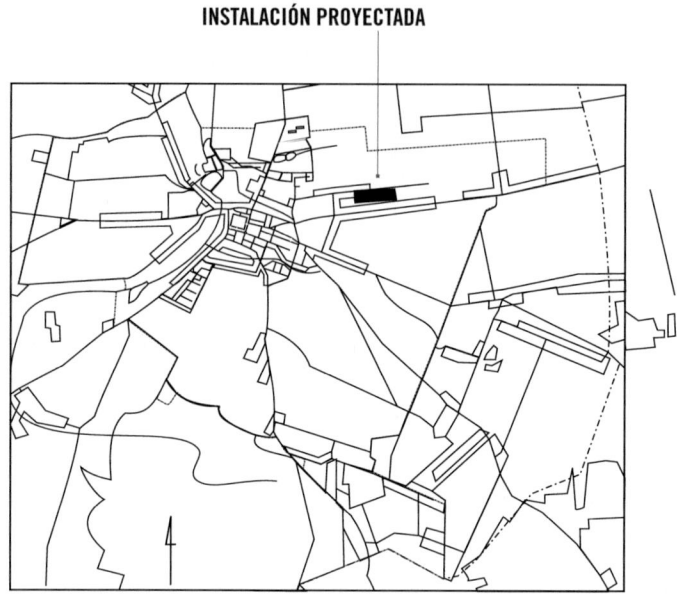

CASCO URBANO

Croquis

La localización situará el proyecto a nivel CEE, país y comunidad, y posteriormente el plano de situación reseñará la situación de la obra dentro de la localidad:

- Polígono de la localidad.
- Parcela de la localidad.
- Situación con respecto a la localidad.

■ Situación con respecto al entorno de la obra.

■ Detalle de las dimensiones, ocupación o ámbito de actuación.

 **Consejo**

Siempre que se vaya a proyectar una instalación conviene analizar el plano topográfico de la zona en la que se pretenda construir, para conocer las características del terreno de dicha zona.

El objeto de la situación es permitir el acceso a la zona de obras desde la localidad, que previamente se ha localizado.

La situación de la instalación se realizará dentro del polígono:

INSTALACIÓN PROYECTADA

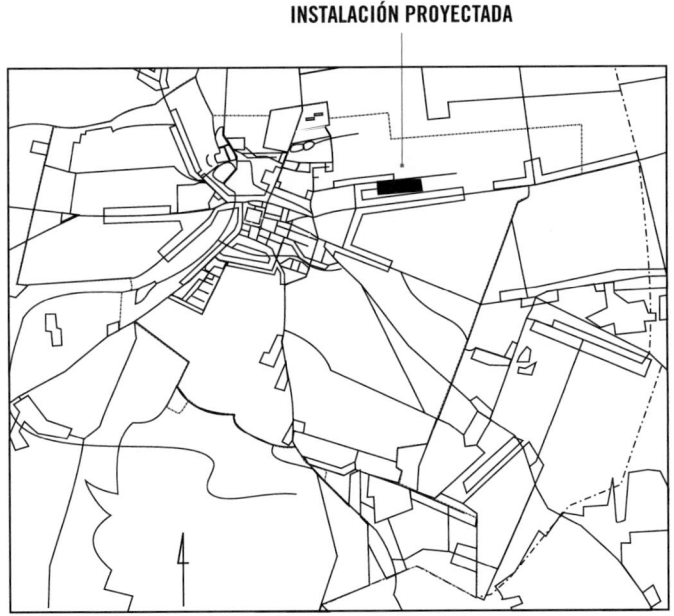

Y se referencia al casco urbano de la localidad por medio de la pañoleta (croquis) catastral:

Croquis

Con esto la situación de la instalación proyectada queda situada dentro de la localidad y se puede acceder a la futura instalación.

Se incluirá un plano con la situación actual de la parcela en la que se pretenden situar las actuaciones, colocando los servicios próximos a ella, sus accesos y la ubicación de las nuevas instalaciones:

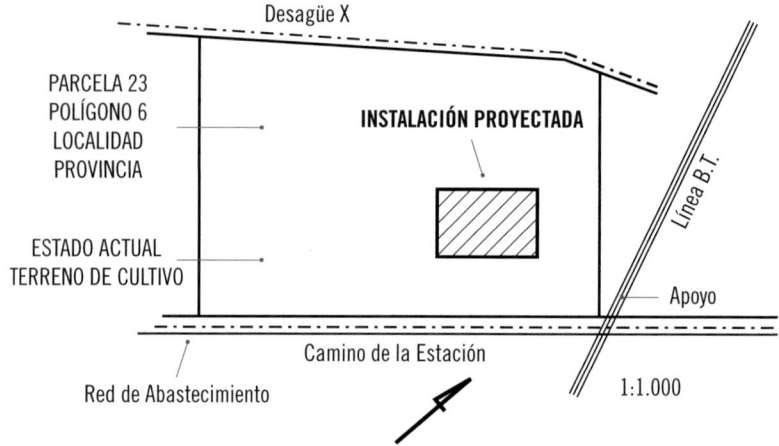

Nótese que, dentro de la cartografía, existe referencia de la parcela, en cuanto a la designación del polígono/parcela/término municipal de ubicación y, además, su estado/uso actual.

4.2. Situación de obras con extensión superficial

Se expone ahora otro ejemplo de situación, el de una actuación forestal en una localidad zamorana en la que la extensión superficial prima sobre las actuaciones puntuales:

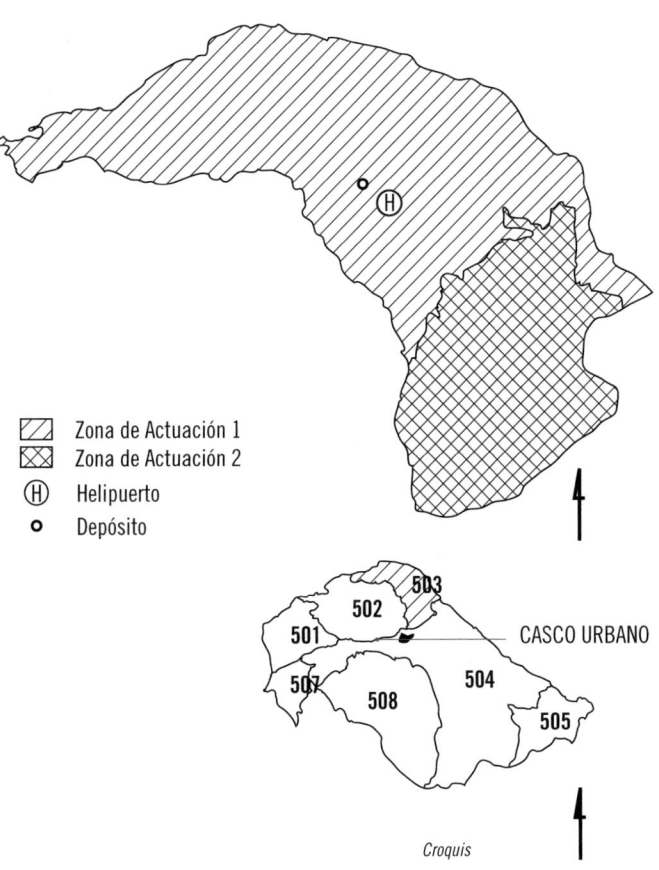

Croquis

En este plano existe distinta cartografía. La primera de ellas sitúa las actuaciones y las obras complementarias dentro de un polígono catastral:

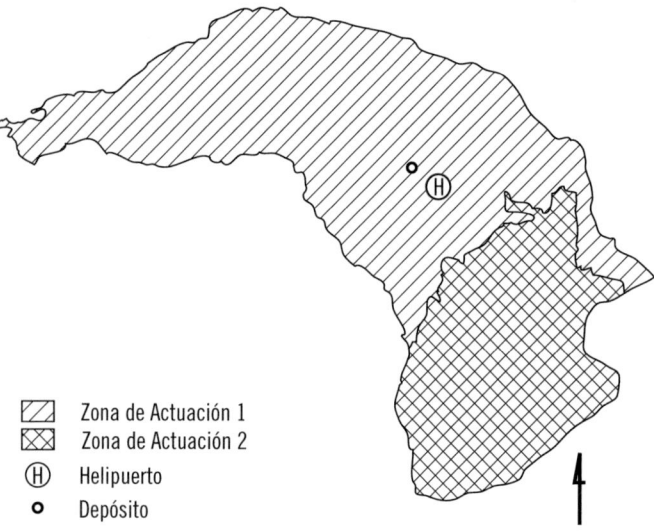

Zona de Actuación 1	
Zona de Actuación 2	
Ⓗ Helipuerto	
○ Depósito	

Esta cartografía emplea tramas para distinguir las distintas actuaciones y símbolos para ubicar actuaciones puntuales.

En una segunda cartografía, se resuelve la situación de la obra con respecto al casco urbano de la localidad:

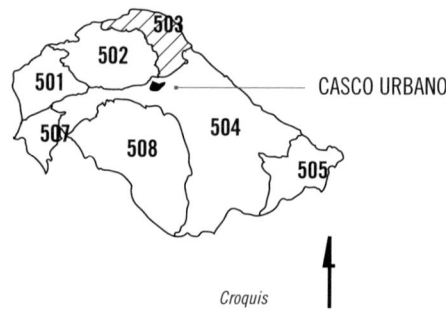

Croquis

Y una carátula que especifica el contenido cartográfico del plano:

TÍTULO PROYECTO:

PROYECTO DE REPOBLACIÓN FORESTAL Y OBRAS COMPLEMENTARIAS

PLANO:

SITUACIÓN DE LA ACTUACIÓN

INFORMACIÓN CARTOGRÁFICA:

CLAVE:	*FECHA:*
03-03-23	May 2023

División de Actuaciones
Planta General de la Obra
Situación de Depósitos y Helipuerto

ESCALA:	*Nº PLANO:*

PETICIONARIO:

1:5.000	03

JUNTA VECINAL

BASE CARTOGRÁFICA: *EL INGENIERO DE MONTES:*

Parcelario 1:5000 Polígono 503. Plano Catastral
Localidad. Croquis

Este plano de situación resuelve:

- Situación dentro del polígono de la localidad.
- Situación de las parcelas de la localidad.
- Situación con respecto a la localidad.
- Situación con respecto al entorno de la obra.
- Ámbito de la actuación.

Por lo que el acceso a la zona de obras es posible y tiene reflejo en la cartografía del proyecto.

Cuando las actuaciones abarcan varios términos municipales, varias hojas, o varios planos catastrales, es conveniente emplear una leyenda que sitúe dentro de la actuación proyectada para enclavar el plano dentro de la obra:

DIVISIÓN DE HOJAS-DIVISIÓN ADMINISTRATIVA

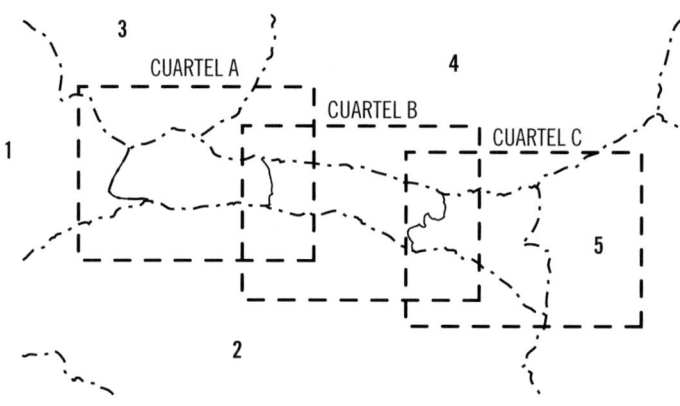

1. Localidad 1
2. Localidad 2
3. Localidad 3
4. Localidad 4
5. Localidad 5

En este croquis índice es conveniente reseñar la distribución administrativa del ámbito de la actuación.

4.3. Situación de obras lineales

Para obras lineales, aquellas en la que la definición geométrica principal sea un eje, se marcará la disposición de las obras con una leyenda, generalmente aumentando el grosor de la situación de las actuaciones.

Se expone aquí, por ejemplo, una mejora de un regadío por gravedad:

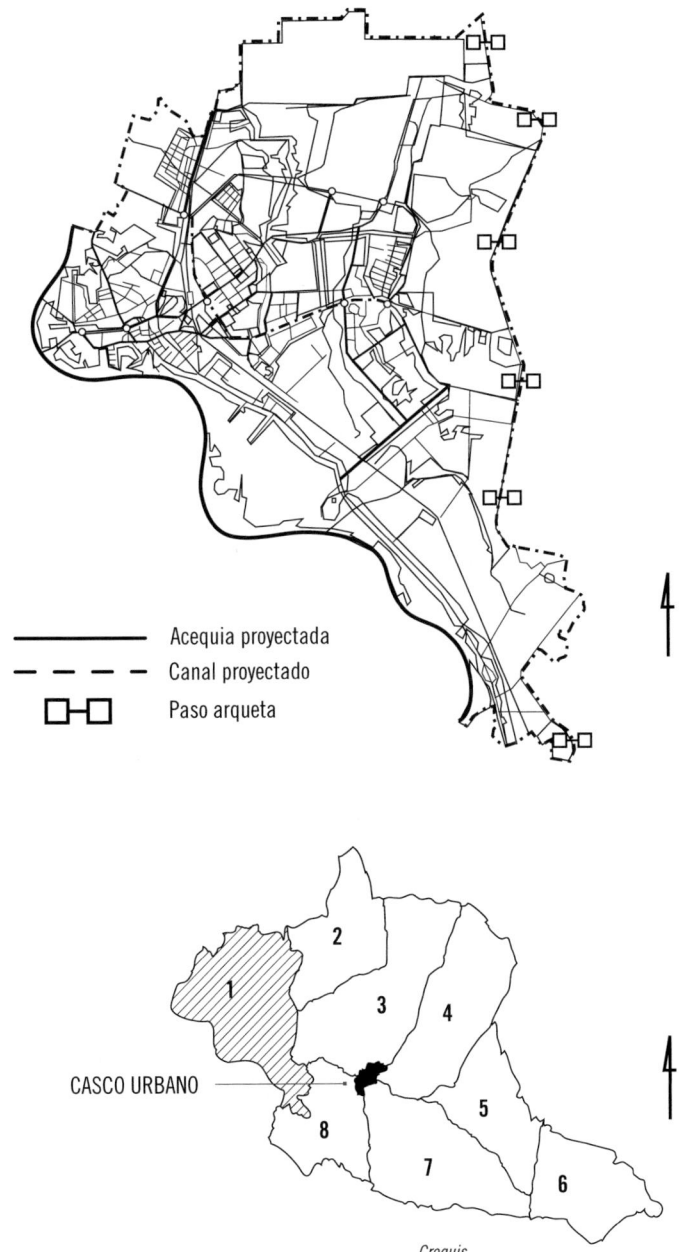

Acequia proyectada
Canal proyectado
Paso arqueta

CASCO URBANO

Croquis

Con una leyenda especifica del contenido cartográfico creado y la definición de elementos para la obra:

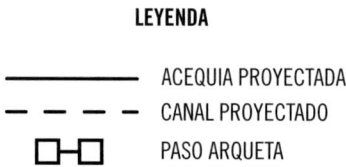

LEYENDA

——————— ACEQUIA PROYECTADA
— — — — CANAL PROYECTADO
□━□ PASO ARQUETA

Esta leyenda emplea símbolos para las actuaciones puntuales y grafismos, líneas con grosor, para las obras lineales.

En la siguiente imagen, se observa el emplazamiento en la localidad, mediante el empleo de un croquis:

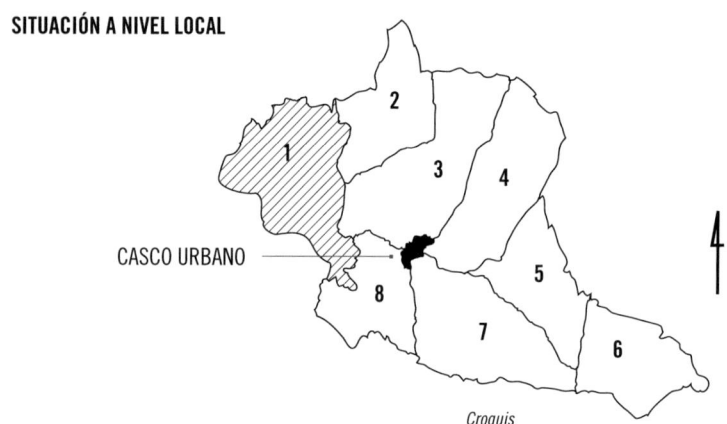

Croquis

Y una carátula del plano que especifica todo el contenido cartográfico del plano expuesto, junto con el origen de la cartografía base:

PROYECTO DE MEJORA DE REGADÍO

PLANTA DE OBRAS - POLÍGONO 1

Canales Proyectados
Acequias Proyectadas
Obras en pasos Proyectados

COMUNIDAD DE REGANTES

Polígono Catastral nº1.
Pañoleta de Situación Local. Croquis

Como segundo ejemplo de situación de obras de líneas, se expone a continuación un plano de situación de una red de caminos agrícolas dentro de un proyecto de concentración parcelaria:

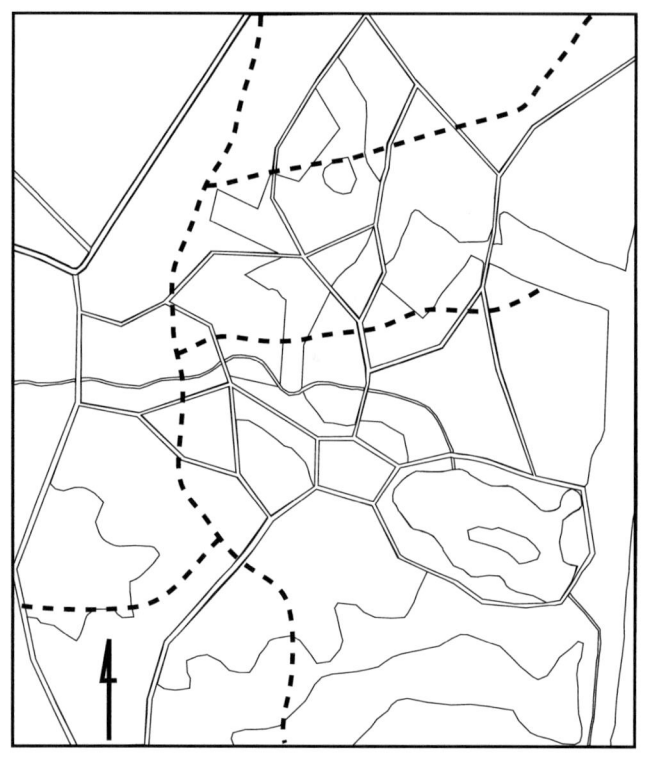

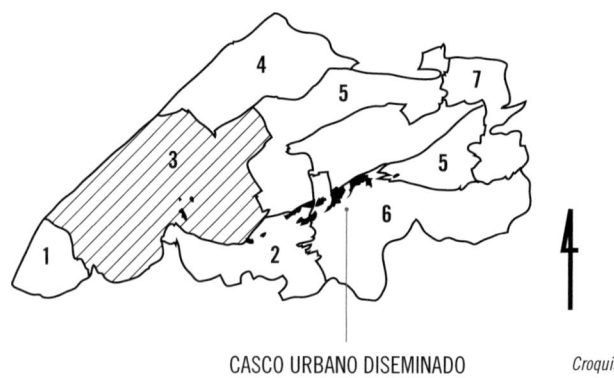

CASCO URBANO DISEMINADO   *Croquis*

Con situación a nivel local por medio de un croquis:

SITUACIÓN A NIVEL LOCAL

CASCO URBANO DISEMINADO

Croquis

5. Planos de detalle y de conjunto

En el ámbito industrial es necesario tener una visión global de los equipos que se han de montar o que ya están funcionando; o conocer las peculiaridades de una pieza en concreto. Los planos de conjunto y los planos de detalle aportan esta valiosa información.

5.1. Plano general o de conjunto

El plano de conjunto presenta una visión general del dispositivo a construir, de forma que se puede ver la situación de las distintas piezas que lo componen, con la relación y las concordancias existentes entre ellas.

La función principal del plano de conjunto consiste en hacer posible el montaje. Esto implica que debe primar la visión de la situación de las distintas partes, sobre la representación del detalle.

Nota

La función principal de un plano de conjunto es hacer posible el montaje del equipo o instalación que representa, de ahí que esté más enfocado en mostrar la situación de todas las partes o elementos que componen el objeto, en vez de representar detalles de este.

PLANO DE CONJUNTO

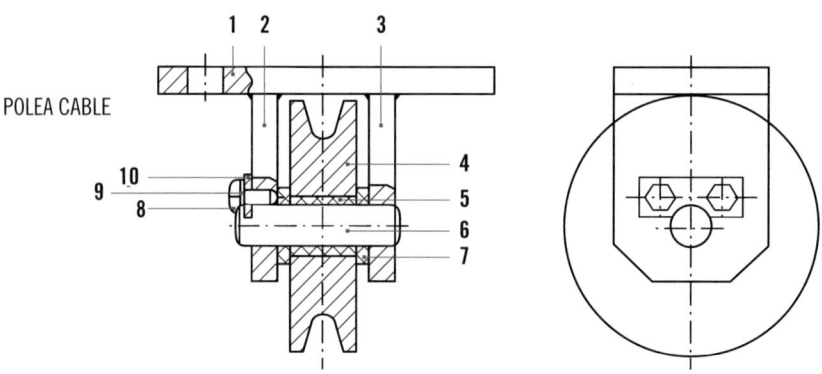

Del conjunto de la figura, se observan las siguientes características, aplicables en general a cualquier plano de conjunto:

- A la hora de realizar el plano de conjunto, se deben tener en cuenta todas las cuestiones relativas de la normalización: formato de dibujo, grosores de línea, escalas, disposición de vistas, cortes y secciones, etc.
- En el plano de conjunto se deben dibujar las vistas necesarias. En la figura del ejemplo, no es necesario dibujar la vista del perfil izquierdo, puesto que ya se ven y referencian todas las piezas en el alzado. Se ha incluido para dar una mejor idea de la forma del conjunto.
- Para ver las piezas interiores se deben realizar los cortes necesarios. Puesto que lo que importa es ver la distribución de las piezas, se pueden combinar distintos cortes en la misma vista. En el alzado del ejemplo, se ha representado un corte por el plano de simetría de las piezas 4, 5, 6 y 7

combinado con un corte de la placa 10 por el eje del tornillo y unos cortes parciales de las piezas 1, 2 y 3.

- En el plano de conjunto, hay que identificar todas las piezas que lo componen. Por eso, hay que asignarle una marca a cada pieza, relacionándolas por medio de una línea de referencia. Estas marcas son fundamentales para la identificación de las piezas a lo largo de la documentación y del proceso de fabricación.

Marca Norma	Nº Pieza	Designación y observaciones	
1	1	Placa base.	
2	1	Soporte Izquierdo.	
3	1	Soporte derecho.	
4	1	Rueda.	
5	1	Casquillo.	
6	1	Eje.	
7	2	Arandela.	
8	1	Tornillo hex. M6x16mg 8.8.	DIN 933
9	1	Arandela plana biselada 6,4.	DIN 125
10	1	Placa de fijación.	

Para tener completamente identificadas las piezas, hay que incluir en el plano de conjunto una lista de elementos. En esta lista se debe añadir información que no se puede ver en el dibujo. Por ejemplo, las dimensiones generales, las dimensiones nominales, la designación normalizada, las referencias normalizadas o comerciales, materiales, etc. Debido a la importancia del marcado de piezas y de la lista de elementos, se tratarán ampliamente en los puntos siguientes.

Puesto que están perfectamente identificadas las piezas del conjunto, se puede simplificar su representación, especialmente en el caso de elementos normalizados o comerciales.

En la figura siguiente, se representa un conjunto con cuatro piezas, donde se ve claramente la situación de cada una de ellas.

Marca Norma	Nº Pieza	Designación y observaciones	
1	1	Pieza 1	
2	1	Pieza 2	
3	1	Arandela plana biselada 6,4	DIN 125
4	1	Tornillo hex. M6x16 mg 8.8	DIN 933

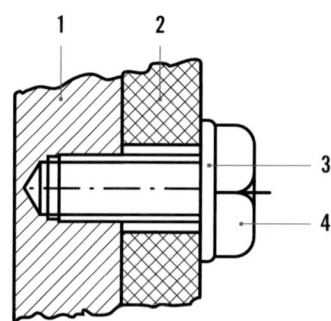

En la figura siguiente, se ha simplificado la representación del tornillo y de la arandela. Puesto que están perfectamente identificados, y quien lo vaya a montar tendrá los conocimientos suficientes para montar de forma correcta tanto el tornillo como la arandela, el resultado final será el mismo. De esta manera, se ha simplificado el dibujo, facilitando su comprensión y reduciendo el tiempo de realización del mismo.

Marca Norma	Nº Pieza	Designación y observaciones	
1	1	Pieza 1	
2	1	Pieza 2	
3	1	Arandela biselada 6,4	DIN 125
4	1	Tornillo hex. M6x16 mg 8.8	DIN 933

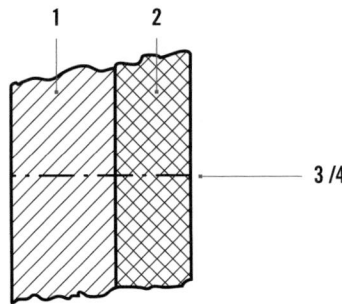

A la hora de realizar el montaje, se dispondrá de todas las piezas fabricadas sobre la mesa, de forma que, quien realice el montaje solo necesita saber cómo identificarlas correctamente y donde colocarlas.

Todo dibujo técnico debe incluir las cotas necesarias. Puesto que las piezas ya están terminadas, en los planos del conjunto únicamente se dispondrán las cotas necesarias para la realización o comprobación del montaje.

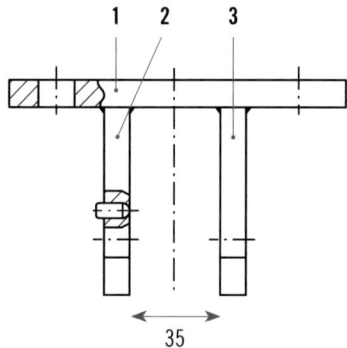

Marca Norma	Nº Pieza	Designación y observaciones
1	1	Placa base
2	1	Soporte izquierdo
3	1	Soporte derecho

En el conjunto de la figura es imprescindible dibujar la cota de 35 mm, puesto que indica al soldador la separación a la que debe soldar los dos soportes sobre la placa base. Fíjese que se ha realizado un corte parcial sobre el soporte derecho (pieza número 3) para establecer su orientación.

 **Importante**

Es indispensable que todos los elementos que componen una instalación estén acotados correctamente y de forma clara, para así no generar dudas a los operarios durante el montaje.

5.2. Plano de detalle

Es muy difícil que en los planos generales se pueda dibujar y acotar con detalle una pieza pequeña que hay que construir o el detalle de cómo deben ensamblarse unas piezas pequeñas. Estos detalles no se pueden dibujar en los planos generales porque son hechos a una escala, en la que las piezas pequeñas apenas si pueden verse, por esto se deben hacer los planos de detalle y además utilizar una escala adecuada para ver estos detalles.

Estos planos se hacen frecuentemente para representar totalmente objetos sencillos, tales como piezas de mobiliario, donde las piezas son pocas y no tienen formas complicadas. Todas las dimensiones y la información necesaria para la construcción de dicha pieza y para el montaje de todas las piezas se dan directamente en el plano de montaje.

Los planos de detalles podrán ser realizados fuera de escala de tal forma que se pueda apreciar los detalles de montaje o constructivos.

Cada plano deberá incluir en la esquina inferior derecha del recuadro un rótulo donde, por lo menos, deberá consignar la siguiente información:

1. Razón social o nombre de la distribuidora o comitente.
2. Número de plano.
3. Fecha.
4. Designación y descripción simplificada del objeto del plano.
5. Escala/s del dibujo.
6. N.º de hoja y cantidad de hojas.

7. En el caso de anular o modificar planos anteriores, indicar número y fecha del reemplazado.
8. Nombre, firma, profesión, colegio profesional y número de matrícula del ingeniero responsable.

Planos de detalle de diseños

Cuando se diseña una máquina, primero se hace un plano o proyecto de detalle para visualizar claramente el funcionamiento, la forma y el juego de las diferentes piezas. A partir de los planos de detalle se hacen los dibujos de detalle y a cada pieza se le asigna un número.

Para facilitar el ensamblaje de la máquina, en el plano de detalle se colocan los números de las diferentes piezas o detalles a representar. Esto se hace uniendo pequeños círculos (de 3/8 pulgadas a ½ de pulgadas de diámetro) que contiene el número de la pieza, con las piezas correspondientes por medio de líneas indicadoras. Es importante que los dibujos de detalle no tengan planes de numeración idénticos cuando se utilizan varias listas de materiales.

Planos de detalle para instalación

Este tipo de plano de detalle se utiliza cuando se emplean muchas personas inexpertas para ensamblar las diferentes piezas.

Como estas personas generalmente no están adiestradas en la lectura de planos técnicos, se utilizan planos pictóricos simplificados para el montaje.

Planos de detalle para catálogos

Son planos de detalle especialmente preparados para catálogos de compañías. Estos planos de detalle muestran únicamente los detalles y las dimensiones que pueden interesar al comprador potencial. Con frecuencia, el plano tiene dimensiones expresadas con letras y viene acompañado por una tabla que se utiliza para abarcar una gama de dimensiones.

Recuerde

Los planos de detalles podrán ser realizados fuera de escala de tal forma que se pueda apreciar los detalles de montaje o constructivos.

Planos de detalle desarmados

Cuando una máquina requiere servicio, por lo general las reparaciones se hacen localmente y no se devuelve la máquina a la compañía constructora. Este tipo de plano se utiliza frecuentemente en la industria de reparación de aparatos, la cual emplea los planos de detalle para los trabajos de reparación y para el periodo de piezas de repuesto. También es utilizado con frecuencia este tipo de planos de detalle por compañías que fabrican equipos tipo hágalo usted mismo, tales como equipos para fabricación de modelos, donde los planos deben comprenderse fácilmente.

EJEMPLO DE UN PLANO DE DETALLE

DIBUJO INDUSTRIAL

6. Planos simbólicos, esquemas y diagramas lógicos

En el proyecto de una instalación existen planos en los que se representa algo atendiendo solo a sus líneas y características más significativas. Esquematizar una instalación de forma simbólica consiste en dibujar las tuberías y sus componentes, como pueden ser válvulas, calentadores, alumbrado, intercambiadores, etc., siempre con sus símbolos correspondientes.

Recuerde

Los planos de detalles deben incluir la siguiente información:

1. Razón social o nombre de la distribuidora o comitente.
2. Número de plano.
3. Fecha.
4. Designación y descripción simplificada del objeto del plano.
5. Escala/s del dibujo.
6. N.º de hoja y cantidad de hojas.
7. En el caso de anular o modificar planos anteriores, indicar número y fecha del reemplazado.
8. Nombre, firma, profesión, colegio profesional y número de matrícula del ingeniero responsable.

En ingeniería se puede representar de forma simbólica el funcionamiento y componente de una instalación determinada.

Ejemplo de esquema unifilar

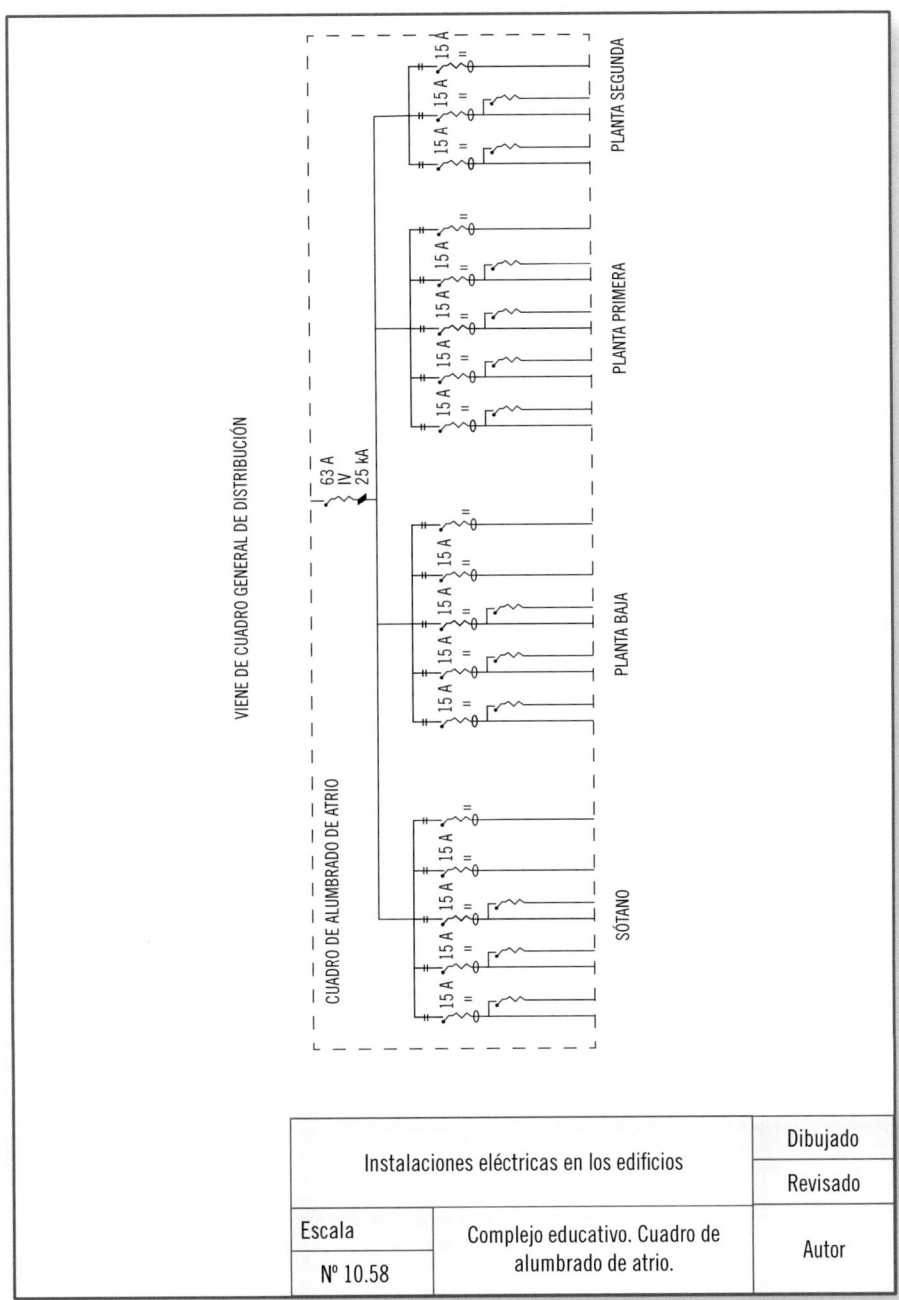

	Dibujado
Instalaciones eléctricas en los edificios	Revisado

Escala	Complejo educativo. Cuadro de alumbrado de atrio.	Autor
Nº 10.58		

Los diagramas son dibujos geométricos que sirven para resolver un problema o para hacer figurar, de forma gráfica, la ley de variación de un fenómeno. En ingeniería, un diagrama es un documento gráfico indicativo del proceso en el que, a través de símbolos, el ingeniero desarrolla dicho proceso.

EJEMPLO DEL DIAGRAMA DE UN PROCESO

NITRATO CÁLCICO
Diagrama De Proceso

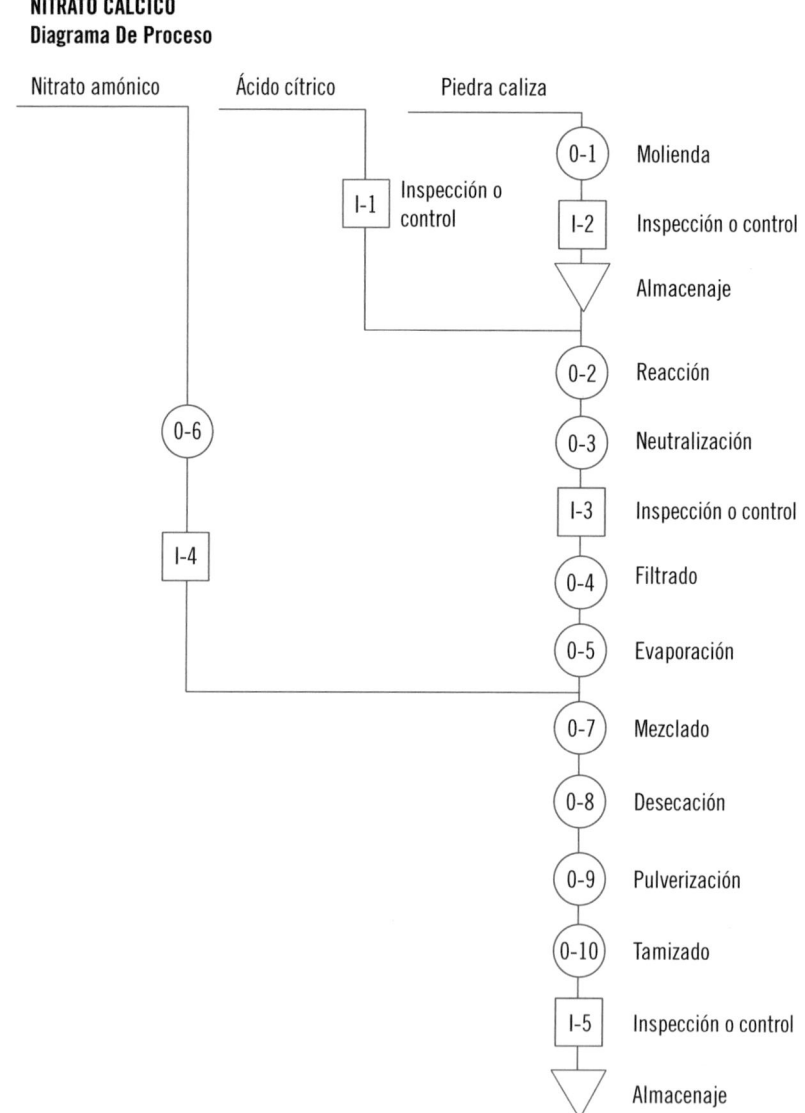

EJEMPLO DE DIAGRAMA DE FLUJO

DIAGRAMAS DE FLUJO:
Obtención del Nitrato Cálcico

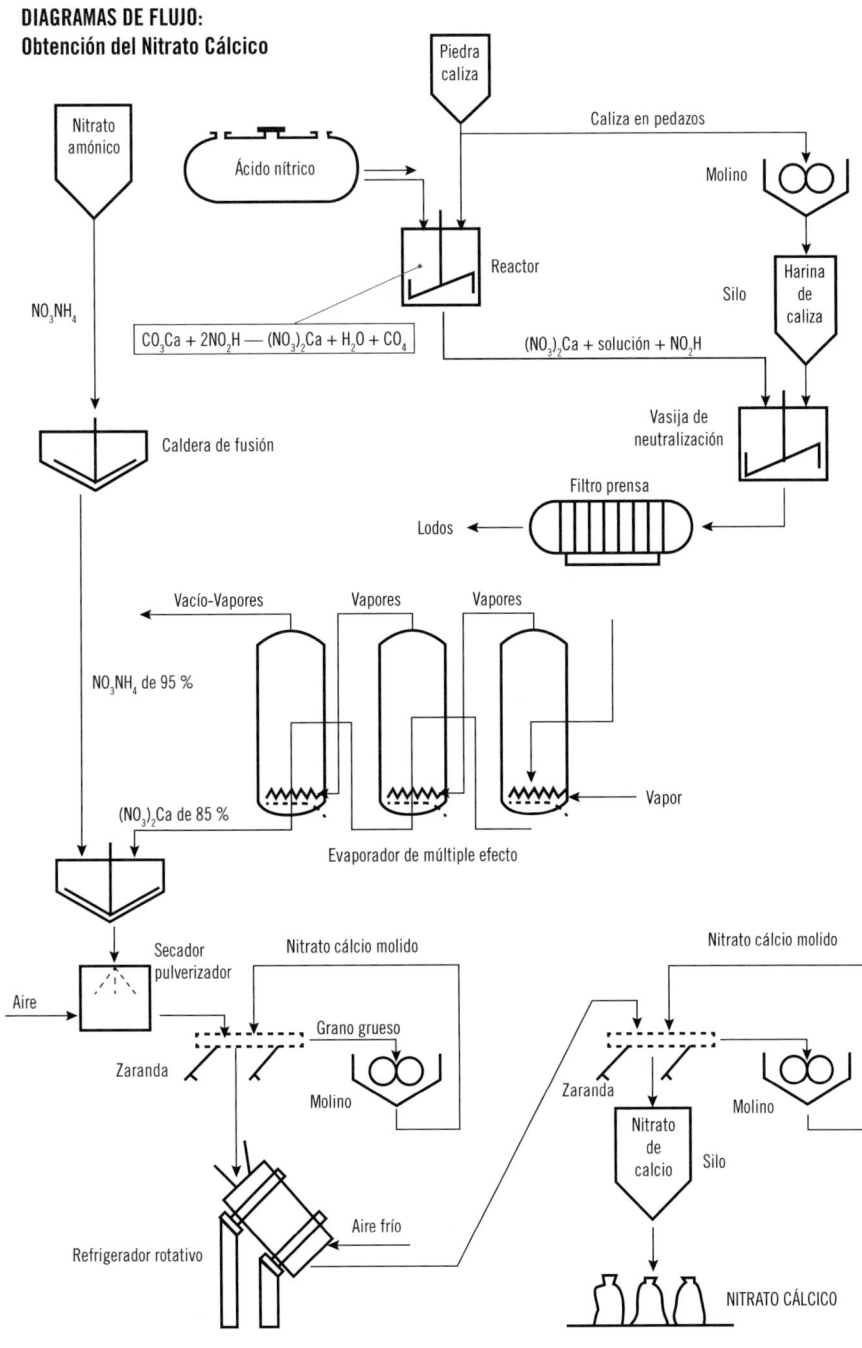

$$CO_3Ca + 2NO_2H \longrightarrow (NO_3)_2Ca + H_2O + CO_4$$

7. Diagramas, flujogramas y cronogramas

Cuando se han de representar procesos en los que intervienen etapas, se ha de hacer mediante los diagramas, flujogramas y cronogramas.

7.1. Diagramas

Según la academia de la lengua, un diagrama se define como un "dibujo geométrico que sirve para demostrar una proposición, resolver un problema o representar de una manera gráfica la ley de variación de un fenómeno".

Los diagramas se utilizan generalmente para facilitar el entendimiento de largas cantidades de datos y la relación entre diferentes partes de los datos también para realizar cálculos electrónicos. Los diagramas pueden generalmente ser leídos más rápidamente que los datos en bruto de los que proceden. Se utilizan en una amplia variedad de campos, y pueden ser creados a mano o por ordenador utilizando una aplicación de diagramas por ordenador en forma automática.

Existen distintos tipos de diagramas, entre los que se pueden mencionar los siguientes:

- Diagrama de Gantt.
- Diagrama de Euler.
- Diagrama de Venn.
- Diagrama HIPO.
- Diagrama de Gatti.
- Diagrama de Marin Carrera.
- Diagrama de bloques en sistemas de control.
- Diagrama de colaboración.
- Diagramas de UML (UML).

La diferencia entre ellos es el tipo de codificación que utilizan para llevar a cabo un proceso.

7.2. Flujogramas

El flujograma o diagrama de flujo consiste en representar gráficamente hechos, situaciones, movimientos o relaciones de todo tipo, por medio de símbolos. Proporciona una visión detallada de un proceso.

Cualquier persona realiza muchos procesos diferentes en su vida diaria. Por ejemplo, se adhiere a rutinas para tareas tan sencillas como desayunar o tomar una ducha. Uno de estos procesos podría ser cortarse el cabello.

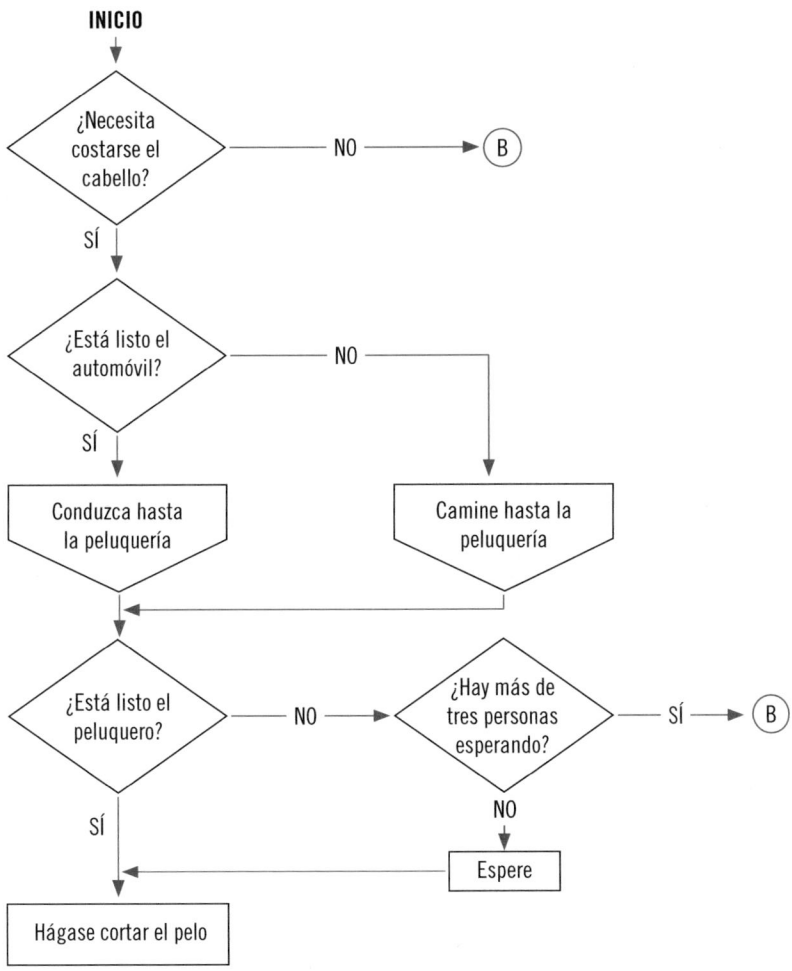

Para que un proceso sea estandarizable (es decir, para que pueda ser reflejado en un flujograma) debe ser repetitivo, o sea, que se pueda aplicar a muchos supuestos diferentes. Se ha de señalar a este respecto que el proceso es estandarizable. Se protocolarizan los procesos, pero se particularizan las intervenciones.

Otra característica fundamental es que sean procesos con diversos desenlaces posibles, en función de diversas circunstancias o disyuntivas que a lo largo de los mismos se puedan producir. Las diversas intervenciones o trámites a los que se aplique un proceso estandarizado deben tener diversas posibilidades de circuito, diversas vías y, a la vez, diversos finales posibles. Si el proceso es único en su desarrollo, es decir, si todas aquellas intervenciones o trámites a los que se aplique van a seguir los mismos pasos y en el mismo orden, tal proceso no requiere un esfuerzo de estandarización mediante la técnica del flujograma, sino solo una descripción ordenada de cada paso en su secuencia prevista.

 Importante

Cada símbolo de un flujograma representa un tipo de actividad.

Líneas del flujograma

Todo flujograma contendrá una línea principal y una línea secundaria:

- Línea principal: determina la dirección hacia el suceso previsto como objetivo del proceso (aquella que da sentido al mismo, aun cuando no se corresponda con la más repetida o habitual).
- Líneas secundarias: representan los desenlaces del proceso que no se corresponden con el suceso previsto como objetivo del mismo y que, en consecuencia, constituyen incidencias del proceso.

Direcciones ordinarias

Para expresar la dirección del flujo se utilizan líneas rectas, verticales y horizontales, conectadas a los símbolos utilizados mediante flechas:

- La dirección principal ordinaria se suele representar utilizando una línea desde la parte superior a la inferior del diagrama.
- Las direcciones secundarias ordinarias: de izquierda a derecha.
- Las direcciones secundarias no ordinarias: de derecha a izquierda.
- Bucle: retorno a un momento anterior del proceso mediante utilizando una línea secundaria. El retorno del bucle debe desembocar siempre en una línea, nunca directamente en un símbolo.

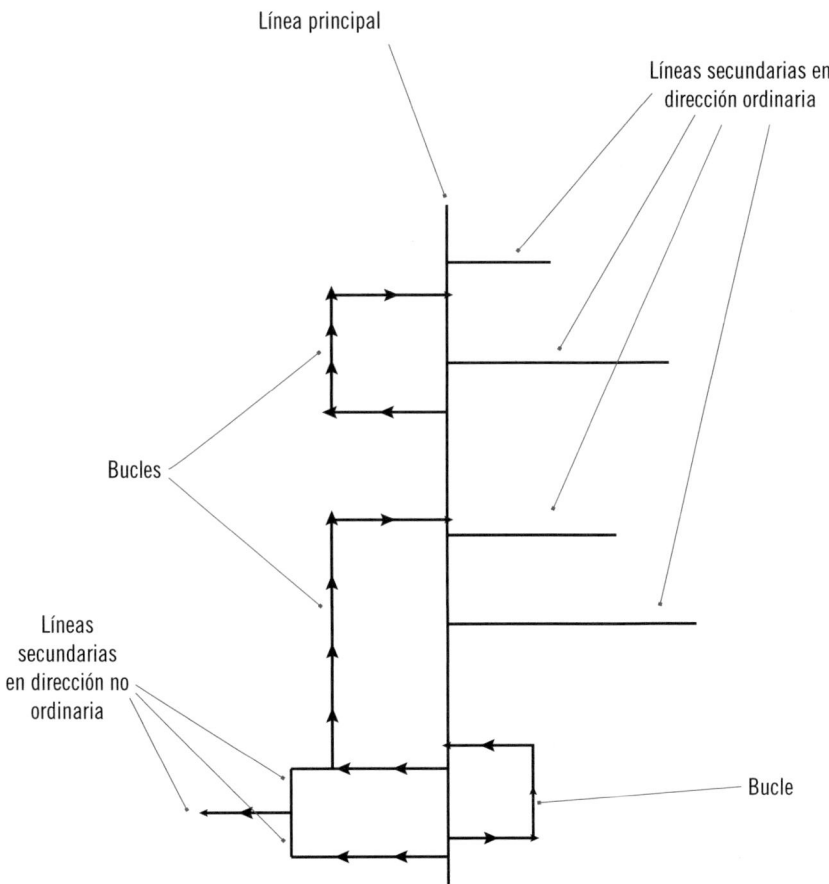

Símbolos

Indican el tipo de actividad, tarea o disyuntiva de la que se trata. No obstante, dentro de cada símbolo se incluirá una escueta leyenda que exprese la concreción de tal tarea, actividad o disyuntiva.

Recuerde

Se protocolarizan los procesos, pero se particularizan las intervenciones.

Inicio/final del proceso

Expresa el inicio o el final del proceso, ubicándose al principio de la línea principal (inicio del proceso) y al final de la misma (final del proceso).

Actividad o tarea estándar

Representar actividades o tareas cuya realización sea habitual dentro del proceso y que no tenga un símbolo específico para su representación, como por ejemplo realizar entrevista, visita domiciliaria, etc.

Actividad o tarea no habitual

Se utiliza cuando la actividad o tarea tenga un carácter no habitual, es decir, extraordinario, como por ejemplo realizar inspección, retirar la ayuda, etc.

 **Recuerde**

Los símbolos indican el tipo de actividad, tarea o disyuntiva de la que se trata.

Preparación de...

Representa tareas cuya finalidad sea preparar algo, como por ejemplo preparar una reunión, preparar un expediente, etc.

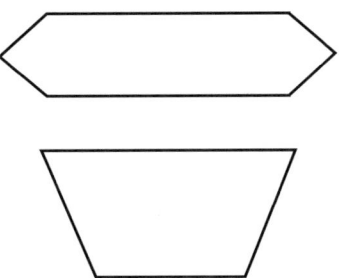

Decisión institucional/resolución

Representa decisiones formales, aquellas que corresponden a la autoridad institucional, como por ejemplo la aprobación de la ayuda, concesión del servicio, etc.

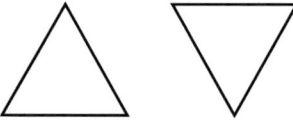

Archivo (archivar/desarchivar)

Representa tareas relacionadas con el archivo de documentos. Este símbolo tiene dos excepciones respecto a los demás:

- Se trata de un símbolo cuya interpretación no requiere leyenda alguna; (indica literalmente archivar o sacar de archivo algún documento).
- Posee un doble significado, el cual se logra invirtiendo la posición del triángulo:

  - Si la base del triángulo se ubica en la dirección de la que la línea proviene significa archivar.
  - Si por el contrario, es el vértice el que se ubica en la dirección de la que proviene la línea, significa sacar de archivo.

Conectores

Sirven para unir dos líneas de proceso dentro del mismo flujograma.

En un determinado momento, el diseño, la ejecución y la evaluación de los respectivos proyectos de intervención deben hacerse de forma integrada. En este caso, existirán dos espacios en el flujograma, en cada uno de los cuales se desarrollará ambas intervenciones, en los momentos en que ambas deben conectarse, esa conexión se expresaría uniendo los símbolos de la siguiente manera:

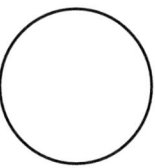

Conector: símbolo de unión con otra página

Cuando un mismo flujograma ocupa más de una página, se utiliza el siguiente símbolo para unir las diferentes partes que ocupan diferentes páginas.

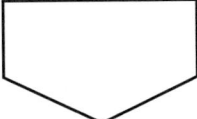

Documento estándar

Se utiliza cuando en un proceso se hace referencia a un documento estandar, es decir, a aquel que debe realizarse en un formato homogeneizado, protocolizado, como por ejemplo se puede mencionar cumplimentar ficha de usuario, rellenar solicitud, etc.

Es importante que, dentro del símbolo documento estándar, se incluya una leyenda que exprese no solo de qué documento se trata, sino también la acción que se debe realizar en relación con el mismo. Generalmente, los documentos estándares que un flujograma exprese se deben acompañar al mismo en forma de anexos.

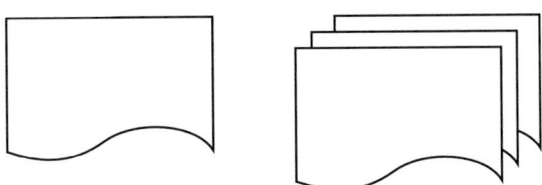

Disyuntiva

Hasta ahora, todos los símbolos utilizados solo dan como resultado un proceso lineal simple. La disyuntiva representa un cruce de caminos, una alternativa a la que el proceso se enfrenta en un momento de su recorrido, alternativa que, en lenguaje del flujograma, debe responderse con un "Sí" o con un "No". Representa un momento del proceso en el que se debe optar por un "Sí" o por un "No", dando en consecuencia origen a dos caminos distintos, a dos líneas diferenciadas en el flujograma.

Dentro de la figura aparecerá una leyenda que será una escueta afirmación a la que se puede responder en sentido positivo o negativo, y solo en uno u otro sentido.

Se trata del único símbolo del flujograma que tiene dos salidas posibles y solo dos salidas.

En ocasiones, una sola disyuntiva no es suficiente para resolver cuestiones complejas que se presentan con mucha frecuencia en procesos.

En esos casos, la lógica binaria sugiere incorporar sucesivas disyuntivas. No obstante hay que tener cuidado con no incorporar excesivas disyuntivas que harían confuso el proceso, la clave está en la adecuada selección de las disyuntivas determinantes, de manera que se ahorren todas aquellas innecesarias.

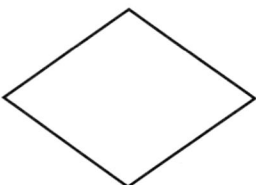

Conclusión

Los flujogramas, a los cuales también se les llama diagramas de flujo, son gráficos que señalan el movimiento, desplazamiento o curso de alguna cosa, que bien puede ser una actividad, un formulario, un informe, materiales, personas o recursos. Los flujogramas son de gran importancia para toda empresa y persona, ya que brindan elementos de juicio idóneos para la representación de procedimientos y procesos, así como las pautas para su manejo en sus diferentes versiones.

La selección de los símbolos depende del procedimiento que va a ponerse en las gráficas y del empleo que vaya a darse en las mismas, por tal motivo es fundamental que se empleen de forma correcta. Al colocar un símbolo en un sitio inadecuado, cambia el sentido del flujograma. Se puede decir que los símbolos más usados son:

- Operación.
- Transporte.
- Inspección.
- Demora.
- Almacenamiento.

7.3. Cronogramas

Es el detalle minucioso de las actividades que desempeña o que va a desempeñar una empresa al realizar un evento o una serie de eventos.

Es la descripción de las actividades en relación con el tiempo en el cual se van a desarrollar, lo que implica determinar con precisión cuáles son esaa actividades, a partir de los aspectos técnicos presentados en el proyecto.

De acuerdo con los recursos, con el tiempo total y con el equipo humano con el que se cuenta, se calcula para cada uno de ellos el tiempo en el que deben ser desarrolladas. Este cálculo debe hacerse en horas/hombres y debe presentar cierta tolerancia, para efecto de imprevistos.

Después de haber elegido el problema de investigación, resulta de gran ayuda diseñar un cronograma o agenda que permita tener una idea del tiempo que comprenderá cada una de las etapas con el fin de fijar la fecha aproximada en que se concluirá el estudio. La estructuración del cronograma depende del tipo de investigación que se vaya a realizar, así como la disponibilidad de recursos humanos, financieros y materiales.

Por ello, al hacer el cronograma se requiere llevar a cabo un análisis de dichos factores para asignar el tiempo que se juzgue necesario para ejecutar cada una de las diferentes etapas.

Ventajas de elaborar un cronograma

Una de las razones por lo que es valioso elaborar un cronograma es que permite mantener un ritmo de trabajo y, a la vez, constatar, por escrito, lo que cada paso involucra. De esta manera, se puede hacer la pregunta: "¿Terminaré esto en el tiempo que estoy indicando?". Otra ventaja de trabajar con un cronograma es que los asesores también pueden programar sus revisiones.

Realizar el cronograma de un proyecto no es algo exacto, puesto que se intenta predecir el futuro en base a asunciones y analizando la información que hay en ese mismo momento. Por este motivo, existen técnicas por las que se puede aumentar la probabilidad de que las estimaciones que se hagan estén más cercanas.

Cuando se empiezan a preparar las estimaciones de un cronograma, se debe considerar que las transiciones entre actividades y las fases toman, a menudo, tiempo, y que los recursos fuera del control directo del proyecto pueden no compartir el sentido de la urgencia del cronograma. Para realizar el cronograma hay que saber todas las dependencias externas de las que no se tenga control directo, como la disponibilidad de los materiales adquiridos en otros países, o la disponibilidad de los expertos, o el acceso a información, pues dará lugar probablemente a ampliar el plazo de terminación del proyecto y, por lo tanto, la ampliación del cronograma.

Por regla general, las personas tienden a ser demasiado optimistas a la hora de realizar un cronograma, siendo el promedio de estimación del 80 % del tiempo realmente requerido para realizar dicho proyecto. Por ello, siempre se recomienda poner cierto margen de tiempo en el cronograma en la fase de planteamiento.

A continuación se detalla un ejemplo de un cronograma, concretamente es un diagrama de GANTT.

ID	NOMBRE PROYECTO	Duración (días)	Inicio	Final	% Completo
1	**Meta del proyecto**	273	1 7 X1	1 21 X2	22
2	**Objetivo 1**	88	1 7 X1	5 7 X1	78
3	**Resultado1**	67	1 7 X1	4 8 X1	100
4	Actividad 1.1.1	20	1 7 X1	2 1 X1	100
5	Actividad 1.1.2	30	2 27 X1	4 8 X1	100
6	**Resultado 1.2**	51	2 27 X1	5 7 X1	50
7	Actividad 1.2.1	20	2 27 X1	5 7 X1	50
8	Actividad 1.2.2	20	4 10 X1	3 25 X1	50
9	**Objetivo 2**	80	5 8 X1	8 27 X1	0
10	**Resultado 2.1**	50	5 8 X1	7 16 X1	0
11	Actividad 2.1.1	40	5 8 X1	7 2 X1	0
12	Actividad 2.1.2	50	5 8 X1	7 16 X1	0
13	**Resultado 2.2**	30	7 17 X1	8 27 X1	0
14	Actividad 2.2.1	10	7 17 X1	7 30 X1	0
15	Actividad 2.2.2	20	7 31 X1	8 27 X1	0
16	**Objetivo 3**	100	8 28 X1	1 14 X1	0
17	**Resultado 3.1**	60	8 28 X1	11 19 X1	0
18	Actividad 3.1.1	20	8 28 X1	9 24 X1	0
19	Actividad 3.1.2	40	9 25 X1	11 19 X1	0
20	**Resultado 3.2**	40	11 20 X1	1 14 X2	0
21	Actividad 3.2.1	20	11 20 X1	12 17 X1	0
22	Actividad 3.2.2	20	12 18 X1	1 14 X2	0
23	**Evaluación**	5	1 15 X2	1 21 X2	0
24	**Fin del proyecto**	0	1 21 X2	1 21 X2	0

Timeline columns: 1º Trim 20X1 (Ene, Feb, Mar) | 2º Trim 20X1 (Abr, May, Jun) | 3º Trim 20X1 (Jul, Ago, Sep) | 4º Trim 20X1 (Oct, Nov, Dic) | 1ºTrim 20X2 (Ene, Feb, Mar)

8. Procedimientos y operaciones de replanteo de las instalaciones

El proyecto de toda instalación solar térmica siempre debe tenerse en cuenta a la hora de realizar el proyecto general del edificio en el que se va a realizar dicha instalación. Por este motivo, las decisiones de diseño y de cálculo de estructura de un edificio son decisivas a la hora de poder realizar el proyecto de una instalación solar térmica en dicho edificio. Todo ello lo constituye y debe tenerlo siempre presente la persona o personas que proyecten tanto el edificio como la instalación.

Para poder tener en cuenta los condicionantes inevitables del edificio, se deben considerar los requisitos esenciales que tienen las instalaciones solares térmicas. Para esto, hay que estudiar los subsistemas básicos de una instalación solar. Estos son: subsistema de intercambio y acumulación, subsistema de captación, subsistema de energía convencional auxiliar.

El **sistema de captación** se compone de elementos voluminosos, de uso obligatorio en estas instalaciones, salvo que se posean sistemas auxiliares que disminuirán dicho volumen. Estos sistemas de captación, como son los captadores solares, tienen un gran impacto visual.

Los captadores tienen una forma de colocación y orientación bastante estricta, a lo que además se le suma la cantidad de normativa que les afecta debido a su impacto visual. Este es el principal inconveniente a la hora de diseñar las cubiertas.

La superficie para poder instalar los captadores puede venir marcada por la altura de los edificios, debido a que en edificios altos es posible que no se disponga de superficie suficiente para situar los captadores y, si estos tampoco disponen de terreno para poder colocar los colectores, será obligatorio diseñar el edificio para poder integrar arquitectónicamente los colectores de la instalación. Estos métodos de integración tendrán probablemente gran explotación en el futuro.

En el proyecto de un edificio, la instalación solar debe tenerse en cuenta desde una fase muy temprana de su desarrollo, para que se pueda optimizar el rendimiento de las instalaciones, teniendo en cuenta la orientación y las condiciones geométricas. En caso contrario, pueden terminar resultando muy difíciles de encajar.

Siempre hay que tener muy en cuenta la normativa urbanística que condiciona el volumen del edificio para el que se proyectan las instalaciones solares. Esto no afecta a las parcelas que permitan suficiente área de movimiento, las cuales poseen libertad para colocar los captadores.

Otro gran condicionante lo constituye el **volumen de acumulación.** Es normal que las ordenanzas municipales impidan la instalación de los acumuladores en las cubiertas de los edificios, por impacto visual, y los cuartos necesarios para estos depósitos tienen grandes dimensiones. También, si se dispone de una energía de apoyo generalizada, es necesario un cuarto adecuado para poder instalar las calderas.

Todas estas consideraciones a tener en cuenta a la hora de hacer la configuración de una determinada instalación y antes de empezar el cálculo propiamente dicho.

9. Equipos informáticos para representación y diseño asistido

Con la aparición de los equipos informáticos y los programas de diseño 2D y 3D, las posibilidades de diseño que estas herramientas ofrecen son inmensas, así como la facilidad y comodidad a la hora de realizar modificaciones sobre el objeto representado.

9.1. Programas de diseño asistido

El diseño asistido por ordenador, abreviado como DAO (Diseño Asistido por Ordenador) pero más conocido por sus siglas inglesas CAD *(Computer Aided Design),* es el uso de un amplio rango de herramientas computacionales que asisten a ingenieros, arquitectos y a otros profesionales del diseño en sus respectivas actividades. A este también se le llama con las siglas CADD, dibujo y diseño asistido por computadora *(Computer Aided Drafting and Design)*. El CAD es también utilizado en el marco de procesos de administración del ciclo de vida de productos *(Product Lifecycle Management)*.

Estas herramientas se pueden dividir básicamente en programas de dibujo en dos dimensiones (2D) y modeladores en tres dimensiones (3D). Las herramientas de dibujo en 2D se basan en entidades geométricas vectoriales como puntos, líneas, arcos y polígonos, con las que se puede operar a través de una interfaz gráfica. Los modeladores en 3D añaden superficies y sólidos.

El usuario puede asociar a cada entidad una serie de propiedades como color, usuario, capa, estilo de línea, nombre, definición geométrica, etc., que permite manejar la información de forma lógica. Además, pueden asociarse a las entidades o conjuntos de estas otro tipo de propiedades como material, etc., que permiten enlazar el CAD a los sistemas de gestión y producción.

De los modelos pueden obtenerse planos con cotas y anotaciones para generar la documentación técnica específica de cada proyecto. Los modeladores en 3D pueden, además, producir previsualizaciones fotorealistas del producto, aunque a menudo se prefiere exportar los modelos a programas especializados en visualización y animación, como Maya, Softimage XSI o 3D Studio Max.

Algunos programas de diseño asistido son:

- AbisCAD
- Allplan
- ArchiCAD
- ARRIS CAD
- AutoCAD, Autodesk Inventor, Autosketch, programas de la compañía AutoDesk.
- BuildersCAD
- CADKEY
- CARTOMAP
- CATIA
- CYCAS
- DataCAD

- FreeCAD
- IntelliCAD
- Pro/Engineer
- MathCAD
- Microstation
- QCad
- Rhinoceros 3D
- Solid Edge
- SolidWorks
- Spazio3D de BrainSoftware
- Tekla Structures
- Unigraphics, NX4
- VectorWorks, anteriormente denominado MiniCAD
- WaterCad

9.2. Diseño mediante soporte informático de instalaciones solares térmicas

Hoy en día, existen multitud de herramientas de cálculo, muchas de ellas en soporte informático, que permiten realizar diseños, cálculos y simulaciones del comportamiento energético de los edificios frente a multitud de hipótesis y situaciones climáticas. Sin embargo, el análisis en profundidad de las herramientas de diseño de estos sistemas requiere un tratamiento muy amplio.

Los programas de simulación facilitan una serie de datos como son:

- La temperatura a la salida del campo de captadores (°C).
- La temperatura a la entrada del campo de captadores (°C).
- Temperatura de salida del acumulador solar (°C).
- Temperatura de salida del acumulador auxiliar (°C).
- Temperatura del agua en el punto de consumo (°C).
- Temperatura de retorno del circuito de recirculación (°C).
- Temperatura del agua fría (°C).
- Temperatura de la sala de máquinas (°C).
- Consumo de agua (l).

- Radiación solar global incidente en el captador (KWh).
- El balance energético del sistema.
- Balance energético del sistema auxiliar y de las bombas.

Y también se pueden hacer informes e imprimirlos para facilitar su lectura.

Los planos de planta permiten identificar la ubicación de los componentes interiores de las instalaciones.

9.3. Visualización e interpretación de planos digitalizados

A la hora de interpretar un plano que está realizado en CAD hay que tener en cuenta varias cosas. Entre ellas, saber a qué se refiere el dibujo. Esto se puede saber mirando en el cajetín del plano, ya que debe aparecer el nombre que se le asigna a dicho plano.

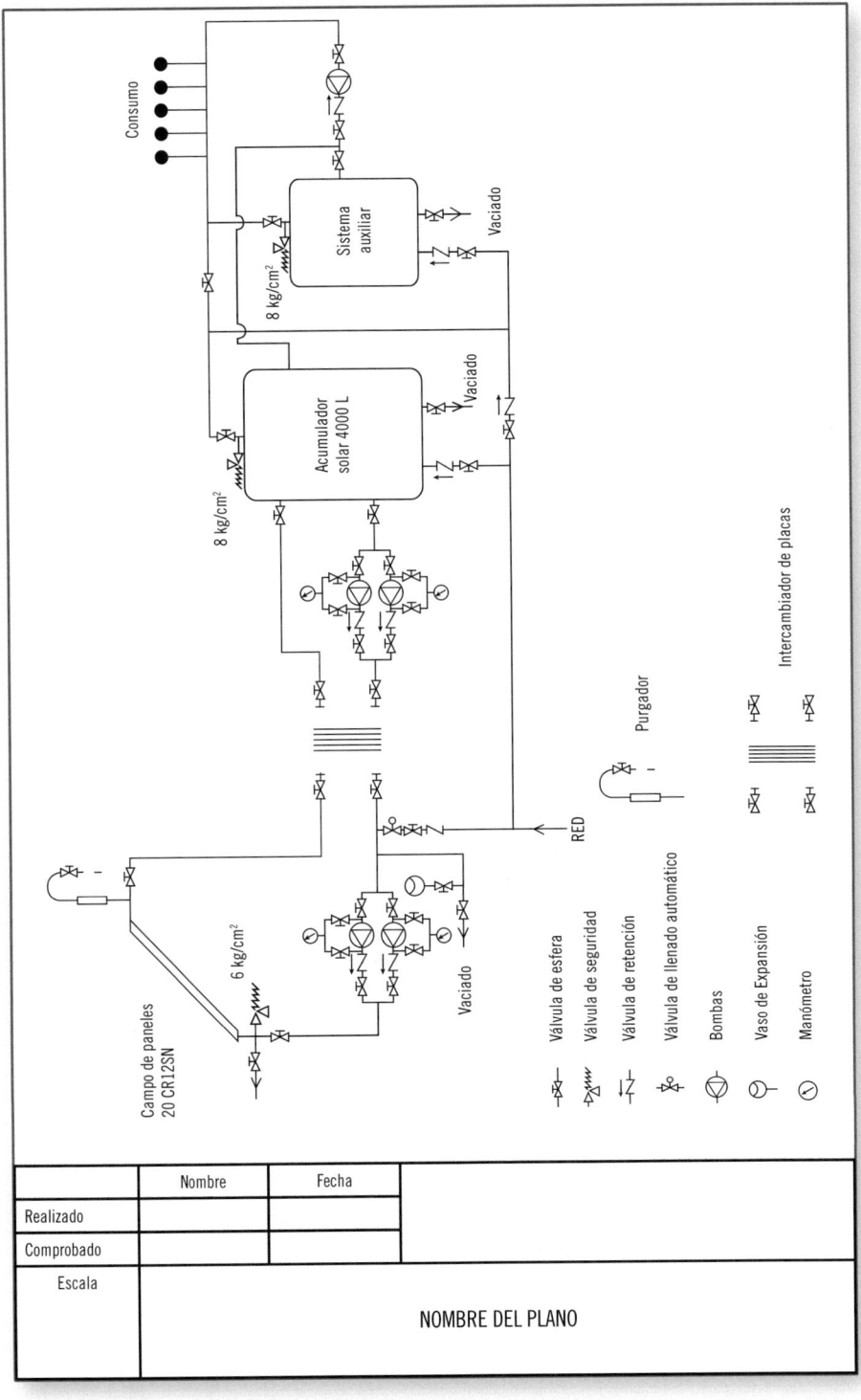

Seguidamente, se observa la escala a la que está realizado el plano si es que la tiene, ya que puede ser un plano simbólico o algún tipo de esquema, como, por ejemplo, el esquema unifilar, el cual no se somete a ninguna escala, pues representa el cableado y características de la instalación eléctrica. La longitud de dichos cables normalmente se indica en cada tramo.

Una vez que se sabe lo que va el plano a analizar y lo que representa, hay que observar los distintos componentes dentro del dibujo. Estos estarán marcados por medio de símbolos o signos. Los signos o símbolos que aparezcan en el dibujo y no estén normalizados deben aparecer explicados en una leyenda que se colocará en algún lugar externo al dibujo del plano a analizar. Por último, otro punto a tener en cuenta es saber cuáles son las líneas de cota. Estas son las líneas que representan las distancias de los segmentos que componen el dibujo, y su valor se indica con un número en la parte superior de dicha línea.

9.4. Operaciones básicas con archivos gráficos

Los archivos gráficos son el medio que se usa para almacenar información no volátil en un dispositivo de almacenamiento. Los sistemas de archivos de los sistemas operativos disponen de mecanismos para que un usuario pueda manipular los archivos gráficos (seleccionar, editar, ejecutar, borrar, etc.). Desde el punto de vista de un programador, un archivo es un medio para poder leer datos de entrada para su programa o donde poder guardar los resultados de su ejecución. Todo lenguaje de programación debe disponer de algún mecanismo para que el programador pueda manipular archivos desde un programa. Estos mecanismos pueden ser más o menos sofisticados o versátiles dependiendo del lenguaje de programación que se estén considerando, pero debe haber unas funciones básicas para poder acceder a un archivo, estas son:

- **Lectura** (consulta): esta operación consiste el leer la información contenida en el fichero sin alterarla.
- **Escritura** (modificación): consiste en actualizar el contenido del fichero, bien añadiéndole nuevos datos o borrando parte de los que contenía.

- **Apertura:** antes de acceder a un fichero, tanto para consultar como para actualizar su información, es necesario abrirlo. Esta operación se debe realizar previamente a las operaciones de lectura o escritura.
- **Cierre:** cuando se ha terminado de consultar o modificar un fichero, por lo general, del mismo modo que se tuvo que abrir para realizar alguna operación de lectura/escritura sobre él, este deberá ser cerrado.

9.5. Dimensionado de un sistema solar térmico

Para realizar el dimensionado de una instalación hay que seguir los puntos que se describen a continuación.

Cálculo de la demanda energética en instalaciones de energía solar térmica para producción de ACS

La demanda energética en una instalación de ACS se corresponde con la energía necesaria para elevar el agua consumida desde la temperatura de distribución o red hasta la temperatura de consumo.

Llevar a cabo una correcta estimación de la demanda energética es de gran importancia, ya que es uno de los datos fundamentales en base a los que se realizará el dimensionado de la instalación.

El cálculo numérico de la misma se realiza, mes a mes, de acuerdo a la ecuación:

$$L = M \cdot \rho \cdot c_p \cdot (T_{cons} - T_{red})$$

Donde:

- L = carga o demanda energética del mes en J/mes.
- M = consumo diario de ACS (l/día).
- P = densidad del agua (1 kg/l).

- c_p = calor específico del agua (4,18 kJ/kg °C).
- T_{cons} = temperatura de consumo del ACS (normalmente de 45 a 50 °C).
- T_{red} = temperatura del agua fría de red en °C, valor el cual se encuentra tabulado en el "Pliego de condiciones técnicas de instalaciones de baja temperatura" (PET-REV-enero 2009).
- N: número de días del mes considerado.

 Aplicación práctica

María está proyectando una instalación de ACS solar. Sabe que el consumo diario de ACS para dicha instalación va a ser de 400 l/día a una temperatura de 45 °C. La temperatura de agua en la red durante los meses de invierno es de 5 °C.

¿Cuál será la carga o demanda energética durante cada mes de invierno en kJ/mes?

SOLUCIÓN

María sustituiría dichos valores en la expresión para el cálculo de la demanda energética.

$$L = M \cdot \rho \cdot c_p \cdot N \cdot (T_{cons} - T_{red})$$

Siendo:

- L = carga o demanda energética del mes en J/mes
- M = consumo diario de ACS (l/día) = 400
- ρ = densidad del agua (1 kg/l)
- c_p = calor específico del agua (4,18 kJ/kg °C)
- T_{cons} = temperatura de consumo del ACS = 45 °C
- T_{red} = temperatura del agua fría de red = 5 °C
- N = número de días del mes considerado = 31

Obteniendo que **L** = 400 · 1 · 4,18 · 31 · (45 - 5) = **2.073 · 280 kJ/mes.**

Cálculo de la radiación solar sobre superficies inclinadas y orientadas

Conocer la incidencia de la radiación solar sobre los captadores solares es imprescindible para evaluar la viabilidad de los proyectos y el rendimiento que se obtiene en la instalación solar térmica.

Radiación y trayectoria solar

El Sol es un astro situado a una distancia media de la Tierra de 1,5 · 1011 m y con una temperatura superficial aproximada de 5.700 K.

A partir de estos datos, se estima que la radiación incidente en la superficie exterior de la atmósfera sobre la unidad de superficie vertical a dicha radiación es de aproximadamente 1.353 W/m², lo que se conoce como constante solar.

Sin embargo, si se analiza la evolución de la constante solar a lo largo del año, se observa que varía de la siguiente forma:

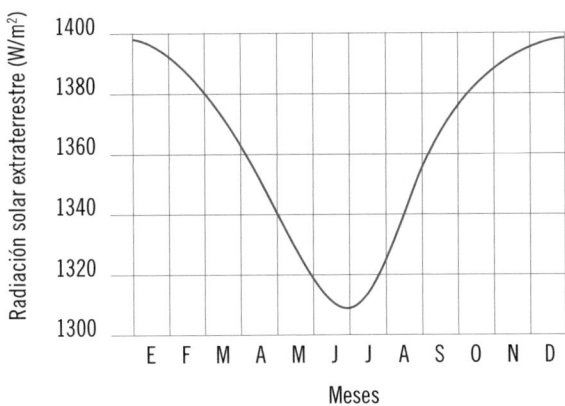

Esta variación se debe a la trayectoria de la Tierra alrededor del Sol, ya que en los meses de invierno la distancia entre ambos es menor y, por tanto, la potencia recibida es mayor. Sin embargo, parece contradictorio que la potencia recibida sea mayor en los meses de invierno, más fríos, que en los meses de verano. La explicación se encuentra en la declinación, es decir, en el ángulo que forma el plano del ecuador con el plano de la radiación solar.

Durante los meses de invierno, a pesar de encontrarse el Sol más cercano a la Tierra, la superficie de esta, debido a la declinación, forma un ángulo menor con la radiación solar y, por tanto, la radiación efectiva captada es menor.

Una vez conocida la influencia de la declinación en la captación solar, se puede analizar la inclinación idónea de una superficie de captación en cada época del año.

Si se denomina:

- Φ = latitud del lugar
- B = inclinación de la superficie de captación respecto a la horizontal
- Δ = declinación del lugar

Para captar la mayor radiación posible, durante los meses de invierno, la superficie se deberá colocar perpendicular a la radiación incidente, tal y como muestra en la figura:

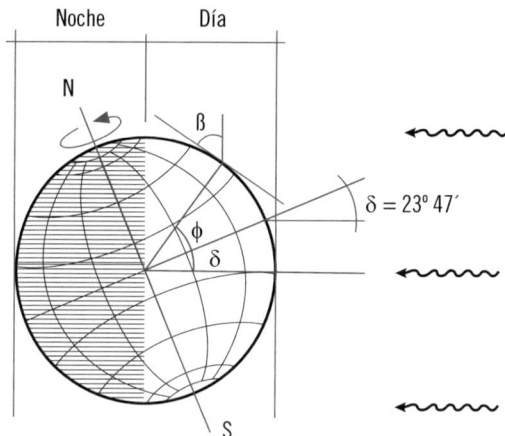

El ángulo de inclinación óptimo de la superficie de captación deberá ser:

$$\beta = \varphi + \delta$$

Es decir, la suma de la latitud del lugar más la declinación.

Durante los meses de verano, la situación es la siguiente:

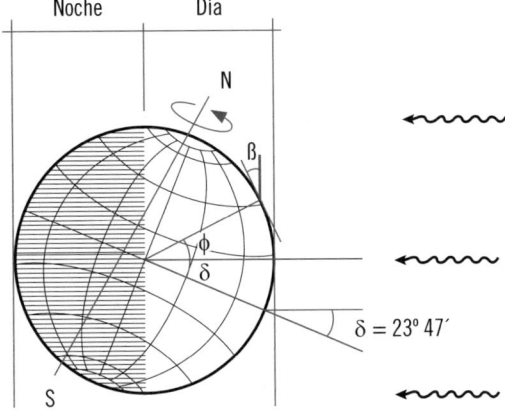

El ángulo de inclinación de la superficie de captación para captar la mayor radiación posible será:

$$\beta = \phi - \delta$$

Es decir, la latitud menos la declinación. Para los meses intermedios, considerando la declinación próxima a cero, la posición es:

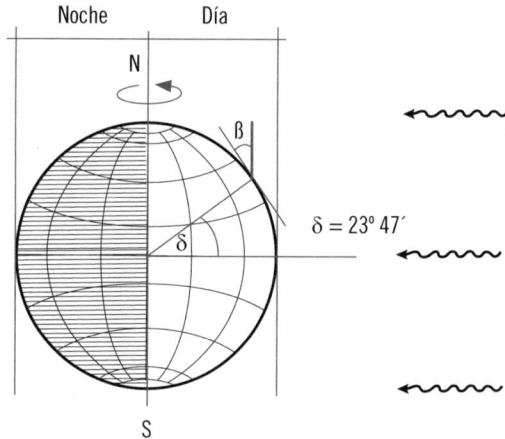

El ángulo de inclinación de la superficie para lograr una captación óptima será:

$$\beta = \phi$$

Es decir, la latitud del lugar.

El método tradicional de cálculo de la radiación solar sobre superficies inclinadas y orientadas

Para las distintas provincias de España, se encuentran disponibles los datos de radiación sobre una superficie horizontal, para los distintos meses del año en $MJ/m^2 \cdot$ día (energía en MJ que incide sobre un m^2 horizontal en un día medio de cada mes).

En las instalaciones de energía solar térmica, la superficie de captación suele estar inclinada para recibir una radiación mayor. Para obtener el valor de la radiación solar sobre superficies inclinadas se utilizan una serie de tablas que contienen un factor de corrección para la radiación horizontal en función de la latitud del lugar y de la inclinación de la superficie de captación. Dichas tablas se recogen en el "Pliego de condiciones técnicas de instalaciones de baja temperatura" (PET-REV-enero 2009).

Por ejemplo, para la latitud = 41°, la tabla tendría el siguiente aspecto:

Latitud = 41°

Incli.	ENE	FEB	MAR	ABR	MAY	JUN	JUL	AGO	SEP	OCT	NOV	DIC
0	1	1	1	1	1	1	1	1	1	1	1	1
5	1,07	1,06	1,05	1,03	1,02	1,02	1,02	1,03	1,05	1,08	1,09	1,09
10	1,14	1,12	1,09	1,06	1,03	1,02	1,03	1,06	1,1	1,15	1,18	1,17
15	1,21	1,17	1,12	1,08	1,04	1,03	1,04	1,08	1,14	1,21	1,26	1,24
20	1,26	1,21	1,15	1,08	1,04	1,02	1,04	1,09	1,17	1,27	1,33	1,31
25	1,31	1,24	1,17	1,09	1,03	1,01	1,03	1,1	1,2	1,32	1,39	1,31
30	1,35	1,27	1,18	1,08	1,01	0,99	1,02	1,09	1,21	1,35	1,44	1,42
35	1,38	1,29	1,18	1,07	0,99	0,96	0,99	1,08	1,22	1,38	1,44	1,42
40	1,4	1,3	1,18	1,05	0,96	0,93	0,96	1,06	1,22	1,4	1,52	1,5
45	1,42	1,3	1,16	1,03	0,93	0,89	0,93	1,04	1,21	1,41	1,55	1,52
50	1,42	1,3	1,14	0,99	0,88	0,84	0,88	1,01	1,19	1,41	1,56	1,54
55	1,42	1,28	1,12	0,95	0,83	0,79	0,84	0,97	1,17	1,41	1,57	1,54
60	1,41	1,26	1,08	0,91	0,78	0,73	0,78	0,92	1,14	1,39	1,56	1,54
65	1,39	1,23	1,04	0,85	0,72	0,67	0,72	0,87	1,09	1,36	1,54	1,53
70	1,36	1,19	0,99	0,8	0,66	0,61	0,66	0,81	1,04	1,32	1,52	1,5
75	1,32	1,15	0,94	0,73	0,59	0,54	0,59	0,74	0,99	1,28	1,48	1,47
80	1,28	1,1	0,88	0,67	0,52	0,46	0,52	0,67	0,93	1,23	1,44	1,43
85	1,23	1,04	0,82	0,6	0,44	0,39	0,44	0,6	0,86	1,16	1,38	1,38
90	1,17	0,98	0,74	0,52	0,36	0,31	0,36	0,52	0,78	1,09	1,32	1,32

Para estimar las pérdidas globales por desviación respecto al sur, el IDAE, en su *Pliego de condiciones técnicas de instalaciones de baja temperatura* (PET-REV-enero 2009), propone el siguiente gráfico.

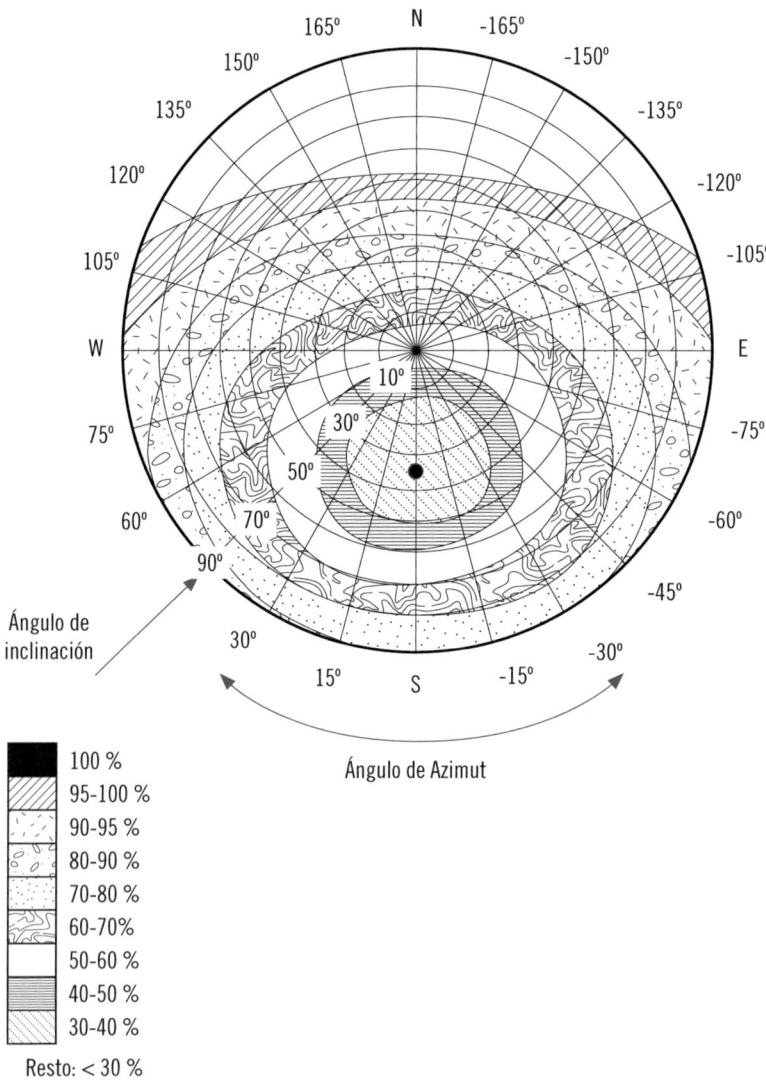

Ángulo de inclinación

Ángulo de Azimut

100 %
95-100 %
90-95 %
80-90 %
70-80 %
60-70%
50-60 %
40-50 %
30-40 %
Resto: < 30 %

Cálculo de la aportación energética en instalaciones de ACS mediante el método "f-chart"

Como ya se ha visto con anterioridad, este método permite realizar el cálculo de la cobertura de un sistema solar, es decir, de su contribución a la aportación de calor total necesario para cubrir las cargas térmicas, y de su rendimiento medio en un largo período de tiempo.

La ecuación utilizada en este método puede apreciarse en la siguiente fórmula:

$$f = 1{,}029\ D_1 - 0{,}065\ D_2 - 0{,}245\ D_1^2 + 0{,}0018\ D_2^2 + 0{,}0215\ D_1^3$$

Aporte solar y usos de energía solar térmica en diferentes aplicaciones

Cada instalación solar térmica debe evaluarse de manera particular, pero existen criterios e índices comunes que ayudan al establecimiento de sus dimensiones y prestaciones.

En un consumo normal de agua caliente sanitaria (ACS) en una vivienda española y una instalación solar térmica que alcance una contribución solar del 70 %, hay una diferencia entre el aporte solar y la demanda energética en las estaciones del año, lo que hará necesario complementar la instalación con un sistema auxiliar en invierno.

Variación anual de la demanda de energía para ACS y el aporte solar

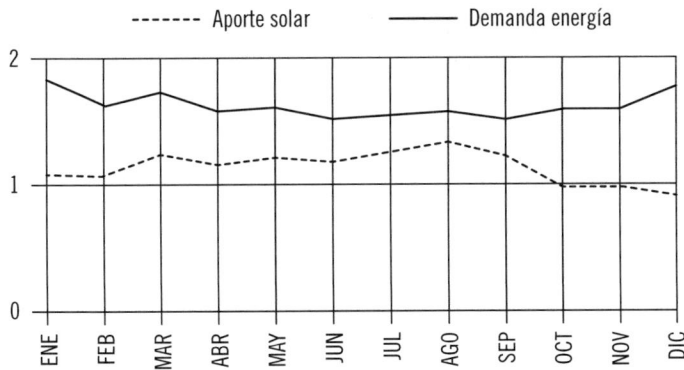

Si además se incluye la demanda energética de la calefacción durante los meses de invierno, se deben tener en cuenta dos premisas muy importantes:

- La demanda de ACS es relativamente constante a lo largo del año, pero la demanda de la calefacción se concentra en los meses de invierno.
- La demanda de energía total necesaria para mantener la calefacción en los meses de invierno genera grandes diferencias en el diseño de la instalación aunque su requerimiento sea estacional.

Variación anual de la demanda de energía y el aporte solar de baja contribución para ACS y calefacción

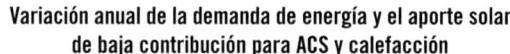
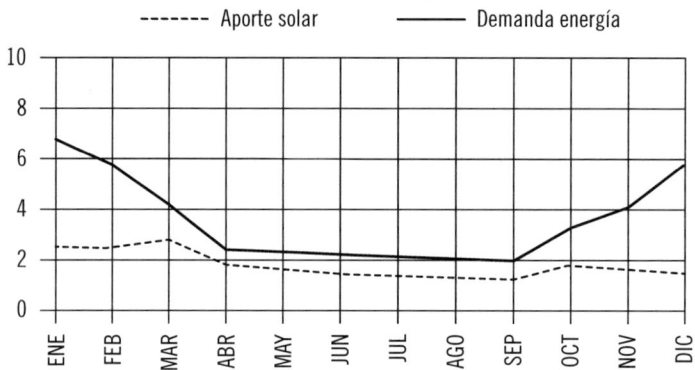

Las instalaciones que consideran la demanda energética de ACS y calefacción diseñadas para baja contribución solar y sistema auxiliar convencional, que sería necesario en la temporada invernal, tienen un tamaño 2-3 veces mayor, entre 8 y 12 m², que las instalaciones diseñadas solo para ACS, con las mismas consideraciones (alrededor de 4 m²).

Para conseguir una alta contribución solar y reducir el desfase temporal existente entre la demanda de energía y los aportes solares, las instalaciones deben diseñarse teniendo en cuenta:

- El uso de sistemas de acumulación que permita almacenar en verano la energía que se demande en invierno, total o parcialmente, adecuando las dimensiones de los sistemas de captación y acumulación.

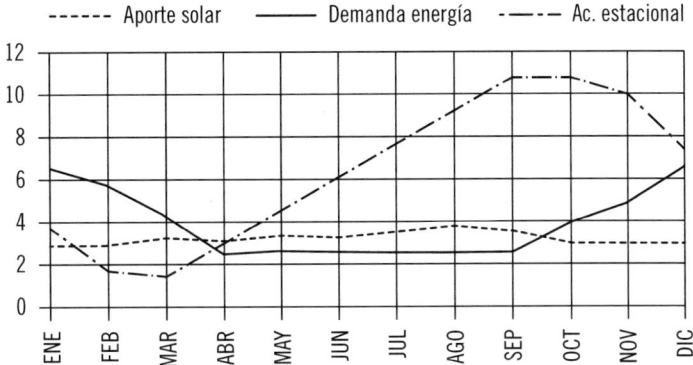

■ La demanda de refrigeración en verano, para optimizar el uso de la instalación durante todo el año.

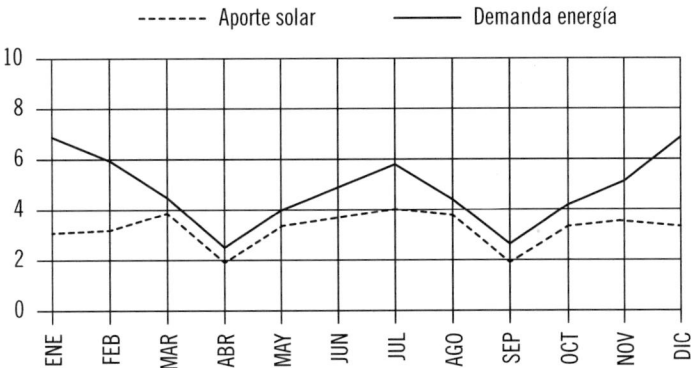

Las dimensiones de las instalaciones de alta contribución solar tienen un tamaño del rango de 20 a 30 m².

En el diseño de instalaciones solares térmicas que consideren, además de la demanda de ACS, la demanda de calefacción del edificio, es necesaria la implantación de medidas de ahorro y eficiencia energética, aportando fiabilidad, rentabilidad y optimizando el uso de la instalación.

 **Nota**

Además del método simplificado de cálculo f-Chart, existen métodos de simulación como el TRNSYS o ACSOL que aportan precisión en el cálculo de las dimensiones de las instalaciones solares térmicas y las prestaciones energéticas que obtendremos.

El programa CHEQ4, aunque sigue utilizándose, estaba enfocado en comprobar que las instalaciones térmicas diseñadas cumplían con las exigencias de contribución solar mínimas establecidas en la sección HE4: Ahorro de energía del Código Técnico de la edificación. En 2022, este documento fue modificado incluyendo exigencias de generación mínima de energía procedente de fuentes renovables, ampliando el tipo de instalaciones que se utilizan en los edificios para mejorar su eficiencia energética.

9.6. Aplicaciones informáticas

Los avances de los últimos años también se han dado en el campo de la informática aplicada a la tecnología solar. Programas de dimensionamiento y simulación permiten conocer de antemano el comportamiento de un sistema solar térmico y la eficiencia que puede alcanzar, además del ahorro económico que, a lo largo de la vida útil de la instalación, se puede percibir.

Existen multitud de programas que dimensionan instalaciones y, para que genere el proyecto para la instalación de ACS por energía solar térmica (incluidos presupuesto, planos y esquemas), el usuario tan solo debe tomar una serie de decisiones globales de proyecto consistentes en:

- Descripción del edificio: vivienda unifamiliar, vivienda adosada o vivienda plurifamiliar.
- Elección del tipo o marca comercial de: captadores solares, control centralizador, interacumuladores, tuberías y tipo de energía auxiliar.
- Orientación de la instalación.
- Selección del término municipal donde se encuentra la edificación.
- Posicionamiento de los elementos componentes de la instalación.

A partir de aquí, los programas obtienen automáticamente las condiciones climáticas y dimensionan los elementos que la componen.

Para viviendas unifamiliares los programas permiten seleccionar captadores compactos (termosifón) y captadores con sistema partido (circulación forzada).

Para viviendas plurifamiliares los programas permiten seleccionar tres tipos de captación solar colectiva:

- Captación solar colectiva con acumulación individual mediante interacumulador de intercambio simple.
- Captación solar colectiva con acumulación colectiva mediante interacumulador de intercambio colectivo y energía auxiliar individual.
- Captación solar colectiva con acumulación colectiva mediante acumulador e intercambiador de placas, y energía auxiliar individual.

Los programas también calculan las sombras propias y las de los edificios adyacentes producidas en los captadores, según el procedimiento propuesto en la sección HE 4 del Documento Básico HE Ahorro de energía del CTE.

10. Cálculo de sobrecargas en edificios

En el estudio previo a la colocación de instalaciones térmicas en edificios, se deben tener en cuenta diferentes factores que afectan a su resistencia, seguridad y estabilidad.

Además del peso de la propia instalación, se debe evaluar la fuerza que ejerce el viento sobre la cubierta y la propia estructura de la instalación.

10.1. Resistencias de anclajes, soportes y paneles

La estructura soporte se fijará al edificio de forma que resista las cargas a las que estará sometida.

La sujeción de los colectores a la estructura resistirá las cargas del viento y nieve, pero el sistema de fijación permitirá, si fuera necesario, el movimiento del colector de forma que no se transmitan esfuerzos de dilatación.

La instalación permitirá el acceso a los colectores de forma que su desmontaje sea posible en caso de rotura, pudiendo desmontar cada colector con el mínimo de actuaciones sobre los demás.

La conexión entre colectores podrá realizarse con accesorios metálicos o manguitos flexibles o tubería flexible. Se prestará especial atención en asegurar la durabilidad y estanqueidad de las conexiones.

Las tuberías flexibles se conectarán a los colectores utilizando, preferentemente, accesorios para mangueras flexibles.

El montaje de las tuberías flexibles evitará que la tubería quede retorcida y que se produzcan radios de cobertura superiores a los especificados por el fabricante.

Los conductos de drenaje de la batería de colectores se diseñarán, en la medida de lo posible, de forma que no puedan congelarse.

La tubería de conexión entre los colectores y las válvulas de seguridad tendrá la menor longitud posible y no se instalarán llaves o válvulas que puedan obstruirse por suciedad y otras restricciones entre ambos.

El suministrador evitará que los colectores queden expuestos al sol por períodos prolongados durante el montaje. En este período, las conexiones del colector deben estar abiertas a la atmósfera, pero impidiendo la entrada de suciedad.

Terminado el montaje, durante el tiempo previo al arranque de la instalación, si se prevé que este pueda prolongarse, el suministrador procederá a tapar los colectores.

10.2. Cálculo de peso vacío y lleno de paneles

El peso de vacío de un panel solar es muy ambiguo y no hay una forma determinada de calcularlo. Los paneles son de dimensiones distintas, de forma distinta, están realizados con materiales distintos en cada una de sus partes, su interior y la forma de aprovechamiento de la radiación solar puede variar de un modelo a otro. Todos estos factores vienen dados por cada fabricante, y por regla general el peso de los colectores viene dado en las fichas técnicas de los mismos. El peso que el captador tiene lleno será la suma del peso vacío dado por el fabricante, más el volumen del líquido caloportador multiplicado por su densidad.

$$P_{lleno} = (V_{L.Caloportador} \cdot D_{L.Caloportador}) + P_{vacío}$$

Un ejemplo de una ficha técnica:

COLECTOR SOLAR HP-58-1800-20

Dimensiones: ancho x largo x alto	1740 x 200 x 170 mm	Resistencia al viento	130 Km/h
Peso colector	65 Kg	Resistencia al granizo	20 mm
Área total	3,48 m²	Temperatura trabajo	-50 ºC a 100 ºC
Área total absorción	1,616 m²	Coef. ne área absorc.	0,728
Área total apertura	1,9 m²	Coef. Ne área apert.	0,619
Área efectiva absorción	2,5 m²	Coef. A1 área absorc.	2,51 W/m²k
Ángulo óptimo	20-70º vertical	Coef. A2 área absorc.	0,0061 W/m²k
Fluido recomendado	0,1-0,2 L/min/tubos	Máximo fluido	1L/min/tubo

COLECTOR SOLAR HP-58-1800-24

Dimensiones ancho x largo x alto	2065 x 2000 x 170 mm	Dimensiones ancho x largo x alto	2065 x 2000 x 170 mm
Peso colector	78 Kg	Peso colector	94 Kg
Área total	4,12 m²	Área total	5 m²
Área total absorción	1,94 m²	Área total absorción	2,425 m²
Área total apertura	2,28 m²	Área total apertura	2,85 m²
Área efectiva absorción	3 m²	Área efectiva absorción	3,8 m²

Continúa en página siguiente >>

<< Viene de página anterior

DATOS MECÁNICOS E HIDRÁULICOS	
Capacidad de fluido	1,2-1,44-1,8 litros
Pérdida de presión	0 (1,3,5,8) mbar por fluido 80 (160-240-320-400) l/h
Máxima presión	0,6 Mpa
Conexiones hidráulicas	Tubos de cobre - Diámetro 22 mm
Nombre del producto	Colectores solares HP
Marca	
Empaquetado del producto	Caja de cartón
Temperatura almacenamiento	-30 °C a + 80 °C
Standard	ISO0001
Garantía	3 años
Fabricado para:	

10.3. Cálculo de dilataciones térmicas y esfuerzos sobre la estructura

Los cambios de temperatura originan tensiones en las estructuras, tanto del edificio como de la instalación, que pueden ser de grandes magnitudes. Estos esfuerzos deben ser evaluados para garantizar la estabilidad del conjunto.

Dilataciones térmicas

Se llama *dilatación* al cambio de dimensiones que experimentan los sólidos, líquidos y gases cuando se varía la temperatura, permaneciendo la presión constante. La mayoría de los sistemas aumentan sus dimensiones cuando se aumenta la temperatura.

La dilatación es el cambio de cualquier dimensión lineal del sólido, tal como su longitud, alto o ancho, que se produce al aumentar su temperatura. Generalmente, se observa la dilatación lineal al tomar un trozo de material en forma de barra o alambre de pequeña sección, y someterlo a un cambio de temperatura. El aumento que experimentan las otras dimensiones son despreciables frente a la longitud. Si la longitud de esta dimensión lineal es Lo, a la temperatura to y se aumenta la temperatura a t, como consecuencia de este cambio de temperatura, que se llamará Δt, se aumenta la longitud de la barra o del alambre produciendo un incremento de longitud que se simbolizará como ΔL. Experimentalmente se encuentra que el cambio de longitud es proporcional al cambio de temperatura y la longitud inicial. Se puede entonces escribir:

$$\Delta L = \alpha_{ot} \cdot L_0 \cdot \Delta t$$

Donde α es un coeficiente de proporcionalidad denominado coeficiente de dilatación lineal, distinto para cada material. Por ejemplo: si se considera que el incremento de temperatura $\Delta t = 1$ °C, y la longitud inicial de una cierta pieza, Lo = 1 cm, consecuentemente, el alargamiento será: $\Delta L = \alpha \cdot 1$ cm $\cdot 1$ °C.

Si se efectúa el análisis dimensional, las unidades de α, estarán dadas por:

$$\alpha = cm \: / \: cm \: °C = 1/°C \: o \: bien \: °C^{-1} \: (grado^{-1})$$

Luego:

$$\alpha = \frac{1}{L_0} \left(\frac{\Delta L}{At} \right)$$

Operativamente, si se designa L_0 a la longitud entre dos puntos de un cuerpo o de una barra a la temperatura de 0 °C, y L a la longitud a temperatura t° C, se puede escribir que:

$$\Delta L = L - L_0$$

Y:

$$\Delta t = t - 0 = t\ °C$$

Luego:

$$L - L_0 = \alpha\ ot \cdot L_0\ t$$

De donde:

$$\alpha_{ot} = \frac{L - L_0}{L_0} \cdot \frac{1}{t}$$

A α_{ot} se le denomina coeficiente de dilatación lineal entre las temperaturas 0 y t. Su valor, como se expresó anteriormente, es característico de la naturaleza de las sustancias que forma el sólido.

La experiencia demuestra que el coeficiente de dilatación lineal depende de la temperatura.

Se puede definir el coeficiente de dilatación lineal medio "α_t", como "el aumento que experimenta la unidad de longitud inicial, que se encuentra a una temperatura t cualquiera, cuando se aumenta en un grado dicha temperatura". Por eso, este coeficiente de dilatación medio dependerá del incremento de temperatura. El coeficiente de dilatación lineal medio, a una temperatura " t ", puede ser deducido a partir de la ecuación anterior.

$$\alpha_t = \lim_{to=t1} \frac{1}{L_0} \cdot \frac{\Delta L}{At} = \lim_{\Delta t=0} \frac{1}{L_1} \cdot \frac{\Delta L}{At} = \alpha_t = \frac{1}{L_t} \cdot \frac{dL}{dt}$$

Donde:

- α_{ot} = f(t) coeficiente de dilatación o expansión lineal
- α_t = f(Δt) coeficiente de dilatación lineal medio a una temperatura t

Resumiendo:

$$\alpha_{ot} = \frac{L - L_0}{L_0} \cdot \frac{1}{t_0}$$

Y:

$$\alpha_t = \frac{L - L_0}{L_0} \cdot \frac{1}{t}$$

En general α_t es igual al inverso de la longitud inicial por dl/dt, a presión constante. Donde el cociente diferencial dl/dt representa la derivada de la longitud con respecto a la temperatura a P = cte y α_t será el coeficiente de dilatación lineal real a cualquier temperatura t.

Como la longitud del sólido es en función de la temperatura, representando gráficamente dicha función resulta que α_t es el coeficiente angular de la recta tangente a la curva L = f(t) en el punto de abscisa t, dividido por la longitud correspondiente a dicha temperatura.

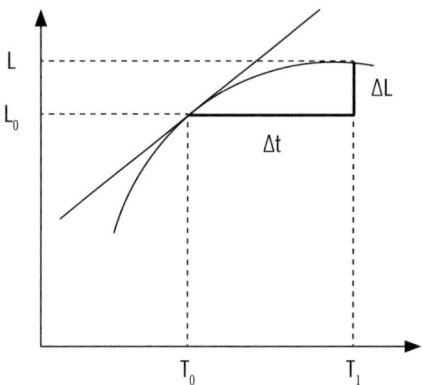

Estrictamente hablando, como se ha visto, el valor de α depende de la temperatura. Sin embargo, su variación es muy pequeña y ordinariamente despreciable dentro de ciertos límites de temperatura, o intervalos que para ciertos materiales no tienen mayor incidencia.

Si se despeja L de la ecuación:

$$L - L_0 = \alpha_{ot} \cdot L_0 \cdot t$$

$$L = L_0 + \alpha_{ot} \cdot L_0 \cdot t$$

$$L = L_0 (1 + \alpha_{ot} \cdot t)$$

Si la temperatura inicial fuera t0 ≠ 0 °C.

$$L = L_0 \left(1 + \alpha \cdot \Delta t \right)$$

Denominándose Binomio de dilatación lineal al factor $(1 + \alpha \cdot \Delta t)$.

De esta fórmula, se obtiene:

$$\alpha = \frac{1}{L} \left(\frac{\Delta L}{At} \right)$$

De modo que α representa el cambio fraccional de la longitud por cada cambio de un grado en la temperatura.

Hablando rigurosamente, el valor de α depende de la temperatura real y de la temperatura de referencia que se escoja para determinar L. Sin embargo, casi siempre se puede ignorar su variación, comparada con la precisión necesaria en las medidas de la ingeniería.

Se puede, con bastante seguridad, suponerla como una constante independiente de la temperatura en un material dado. En la tabla se presenta un detalle de los valores experimentales del coeficiente de dilatación lineal promedio de sólidos comunes.

Valores[1] de α			
Sustancia	α °C⁻¹	Sustancia	α °C⁻¹
Plomo	29×10^{-6}	Aluminio	23×10^{-6}
Hielo	52×10^{-6}	Bronce	19×10^{-6}
Cuarzo	$0,6 \times 10^{-6}$	Cobre	17×10^{-6}
Hule duro	80×10^{-6}	Hierro	12×10^{-6}
Acero	12×10^{-6}	Latón	19×10^{-6}
Mercurio	182×10^{-6}	Vidrio (común)	9×10^{-6}
Oro	14×10^{-6}	Vidrio (pirex)	3.3×10^{-6}

1 En el intervalo de 0 °C a 100 °C, excepto para el hielo, que es desde −10 °C a 0 °C.

En todas las sustancias de la tabla, el cambio en el tamaño consiste en una dilatación al cambiar la temperatura, ya que α es positiva. El orden de la magnitud es alrededor de 1 mm por metro de longitud en un intervalo Celsius de 100°.

Para comprender la dilatación, es conveniente visualizar el fenómeno a nivel microscópico, la expansión térmica de un sólido sugiere un aumento en la separación promedio entre los átomos en el sólido. La curva de energía potencial de átomos contiguos en un sólido cristalino, en función de su separación internuclear, es de trazado asimétrico, como la que se indica en la siguiente figura. Conforme los átomos se van aproximando, su separación disminuye respecto del valor de equilibrio. Entonces, intervienen fuerzas repulsivas intensas y la curva de potencial aumenta rápidamente. Conforme los átomos se alejan, sus separaciones aumentan respecto del valor de equilibrio y entonces intervienen fuerzas un tanto más débiles y la curva de potencial aumenta de una manera más lenta. Para una energía vibracional dada, la separación de los átomos cambiará periódicamente de un valor mínimo a uno máximo, y la separación promedio será mayor que la separación de equilibrio, debido a la naturaleza asimétrica de la curva de energía potencial. Cuando la energía vibracional es mayor aún, la separación promedio será también más grande. El efecto es aumentado por el hecho de que al tomar el promedio temporal del movimiento, se debe tomar en cuenta el mayor tiempo transcurrido en las separaciones extremas (en donde la rapidez vibracional es menor). Debido a que la energía vibracional aumenta conforme lo hace la temperatura, la separación promedio entre los átomos aumenta con la temperatura y el sólido se expande. Tal y como se ha explicado, la energía potencial molecular se puede expresar como la suma de las energías cinética media, rotacional y vibracional:

$$E_m = E_{kmed} + E_r + E_v$$

Donde E_{kmed} representa la energía cinética media; E_r, la energía rotacional, y E_v, la energía vibracional.

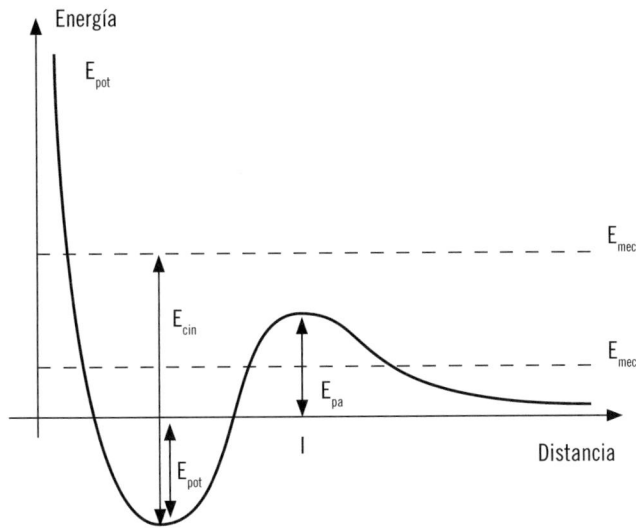

Hay que hacer notar que si la curva de energía potencial fuese simétrica en torno a la separación de equilibrio, la separación promedio correspondería a la separación de equilibrio, sin importar que lo grande que fuese la amplitud de la vibración. Por lo tanto, la expansión térmica es una consecuencia directa de la desviación de la simetría (es decir, de la asimetría) de la curva de energía potencial característica de los sólidos.

Algunos sólidos cristalinos pueden contraerse, en ciertas regiones de temperatura, conforme la temperatura aumenta. El análisis anterior sigue siendo válido solo si se supone que únicamente existen modos de vibración compresional, (es decir, longitudinales) y que esos modos son predominantes. Sin embargo, los sólidos pueden vibrar en modos transversales (es decir, cortantes) al igual que en modos vibracionales, y esto permite que el sólido se contraiga con los aumentos de la temperatura, disminuyendo con ello la separación promedio de los planos atómicos. En ciertos tipos de estructura cristalina, y en ciertas regiones de temperatura, estos modos transversales de vibración pueden predominar sobre los longitudinales, dando lugar a un coeficiente de expansión térmica total negativo.

Existe por lo tanto una relación directa entre las fases y la estructura molecular o, dicho de otro modo, una relación directa entre el estado de agregación y la energía potencial molecular y, como consecuencia, también entre la energía vibracional y la dilatación.

Físicamente tiene importancia esta relación entre el coeficiente de expansión o dilatación y la estructura atómica o molecular. Se debe aclarar que los modelos microscópicos presentados son una sobresimplificación de un fenómeno mucho más complejo, que puede tratarse con mayor detalle al relacionar

Imagen fotográfica de una misma regla graduada a diferentes temperaturas (ta < tb)

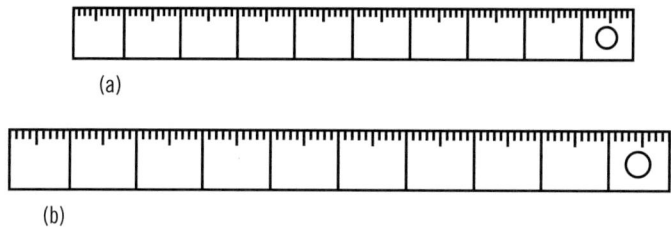

(a)

(b)

la termodinámica y la teoría cuántica.

El cambio porcentual de la longitud de muchos sólidos, llamados isotrópicos, asociados con un cambio dado de la temperatura, es el mismo sobre cualquier línea del sólido. La dilatación es totalmente análoga a una amplificación fotográfica, excepto en que el sólido es tridimensional. Si hay una lámina delgada en la que se practica un orificio, el cambio $\Delta L / L = \alpha \Delta T$ para una ΔT dada es el mismo para la longitud, el espesor, la diagonal de una cara, la diagonal del cuerpo y el diámetro del orificio. Cualquier línea, sea recta o curva, se alarga en la relación α por aumento de un grado de temperatura. Si se escribe un nombre rayando la lámina, la línea que representa dicho nombre tiene el mismo cambio fraccional de longitud que cualquier otra línea.

En la anterior figura se muestra la analogía con una amplificación fotográfica. Si se observa la regla de acero de la figura, a dos temperaturas diferentes, la regla (a) a una temperatura ta y la regla (b) a una temperatura tb, tal, que tb > ta, en la dilatación, todas las dimensiones aumentan en la misma proporción: la escala, los números, el orificio y el espesor aumentan todos en el mismo factor, (la dilatación mostrada, está obviamente exagerada, ya que correspondería a un aumento imaginario de unos 100.000 ºC en la temperatura. Teniendo en cuenta estas ideas, se podría demostrar con un alto grado de precisión, que el cambio fraccional en el área A por cada cambio de un grado en la temperatura en un sólido isotópico es 2α, es decir:

$$\Delta A = 2\,\alpha \cdot A \cdot \Delta t$$

Y que el cambio fraccional en volumen V por cada cambio de un grado de temperatura en un cuerpo isotrópico es 3α, es decir:

$$\Delta V = 3\,\alpha \cdot V \cdot \Delta t$$

Esfuerzos en estructuras

Cuando dos o más fuerzas son aplicadas sobre los cuerpos, aparecen en ellos tensiones internas que tienden a deformarlos. Estas tensiones reciben el nombre de esfuerzos.

Los esfuerzos a los que se ve sometido un cuerpo pueden ser de cinco tipos:

■ Un material está sometido a un esfuerzo de **compresión** cuando las fuerzas que actúan sobre él tienden a comprimirlo. Son necesarias dos fuerzas opuestas, que actúan hacia el interior del cuerpo, en la misma dirección y sentidos contrarios. Los pilares de una estructura están sometidos a compresión.

■ Un material está sometido a un esfuerzo de **tracción** cuando las fuerzas que actúan sobre él tienden a estirarlo. En este caso, las fuerzas han de ser opuestas, actuando hacia el exterior del cuerpo, en la misma dirección y sentidos opuestos. Una cuerda a través de la cual se pretende levantar un peso está sometida a tracción.

■ Un material está sometido a un esfuerzo de **flexión** cuando las fuerzas que actúan sobre él tienden a doblarlo. Para que se produzca flexión serán necesarias al menos tres fuerzas. Una viga está sometida a flexión cuando soporta un peso.

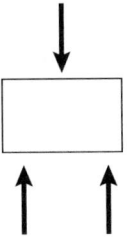

- Un material está sometido a un esfuerzo de **torsión** cuando las fuerzas que actúan sobre él tienden a torcerlo. Una lata está sometida a torsión cuando se abre con un abrelatas.

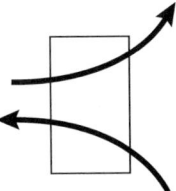

- Un material está sometido a un esfuerzo de **cizalladura** cuando las fuerzas que actúan sobre él tienden a cortar. Un papel está sometido a cizalladura cuando se corta con unas tijeras.

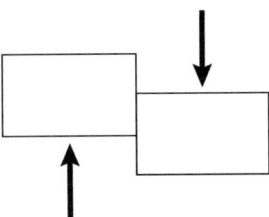

10.4. Desarrollo de presupuestos

Para llevar a cabo el desarrollo del presupuesto de una instalación solar térmica, es necesario conocer el diseño básico, características y tipo de funcionamiento del sistema.

Según las necesidades a cubrir, los cálculos establecidos, las especificaciones de proyecto y cumpliendo la normativa vigente al respecto, se propone ejecutar la instalación solar de acuerdo al diseño que se ha predeterminado.

Se deben contabilizar las unidades de cada componente de la instalación, ver sus precios y calcular el presupuesto total.

A continuación, se muestra un ejemplo.

UD.	CONCEPTO	Coste Ud.	Coste TOTAL
20	Captador solar plano de 2,6 m^2 de marca y modelo X.	576,37	11.527,40
4	Estructura soporte para el campo de captación en acero galvanizado con tratamiento para exteriores.	413,00	1.652,00
1	Acumulador de 4000 l de capacidad, marca y modelo X.	4.257,35	4.257,35
1	Intercambiador de calor exterior con bastidor marca X.	572,59	572,59
2	Bomba de circulación para un caudal de 2600 l/h y una altura de 3,0689 m.c.a. marca X.	348,50	697,00

Continúa en página siguiente >>

<< Viene de página anterior

UD.	CONCEPTO	Coste Ud.	Coste TOTAL
2	Bomba de circulación para un caudal de 2600 l/h y una altura de 2,7372 m.c.a. marca X.	348,50	697,00
1	Unidad de circuito hidráulico en cobre rígido de diámetros 22 mm 20 m/ 28 mm 30 m 35 mm 28 m.	525,00	525,00
1	Unidad de aislación del circuito hidráulico con coquilla microporosa de espesor según RITE Apend.03.1.	450,00	450,00
1	Unidad de accesorios para el equilibrado del sistema incluido expansión, valvulería, purgadores y protección del sistema.	345,00	345,00
1	Control diferencial marca y modelo X con sistema antihielo y corte por máxima con sondas FKY y FMI.	233,00	233,00
1	Cuadro eléctrico constituido por armario metálico, elementos de protección, contactores, conmutadores y cableado general.	1.385,00	1.385,00
1	Contrato de mantenimiento de la instalación por 3 años.	0,00	0,00
1	Dirección técnica.	728,50	728,50
1	Transporte de materiales a pie de obra.	450,00	450,00
1	Mano de obra	3.550,00	3.550,00
TOTAL		27.069,84 €	
Cualquier partida no reflejada IVA		5.684,66 €	
IMPORTE FINAL		32.754,50 €	

11. Resumen

Un proyecto es una secuencia de actividades únicas, complejas y relacionadas teniendo un propósito o meta y que debe ser completada en un tiempo específico dentro de un presupuesto y de acuerdo a unas especificaciones dadas.

El plan de acción ordena el conjunto de tareas e iniciativas que servirán para enfrentarse a un problema.

Los proyectos clásicos de ingeniería están compuestos en general por cuatro documentos principales salvo que, por las características específicas que pudieran existir en algún caso particular, puede que no se precise alguno de dichos documentos. Estos son memoria, planos, pliego de condiciones y presupuesto.

El proyecto de toda instalación solar térmica siempre debe tenerse en cuenta a la hora de realizar el proyecto general del edificio en el que se va a realizar dicha instalación.

El CAD (Computer Aided Design) es el uso de un amplio rango de herramientas computacionales que asisten a ingenieros, arquitectos y a otros profesionales del diseño en sus respectivas actividades.

Hoy en día, existen multitud de herramientas de cálculo, muchas de ellas en soporte informático, que permiten realizar diseños, cálculos y simulaciones del comportamiento energético de los edificios frente a multitud de hipótesis y situaciones climáticas.

Ejercicios de repaso y autoevaluación

1. ¿Cuál es el orden de las partes de un proyecto?

    a. Memoria, pliego de condiciones, planos y presupuesto.
    b. Memoria, planos, presupuesto y pliego de condiciones.
    c. Memoria, pliego de condiciones, presupuesto y planos.
    d. Memoria, planos, pliego de condiciones y presupuesto.

2. De los siguientes documentos, ¿cuál está incluido en la memoria?

    a. Cálculos.
    b. Estudio económico.
    c. Impacto ambiental.
    d. Todas las opciones son correctas.

3. Determine si la siguiente oración es verdadera o falsa: "En el pliego de condiciones técnicas y particulares se incluirán aquellos requisitos técnicos que sean de aplicación, tales como características de materiales, componentes y equipos".

    ☐ Verdadero
    ☐ Falso

4. ¿En qué apartado del presupuesto se indicarán cada una de las partidas parciales con sus correspondientes costos, y finalmente, la suma de todas ellas, que constituyen el costo total del proyecto?

    a. Sumas parciales.
    b. Precios unitarios.
    c. Mediciones.
    d. Todas las opciones son incorrectas.

5. Complete la siguiente oración.

Los principios generales de _____ en materia de seguridad y salud contenidos en la ley de prevención de _____ _____, deben ser considerados por el proyectista en las fases de concepción, estudio y _____ del proyecto de obra.

6. ¿Qué planos son aquellos que muestran la ubicación de las obras que define el proyecto en relación con su entorno a escala altamente reducida?

    a. Planos de emplazamiento
    b. Planos de detalle.
    c. Planos de conjunto.
    d. Planos de seguridad.

7. Determine si la siguiente oración es verdadera o falsa: "La función principal de un plano de conjunto es hacer posible el montaje".

    ☐ Verdadero
    ☐ Falso

8. ¿En qué consiste un flujograma?

    a. Consiste en representar gráficamente hechos, situaciones, movimientos o relaciones de todo tipo, por medio de símbolos.
    b. Consiste en facilitar el entendimiento de largas cantidades de datos y la relación entre diferentes partes de los datos también para realizar cálculos electrónicos.
    c. Consiste en analizar minuciosamente las actividades que desempeña o que va a desempeñar una empresa al realizar un evento o una serie de eventos.

9. ¿Cuáles de las siguientes opciones pueden ser facilitadas por un simulador de instalaciones solares térmicas?

    a. La temperatura de la salida del campo de captadores.
    b. La temperatura de salida del acumulador solar.
    c. Consumo de agua.
    d. Todas las opciones son correctas.

10. A la hora de hacer la simulación de una instalación, ¿qué datos se deben tener en cuenta desde un principio?

    a. El consumo de agua anual.

    b. La salinidad del agua.

    c. La altura del edificio.

    d. La orientación de la instalación.

Bibliografía

Monografías

I DE JUANA, J. M., CRESPO Martínez, A., DE FRANCISCO, A., FERNÁNDEZ González, J., HERRERO García M. A. y SANTOS García, F.: *Energías Renovables, para el desarrollo*. Madrid: Paraninfo, 2007.

I FERNÁNDEZ Salgado, J. M.: *Guía Completa de la Energía Solar Térmica Adaptada al Código Técnico de la Edificación (CTE)*. [s.l.]: Antonio Madrid Vicente, Editor, 2007.

I GARCÍA Martín, P. F.: *Energía solar fotovoltaica para todos*. Madrid: Marcombo, 2022.

I MONGE Malo, L.: *Instalaciones de Energía Solar Térmica para la obtención de ACS en viviendas*. Barcelona: Marcombo, S. A.

I PERALES Benito, T.: *Guía del Instalador de Energías Renovables*. Madrid: Creaciones Copyright, 2009.

I PEREDA Suquet, P.: *Proyecto y Cálculo de Instalaciones Solares Térmicas*. Barcelona: Fundación COAM, 2006.

I PEUSER, F. A., SCHNAUSS, M. y REMMERS, K. H.: *Sistemas Solares Térmicos: Diseño e instalación*. Sevilla: Promotora General de Estudios, S. A., 2005.

I ROMERO Tous, M.: *Energía Solar Térmica de Baja Temperatura*. Madrid: Grupo Editorial CEAC, S. A., 2009.

▌ROSELL Polo, J. R., IBÁÑEZ Plana, M. y ROSELL Urrutia, J. I.: *Tecnología Solar*. Madrid: Mundi-Prensa Libros, S. A., 2004.

▌RUFES Martínez, P.: *Energía solar térmica - Técnicas para su aprovechamiento*. Madrid: Marcombo, 2010.

▌TOBAJA Vázquez, M.: *Energía Solar Térmica para Instaladores adaptado al CTE y RITE 2007*. Madrid: CEYSA, 2008.